Le 1362

RECHERCHES

SUR LES

EAUX MINÉRALES

DES PYRÉNÉES,

DE L'ALLEMAGNE, DE LA BELGIQUE, DE LA SUISSE

ET DE LA SAVOIE.

PARIS. — TYPOGRAPHIE FÉLIX MALTESTE ET Cⁱᵉ,
22, Rue des Deux-Portes-Saint-Sauveur.

RECHERCHES

EAUX MINÉRALES

DES PYRÉNÉES,

DE L'ALLEMAGNE, DE LA BELGIQUE, DE LA SUISSE

ET DE LA SAVOIE,

PAR

Jean-Pierre-Amédée **FONTAN** (d'Izaourt),

Docteur en Médecine de la Faculté de Paris, Médecin-Consultant aux Pyrénées, Chevalier de la Légion-d'Honneur Membre-Correspondant de l'Académie impériale de Médecine ; Correspondant de l'Académie des Sciences, Inscriptions et Belles-Lettres de Toulouse, de la Société de Médecine de Bordeaux ; Licencié en Droit Membre honoraire de la Société de Jurisprudence de Toulouse, etc., etc.

Ceux qui disent que les eaux minérales sont bonnes à tout, sont aussi éloignés de la vérité que ceux qui disent qu'elles ne sont bonnes à rien.
Je suis certain qu'elles peuvent rendre de grands services quand elles sont administrées avec discernement et à propos.

Dans tout dessein que l'homme se propose.
La main, sans doute, est bien pour quelque chose :
Mais du succès l'honneur le plus certain
Est pour l'esprit qui dirige la main.

Florentin Ducos, *Fable XVI.*

DEUXIÈME ÉDITION.

A PARIS,

CHEZ J.-B. BAILLIÈRE,

LIBRAIRE DE L'ACADÉMIE IMPÉRIALE DE MÉDECINE,
19, rue Hautefeuille.

A **Londres**, chez H. BAILLIÈRE, 219, RÉGENT-STREET.

1855

MONSIEUR LE DOCTEUR LOUIS,

———————————

C'est à l'homme probe autant qu'au savant illustre que je dédie mon livre. S'il a quelque succès, c'est à vous, qui m'apprites à observer, qu'il le devra; s'il échoue, c'est que j'aurai mal suivi vos préceptes.

Je vous prie d'en agréer l'hommage comme une faible marque de ma reconnaissance et de mon affection.

A. FONTAN.

PRÉFACE.

Cédant aux conseils de quelques amis bienveillants, je donne une seconde édition d'une partie de mes travaux sur les eaux minérales.

Quoique les mémoires que je reproduis datent déjà de plusieurs années et qu'ils aient vieilli, j'espère qu'ils offriront encore quelque intérêt, car les faits qu'ils renferment ont été étudiés avec soin, et ont servi de point de départ et de base à plusieurs travaux utiles qui ont été entrepris et exécutés avec succès. Si l'on a ajouté quelques faits nouveaux à ceux que j'ai observés, je ne connais encore aucune réfutation sérieuse, non seulement des propositions que j'ai énoncées, mais même des hypothèses que j'ai admises pour rendre mieux compte des faits, et qui me semblaient donner une explication plus nette et plus précise de certains phénomènes. J'espère que cette seconde édition sera accueillie avec la même indulgence que la première, et que je n'aurai pas à

me repentir d'avoir trop facilement cédé aux ins-
tances de mes amis.

Ce volume, qui sera bientôt suivi d'un second qui
en formera le complément, mais dont il est tout à fait
indépendant, est composé de quatre mémoires : le
premier sur les eaux minérales des Pyrénées, le
deuxième sur les eaux d'Allemagne, le troisième sur
les eaux de Luchon, les fouilles et l'établissement
thermal; le quatrième contient quelques notes sur
les maladies chroniques et quelques faits cliniques
de Bagnères-de-Luchon.

Je donne, dans un appendice, quelques procès-
verbaux de la commission scientifique de Luchon; les
rapports à l'Institut sur mes mémoires; quelques
articles de l'*Écho du monde savant* (année 1836), qui
indiquent le véritable auteur des fouilles de Luchon
et autres (1), et enfin un rapport au conseil municipal
de Luchon sur les matériaux à employer dans les
établissements thermaux.

Ce travail est suivi d'un premier tableau sur les
températures des eaux thermales des Pyrénées en
1835 et 1836; d'un deuxième tableau sur les sulfurations, mêmes années; d'un troisième sur la situa-

(1) Autre chose est concevoir, autre chose est exécuter. L'artiste conçoit
la statue, le praticien l'exécute ; l'un s'appelle David ou Pradier, l'autre
s'appelle Guillaume ou François; mais la statue appartient à l'artiste.

tion des sources; d'un quatrième sur la sulfuromé-
trie et les groupes symétriques des sources sulfureuses des Pyrénées; d'un cinquième sur quelques
sources sulfureuses accidentelles; de cinq planches :
la première *A* sur les substances organiques et organisées des eaux sulfureuses; la seconde *B* sur les
substances organisées des eaux salines; la troisième
C sur les substances organisées des eaux salées; la
quatrième *D* indiquant l'arrangement symétrique des
eaux sulfureuses accidentelles d'Aix-la-Chapelle et
Borcette; la cinquième *E* représente le plan d'un
jardin anglais que j'avais projeté en 1857, pour
l'amélioration de Luchon, avec un tracé du plan de
l'établissement thermal tel que je l'avais conçu, il y a
longtemps, d'après la situation présumée des sources
dans le bosquet des bains et dans le pré Ferras.

INTRODUCTION.

Dévoué par goût et par amour pour mon pays à l'étude des eaux minérales, j'ai consacré les plus belles années de ma vie à parcourir les Pyrénées, pour rechercher et connaître tous les trésors qu'elles renferment.

Je fus frappé, en étudiant les eaux avec détail, du caractère de ressemblance de la plupart d'entre elles, et cependant je remarquai dans chacune d'elles des différences qui les caractérisent ; car je n'en ai jamais trouvé deux qui fussent tout-à-fait semblables.

Je cherchai à distinguer les traits principaux qui les unissent ; en même temps je tâchai d'élucider les traits distincts qui les séparent. Je pensais que puisque la nature avait créé tant de rapports communs entre ces eaux, il devait y avoir des lois qui avaient présidé à leur formation, et je mis d'abord tous mes soins à connaître ces lois pour en tirer quelques corollaires ; mais puisqu'il y avait des différences dans toutes, c'est à spécialiser leurs applications que je dus ensuite consacrer tout mon temps.

Une première chose importante à noter, c'est que certaines eaux ne se rencontrent que dans les terrains primordiaux, ou aux limites de ces terrains et des terrains de transition, tandis que d'autres ne se rencontrent que dans des terrains secondaires ou tertiaires. Je dus faire une première classification de ces eaux suivant le terrain ou elles jaillissent. Je nommai les unes naturelles, primordiales ou par composition, parce qu'elles me parurent se former naturellement dans le centre des roches primitives, par la réunion des divers éléments des substances qui les composent ; je dus nommer les autres secondaires, accidentelles ou par décomposition à cause des terrains où elles naissent, des accidents qui s'y rencontrent et de la manière dont les principales substances constituantes se forment. En établissant le parallèle des sources des terrains primordiaux et de celles des terrains secondaires et tertiaires, je remarquai plusieurs différences importantes caractéristiques :

1° dans la nature des gaz, qui est unique dans les eaux des terrains primitifs et composée dans celles des terrains secondaires et tertiaires.

2° Dans la nature et la formation du principe sulfureux qui se forme dans les unes, par composition ou réunion de ses éléments et dans les autres par décomposition (1); l'un formé dans la roche primitive où il n'existe pas de matière organique, mais où au contraire cette matière se forme par la haute pression de la colonne d'eau (plusieurs

---

(1) On a voulu attaquer ma classification des eaux sulfureuses en disant que, puisqu'il existait des sulfates et de la matière organique dans les deux espèces de sources, elles pouvaient bien avoir toutes deux la même origine ; mais à cela je ferai observer qu'il y a impossibilité à ce que le principe sulfureux des eaux naturelles se forme par décomposition de la matière organique, car je conserve de cette matière depuis plus de quinze ans dans de l'eau, soit pure, soit mêlée à des sulfates alcalins, sans qu'elle soit

centaines d'atmosphères) et une très haute température (plusieurs centaines de degrés), l'air mêlé à l'eau entraînant tous les éléments nécessaires pour former avec cette eau la matière organique qu'on y trouve.

L'autre formé près de la surface du sol, dans et par des matières organiques en décomposition par la désoxygénation de sulfates calcaires, magnésiens ou alcalins; et j'ai pu saisir cette décomposition des sulfates par la matière organique, en enlevant cette matière.

3° Un caractère qui différencie les deux espèces de sources est le mode d'arrangement quand elles sont bien captées, qu'elles sortent de la roche en place et qu'elles ont bien pris leur équilibre; les unes sortent de la roche en place par groupes symétriques linéaires ou rayonnés, les autres n'ayant aucun ordre symétrique (1). Les unes sortant par groupes dans lesquels la source la plus sulfureuse et la plus chaude est au centre du groupe; les autres sources du groupe allant en diminuant, en s'éloignant de

altérée, et j'ai ouvert, à des époques diverses, des flacons contenant le résidu de l'évaporation des eaux sulfureuses naturelles, concentré mais non desséché et par conséquent renfermant des sulfates et cette matière organique, et jamais je n'ai senti l'odeur de sulfure ou d'hydrogène sulfuré, tandis que toutes les eaux salines ou sulfureuses accidentelles, qui contiennent une autre espèce de matière organique, répandaient, quand j'ouvrais les flacons qui contenaient le résidu de leur évaporation, une odeur de sulfure et d'hydrogène sulfuré caractéristiques.

(1) J'ai trouvé plus tard, en Allemagne, des eaux accidentelles ayant un ordre symétrique, mais opposé, quant au sulfure, à celui des sources sulfureuses des Pyrénées; ce qui a confirmé la différence que j'avais établie d'abord en donnant un caractère nouveau aussi tranché et aussi distinct que celui de la nature des gaz et substances salines et sulfureuses.

température et de sulfuration (1) ; comme à Barège, à Cauterets, à Bonnes, etc., ou par demi-groupes, la plus chaude et la plus sulfureuse étant à une extrémité du groupe et la moins chaude et la moins sulfureuse à l'autre extrémité, comme aux Eaux-Chaudes et autrefois à Bagnères-de-Luchon ; ce qui me fit penser que ces demi-groupes étaient incomplets, et que des travaux bien dirigés pourraient les compléter.

4° Par la nature de la matière organique, qui me sembla toute différente dans les deux espèces d'eaux. La nature de la matière organique en dissolution dans les eaux naturelles, me semblant spéciale, et celle des eaux accidentelles me semblant commune avec celle des eaux salines.

5° Par la permanence du degré de sulfuration et de température dans les eaux naturelles bien captées et sortant de la roche en place comme à Barèges, les autres variant par des changements de temps comme à Enghien, ce qui prouve la formation profonde des unes et superficielle des autres.

En examinant la marche des eaux thermales dans le sein de la terre, je n'eus aucun doute qu'elle ne fût ascendante

---

(1) Cette loi est si vraie, et j'en étais tellement convaincu, que lorsque l'on fit les fouilles du pré Ferras, on attaqua mon opinion à cause de la découverte de la source du pré n° 1 qui était peu chaude et très sulfureuse. MM. Lenoir et Demarquay, qui étaient à Luchon, me rapportèrent ce qu'on disait à cet égard. « Dites à ces ignorants, leur répondis-je, dans un mouvement d'impatience, que la source se réchauffera. » Elle a augmenté en en effet dans une année, de plus de trente degrés. Elle en a aujourd'hui plus de soixante, et elle augmentera encore.

et que ces eaux ne puisassent dans la profondeur de la terre, leur température et leur composition (1).

Réfléchissant au mode d'arrangement symétrique des eaux sortant de la roche en place, à la variabilité de leur température et de leur sulfuration, à leur marche ascensionnelle, je cherchai à tirer parti de ces observations pour le captage des sources qui me paraissaient de même nature et de même composition; mais dont la symétrie était incomplète, et dont la variabilité était évidente; c'est d'après ces données que je proposai, en 1835, les fouilles à Bagnères-de-Luchon, à Cauterets, à Ussat, à Bigorre, à Barèges, pour les anciennes sources, etc., etc.

A Luchon il n'existait qu'un demi-groupe, la Grotte supérieure, à une extrémité du groupe, marquant + 61° cent. (elle avait eu avant + 67° cent.), et la froide, à l'autre extrémité, à + 19° cent.

La Reine, la plus importante par le volume, était très variable dans sa température, sa sulfuration et sa quantité. Une source au-delà de la froide, appelée le Dauphin, avait disparu, et des eaux sulfureuses dégénérées qui se faisaient remarquer dans le Pré Ferras, bien au-delà de la source de ce nom, qui étant elle-même presque dégénérée, indi-

---

(1) Pour se faire une idée de la marche des eaux qui forment les sources thermales, il faut les considérer comme un fleuve recourbé sur lui-même et remontant vers sa source en scyphon renversé, dont l'embouchure se divise en plusieurs filets formant des espèces de delta, ou, dans leur partie ascendante, comme des fusées partant d'abord d'un seul trait, qui se divise, quand elles éclatent, en plusieurs jets qui représentent assez bien les divisions des sources à la surface du sol.

quaient aussi de nouveaux groupes que des fouilles bien dirigées devaient faire découvrir.

Des atterrissements considérables étaient formés au pied de la montagne, qui en s'accumulant et en se tassant avaient dû refouler les eaux du demi-groupe manquant et les empêcher de paraître à la surface du sol. D'un autre côté, des fouilles verticales opérées par des propriétaires voisins, avaient donné des résultat assez satisfaisants ; mais au détriment des sources de la commune dont les altérations allaient en augmentant depuis cette époque (1).

Je proposai au maire de Luchon, M. Azémar, homme plein de zèle et de dévoûment pour son pays, de pratiquer des fouilles horizontales derrière l'établissement et dans le Pré Ferras, pour aller capter à la roche en place et dans leur marche ascensionnelle, les sources que les atterrissements devaient faire refluer. Cette proposition fut soumise au Conseil municipal qui, sur les explications que je lui donnai, décida que ces fouilles seraient entreprises et que la direction en serait confiée à M. Azémar. M. Nérée-Boubée, qui était alors à Luchon, voulut bien appuyer mes propositions, en les étayant de ses profondes connaissances géologiques ; nous allâmes sur les lieux pour marquer, par des jalons, les points où les galeries horizontales devaient être tracées et ceux où nous pensions qu'elle devaient atteindre la roche en place. Il fut convenu

(1) Les altérations pourront se reproduire jusqu'à ce que ces puisards soient comblés.

que lorsque les galeries auraient atteint la roche, on pratiquerait de l'une à l'autre des embranchements latéraux qui la longeraient, pour capter tous les filets d'eau qui s'en échappent.

M. Azémar entreprit les fouilles avec un courage et un dévoûment admirables, et les résultats, quoiqu'incomplets, en furent très heureux.

Plus tard, d'après la décision d'une commission scientifique, sur mon rapport et celui de M. l'ingénieur François, elles furent continuées, sur les mêmes données, et amenèrent des résultats satisfaisants, quoiqu'ils soient encore incomplets.

A Ussat, je proposai les fouilles, et j'en indiquai la place et la direction en 1835 et 1836, pour faciliter l'écoulement de l'eau qui arrivait trop lentement dans les baignoires, et je conseillai de pratiquer une profonde tranchée qu'on remplirait avec du beton, entre les sources et la rivière afin de les séparer et d'empêcher les infiltrations de celles-ci vers celles-là; en même temps, je démontrai l'utilité de rapprocher, le plus possible, les baignoires de la montagne. Ces travaux, entrepris plus tard par M. François, furent réglés par une commission scientifique et exécutés d'après sa délibération tels qu'ils sont aujourd'hui, sauf le canal de chargement, tout de l'invention de M. François, et qui rend permanente une infiltration qui n'était que temporaire et qu'il faudra faire cesser tôt ou tard.

A Cauterets, je proposai de faire des fouilles à niveau

inférieur et uniforme aux groupes de César, Pause, etc., afin de compléter le groupe en dehors de Pause, d'en trouver d'autres entre César et Rieumizet, d'uniformiser la décroissance des sources et de pouvoir asseoir un établissement thermal moins éloigné que celui qu'on voulait construire aux Espagnols.

A Bigorre, je proposai de faire des travaux pour augmenter légèrement la température des eaux de Salut, ce que je crois possible; au Foulon, pour en augmenter le volume; et à la Bassère, pour augmenter la température, le volume et la sulfuration, pensant que sa basse température est due, comme à Cadéac, à des infiltrations ou à son passage à travers des terrains refroidis.

A Barèges, je pensai que les sources de ce que l'on nommait l'ancien Barèges devaient s'être perdues sous des atterrissements, et qu'elles pourraient en être dégagées et augmenter ainsi les ressources de Barèges, qui sont insuffisantes pour le grand nombre des malades, que leurs excellentes qualités et leur excellent mode d'administration à température constante et graduée y attirent chaque année.

On pourrait aussi tenter des fouilles dans d'autres localités, notamment à Ax, derrière le Teich, pour avoir des douches à haute pression et dans différents points du sol pour avoir des groupes mieux gradués, au Vernet, à Arles et à Molitg dans le même but; on en pourrait faire aussi à la Raillière et aux Œufs de Cauterets pour mieux les capter et en augmenter le volume, etc., etc.

La graduation de température et de sulfuration des groupes me fit penser que, dans la construction des établissements thermaux, il fallait autant que possible conserver cette graduation et cette permanence à des degrés rapprochés de ceux du corps, et établir autant que possible les baignoires et les réservoirs le plus près possible des sources (1).

La diversité dans les maladies comme dans les sources, impliquait aussi la variété dans la construction des établissements thermaux.

Tel malade a besoin d'un bain à vapeur concentrée, tel autre a besoin d'un air courant et d'une douce température.

La pression et la température des douches doit être variée autant que leur jet.

La durée doit être aussi variée que la force et la température.

Les fouilles pour toutes espèces d'eaux ne doivent pas suivre les mêmes indications; ainsi quand ou voudra capter une source ferrugineuse crénatée, il faudra se garder de la chercher profondément; l'acide crénique et le fer se combinent presque à la surface du sol; si l'on creuse profondément, on retrouve bien l'eau, mais elle cesse d'être ferrugineuse; de même pour les sources sulfureuses acci-

_____

(1) Une observation très importante : c'est que la réputation des sources s'est établie quand il n'y avait pas d'établissements thermaux, et qu'on prenait les bains à la source, dans l'eau courante. Partout ou l'on a fait un nouvel établissement, on entend dire: on guérissait mieux autrefois. Et cela, parce que l'on prend les bains dans des eaux stagnantes et dans des points très éloignés de la source.

dentelles, si l'on va chercher l'eau trop profondément dans le sol, on obtient bien une eau saline plus chaude même que l'eau sulfureuse, mais le principe sulfureux a cessé d'exister. Ce qui est arrivé à Enghien quand on a creusé le puits artésien de la coquille.

Je cherchai à faire l'application de ces principes dans les fouilles et les constructions de l'établissement thermal de Luchon, afin de créer un type en ce genre qui remplît toutes les conditions pour un bon aménagement, et une bonne captation des sources, et pour une bonne administration des eaux.

Une commission scientifique, dont je faisais partie, approuva tous mes projets, et un architecte intelligent et expérimenté dans cette spécialité, M. Artigala, fut chargé de dresser les plans, et il s'acquitta de cette tâche avec talent; mais il renonca à les exécuter pour ne pas subir des modifications qu'on voulut lui imposer.

M. Abadie, ingénieur, qui avait soulevé ces difficultés, se chargea de modifier le plan avec l'aide d'un jeune architecte, M. Gonin, qui venait d'avoir des succès brillans dans un concours; mais qui tomba malade avant d'avoir pu mettre la dernière main à son plan.

Un nouvel architecte parvint à se faire charger de ce travail et de l'exécution du plan; mais au lieu de continuer sur toutes les données de la commission scientifique et de MM. Artigala et Gonin, il chercha, non à faire mieux, mais à faire autrement, et il exécuta, avec l'aide d'un ingénieur, un plan dans lequel il prouvèrent l'un et l'autre

leur ignorance et leur incapacité en matière d'eaux minérales et d'établissemens thermaux. Cependant, ils firent
mettre le visa du conseil des bâtimens civils comme étant
une simple modification du plan de M. Gonin, approuvé
par la commission scientifique, et ils l'auraient fait exécuter
au détriment des eaux de Luchon et des malades, si je ne
m'y étais formellement opposé comme représentant de la
commission scientifique.

M. Chambert, alors, partit pour visiter les établissements
du centre de la France, de l'Allemagne et de la Savoie,
muni de quelques-unes de mes lettres, entre autres pour
deux des principaux médecins des eaux, M. Prunelle, de
Vichy, et M. Bertrand, du Mont-d'Or, et d'un mémoire
que je lui donnai pour appeler son attention sur les points
principaux à observer ; je lui signalai notamment les bains
de la Rose-de-Wiesbaden, la colonnade de la buvette de
l'Empereur, avec sa galerie à Aix-la-Chapelle, et les
douches et vaporarium d'Aix (en Savoie), dont il s'est
inspiré pour l'établissement thermal de Luchon ; cette
construction, peu monumentale, et dans laquelle on a
cependant sacrifié les eaux à l'architecture, renferme avec
de bonnes choses des défauts qu'il sera facile de réparer
plus tard.... en faisant un nouvel établissement au pré
Ferras, en démolissant une partie de celui qui est bâti,
ainsi que les piscines, pour en construire d'autres d'une
forme et d'une grandeur plus appropriées au volume
d'eau et aux besoins des malades, et dans une place où
elles n'obstrueront pas les cabinets, qui pourront alors

s'aérer (1); c'est pour n'avoir pas de contrôle que l'on a empêché, à divers reprises, et notamment depuis 1848, la commission scientifique de se réunir, malgré mes demandes réitérées, et qu'on a méconnu les avis de celui qui la représentait.

En portant mes regards sur l'action des eaux minérales, indépendamment de leur action spéciale, je remarquai une action physiologique immédiate qui pouvait les faire classer en deux catégories : celles qui sont excitantes et celles qui sont sédatives. Les premières, dont l'action curative est en général éloignée, mais plus persévérente, et les secondes dont l'action est plus immédiate, mais se prolonge moins longtemps.

Les eaux sulfureuses appartiennent à la première caté-

(1) On dirait que, dans cet établissement pour lequel l'ingénieur et l'architecte n'ont fourni ni une idée d'ensemble qui leur fut propre, si ce n'est de l'éloigner en partie des sources près desquelles il devrait être et d'y intercaler les piscines, ni une idée utile de détail, ils se sont plu à multiplier les fautes en substituant leur opinion personnelle, dans certains cas, aux indications de la commission scientifique.

1° En éloignant des sources les réservoirs qu'ils ont placés en plein air et qu'il aurait fallu en rapprocher, en les plaçant entre les galeries des fouilles,

2° En supprimant les cabinets de bains communiquant avec les douches qui existaient déjà dans l'ancien établissement et dont la commission avait demandé le maintien pour les baigneurs impotents.

3° En plaçant la tête des baignoires vis-à-vis la porte des cabinets et la charnière de celle-ci de manière à ce que la figure du malade se trouve en face de la porte, quand on l'ouvre.

4° En rendant les cabinets le plus sonores possible, par le défaut d'épaisseur des cloisons et par des devants en sapin qu'il a fallu plus tard remplacer par de la pierre.

5° En rendant les cabinets obscurs et mal aérés par la suppression des

gorie, les salines a la seconde; mais je m'aperçus que la température de + 32° à + 34° cent. était indispensable pour que les secondes eussent toute leur efficacité.

On pourrait peindre en trois mots l'action des eaux sulfureuses : 1° augmenter et réveiller le mal; 2° le déplacer; 3° l'user. C'est surtout dans les rhumatismes que j'ai vu cette action très manifeste. Il en est de même en partie dans les affections cutanées. J'ai vu, dans certains cas, des affections cutanées et syphilitiques, pour ainsi dire se croiser : l'action cutanée, après s'être légèrement aggravée par l'action des eaux, disparaître peu à peu par cette même action, tandis que l'affection syphilitique, qui apparaissait plus tard, se développait à mesure que l'autre dis-

croisées qui donnent au dehors et que la mauvaise place des piscines empêche d'établir.

6° En supprimant d'excellentes douches ascendantes que j'avais fait installer dans l'ancien établissement et dont la commission avait demandé le maintien, pour leur en substituer d'autres, sans valeur, qui sont à réformer.

7° En plaçant les tuyaux des grandes douches dans la largeur des cabinets et faisant inonder ainsi la porte des vestiaires en gênant le jet de la douche et en ne séparant pas les vestiaires par une cloison.

8° En mettant à vis les tuyaux des douches vaginales et d'irrigation, ce qui cause la perte des tuyaux par la torsion qu'ils subissent. Un simple frottement avec arrêt eût suffi.

9° En multipliant outre mesure les tuyaux et les robinets des bains, cet qui est une cause énorme de détérioration et de mauvaise administration des bains, en mettant les baigneurs à la merci des garçons, qui ne peuvent même jamais donner une sulfuration ni une température déterminée; ce que la commission avait si justement recommandé.

10° En élevant d'un mètre le niveau des fouilles du pré Ferras, pour conduire les eaux à l'établissement dont la mauvaise assiette a exigé cette élévation (une faute en entraîne toujours une autre).

11° En reculant la façade de l'établissement de façon que la galerie soit

paraissait. La première guérissait souvent seule, l'autre avait besoin d'un traitement concomitant.

Je m'aperçus bientôt qu'un grand nombre de maladies chroniques, qui semblaient de nature variée, pouvaient se rapporter à quelques types comme les affections cutanées, lymphatiques, syphilitiques, rhumatiques etc.; et, comme l'un de ces types est évidemment rapporté à un virus ou vice syphilitique, je crus pouvoir rapporter les autres types à des vices ou à des virus, et j'établis divers groupes sous le nom d'*herpétisme, syphilisme, lymphatisme, rhumatisme*, etc., et de leurs combinaisons, dans lesquels peuvent être encadrés la plupart des maladies chroniques. Je crois être dans le vrai en admettant ces principes; mais quand même je serais dans l'erreur, cette manière d'envisager les maladies chroniques en facilite beaucoup l'étude et le traitement.

d'une étroitesse ridicule, si l'on veut placer la colonade vis-à-vis les premiers arbres de la contre-allée, ou que la contre-allée soit masquée par les colonnes, si on veut donner à la galerie une longueur convenable. La commission voulait que la galerie fût en prolongement et de la largeur de la contre-allée.

12° En couvrant l'établissement d'une manière peu solide et mal combinée, ce qui l'expose à des détériorations constantes et le remplit de flaques d'eau à la moindre pluie.

13° En faisant des peintures dans l'intérieur de l'établissement qui, jolies d'abord, finiront par se détériorer, quoique faites au zinc. Il eût fallu se contenter de peindre au tableau de zinc les portes et panneaux, comme la commission l'adopta, sur ma proposition, en 1845, pour faire profiter Luchon de la belle découverte de mon ami, M. Ernest Barruel, fils de mon excellent maître.

PREMIÈRE PARTIE.

RECHERCHES

SUR

LES EAUX MINÉRALES

DES PYRÉNÉES.

EXPOSITION.

Les Pyrénées, situées entre les 42°, 26', et les 43°, 23', latitude N., s'étendent, dans une direction presque parallèle à l'équateur, du cap de Creus, près du golfe de Rose, jusqu'à la pointe du Figuier, près de Fontarabie, entre 0°, 45' E. et 5°, 05' O. du méridien de Paris.

L'extrémité orientale est de 1° environ plus au S. que l'extrémité occidentale, ce qui influe notablement sur la température de ces deux points de la chaîne ; car, tandis que l'olivier fructifie dans le Roussillon, à peine peut-il exister comme objet de curiosité à Bayonne.

Le faîte de la chaîne forme les limites naturelles de la France et de l'Espagne, quoique les limites politiques n'aient pas toujours été établies sur celles tracées par la nature.

1

La vallée de la Garonne, dont la partie supérieure porte le nom de vallée d'Aran et fait partie de la Catalogne, sépare les Pyrénées en partie orientale et en partie occidentale.

Ces deux portions de la chaîne, quoique parallèles, ne sont pas situées sur le même plan : la partie orientale est plus avancée vers le nord de 30,000 mètres, environ, que la partie occidentale, et elle se joint à celle-ci par un chaînon perpendiculaire à l'axe de la chaîne, sans aucune interruption ; c'est de ce chaînon que partent les sources principales de la Garonne.

L'élévation de la chaîne des Pyrénées se fait d'une manière brusque dans le Roussillon, où le Canigou atteint 1,430 toises ; elle diminue bientôt après, et se maintient à la hauteur de 1,100 toises, jusqu'à la vallée de l'Ariége ; de là elle gagne 1,200 toises environ, jusqu'à la vallée de la Garonne, où elle diminue un peu. Au-delà elle atteint tout à coup le maximum d'élévation *à la Maladeta*, dont le sommet s'élève à 1,787 toises, ou 10,722 pieds. La hauteur de la chaîne des Pyrénées se soutient à une grande élévation dans tout le département des Hautes-Pyrénées, jusqu'à la vallée d'Ossau, d'où elle va en diminuant peu à peu jusqu'à l'Océan.

Il est digne de remarque que la partie la plus élevée des Pyrénées se trouve située au centre même de la chaîne, et cette observation mérite d'autant plus d'attention, pour le sujet dont je m'occupe, qu'il existe un rapport direct entre la hauteur des pics des roches primitives et la quantité du principe sulfureux qui se trouve dans les eaux thermales des Pyrénées, comme nous le prouverons plus loin.

On distingue dans les Pyrénées, comme dans toutes les grandes chaînes de montagnes, un axe central de terrain primordial, formé en grande partie de granit et de ses dérivés, de schiste micacé, de gneis, etc., sur lesquels reposent le terrain de transition et le terrain secondaire.

Le terrain granitique n'existe pas dans toute la longueur de la chaîne ; on n'en trouve plus aucune trace à l'ouest de la vallée d'Ossau ; ainsi il manque dans la vallée d'Aspe et au-delà. C'est aussi à partir de ce point que toute thermalité cesse dans les eaux minérales des Pyrénées ; les eaux de Cambo, de Saint-Christau, etc., n'offrent plus l'élévation de température, quoiqu'elles présentent encore des traces de principe sulfureux.

Les vallées augmentent d'étendue à mesure qu'elles s'éloignent des deux mers ; celles qui sont situées au centre de la chaîne, telles que les vallées de la Garonne, de la Neste, sont les plus considérables. Les vallées du Teich et du Bastan sont des plus petites. Cette loi ne s'étend qu'aux vallées perpendiculaires à la chaîne.

Il semble que la nature ait, pour ainsi dire, concentré tous ses efforts dans la partie centrale des Pyrénées, comme le témoignent la hauteur des montagnes et l'étendue des vallées. Nous constaterons ailleurs qu'elle a suivi la même marche dans la formation des eaux minérales.

Toutes les eaux thermales sulfureuses des Pyrénées jaillissent dans le terrain primitif, et à la limite de ce terrain et de celui de transition.

Tantôt elles s'échappent du granit, comme on le voit aux Eaux-Chaudes, aux eaux de Cauterets, Ax, Mérens et Vernet ; tantôt elles sortent du schiste micacé, comme à Bagnères-de-Luchon, à Saint-Sauveur ; tantôt du calcaire superposé aux roches stéatiteuses, comme à Bonnes ; tantôt enfin d'un calcaire mêlé de schiste et superposé à l'eurite, comme à Barèges.

La nature des terrains dans.lesquels passent et jaillissent ces eaux apporte quelques légères modifications dans
leur constitution ; c'est ainsi que nous verrons les eaux
Bonnes et une source des Eaux-Chaudes, qui sortent du
calcaire , contenir une plus grande quantité de chaux que
celles du reste de la chaîne.

Les sources qui ne sont pas sulfureuses , qu'elles soient
ou non thermales , sortent des terrains secondaires et de
transition ; nous en trouvons dans le calcaire de transition
à Ussat, dans le calcaire schisteux et le schiste argileux de
transition, à Bagnères-de-Bigorre ; dans le calcaire secondaire , à Audinat, etc., dans le voisinage des ophites.

NATURE DES SOURCES DES PYRÉNÉES.

Les sources des Pyrénées peuvent être rangées en quatre
grandes séries :

1° Les sources sulfureuses ;

2° Les sources ferrugineuses ;

3° Les sources salines ;

4° Les sources salées ou chlorurées.

Je n'ai trouvé aucune source qui contînt assez d'acide
carbonique libre pour pouvoir être considérée comme
gazeuse. C'est par méprise que des chimistes, qui avaient
pris du gaz azote pour de l'acide carbonique, avaient
indiqué certaines sources comme devant être rangées
parmi les acidules. C'est ainsi que les eaux de Bagnères-
de-Bigorre et d'Audinat avaient été considérées comme
dégageant une grande quantité d'acide carbonique, tandis
que les neuf dixièmes du gaz qui se dégage de ces sources,
soit spontanément, soit par l'ébullition, sont de l'azote.
Mais il existe deux sources ferrugineuses carbonatées,

dans les Pyrénées-Orientales , comme l'avait très bien observé Anglada, notamment au Boulou, qui dégagent de l'acide carbonique presque pur.

SITUATION DES SOURCES.

Les sources que j'ai visitées sont situées dans huit départements, qui sont : l'Ariège, la Haute-Garonne, les Hautes et les Basses-Pyrénées, l'Aude , les Pyrénées-Orientales, les Landes et d'autres parties de la France et de l'étranger, en Allemagne, en Belgique, en Espagne, en Suisse et en Savoie.

Ces sources, situées dans soixante communes, sont au nombre de plus de trois cents, comme l'indique le tableau suivant. (*Voyez* Tableau n° 1 et le travail sur les eaux d'Allemagne.)

CHAPITRE I.

DES SOURCES SULFUREUSES.

Les sources sulfureuses que j'ai eu l'occasion d'observer dans les Pyrénées peuvent se diviser en deux groupes bien distincts : les sources sulfureuses *naturelles* et les sources sulfureuses *accidentelles*.

Je préfère cette division à celle qui sépare les sources en froides et en chaudes, car cette dernière division a le tort de séparer des sources qui ont une composition identique : ainsi, à Bonnes, il existe deux sources, dont l'une a 33°, 50' centigrades, et l'autre 11° centigrades. D'après cette classification, on devrait les placer dans deux groupes distincts ; cependant leur composition est identique. La source de la Bassère devrait être éloignée des sources de Barèges et rapprochée de celles d'Enghien, tandis qu'elle a une composition analogue aux premières, et qu'elle diffère complètement des dernières ; d'un autre côté, il faudrait grouper la source de Pinac, de Bagnères-de-Bigorre, avec les Eaux-Chaudes qui ont à peu près la même température, tandis qu'elles ont une constitution tout à fait différente.

Depuis la première édition de ce travail, j'ai visité un grand nombre de sources, soit dans les Pyrénées, soit dans d'autres parties de la France, soit en Allemagne, en Belgique, en Suisse ou en Savoie, et j'ai pu voir combien était féconde l'idée de la division que j'avais adoptée. J'ai reconnu que les Pyrénées seules possédaient des sources sulfureuses naturelles ou primordiales, tandis que les autres sources de la France, ainsi que les eaux de l'Allemagne, de la Belgique, de la Suisse et de la Savoie, qui étaient sulfureuses, étaient des sources sulfureuses *accidentelles*, *secondaires* ou *par décomposition*.

Les sources sulfureuses *naturelles*, *primordiales*, ou *par composition*, naissent toutes dans les terrains primitifs : granit, eurite, gneïs, etc., à la limite de ces terrains et des terrains de transition : micachiste, calcaire chisteux, chiste siliceux, etc.

Les eaux sulfureuses accidentelles, ou secondaires, naissent au contraire dans les terrains secondaires et tertiaires : calcaire, grès, schiste argileux, argile, etc.

La formation des premières est liée à la formation des Pyrénées, et leur origine est aussi inconnue que celle des Pyrénées mêmes et peut-être aussi ancienne qu'elles.

La formation des secondes est liée à des dépôts de matières organiques en décomposition et s'explique aussi facilement que la nature et la formation de ces dépôts dont un grand nombre sont récents.

Nous verrons que l'énergie thérapeutique des eaux est en rapport avec la nature de leur origine ; que les eaux sulfureuses naturelles ont une virtualité d'action qui n'est nullement proportionnelle à celle de leurs principes constituants, comparés à ceux des eaux sulfureuses accidentelles et que certaines de ces sources, qui ne contiennent que la moitié, le quart ou le dixième des principes soit sulfureux ou autres de certaines sources accidentelles, ont cependant une action curative beaucoup plus énergique que celle de ces sources. J'espère démontrer que les eaux sulfureuses accidentelles ne sont sulfureuses qu'à la manière des eaux artificielles et qu'elles ont, par conséquent, une action analogue à celles-ci, dont il faut employer, on le sait, une dose dix fois au moins plus forte que la dose des eaux sulfureuses naturelles, non pour avoir une action identique, car cela est impossible, mais pour avoir quelques faibles résultats. Je rappellerai à ce sujet que Biett, qui était un des hommes qui maniaient les eaux minérales avec le plus d'habileté, ordonnait les eaux de Schisnach, en Suisse, qui sont des sources sulfureuses accidentelles, ainsi que je le démontrerai plus loin, comme des sources très douces et peu actives; cependant elles contiennent trois fois plus de sulfure que les eaux de Barèges; il est vrai que c'est un sulfure de calcium, comme à Enghien, formé par la décomposition du sulfate de chaux ou plâtre, par des matières organiques en décomposition.

J'ai vu aussi des malades qui ne pouvaient supporter, de suite, plus de trois à quatre bains des sources les plus faibles de Bagnères-de-Luchon, quoique ces eaux leur fissent du bien, et qui supportaient trente et quarante bains d'Enghien, sans fatigue, mais aussi sans résultat pour leur santé.

SECTION PREMIÈRE.

DES SOURCES SULFUREUSES NATURELLES, PRIMORDIALES OU PAR COMPOSITION.

Les sources sulfureuses naturelles, primordiales, ou par composition, présentent le caractère sulfureux dans tous les points de leur cours souterrain; elles ne peuvent que perdre ce caractère et non l'acquérir; plus on les cherche profondément, plus elles sont sulfureuses et plus elles sont chaudes; plus dans chaque localité (et par localité j'entends une montagne où existent un ou plusieurs groupes de sources, ou une source unique, et à ce sujet je ferai voir qu'à Cauterets, il existe trois localités) une source est chaude et plus elle est sulfureuse, à moins d'un refroidissement causé, dans la source chaude, par le voisinage d'une source froide, ou par son séjour dans un puisart ou réservoir, ou par son passage à travers des terrains refroidis, etc.

Les sources sulfureuses naturelles le sont dès leur origine; tandis que je démontrerai plus loin que celles que je nomme sulfureuses accidentelles sont primitivement de nature saline, et n'acquièrent le caractère sulfureux que par leur passage à travers des substances organiques en décomposition.

La presque totalité des eaux sulfureuses des Pyrénées doivent être rangées dans la première catégorie. Cinq ou six seulement, appartiennent à la seconde.

Les sources sulfureuses naturelles sont très nombreuses dans les Pyrénées; j'en ai examiné plus de cent, dont la température varie de $+ 10°$ à $75°, 70$ centigrades.

1° La plupart sont limpides, incolores, et conservent indéfiniment toute leur transparence; d'autres sont colorées en jaune verdâtre, au moment où elles sortent de la roche, et finissent par devenir louches ou laiteuses par leur exposition à l'air; elles prennent même, dans certaines localités, une apparence bleuâtre. D'autres, limpides, incolores à leur sortie de terre, acquièrent, en séjournant dans des réservoirs où on les accumule pour le service des bains, une couleur jaune verdâtre, comme celles que nous avons citées plus haut, et, comme elles, deviennent blanchâtres dans la baignoire. Ce phénomène nous donnera la clef de la couleur des premières, et nous fera mieux apprécier la nature du principe sulfureux.

2° Toutes ont une odeur spéciale d'œufs récemment cuits à la source, qu'elles soient ou non très sulfureuses et très chaudes, comme à Bagnères-de-Luchon et à Barèges: mais elles prennent l'odeur d'œufs couvis, quand elles se décomposent, par leur séjour à l'air ou par l'action des acides.

C'est une erreur grave du public et quelquefois des médecins qui ne se sont pas occupés de l'étude des eaux minérales, que de juger qu'une eau est très sulfureuse parce qu'elle a une odeur forte d'œufs couvis. Les eaux les plus sulfureuses, quand elles sont examinées à la source et à l'abri du contact de l'air, surtout si, comme les eaux sulfureuses naturelles, elles n'ont pas d'acide carbonique libre qui se dégage et entraîne de l'hydrogène sulfuré, n'ont presque pas d'odeur; elles n'acquièrent cette odeur qu'en se décomposant par l'action de l'oxygène de l'air qui, comme nous le verrons plus loin, attaque le sulfhydrate et en dégage l'hydrogène sulfuré, qui seul est odorant et a le caractère spécial d'œufs couvis. Aussi l'odeur est-elle plus forte dans les cabinets de bains qu'aux réservoirs; et aux douches, plus encore que dans ces cabinets, parce que l'eau s'aère davantage.

Dans les sources sulfureuses accidentelles qui contiennent toutes de l'acide carbonique libre, l'odeur se fait sentir aux sources mêmes, parce que cet acide décompose constamment le sulfure de ces eaux et entraîne l'hydrogène sulfuré avec lui, quand il se dégage; aussi quelques-unes de ces sources peu sulfureuses, sont-elles très odorantes à la source même.

3° Toutes dégagent spontanément du gaz quand elles sont bien disposées, c'est-à-dire, quand elles sourdent de bas en haut.

4° Toutes, quand on les fait bouillir, dégagent aussi une

certaine quantité de gaz, quelle que soit la manière dont elles sortent de terre.

Mais si, avant de les faire bouillir, on les traite par un sel de plomb, ou par un sel d'argent ou de cuivre, elles dégagent ensuite, par l'ébullition, une plus grande quantité de gaz, dont la nature diffère en partie de celle du premier.

5° Toutes contiennent une substance organique azotée, qui se retrouve dans le résidu de l'évaporation, et qui dégage, par la calcination, un produit ammoniacal qui ramène au bleu le papier de tournesol rougi par un acide.

6° La plupart laissent apercevoir, sur leur passage, deux substances azotées, dont l'une est organisée, mais dont l'autre n'offre aucune trace apparente d'organisation.

Ces deux substances, quand on les calcine, répandent des vapeurs ammoniacales. Nous verrons que l'une d'elles peut être considérée comme un dépôt de la substance qui est en dissolution dans les eaux, tandis que l'autre est une vraie substance confervoïde, dont j'ai étudié et fait connaître l'organisation, les habitudes et les divers modes d'arrangement (1).

§ 1er

DE L'ACTION DES RÉACTIFS.

L'action des réactifs sur ces eaux est à peu près la même dans toutes; cependant l'action de quelques-uns varie suivant que les eaux sont incolores ou qu'elles sont colorées en jaune verdâtre.

(1) *Séances de l'Institut, du 29 mai, du 14 août 1837, et du 12 mai 1838.*

1° L'air exerce sur les eaux sulfureuses une action variable, aussi, suivant qu'il l'exerce sur des eaux limpides, incolores, ou sur des eaux colorées en jaune verdâtre, les premières perdent tout leur principe sulfureux sans éprouver d'altération dans leur transparence; les autres, au contraire, prennent une couleur blanchâtre, tantôt laiteuse, tantôt ayant une apparence bleuâtre; d'autres se colorent en jaune verdâtre, quand l'action de l'air s'exerce sur elles dans un espace limité, et deviennent, quand elles passent à l'air libre, blanchâtres ou bleuâtres : ce trouble arrive d'autant plus vite qu'elles tombent en cascade plus élevée, et qu'elles sont plus fortement brassées pour en opérer le refroidissemeut.

2° Les acides nitrique, chlorhydrique, sulfurique, avivent l'odeur sulfureuse et dégagent, quand les eaux sont très chargées de principe sulfureux, quelques bulles du gaz, sans troubler leur transparence, si les eaux sont incolores; tandis qu'ils rendent subitement louches toutes les eaux qui sont naturellement jaunes verdâtres ou qui le sont devenues, en séjournant dans les réservoirs.

3° L'ammoniaque, la potasse et la soude, n'y produisent pas d'effet appréciable, même après plusieurs heures de contact; cependant, la potasse et la soude ont produit un léger trouble dans les Eaux-Bonnes et les Eaux-Chaudes, ce qui n'est pas étonnant, car elles contiennent une certaine quantité de sels calcaires.

Quand les eaux jaunes verdâtres sont devenues louches par l'action de l'air, l'on rétablit leur transparence, dans un temps assez court, en les traitant par l'ammoniaque ou la chaleur ou par leur mélange avec une autre source incolore non altérée à l'air; mais dans ce dernier cas le mélange reprend la teinte jaune verdâtre qu'avait la source avant de blanchir, sans qu'il se forme de dépôt, à moins que, par une nouvelle action de l'air elle ne blanchisse de nouveau ; tandis qu'en traitant par l'ammoniaque ou par la chaleur, il se forme un léger dépôt blanc et la liqueur reprend sa transparence et son incoloréité.

4° L'eau de chaux ne produit rien d'abord sur les eaux (c'est ce qui a causé l'erreur de M. Longchamp, qui a annoncé, dans un mémoire, qu'aucune eau sulfureuse des Pyrénées ne précipitait par l'eau de chaux) ; mais si l'on attend deux heures, et quelquefois plus tôt, soit que l'on agisse à l'air libre, *soit que l'on agisse à vase clos*, la liqueur commence à se troubler peu à peu, et bientôt après, on voit se former de petits flocons blancs demi-transparents, qui nagent dans la liqueur, et ne se déposent complètement qu'après douze ou vingt-quatre heures. Anglada a pris ce précipité pour du carbonate de chaux, d'où il a inféré que l'alcali était à l'état de carbonate dans les eaux sulfureuses ; nous prouverons, ce qu'on n'a pas fait jusqu'ici, qu'il s'est évidemment trompé, du moins en partie ; car de toutes les eaux sulfureuses des Pyrénées, celles des Pyrénées-Orientales, seules, quoique sulfureuses naturelles, se troublent à l'instant même où l'on les mêle à l'eau de chaux ; mais le trouble, léger d'abord, devient bien plus considérable après une à deux heures, et le précipité qui en résulte, à peine adhérent dans quelques points, est bien plus floconneux que grenu. Il contient évidemment du carbonate de chaux, mais en petite quantité ; la plus grande partie est, comme dans les eaux du reste de la chaîne, du silicate de chaux, d'où l'on voit qu'Anglada n'a eu tort qu'en partie.

Cette présence de l'acide carbonique, appréciable par l'eau de chaux, dans les eaux des Pyrénées-Orientales, tient à ce que ces sources naissent dans un terrain qui porte les

traces d'un double bouleversement : d'abord celui du soulèvement primitif du granit et autres roches primitives,
ensuite le soulèvement par les terrains volcaniques qui
s'étendent de la mer, du côté de Roses et de Port-Vendre,
jusqu'à Cette et à Agde.

La présence, dans ces points, des terrains volcaniques,
explique l'existence de la source gazeuse du Boulou. Cette
présence des roches volcaniques et le brisement des roches
superposées expliquent aussi pourquoi dans le département des Pyrénées-Orientales les eaux sulfureuses qui
sortent dans la roche même ne sont pas à l'abri des
influences atmosphériques ; comme j'ai pu le voir à Arles, où
le petit Escaldadon, source très chaude et qui sort de la
roche en place, a perdu, dans une nuit pluvieuse, la moitié
de son principe sulfureux et plus de 20° de température.
Tandis que dans les autres parties de la chaîne des Pyrénées,
les sources qui sortent dans la roche en place comme à Saint-
Sauveur, à Baréges et à Bagnères-de-Luchon, depuis les
beaux travaux des fouilles qui sont indiqués par moi dès
1835, d'après l'étude des groupes naturels et commencés
par M. Azéma, maire, et continués par M. l'ingénieur
François, d'après le programme que j'en avais fourni et qui
avait été approuvé par une commission scientifique, ces
sources, dis-je, sont à l'abri des influences extérieures :
ni les pluies d'orages ni les pluies de printemps n'ont d'influence sur elles, elles conservent toujours leur même sulfuration et leur température, quand elles les ont définitivement acquises; ce qui demande quelquefois plusieurs années.

Les eaux sulfureuses accidentelles, comme on le voit à
Euriage et à allevard, d'après les travaux de MM. Dupas-
ques et Gerdy, perdent beaucoup de leur sulfuration au
printemps; nous verrons pourquoi.

5° L'acide arsénieux liquide ne produit, tant qu'il est seul, aucun changement de couleur dans l'eau; mais si l'on ajoute quelques gouttes d'un acide, la liqueur prend aussitôt une teinte jaune, et bientôt après on voit se former un précipité floconneux jaune serin, qui flotte longtemps dans la liqueur. Anglada en a conclu que les eaux ne tenaient en dissolution aucune trace d'acide hydro-sulfurique; je crois qu'il s'est encore trompé.

6° Le nitrate de plomb forme un précipité brun, qui varie du noir au gris clair.

7° Le nitrate d'argent produit une précipité olivâtre, qui peut être plus ou moins gris; l'addition d'ammoniaque diminue notablement sa quantité, mais rend celui qui reste plus foncé.

8° Le chlorure de baryum forme un léger trouble dans les eaux, et la transparence de la liqueur n'est pas rétablie par l'addition d'acide nitrique.

9° L'oxalate d'ammoniaque n'a porté de trouble que dans les Eaux-Bonnes et dans les Eaux-Chaudes.

10° La noix de galle et le prussiate de potasse n'ont rien produit.

11° Le tournesol n'éprouve aucun changement. C'est à tort que Poumier a dit, dans son analyse des eaux des Pyrénées, qu'une source de Luchon rougissait la teinture de tournesol. Ces eaux sont les plus alcalines des Pyrénées, et rétablissent, au contraire, la teinture rougie par un acide.

12° Le sirop de violette est plus ou moins verdi; sous ce rapport les eaux diffèrent beaucoup entre elles, car il est des localités où les eaux verdissent fortement ce sirop, comme à Bagnères-de-Luchon, Ax, Barèges; tandis qu'il en est d'autres comme les Eaux-Bonnes, les Eaux-Chaudes, Mahourat et la Rallière à Cauterets, qui le verdissent à peine.

Cette circonstance n'est pas indifférente, car j'ai remarqué que, toutes choses égales d'ailleurs, les eaux *étaient supportées d'autant plus facilement en boisson, qu'elles avaient une réaction moins alcaline.*

13° Le tournesol, rougi par un acide, est ramené au bleu plus ou moins promptement, avec des différences notables comme pour le sirop de violette.

14° Si l'on fait bouillir l'eau à vase clos, elle précipite encore en brun par les sels de plomb; mais le précipité n'est pas tout à fait aussi abondant qu'avant l'ébullition.

15° Si l'on fait bouillir à l'air libre, les sels de plomb ne précipitent pas l'eau en noir, mais en blanc.

16° Après l'ébullition à l'air libre, les sels d'argent précipitent d'abord en blanc; ce précipité, qui devient violet par son exposition à la lumière, est insoluble dans l'acide nitrique; mais il est complètement soluble dans l'ammoniaque.

17° Si l'on fait bouillir l'eau à vase clos, et que l'on dirige les gaz qui s'échappent dans un flacon contenant une dissolution de sel de plomb, la solution est bientôt colorée en noir; mais en prolongeant l'ébullition, l'action semble s'arrêter; si alors on ajoute, par un tube en S, un acide dans l'eau en ébullition, il se produit une vive effervescence et la coloration du sel de plomb devient beaucoup plus intense; il se forme aussitôt un précipité noir abondant.

18° Si l'on fait la même expérience, et qu'au lieu d'une solution de plomb, on mette dans le flacon qui reçoit les gaz une solution de chaux ou de baryte, la liqueur ne se trouble pas quand on se contente de faire bouillir; mais, si par un tube en S, on ajoute de l'acide sulfurique dans l'eau bouillante, il se produit aussitôt une vive effervescence, et il se forme un précipité blanc pulvérulent qui est oluble, avec effervescence, dans les acides.

Nous rechercherons plus loin quelle est la nature de ce précipité et du gaz qui s'est dégagé , par l'addition d'un acide , de l'eau sulfureuse en ébullition.

19° Quand on évapore à siccité une certaine quantité d'eau sulfureuse, dix à quinze litres par exemple, pour que le résidu soit assez abondant, ce résidu, traité par l'eau distillée, se sépare en deux portions inégales en poids.

L'alcool concentré n'enlève à ce résidu , après qu'il a été bien desséché, que des traces à peine appréciables de chlorure de sodium et de substance organique azotée ; nous ne tiendrons pas compte de son action.

20° La portion de ce résidu, soluble dans l'eau , desséchée , devient d'abord brunâtre, répand des vapeurs empyreumatiques, ammoniacales, qui ramènent au bleu le papier de tournesol rougi par un acide, et ont une odeur de corne brûlée. Quand la calcination est complète , le résidu a repris l'aspect blanchâtre qu'il avait auparavant.

21° Quand on traite ce résidu par l'acide acétique , il se produit une vive effervescence, et la liqueur prend une consistance gélatineuse ; si l'on dessèche environ à 300°, et que l'on traite le résidu par l'eau distillée, une partie seulement se dissout , et l'on remarque au fond du vase une substance pulvérulente demi-transparente, floconneuse , insoluble dans les acides , soluble, au contraire, dans les alcalis concentrés à l'aide de la chaleur. Cette substance, desséchée, a un toucher très doux et presque onctueux : c'est de la silice. Je ferai remarquer, à cette occasion, que beaucoup d'auteurs décrivent la silice comme étant *rude au toucher* ; je l'ai, au contraire, toujours obtenue avec un toucher très doux. Cette onctuosité de la silice fait bien voir la différence de la dissolution des substances minérales dans les eaux naturelles et dans les eaux artificielles. Quelque moyen que l'on emploie pour dissoudre artificiellement la silice, on la trouvera toujours, en la retirant de sa dissolution, rude au toucher; celle qui se trouve dans les eaux sulfureuses naturelles des Pyrénées, au contraire, est si ténue, si douce et si onctueuse au toucher, que je doutais d'abord que ce fût de la silice, tant elle ressemblait peu à celle décrite par les auteurs; mais les expériences chimiques m'ont démontré que c'était réellement de la silice, résultant du silicate de soude des eaux. Cette division et cette ténuité des substances dans les eaux naturelles peut bien aider à expliquer la différence d'action de ces eaux avec les eaux artificielles, malgré l'énorme différence de quantité qu'on est forcé de mettre, presque décuple, pour obtenir quelques effets avec celles-ci. Comment ne pas admettre, en effet, que ces substances si ténues pénètrent plus facilement les divers tissus de notre corps jusque dans les fibres les plus déliées et vont expulser ou neutraliser jusqu'aux dernières molécules morbides de l'économie. Je donnerai plus loin et ailleurs la preuve irréfragable de la puissance d'action des unes et de la presque nullité des autres.

22° La liqueur traitée par le nitrate d'argent donne un précipité blanc caillebotté, devenant violacé par l'exposition à la lumière; ce précipité, insoluble dans l'acide nitrique, est soluble dans l'ammoniaque.

23° Après avoir enlevé par l'acide hydrochlorique l'excès de nitrate d'argent, on traite la liqueur par le chlorure de baryum, qui y forme un précipité blanc, pulvérulent, insoluble dans les acides nitrique et hydrochlorique; soluble en très petite quantité dans l'acide sulfurique concentré, bouillant.

24° Après avoir enlevé l'excès de baryte par l'acide

sulfurique, on évapore la liqueur à siccité dans une capsule de verre, pour chasser l'excès d'acide nitrique et hydrochlorique ; on calcine ensuite, à la chaleur blanche, dans un creuset de platine ; et pour être bien certain de chasser l'acide sulfurique en excès, on ajoute dans le creuset, qu'on ferme d'abord et qu'on ouvre après quelque temps, du carbonate d'ammoniaque qui enlève l'acide sulfurique en excès à l'état de sulfate d'ammoniaque, qui se décompose à son tour. On traite le résidu par l'eau distillée, qui le dissout complètement. Cette liqueur, livrée à une évaporation spontanée, laisse déposer de beaux cristaux allongés, prismatiques, à quatre pans, terminés par des sommets dièdres. Ces cristaux, formés évidemment de sulfate de soude, ont été dissous par l'addition d'eau distillée, et la solution réunie avec le reste de la liqueur. Quand on lit le traité d'analyses chimiques des eaux des Pyrénées par Poumier, l'on est tout étonné de voir qu'il considère ce sel comme du sulfate de magnésie. Pour bien m'assurer de son erreur, je traitai la dissolution de ce sel, bien neutre, par l'ammoniaque liquide, et je n'obtins aucun précipité ; je la traitai par la dissolution de potasse et par celle de soude aussi bien que par leurs carbonates, et je n'obtins non plus aucun précipité. Ces résultats démontrent d'une manière irréfragable l'erreur de Poumier et la nature de ce sel, bien qu'à l'époque où je fis ces expériences, l'antimoniate de potasse, si heureusement appliqué par M. Frémy, ne fût pas encore découvert. L'erreur de Poumier est d'autant moins excusable qu'il attaque l'opinion de Bayen, qui avait reconnu que ce sel était du sel de Glaubert ; cependant son ouvrage fait autorité dans les établissements d'eaux minérales des Pyrénées, et sert encore aujourd'hui de guide pour l'application de ces eaux.

25° Une portion de cette liqueur a été traitée par le chlorure de platine et additionnée d'alcool ; il ne s'est d'abord rien produit ; mais la liqueur, livrée à une évaporation spontanée, s'est colorée en se concentrant, et a laissé déposer ensuite un précipité grenu jaune serin, peu abondant, formé de chlorure double de platine et de potassium.

26° Une autre portion de la liqueur a été traitée par l'eau de chaux et une autre par le phosphate de soude, qui n'ont rien produit. Cette absence d'action de l'eau de chaux et du phosphate de soude, dénote que ces eaux minérales sulfureuses ne contiennent aucun sel de magnésie soluble, malgré l'assertion de Poumier.

27° La portion du résidu de l'évaporation de l'eau sulfureuse, insoluble dans l'eau distillée, a été chauffée après avoir été humectée d'acide chlorhydrique ; on a laissé agir quelque temps cet acide, et l'on a traité par l'eau distillée ; on a délayé la substance en la remuant avec une baguette, et l'on a chauffé le tout jusqu'après l'ébullition. On laisse reposer quelque temps et l'on filtre.

28° Le résidu, insoluble dans l'acide hydrochlorique, a été lavé, séché et calciné. Il se produit pendant la calcination des vapeurs empyreumatiques ammoniacales, qui ramènent au bleu le papier de tournesol rougi par un acide, et qui répandent une odeur de corne brûlée.

29° Le résidu de la calcination était doux et comme onctueux au toucher ; bouilli dans l'eau aiguisée d'acide hydrochlorique, il n'a communiqué que dans quelques cas comme à Bonnes, aux Eaux-Chaudes, à Cambo et dans les Pyrénées-Orientales, c'est-à-dire aux deux extrémités de la chaîne, à l'eau, la propriété d'être troublée (après la saturation de l'acide par l'ammoniaque) par l'oxalate d'ammoniaque.

30° La liqueur qui contient des substances insolubles dans l'eau et dissoutes par l'acide chlohydrique, additionnée d'hydrochlorate d'ammoniaque, pour ne pas précipiter la magnésie, s'il en existe, a été traitée par un léger excès d'ammoniaque, qui y a produit un précipité floconneux, jaunâtre, tirant un peu sur le rouge, et qui, pour un œil exercé, était formé d'hydrate de sesqui-oxyde de fer mêlé d'un peu d'alumine. On a recueilli ce précipité sur un filtre (bien épuisé de substances solubles par l'acide chlorhydrique et des lavages à l'eau distillée), on l'a lavé avec de l'eau distillée et calciné ensuite dans son filtre, après l'avoir desséché. Le résidu de la calcination était traité par l'acide chlorhydrique qui dissolvait la totalité, sauf quelques parcelles de silice résultant de la cendre du filtre. On filtrait la liqueur dans un filtre (toujours bien épuisé de substances solubles), on faisait bouillir et on traitait la liqueur bouillante par de petits fragmens de potasse à l'alcool. D'abord celle-ci produisait, en se dissolvant, une effervescence spontanée, avec précipitation d'une substance blanche, jaunâtre, qui devenait rougeâtre par l'addition d'une nouvelle quantité de potasse.

Le précipité floconneux, rougeâtre, était recueilli sur un filtre (toujours bien lavé à l'acide), desséché et calciné; le résidu de la calcination traité par le cyanoferrure de potassium, après avoir été dissous dans l'acide chlorhydrique, produisait une belle couleur bleue avec un précipité de même couleur, qui démontrent d'une manière évidente la présence du fer.

31° La liqueur qui contenait en dissolution la potasse ajoutée, et la substance blanchâtre qui s'était précipitée avec le fer, et qui avait été redissoute par l'excès de potasse, a été traitée par l'acide hydrochlorique pour saturer la potasse et ensuite par l'ammoniaque, qui d'abord produisait une teinte louche dans la liqueur; mais qui, après vingt-quatre heures de repos, déterminait un précipité blanc floconneux qui (desséché et examiné dans quelques cas) a produit, étant traité au chalumeau par le nitrate de cobalt, une couleur bleue d'azur indiquant l'alumine.

32° La liqueur d'où l'on avait précipité le fer et l'alumine a été divisée en deux portions; une d'elles, traitée par l'oxalate d'ammoniaque après la saturation de l'acide, a produit, dans tous les cas, un précipité qui, calciné et traité par l'acide hydrochlorique, se dissout avec effervescence; cette solution évaporée à siccité, sans trop élever la chaleur reprise par l'eau distillée qui la dissout complètement, précipite en blanc par l'acide sulfurique; ces différents caractères indiquent la présence de la chaux.

33° La liqueur d'où l'on a précipité la chaux est évaporée à siccité; le résidu calciné et traité par l'acide sulfurique, a produit une vive effervescence. On calcine de nouveau pour chasser l'excès d'acide sulfurique; le résidu se dissout complétement dans l'eau distillée. Cette solution est divisée en plusieurs portions; une d'elles, traitée par l'eau de chaux, donne un précipité blanc floconneux demi-transparent; une autre, traitée par le phosphate de soude, y détermine aussi un précipité analogue. Le résultat de ces deux expériences indique suffisamment la présence de la magnésie dans les substances insolubles à l'eau.

34° La portion de la liqueur qui avait été traitée par l'eau de chaux, est traitée par le carbonate d'ammoniaque; le précipité enlevé, la liqueur est évaporée à siccité, et le résidu calciné avec addition de carbonate d'ammoniaque, pour chasser l'excès d'acide sulfurique. Le résidu, traité par l'eau distillée, s'est complétement dissous. Cette solution, livrée à une évaporation spontanée, a laissé déposer de petits cristaux allongés, prismatiques, quadrangulaires, terminés par des sommets dièdres. Ces cristaux, formés de sulfate de soude, dénotent que cet alcali se trouve dans la portion insoluble du résidu de l'évaporation, à l'état de surcilicate. Je ne sais si la soude est combinée dans les eaux sulfureuses avec la silice dans les deux états de silicate basique soluble et de silicate insoluble, dans une petite quantité d'eau; je crois plutôt que ce dédoublement se fait pendant l'évaporation de l'eau : mais, ce que ce double état démontre, c'est qu'elle existe dans les eaux, au moins en très grande partie, à l'état de silicate et non de carbonate, comme nous le démontrerons plus loin. Car, loin que les silicates décomposent les carbonates, c'est au contraire les carbonates qui décomposent les silicates, comme les belles expériences de M. Kulman l'ont démontré. Comment se ferait-il alors que l'on trouvât de la soude dans la portion insoluble du résidu de l'eau, si elle n'était combinée à la silice, car le carbonate de soude, comme on le sait, est éminemment soluble, et par conséquent, ne peut se trouver dans un résidu insoluble.

Mais, une preuve convaincante que les personnes qui font opposition à mon opinion ne rapportent pas ce qui la corrobore d'une manière indubitable, c'est que, lorsque l'on traite par l'eau de chaux une eau sulfureuse naturelle de Barèges, de Luchon, de Saint-Sauveur, etc., elle ne précipite pas immédiatement ; que le précipité qui se forme plus tard est floconneux et pas grenu et qu'il se dissout toujours sans effervescence par les acides, tandis que celui que l'on forme avec le carbonate de soude et de l'eau de chaux est subit, grenu, adhérent aux parois du vase, ne s'en détache qu'à l'aide d'un acide, et faisant toujours effervescence par cet acide, etc. (Voir plus bas pour plus de détails.)

A. — Il résulte de ces expériences, que toutes les eaux sulfureuses des Pyrénées contiennent un principe sulfureux, qui a fait donner à ces eaux le nom qu'elles portent, comme nous le prouvent les observations et les expériences 1, 2, 5, 6, 7, 14, 15 et 17.

Qu'une partie de ce principe se dégage par l'ébullition à vase clos, mais que la plus grande portion ne se détruit pas par cette expérience, tandis que l'ébullition à l'air libre le dénature complétement. Expériences 16 et 17.

Quelle est la nature de ce principe sulfureux ? A quel état se trouve-t-il ? Ces deux questions seront traitées plus en détail, en étudiant la cause de la couleur jaune verdâtre de certaines de ces eaux, et leur trouble spontané au contact de l'air.

B. — Les expériences 7 et 16 démontrent la présence de l'acide chlorhydrique ou de chlorures que les expériences 24 et 25 démontrent être des chlorures de sodium et de potassium.

C. — L'expérience 8 démontre l'acide sulfurique ou des sulfates, mais les expériences 24 et 25 font admettre que ces sulfates sont des sulfates de soude, avec des traces de sulfate de potasse; les expériences 9 et 32 démontrent que, dans quelques cas rares, l'acide sulfurique est combiné à un peu de chaux, au moins dans le résidu de l'évaporation.

D. — Les expériences 12, 24 et 34 démontrent la présence de la soude que les expériences 8, 16 et 22 nous

indiquent être, en partie, à l'état de sulfate et de chlorure. Mais comme les expériences 12, 13 et 29 peuvent
faire admettre qu'une partie de cette soude est à l'état de
carbonate, qu'il y a même des auteurs qui l'ont formellement soutenu, que d'autres, au contraire, ont admis qu'elle
était à l'état caustique, et que, pour ma part, je ne partage
ni l'une ni l'autre de ces opinions ; je traiterai cette question avec détail dans un paragraphe séparé, pour prouver
qu'elle est à l'état de silicate en totalité, dans le plus
grand nombre de sources qui n'ont pas reçu le contact de
l'air et qui sortent dans la roche en place, et en très grande
partie dans les autres. Jamais je ne pourrai admettre
qu'une eau qui contient une assez grande quantité de soude,
que l'on prétend être à l'état de carbonate, puisse être
traitée en diverses proportions par l'eau de chaux, sans
former immédiatement un précipité grenu qui trouble
la liqueur, qui devienne adhérent aux parois du vase, et
qui se dissolve dans les acides, sous l'eau, avec dégagement
de bulles. Tout cela se trouve très bien dans les eaux des
Pyrénées-Orientales, aussi je m'empressai, dès que je les
vis, de déclarer qu'il y avait des traces de carbonate de
soude, et je me plais à confirmer cette opinion. Mais quand
je traite les eaux sulfureuses naturelles des autres parties
de la chaîne par l'eau de chaux ; qu'il ne s'y forme un précipité qu'après vingt, vingt-cinq, trente minutes et quelquefois dix et douze heures, que ce précipité n'est jamais
grenu ni adhérent, qu'il est floconneux, et qu'il conserve
ce caractère cinq et six ans ; que, quand il se dissout, par
les acides sous l'eau, il ne dégage jamais une bulle de gaz, je
ne pourrai jamais admettre que ce précipité soit du carbonate de chaux, ni que l'eau contienne du carbonate de soude.

E. — La potassse, quoique en très petite quantité, se

trouve dans toutes les eaux sulfureuses des Pyrénées. L'expérience 25 le démontre.

F. — La chaux ne se trouve que rarement et en très petite quantité, à l'état de sulfate dans le résidu des eaux sulfureuses des Pyrénées; elle est, au contraire, dans toutes, quoique en très petite proportion, à l'état de carbonate ou de silicate, comme le démontrent les expériences 9 et 32.

G. — La magnésie, malgré l'assertion de Poumier, ne se rencontre dans nos eaux qu'à l'état de carbonate ou de silicate, encore n'est-ce qu'en très petite quantité souvent impondérable. (Exp. 33.)

H. — Le fer et l'alumine qui n'avaient pas encore été signalés dans les eaux sulfureuses des Pyrénées, si ce n'est par Anglada, qui a considéré le premier comme substance étrangère, dans les deux circonstances où il en a parlé, se rencontrent cependant toujours dans ces eaux, quoiqu'en très petite quantité. Je les ai trouvés soit dans le résidu de l'évaporation, soit dans le précipité obtenu par l'eau de chaux. (Exp. 30 et 31.)

I. — La silice se trouve dans les eaux sulfureuses en très grande quantité; elle se rencontre dans le résidu de l'évaporation, soit dans la portion soluble dans l'eau, comme le prouve l'expérience 21, soit dans la portion insoluble. Dans le premier cas, elle est constituée à l'état de silicate basique de soude; et dans le second, à l'état de sur-silicate de soude et peut-être de chaux, de fer et d'alumine.

J. — Je ne fais pas mention de l'ammoniaque qui a été signalée par M. Longchamp, dans les eaux sulfureuses des Pyrénées, et que les expériences 20 et 28 pourraient y faire supposer. Toutes les expériences que j'ai faites me

font penser que les produits ammoniacaux que l'on pourrait signaler dans ces eaux, sont le résultat de la décomposition de la substance suivante, qui est organique, azotée, comme cela se voit quand on traite à chaud l'albumine
ou la fibrine par un alcali.

K. — *Toutes les eaux sulfureuses naturelles* des Pyrénées
contiennent en dissolution ou en suspension, mais non per-
cevable à la vue simple, ni à la vue armée d'un microscope le plus fort, une substance azotée qui dégage, par la
calcination du résidu, des vapeurs empyreumatiques, ammoniacales, qui ramènent au bleu le papier de tournesol
rougi par un acide, et qui répandent une odeur d'ammoniaque. Cette substance, qui se trouve mêlée à tous les rési-
dus, à tous les précipités, qui a reçu les divers noms de
zoogène que lui a donné M. Gimbernat, de matière grasse
que lui ont donné Bordeu père et fils, de substance bitumineuse, nom donné par plusieurs auteurs, de barégine
par M. Longchamp, de glairine, imposé par Anglada, et
que je désignerai sous le nom de *pyrénéine*, parce qu'on la
rencontre dans les eaux sulfureuses naturelles des Pyrénées, et qu'elle existe dans toutes ; je la distinguerai de
celle qui se voit sous forme de filaments blanchâtres sur
le passage de la plupart des eaux sulfureuses.

Je n'avais pas d'abord donné de nom spécial à cette
substance, par le motif que je n'en connaissais pas alors
qui pût être mieux appliqué que ceux qu'on lui avait
donnés; mais aujourd'hui que j'ai examiné plus de trois
cents sources dans les diverses parties de l'Europe, sans
trouver cette substance dans aucun autre eau que celle des
Pyrénées, soit sulfureuse ou non, je puis lui donner
un nom caractéristique, spécifique, tiré du lieu où on la
trouve. Le nom de pyrénéine mesemble celui qui lui con-

vient le mieux, puisqu'on la trouve dans toutes les eaux
sulfureuses des Pyrénées et qu'on ne la trouve presque
que dans ces eaux. Il me paraît préférable à celui de
Barégine, qui semble indiquer que cette substance n'existe
qu'à Barèges. C'est d'après cette idée que plusieurs médecins voulaient lui donner le nom de la source qu'ils admi-
nistraient : ainsi, M. le docteur Astrié, d'Ax, voulait
l'appeler daxine; M. le docteur Barrau, de Luchon, voulait
la nommer luchonine; M. le docteur Fabas, de Saint-Sauveur, voulait l'appeler Saint-Sauverine, etc. Je pense que
cette dénomination que je lui ai donnée, les mettra tous
d'accord. Je préfère aussi ce nom à celui de glairine donné
par Anglada, qui lui avait donné ce nom parce qu'il la confondait avec la sulfuraire qui ressemble assez à des glaires
ou blancs d'œufs cuits. D'un autre côté, comme l'a très
bien fait observer M. Longchamp, le nom de glairine, qui
rappelle les glaires des bronches ou de l'estomac, ne présente pas une image ni un souvenir très agréables quand
on va boire l'eau qui la contient. Si l'on vient à découvrir
plus tard des sources sulfureuses naturelles sortant dans
les roches primitives et qui contiennent de cette substance,
comme M. l'ingénieur François croit qu'il en existe en
Corse, le nom que je lui ai donné ne lui conviendra pas
moins, parce qu'un fait spécial viendra se grouper auprès
d'un fait général; de même que nous donnons le nom
d'Alpines à des plantes que nous trouvons dans les Pyrénées, quoiqu'il soit démontré que ces plantes existaient
dans les Pyrénées avant d'exister dans les Alpes, puisque
celles-ci sont moins anciennes que les Pyrénées, d'après
les géologues.

L. — Dans la plupart des eaux sulfureuses, mais non
pas dans toutes, on trouve une substance blanche, quand

elle est à l'abri de la lumière directe, filamenteuse, douce au toucher, qui a été confondue, par la plupart des chimistes, avec la substance qui se trouve en dissolution dans les eaux, parce que, comme celle-ci, elle produit, par la calcination, des vapeurs ammoniacales empyreumatiques; mais je démontrerai qu'elle en diffère complètement, car la substance filamenteuse est une vraie substance organisée, ayant une structure déterminée, tandis que l'autre est seulement organique, azotée, sans existence propre.

M. — L'on trouve, en même temps que la substance filamenteuse précédente, une substance gélatineuse sans forme déterminée, sans aucune trace de structure organisée qui se dépose dans les canaux et dans les réservoirs où passe et séjourne l'eau. Cette substance se trouve quelquefois isolée, sans aucun rapport avec la substance blanche filamenteuse, et sans qu'il soit possible qu'elle soit le résultat de la décomposition de la première. Mais le plus souvent elle a des rapports intimes avec la substance blanche qui y adhère par une de ses extrémités, dans laquelle, même, elle semble prendre naissance.

Nous allons traiter, dans des sections séparées, les principales questions que nous n'avons fait qu'énoncer succinctement. Nous nous occuperons de l'état du principe sulfureux, de la soude et de sa manière d'être, des gaz qui se dégagent, soit spontanément, soit par l'ébullition; enfin, nous parlerons des substances azotées qui, sous diverses formes, se trouvent sur le passage des eaux sulfureuses ou dans les réservoirs où elles séjournent.

Ce volume, consacré aux faits généraux, sera suivi d'un second dans lequel seront traités les faits spéciaux à chaque source sur lesquels ces faits généraux sont basés, et dans lequel seront consignées les analyses des sources que j'ai visitées, soit que les analyses aient été faites par moi, soit qu'elles aient été faites par d'autres chimistes.

Je traiterai enfin des faits cliniques que j'ai accumulés en grande quantité pour servir d'indication aux médecins et pour faire connaître la puissance des eaux thermales sulfureuses des Pyrénées.

§ II.

NATURE DES GAZ QUE DÉGAGENT LES SOURCES SULFUREUSES NATURELLES DES PYRÉNÉES.

Je me suis servi, pour recueillir ces gaz, du matras-cuvette indiqué par Anglada; mais comme, après quelques expériences, celui que j'avais fait établir à Paris se cassa, je le remplaçai par un instrument analogue fait avec plus de simplicité : je pris un ballon d'une capacité détermi-née, j'ajustai un bouchon percé d'un trou à son ouver-ture; j'adaptai la douille d'un petit entonnoir à fond plat dans le trou fait dans le bouchon; je remplissais le ballon et l'entonnoir avec de l'eau de la source dont je voulais recueillir le gaz, je plaçais au-dessus de la douille de l'en-tonnoir une éprouvette graduée, remplie d'eau bouillante et je portais à l'ébullition, en faisant chauffer peu à peu le ballon. Bientôt le gaz se dégageait, montait dans l'éprou-vette, et l'eau de celle-ci se répandait dans l'entonnoir; quand je voyais qu'il n'y avait plus de dégagement, j'ar-rêtais l'ébullition, je transportais l'éprouvette encore toute chaude sur une cuve pneumatique improvisée, cons-truite au moyen d'un grand vase de terre rempli d'eau saturée de sel marin, pour que l'acide carbonique, s'il en existait, ne fût pas absorbé; j'aurais bien désiré faire usage d'une cuve à mercure, mais, dans mes excursions, je faisais mes expériences en plein champ, auprès de la source même, et il m'eût été difficile de faire voyager avec moi une cuve à mercure. J'espère, plus tard, lorsque je serai établi près des eaux, apporter à mes expériences plus de précision, afin de lever tous les doutes que le défaut d'instruments exacts a pu laisser encore à mon travail. Je plaçais, dis-je, l'éprouvette encore toute chaude sur l'eau salée, et j'attendais le refroidissement des gaz. Alors je mesurais le volume en comptant les degrés marqués sur l'éprouvette, tenant compte de la pression atmosphérique et de la température des lieux dans lesquels je faisais mes opérations.

J'introduisais un bâton de phosphore dans l'éprouvette ; il ne s'y produisait aucune vapeur. Je laissais le phosphore en contact avec le gaz pendant vingt-quatre heures. Dans aucun cas, je n'observais aucune diminution du volume du gaz que celle produite par les variations de pression et de température.

Je substituais au bâton de phosphore un fragment de potasse caustique humectée, porté au bout d'un fil de fer qui le tenait hors de l'eau ; je le laissais en contact avec le gaz pendant vingt-quatre heures. Quelquefois, il semblait qu'il y eût une légère diminution de gaz qui pouvait équivaloir au vingtième ou au trentième de son volume. Je répétais plusieurs fois l'expérience, tantôt en commençant par introduire la potasse, tantôt en commençant par introduire le phosphore, et j'obtenais constamment les mêmes résultats.

Le résidu du gaz était insipide, inodore, éteignait une bougie enflammée sans brûler lui-même ; il ne précipitait pas l'eau de chaux, soit avant, soit après les expériences.

Nous devons conclure de ces observations, que le gaz qui se dégage spontanément de l'eau par l'ébullition est de l'*azote*, le plus souvent pur, quelquefois peut-être mêlé d'un peu d'acide sulfhydrique ou carbonique ; mais comme nous prouverons plus loin que ce ne peut être de l'acide carbonique, nous devons admettre qu'il se dégage avec l'azote une certaine quantité d'acide sulfhydrique.

Le gaz qui se dégage spontanément des sources quand elles sont bien disposées, c'est-à-dire, quand elles jaillissent de bas en haut, traité de la même manière, s'est comporté comme le précédent, avec cette différence qu'il n'entraîne jamais d'acide sulfhydrique. Ce dégagement d'azote pur des sources sulfureuses naturelles est caractéristique, car je n'ai trouvé que cette espèce de sources qui dégageât seulement de l'azote ; les sources des Pyrénées-Orientales, quoique contenant des traces de carbonate de soude, n'en laissent point dégager à l'état de gaz, car il existe à l'état de carbonate neutre qui est indécomposable spontanément par l'ébullition. Aussi, un des meilleurs moyens pour distinguer les eaux sulfureuses naturelles des Pyrénées des eaux sulfureuses accidentelles ou des eaux sulfureuses artificielles, c'est de la traiter par l'ébullition et de recueillir le gaz, à l'aide d'un matras-cuvette. S'il se dégage de l'azote pur : c'est de l'eau sulfureuse naturelle ; s'il se dégage de l'azote mêlé d'acide *carbonique* et d'hydrogène sulfuré : c'est de l'eau accidentelle ; l'eau artificielle ne dégage rien ou ne dégage pas d'azote pur. L'azote ne se fait pas assez facilement en grand pour en introduire dans les eaux artificielles. Je fis connaître, il y a cinq à six ans, ce procédé à M. Baude, inspecteur des eaux artificielles à Paris, qui était en peine de trouver un moyen assez simple et assez expéditif pour distinguer les eaux entre elles. Il avait déjà très bien reconnu qu'avec l'eau de chaux on discernait les eaux d'Enghein des eaux de Barèges par le précipité subit que forment les premières avec cette eau ; tandis que les secondes n'en formaient aucun avant plusieurs minutes. Quant aux eaux des Pyrenées-Orientales, il sera facile de les distinguer, indépendamment du caractère fourni par l'azote, en ce que le précipité qui se forme d'abord est très léger, et qu'il augmente peu à peu après quelques minutes, en ce qu'il est plus floconneux que grenu, et qu'il n'y a que la plus faible partie qui se dissolve avec effervescence sous l'eau, ce qui se voit par les rares bulles gazeuses qui se manifestent, quand on le traite par un acide. Si, par hasard, on introduisait de l'air dans les eaux minérales artificielles pour obtenir un dégagement d'azote, cet azote serait mêlé d'oxygène et ferait une légère effervescence en débouchant la bouteille, car on n'aurait pu l'y introduire que par la compression, et l'on sait que l'azote est très difficilement soluble dans l'eau.

Mais si, en traitant l'eau simplement par l'ébullition, on n'obtient que de l'azote, il n'en est plus de même si, avant de faire bouillir l'eau pour en dégager le gaz, on traite cette eau par un sel de plomb ou d'argent : dans ce cas, le volume du gaz est considérablement augmenté; quelquefois du cinquième, d'autres fois d'un quart, et même d'un tiers en sus; alors, si l'on traite ce gaz, après le refroidissement, par un bâton de phosphore, il produit des vapeurs blanches dès qu'il est en contact avec le gaz ; et quand, après plusieurs heures, le gaz qui reste dans l'éprouvette, et dont le volume a été diminué de manière à être ramené à la quantité obtenue par l'ébullition simple, est traité par la potasse, il n'éprouve, dans aucun cas, de diminution : ce gaz ne trouble pas l'eau de chaux, il éteint une bougie enflammée, il se comporte, en un mot, comme de l'azote.

Il résulte de cette seconde expérience, que les eaux sulfureuses contiennent, indépendamment de l'azote qui se dégage par la simple ébullition, de l'*oxygène* en proportion variable, qui ne se montre que lorsque l'on a eu soin de détruire le principe sulfureux. Ce principe, dans le cas contraire, à l'aide de la chaleur, s'empare de l'oxygène, et se modifie dans sa constitution.

L'on voit, d'après ces résultats, que l'opinion d'Anglada, contrairement à celle M. de Longchamp, est complètement fondée sur ce point. Nous établirons plus loin que la portion du principe sulfureux qui se combine avec l'oxygène passe à l'état d'hyposulfite de soude.

§ III.

DU PRINCIPE SULFUREUX,

ET PHÉNOMÈNES RÉSULTANT D'UNE MODIFICATION PARTICULIÈRE DE CE PRINCIPE.

Nous allons prouver que plusieurs phénomènes qui avaient été rangés dans diverses séries de faits doivent tous se rapporter à une modification spéciale du principe sulfureux des eaux : tels sont le blanchîment des eaux de Bagnères-de-Luchon, le bleuissement des eaux d'Ax, la lactescence des eaux de Cadéac, le louchissement des eaux de Molitch, etc.

I.

DU BLANCHIMENT DES EAUX DE BAGNÈRES-DE-LUCHON.

Campardon est le premier qui ait parlé, en 1763, dans un mémoire inséré dans le *Journal de médecine et de chirurgie*, de ce phénomène remarquable, en disant des deux sources blanches, qu'il désigne par les n°ˢ 9 et 10, et « qui doivent, dit-il, leur nom à une substance blanche onctueuse qui les couvre et qui s'enlève facilement avec les doigts (il veut désigner la conferve que j'ai distinguée sous le nom de *sulfuraire*), qu'elles vont se rendre avec les blanches et la chaude, de gauche, dans la petite plaine située au-dessous, et comme elles se mêlent, ajoute-t-il, elles communiquent à celles-ci leurs propriétés. » Il veut sans doute dire la couleur blanche que prennent toutes ces eaux dans la fosse commune où elles vont se perdre.

Bayen, dans l'analyse remarquable qu'il fit des eaux de Luchon, en 1766, parle de ce phénomène avec des détails très circonstanciés ; on peut presque dire que c'est lui qui l'a signalé le premier, et qui en a cherché l'explication (1).

Après avoir décrit toutes les circonstances du phénomène avec beaucoup de soin, Bayen s'exprime ainsi : « Je fus convaincu, d'après ces observations et ces expériences, que la couleur laiteuse que prennent ces eaux est principalement due au mélange de la source froide avec l'eau

---

(1) Dans le second volume de mon ouvrage, je reprendrai l'analyse de Bayen et je mettrai en parallèle les faits qu'il avait observés avec ceux que j'ai vus depuis. Je ne peux ici en parler que d'une manière sommaire. Je comparerai aussi ces analyses avec celles de Poumier, de M. Longchamp et les miennes, autant qu'il sera possible de déduire des chiffres exacts des procédés qu'il a suivis, surtout pour le principe sulfureux et les sulfates. Cet ouvrage, presque complet, ne peut être achevé que lorsque le nouvel établissement sera bâti à Luchon, ou que, du moins, les fondations seront assises. Car ce travail, qui doit être fait avec les plus grandes précautions et surveillé par des hommes spéciaux, peut changer et modifier complètement l'état des sources actuelles, et les analyses que je donnerais aujourd'hui n'auraient que peu de valeur, si les sources venaient à changer. Il y a quatre ans que je retarde de donner une analyse sur les eaux des Pyrénées, dans l'attente de pouvoir signaler les améliorations que je réclame depuis si long-temps à Luchon ; mais que les intérêts particuliers, les mauvaises passions

des sources minérales (1). » Bayen reconnut que le précipité qui se formait, quand l'eau, devenue laiteuse, s'était éclaircie « était formé de soufre, d'un peu de matière grasse et d'un peu de terre. » Il ajoute plus loin, après avoir parlé des filaments blancs soyeux que les eaux entraînent, et qu'on trouve sur les différents points de leur passage, filaments que je démontrerai être une véritable substance organisée confervoïde : « Il est évident que le dépôt qui se forme partout où passent les eaux n'est autre chose que cette matière qui la rend laiteuse, soit dans les baignoires, soit dans le fossé, soit dans les vases d'une certaine grandeur (2). Enfin Bayen termine ainsi ce qui a rapport aux eaux laiteuses : « Il est donc constant que la couleur laiteuse qui survient aux eaux de Luchon est l'effet produit par le mélange des deux eaux chargées de matières différentes qui agissent l'une sur l'autre, se décomposent et forment un nouveau sel qui reste en dissolution, tandis que le soufre et la terre nagent dans la liqueur, jusqu'à ce que, par un long repos, ils gagnent le fond, et y forment un sédiment, ou qu'en roulant sur les pierres et dans les conduits de bois, ces petites molécules sulfu-

---

et la négligence des bureaux du ministère de l'agriculture et du commerce retardent indéfiniment. Il serait bien à désirer qu'on enlevât à ce ministère, où il se trouve des hommes très honorables, mais incompétents dans les questions graves et profondes des eaux minérales et des établissements thermaux, l'administration de ces établissements. C'est au ministère des travaux publics ou de l'instruction publique que les établissements thermaux devraient être rendus. Dans l'un, on trouverait des hommes qui connaîtraient les choses, et dans l'autre, des personnes capables d'apprécier les hommes; tandis qu'au ministère du commerce, on ne peut connaître ni les hommes ni les choses, et qu'ainsi les établissements thermaux de France sont les plus mal organisés d'Europe, à la honte de ceux qui sont chargés de les administrer.

(1) *Opuscules chimiques*, t. I, p. 31 et 32.

(2) BAYEN, *Opuscules chimiques*, t. I, p. 40.

reuses et terreuses s'y accrochent pour former le dépôt gélatineux et soyeux dont j'ai parlé (1). » Bayen, comme on le voit, confondait la couleur blanche ou laiteuse des eaux de Luchon, avec la formation des substances soyeuses blanches. Il croyait que, dans le courant, les molécules de soufre, de terre et de matière grasse, se liaient les unes à la suite des autres, pour former ces filaments blancs ; tandis que, lorsque l'eau était en repos, ces molécules de soufre, de terre et de matière grasse, troublaient l'eau d'abord, et finissaient par se déposer en formant des sédiments.

Anglada, en mentionnant les eaux de Luchon, adopte, en parlant de ce phénomène, une explication analogue à celle de Bayen, sous le rapport de la cause ; mais elle en diffère sous celui de la nature du dépôt. « Il arrive, dit-il, quelquefois que, dans une même localité, l'eau de deux sources conserve très bien sa limpidité à l'air, tant que chacune d'elles reste isolée, tandis que, bientôt après qu'on les a mélangées, leur transparence disparaît, et l'aspect laiteux se prononce plus ou moins fortement. Les composés qui apparaissent dans ce cas sont évidemment

(1) Cette opinion erronnée de Bayen pourrait avoir les conséquences les plus graves. Si elle n'était redressée, elle ne tendrait à rien moins qu'à faire supprimer le mélange de la source froide avec les sources chaudes, ce qui viendrait à diminuer de moitié les bains que l'on donne à Luchon, où l'eau déjà suffit à peine, puisque, dans le milieu de la saison, on donne, par jour, 7 à 800 bains et 2 à 300 douches, qui seraient réduites, par la suppression de l'eau froide, à 458 bains et 180 douches. Quoique plus tard, quand toutes les fouilles du pré Ferras seront achevées, il se trouvera assez d'eau pour la donner pure et serpentinée. Les fausses théories dans les sciences, tant qu'elles restent à l'état de théorie, ne sont pas très nuisibles ; mais elles amènent les plus graves résultats dès qu'elles sont appliquées dans la pratique. Aussi tout esprit grave et sérieux doit-il éviter de donner comme vérité ce qui n'est qu'une hypothèse, même ce qu'on croit être la vérité, quand elle n'est pas évidemment démontrée.

les produits de certaines réactions qui se passent entre divers matériaux des deux liquides. C'est ce qu'avait remarqué Bayen, dans son analyse des eaux de Luchon, de la réaction des eaux de la Grotte et de la Reine avec celles de la source froide, et il avait vérifié que la précipitation observée tenait à ce que les premières de ces eaux contiennent un sous-carbonate alcalin, au lieu que la source froide entraîne un hydrochlorate terreux (1). »

M. Save, pharmacien distingué de Saint-Plancard, qui s'est occupé avec soin et talent des analyses des eaux minérales des Pyrénées, mais qui regardait, sans avoir assez justifié son opinion, les eaux de Luchon, comme minéralisées par l'acide hydrosulfurique libre en dissolution, attribue le blanchîment de l'eau à la décomposition de cet hydrogène sulfuré par l'action de l'air qui s'empare de son hydrogène et laisse précipiter le soufre (2).

Il y a quelque chose de vrai dans l'explication de M. Save : c'est la précipitation du soufre ; mais il se trompe lorsqu'il prétend que les eaux de Bagnères-de-Luchon contiennent leur principe sulfureux à l'état d'acide hydrosulfurique libre.

Dans certaines eaux sulfureuses accidentelles, il arrive aussi un blanchîment, mais qui tient, dans cette circonstance, à la décomposition par le contact de l'air de l'hydrogène sulfuré que déplace l'acide carbonique : c'est ce qui arrive à Euriage, d'après M. Gerdy. Il y a des cas, cependant, où il se forme une polysulfure, comme on le voit à Enghien; quand on fait évaporer l'eau, avant de se troubler, elle devient jaune, verdâtre. M. O. Henry qui avait observé ce phénomène, n'avait pas bien saisi son explica-

(1) ANGLADA, 6ᵉ *Mémoire*, p. 179, à la note.
(2) *Annales de chimie.*

tion qui ne fut pas difficile pour moi, d'après ce que j'avais observé dans les Pyrénées, quelques années avant de faire l'analyse des eaux d'Enghien ; l'oxygène de l'air s'empare de l'hydrogène, de l'acide sulphydrique pour former de l'eau, et le soufre, à l'aide de la chaleur, se dissout dans le sulfure, restant non encore décomposé, et forme un polysulfure de calcium qui est jaune verdâtre. Mais pour cela, il faut que les eaux soient très sulfureuses, car, quand elles le sont peu, le sulfure a le temps d'être tout décomposé quand le soufre se trouve à l'état libre, ou bien il se trouve en si petite quantité, qu'il ne peut pas dissoudre le soufre qui se précipite sous forme de poudre blanche, ce qui donne à l'eau un aspect laiteux. Je ferai observer, à ce sujet, que je crois que mon cher confrère et ami M. V. Gerdy a commis une erreur quand il a attribué un grand effet au soufre précipité dans les eaux d'Euriage ; il me rappelle un peu, dans son spirituel plaidoyer, pour soutenir sa théorie, la fable du Renard de La Fontaine, à qui l'on a coupé la queue ; il voulait que la mode en vînt, c'était mieux et plus commode, mais il trouva peu de partisans ; M. Gerdy, aussi, a trouvé un rude adversaire dans M. Dupasquier, de Lyon, relativement à cette opinion.

Pour ma part, moi qui habite une localité où les eaux, dans certaines circonstances, blanchissent par la précipitation du soufre, je ne considère pas le phénomène comme un fait qui rend les eaux plus actives ; loin de là, je crois qu'elles perdent, dans cet état, une partie de leur énergie. Mais ces eaux blanches nous sont cependant utiles pour établir une graduation de force et d'activité dans nos eaux, et dans certains cas, nous félicitons-nous de ce phénomène ; mais qu'on le sache bien, c'est pour avoir, je le répète, des eaux plus douces et moins actives.

Cependant, toute activité n'est pas détruite, car il reste,

indépendamment des sulfates et des chlorures, du *silicate de soude* qui joue un grand rôle dans l'action thérapeutique des eaux; car il agit à la manière des iodures.

Il y a des malades qui, sans en connaître le vrai motif, en sentent bien le résultat: « mon bain n'a pas blanchi » disent-ils; « je n'ai pas dormi de la nuit. » Le fait est vrai : l'excitation de l'eau qui n'a pas blanchi, c'est-à-dire qui a conservé tout le principe sulfureux à l'état soluble, est bien plus marquée.

Mais quant aux eaux d'Euriage, elles sont déjà si peu sulfureuses, que je crois qu'il serait utile, si on le peut, en couvrant les réservoirs d'un flotteur, et conduisant l'eau dans des tuyaux bien pleins, sans contact de l'air, d'empêcher ce phénomène de se produire.

M. Léon Marchand, a cherché a poétiser ce phénomène : « Nous ne passerons pas sous silence, dit-il, un phénomène peut-être particulier aux eaux de Luchon : *par un temps orageux*, on voit passer à la couleur laiteuse un bain composé des sources de la Grotte supérieure et de la Reine, d'une part, et de l'autre, des sources froides et blanches. Ce changement s'opère dans l'*intervalle de deux heures;* et par l'addition d'eau de la grotte supérieure, la transparence du bain est rétablie. *Dans tout autre état de l'atmosphère* ce phénomène n'a jamais lieu. »

M. Léon Marchand, qui ne paraît pas content de l'explication qu'on a donnée, ajoute dans une note au bas de la page : « Sans en dire davantage, nous pensons qu'il pourrait y avoir une intervention électrique dans ce phénomène, et qu'il serait facile de s'en assurer par le moyen d'une machine électrique ou galvanique. » (Léon Marchand, *Traité des eaux minérales*, p. 140, à la note et au texte.)

M. Léon Marchand, comme on le voit, est très logique dans son raisonnement : puisqu'il a fait intervenir un temps orageux, il devait faire jouer un rôle à l'électricité ; malheureusement pour son opinion, elle est basée sur un défaut d'observation. L'orage ne joue aucun rôle dans la production de la couleur blanche des eaux de Luchon ; j'ai visité ces eaux pendant plusieurs années consécutives, je les ai examinées par un temps d'orage et par un temps très serein, par un froid de 1 à 8°—0, depuis la fin de novembre jusqu'au printemps suivant, pendant deux hivers, époque où il n'y a pas le moindre orage, et par une chaleur de 15 à 28° + 0, dans les mois de juillet, août et septembre, et constamment j'ai vu le phénomène se produire, non pas au bout de deux heures, comme il le dit, car alors personne ne verrait l'eau blanchir dans le bain, qui n'est au plus que d'une heure de durée, mais au bout d'une heure, d'une demi-heure, d'un quart d'heure, quelquefois quand elle tombe dans le bain, surtout si on la brasse pour la mêler à l'eau froide, comme on le fait souvent.

Les personnes qui prennent le bain dans un cabinet très éclairé et surtout dans une baignoire en marbre blanc, peuvent bien observer le phénomène : avant de blanchir, l'eau prend une teinte jaune verdâtre, qui colore leur corps; elle est à son plus haut point d'intensité au moment où l'eau commence à blanchir, et elle disparaît peu à peu, à mesure que le blanchîment augmente, pour cesser entièrement quand l'eau est tout à fait blanche; mais si l'on verse alors de l'eau de la Grotte inférieure, elle ramène peu à peu la transparence de l'eau, la couleur laiteuse disparaît, mais la teinte jaune se montre de nouveau. J'ai pu très bien faire examiner ce phénomène, cette année, à M. le docteur Dupasquier de Lyon, si honorablement connu par ses beaux travaux sur les eaux d'Allevard et par l'invention du sulfydromètre, instrument appelé à rendre de grands services pour l'étude et l'application des eaux sulfureuses.

M. Bourdon, dans sa dernière édition du *Guide aux eaux minérales de France*, donne du blanchîment l'explication suivante : « L'eau de la Reine ou de la Grotte supérieure, quand on la mêle à beaucoup d'eau provenant de la source blanche ou de la froide, donne fréquemment un mélange trouble et louche ressemblant à l'effet immédiat de certains réactifs... *On la prendrait pour du lait virginal...* Il est probable, dit-il, que l'eau ne devient trouble que parce que *l'acide prédominant dans l'eau de la Grotte supérieure décompose, sans d'abord en saturer complètement la base, l'un des sels contenus dans les sources tièdes.* Il se pourrait aussi que l'eau la plus saline et la plus chaude, perdant subitement de sa chaleur par son mélange avec une eau plus froide, conservât dès lors trop peu de chaleur pour maintenir, à l'état de solution invisible, les sels abondants dont elle est naturellement imprégnée (1). »

J'avoue que je ne comprends pas ce que M. Bourdon veut dire par un acide qui décompose un sel dont il ne peut pas d'abord saturer la base, que sans doute il pourra saturer plus tard complètement, surtout dans une eau fortement alcaline, et qui par conséquent ne renferme aucun acide libre. Quant à la seconde explication, je rapporterai plus loin des expériences qui prouvent le contraire. Je ferai remarquer en même temps, et ceci s'applique aussi bien à M. Léon Marchand, qu'ils ont dit à tort que les eaux de la Grotte, mêlées avec la froide ou la blanche, devenaient laiteuses. Cette source, au contraire, ramène, quand on l'ajoute à l'eau blanchie, la transparence de

(1) BOURDON, *Guide aux Eaux Minérales de France*, deuxième édition, pages 51 et 52, année 1837.

l'eau. C'est à tort aussi qu'ils ont nommé la Grotte supérieure : cette source n'est employée qu'en douches, et ne
coule dans aucun cabinet de bains; c'est la Grotte inférieure, concurremment avec la Reine et les eaux blanches
et froides, qui ont toujours été employées dans le grand
établissement.

M. Longchamp avait promis de donner une explication
directe de ce phénomène, qu'il n'a pas jugé à propos de
consigner dans son *Annuaire* de 1832, où il en parle. Je
ne doute pas qu'il n'ait, comme moi, trouvé la véritable
explication; mais nous avons à regretter qu'il n'ait pas
encore publié son opinion à cet égard.

Comme toutes les personnes qui ont visité les eaux de
Luchon, je fus frappé de cette couleur blanche, laiteuse,
que certaines de ces eaux acquièrent dans les baignoires,
peu de temps après qu'elles y sont réunies. Je voulus chercher l'explication de ce phénomène; mais, avant de donner
une opinion qui me fût propre, je voulus constater quelles
étaient, de toutes celles que les différents auteurs avaient
émises, celles qui se rapprochaient le plus de la vérité.

1° Je mis ensemble, dans une baignoire, de l'eau de la
Reine et de la blanche, dans diverses proportions, variant
du cinquième à la moitié, et constamment j'obtins la couleur blanche.

2° Je fis la même expérience avec la Reine et la froide,
et je parvins au même résultat.

3° Je fis le mélange avec de l'eau de la Grotte inférieure
et la froide, avec la même Grotte et la blanche, sans
obtenir la moindre altération dans la transparence de
l'eau, quelles que fussent les proportions des mélanges et le
temps consacré à l'observation.

4° Quand un mélange de la Reine et de la froide, ou

de la Reine et de la blanche, avait pris la couleur laiteuse, et que j'ajoutais la moitié, le tiers, le quart, et quelquefois moins, de la Grotte inférieure, la transparence du mélange était aussitôt rétablie, et la teinte était jaunâtre.

Quand ces expériences furent répétées plusieurs fois, plusieurs jours de suite, et par des temps différents, je voulus en trouver l'explication.

En adoptant celles données par Bayen et Anglada, qui me paraissaient les plus vraisemblables, un doute cependant s'élevait dans mon esprit. Comment, dis-je, peut-il se précipiter du soufre par la rencontre d'une eau qui tient un sel calcaire soluble, avec une autre qui tient un carbonate alcalin en dissolution? D'un autre côté, je me demandais comment un précipité de carbonate calcaire pourrait être dissous par une eau qui ne tenait en dissolution aucun acide libre; cependant, je continuai des expériences basées sur les opinions des deux chimistes que je viens de nommer.

5° Si c'est au mélange des deux eaux qu'est dû le trouble qui se manifeste, je l'obtiendrai, pensais-je, en opérant le mélange, dans quelque point que je puise l'eau de ces sources. Je les puisais à leur point d'émergence, je les laissais en contact pendant plus de vingt-quatre heures : le mélange avait perdu tout son principe sulfureux, l'eau était refroidie, sans que sa transparence fût altérée.

6° Si la couleur laiteuse est due à un carbonate calcaire qui se forme, je dois obtenir le rétablissement de la transparence de la liqueur, et la dissolution du dépôt, en traitant par l'acide nitrique ou hydrochlorique; je pourrai même prévenir la formation du précipité et le trouble de la liqueur. J'ajoutai de l'acide nitrique ou de l'acide hydrochlorique dans l'eau devenue blanche, et, loin que la transparence fût rétablie, la couleur laiteuse semblait devenir plus intense ; bien plus, lorsque je traitais, par ces mêmes acides, de l'eau de la Reine et de la blanche reçues dans la baignoire, cette eau devenait subitement louche et laiteuse ; le précipité, déposé spontanément de l'eau blanchie, ne s'est dissous dans aucun cas par les acides, et n'a fourni aucune trace d'effervescence.

7° Si la couleur laiteuse est due à la décomposition des deux sels, elle doit survenir à vase clos comme en plein air. Je mis de l'eau de la Reine et de la blanche, recueillie dans un bain, mais avant qu'elle fût laiteuse, dans des flacons bouchés à l'émeri ; j'en mis aussi dans des vases qui n'étaient pas bouchés. L'eau renfermée dans les flacons qui n'étaient pas bouchés avait acquis, après vingt-quatre heures, la couleur blanche analogue à celle qu'on observait dans la baignoire. Les flacons bouchés à l'émeri avaient conservé l'eau avec toute sa limpidité ; et tandis que la première précipitait en blanc par les sels de plomb, ce qui indiquait qu'elle avait perdu tout son principe sulfureux, l'autre avait conservé le sien, et précipitait encore en brun par ce même réactif.

Voyant que l'action de l'air jouait un rôle important dans la production de ce phénomène, et que le mélange de deux sources n'en était pas la véritable cause, je voulus savoir à laquelle des sources de la Reine, de la blanche ou de la froide, ce phénomène était dû.

8° Je pris de l'eau de la Reine, de la froide et de la blanche, dans des vases différens, recueillies au moment où elles tombaient dans la baignoire, puisque j'avais reconnu que les eaux puisées à la source même n'avaient pas la faculté de blanchir. J'en mis dans plusieurs carafes d'un verre très transparent, que je plaçai sur une table appuyée contre un mur nouvellement blanchi, et je m'assis du côté opposé au mur, en face des carafes. Cette position me fit découvrir une circonstance qui m'était échappée jusque-là, et qui rendait facilement compte de la différence d'action de l'air sur l'eau de la Reine prise à la source, et celle prise au moment où elle tombe dans le bain : c'est que, dans le premier cas, elle est limpide et complétement incolore, tandis que, dans le second, elle est *jaune verdâtre*; les autres étaient incolores.

Je continuai l'examen des carafes. Je vis que l'eau de la Reine commençait peu à peu à se troubler dans le point seulement de sa surface en contact avec l'air; ce trouble augmentait en s'étendant de haut en bas, et formait une colonne blanchâtre, irrégulière, plus large à sa base qu'au sommet; qu'il se formait un double courant de l'eau blanchie et de l'eau jaunâtre; que la dernière montait à la surface, tandis que la première descendait constamment, jusqu'à ce que l'eau de toute la carafe eût pris une teinte blanche uniforme.

9° Je mis de l'eau de la Reine, toujours prise au moment où elle tombe dans la baignoire, dans des carafes remplies à différents niveaux, et, comme ces vases étaient coniques, la surface de l'eau en contact avec l'air était en raison inverse de la hauteur de la colonne d'eau. Celles qui n'étaient remplies qu'au tiers et à la moitié eurent leur eau beaucoup plus tôt blanche que celles qui étaient pleines ou aux trois quarts; dans tous les cas, la rapidité du blanchîment dans les carafes en repos était en raison directe de la surface, et inverse de la hauteur de la colonne d'eau.

10° Lorsque l'eau blanchie eut déposé le précipité, et qu'elle eut repris sa transparence, elle n'avait plus aucune coloration : elle était limpide et incolore comme l'eau de roche, elle avait complétement perdu toute apparence de teinte jaune verdâtre.

11° Je recueillis le dépôt formé après l'éclaircissement de l'eau, et je le lavai à plusieurs reprises ; je le traitai, à l'aide de l'ébullition, par l'acide nitrique additionné d'un peu de potasse, et la presque totalité fut dissoute. La liqueur, essayée par le chlorure de barium, donna un précipité blanc, insoluble dans les acides nitrique et hydrochlorique, soluble à peine dans l'acide sulfurique concentré bouillant : il s'était donc formé du sulfate de potasse, ce qui prouve que le dépôt est formé en très grande partie de *soufre*.

12° Ce précipité contient aussi des traces de silice et de matière organique. Cela n'est pas étonnant quant à cette dernière, car elle se retrouve toujours dans les solutions et précipités obtenus avec les eaux minérales sulfureuses des Pyrénées. Pour ce qui concerne la silice, on peut admettre qu'elle est entraînée par la précipitation du soufre, et mise en suspension par la modification qu'éprouve la soude par le changement subi par le principe sulfureux, ou par la décomposition d'un peu de sulfure de silicium, dont il existe des traces dans les eaux sulfureuses naturelles.

Après avoir rendu compte des expériences que j'ai faites pour étudier le blanchîment de l'eau, nous allons chercher d'abord quel est le changement qu'éprouve l'eau de la Reine en parcourant le trajet de son point d'émergence, au griffon de la source, jusqu'au moment où elle tombe dans la baignoire.

En sortant de la source, où elle est limpide et incolore, elle passe dans un conduit dont la capacité est presque double de son volume; elle tombe, par une large cascade de plus de dix pieds de haut, dans un réservoir dont elle ne

remplit jamais que la moitié ou les deux tiers de la capacité, et dans lequel elle se trouve en contact avec un air
peu renouvelé, par le moyen d'une trappe située au-dessus
de ce réservoir, et qui, en général, est assez mal fermée.

Quand l'eau entre dans ce réservoir, elle est encore limpide et incolore, et conserve la plus grande partie de son
principe sulfureux; et quand elle a complétement blanchi
dans la baignoire, elle n'en conserve plus aucune trace.

Nous avons vu, en outre, qu'en la prenant à la source,
lorsqu'elle était incolore, elle ne précipitait pas par les
acides, tandis qu'à la sortie du réservoir, lorsqu'elle était
devenue jaune verdâtre, elle précipitait abondamment par
ces acides.

De toutes ces observations et expériences, nous devons
conclure que la couleur jaune verdâtre d'abord, et le trouble dans la transparence ensuite, sont le résultat d'une
modification du principe sulfureux qui, d'un état particulier, dans lequel il ne colore nullement l'eau, passe ensuite
dans un autre état, où il ne peut exister sans la colorer,
et que, lorsqu'il est dans cet état de coloration, il ne permet à l'eau de recouvrer sa transparence et son incoloréité,
que lorsqu'il s'est précipité et déposé du soufre. Nous
déduirons de ces résultats : qu'il faut éviter la coloration de
l'eau et son blanchîment, non, comme le dit Bayen, en laissant refroidir spontanément l'eau, sans y mêler de la source
froide, mais en la conduisant sans chute, et par des canaux
dont elle remplisse parfaitement la capacité, dans des réservoirs hermétiquement fermés et qui soient en rapport avec
son volume; et pour que la surface de l'eau ne soit pas
altérée par l'oxygène, nous la couvrirons de flotteurs en
bois léger, qui intercepteront tout contact avec l'air
extérieur.

Quelque hermétiquement clos que soit, en effet, un réservoir, il y pénètre toujours de l'air; sans quoi, ce réservoir, une fois plein, ne pourrait pas se vider ; comme on le voit d'une barrique qui ne coule pas, malgré l'ouverture d'un fausset, faite au bas, si on ne donne un peu d'air par la bonde. Mais cet air est en contact avec toute la surface supérieure du liquide tant qu'il en reste une goutte. C'est pour garantir la surface du liquide du contact de cet air, dont l'oxygène tend constamment à décomposer le principe sulfureux que nous mettrons des flotteurs en bois léger sur la surface du liquide. Ces flotteurs mobiles monteront et descendront avec l'eau, toujours adhérents à sa surface, et, interceptant, ainsi, le contact de l'air sur cette surface, empêcheront la décomposition du principe sulfureux. Je préfère ces flotteurs, à cause de leur simplicité, à l'appareil à gaz, qui offrirait le même avantage, avec la différence que le flotteur touche immédiatement l'eau, tandis que l'appareil à gaz est séparé par une couche d'air désoxygéné qui n'est que de l'azote. J'ai conseillé pour Vichy un appareil à gaz de préférence pour pouvoir conserver l'acide carbonique en plus grande quantité, en exerçant par des poids une pression graduée sur la surface du gazomètre. J'avais en 1835, conseillé l'appareil à gaz pour couvrir un puits contenant de l'eau gazeuse et appartenant à M. Bravard.

Nous serons aussi forcé de conclure que la méthode adoptée depuis longtemps à Luchon, pour l'administration des bains, est vicieuse. En effet, pour préparer les malades à ce qu'on appelait les grands bains, qui n'étaient autres que des bains préparés avec l'eau de la Reine et de la blanche ou de la froide, on leur faisait commencer leur saison, comme on le dit dans le pays, par prendre cinq à six bains de l'eau de la source de Lasalle ou Richard, ancienne, qui

était plus sulfureuse à la source même que la Reine ; mais
la Reine, en blanchissant, perdait la presque totalité du
principe sulfureux ; la source Richard, au contraire, conservait presque entièrement le sien ; et comme elles étaient à la
même température, qu'il fallait par conséquent employer
une même quantité d'eau froide pour les tempérer, que,
d'un autre côté, elles ont la même composition, comme je
le prouverai dans mes analyses, il en résultait que l'on
faisait prendre aux malades des bains beaucoup plus forts
en commençant qu'en finissant leur baignée, et qu'on les
faisait ainsi passer du fort au faible, tandis qu'on croyait faire
tout le contraire. La chimie, comme on le voit, a pu, dans
ce cas, rendre quelques services à la médecine (1).

Si nous tirons parti des phénomènes que nous venons
d'étudier, pour chercher à connaître la nature et l'état du
principe sulfureux qui minéralise les eaux de Luchon, nous

(1) Ce fait démontre, avec beaucoup d'autres semblables qui se passent
dans d'autres établissements, combien il serait utile de rétablir les fonctions
des inspecteurs généraux qui iraient visiter, chaque année, les établissements thermaux, pour les améliorer et vérifier l'état des sources, et en
surveiller les altérations. Nul doute que ces inspecteurs, choisis parmi les
hommes les plus instruits dans les sciences chimiques, géologiques et thérapeutiques, etc., ne rendissent de grands services aux établissements
thermaux. Le gouvernement retire, chaque année, des millions des établissements thermaux, soit par les impositions des maisons et les patentes qui
écrasent les malheureux propriétaires à qui l'on fait payer pour deux mois
de location autant que s'ils louaient douze mois de l'année ; soit des droits
du dixième pour les voyageurs en diligence et du port des lettres qui, pour
certaines localités comme Luchon, Cauterets, etc., vont à plus de 50,000 fr.
en sus de ce que donnerait la poste, s'il n'y avait pas d'eaux minérales ;
cependant il regrette la moindre dépense pour l'amélioration de ces établissements et surtout pour la création des inspecteurs généraux, dont il
existe tant d'inutiles dans d'autres branches, comme les finances, où l'on les
voit pulluler et se multiplier sans nécessité à tout moment.

On pourrait adresser ce dilemme à nos gouvernants : ou les établisse-

pourrons peut-être parvenir à prouver que les opinions qui avaient été émises à ce sujet doivent être modifiées dans quelques points.

Nous avons prouvé plus haut qu'une faible partie du principe sulfureux se dégage par l'ébullition, mais que la presque totalité restait en dissolution, malgré cette ébullition. Anglada, M. Orfila et M. Longchamp, ont admis que les eaux sulfureuses des Pyrénées étaient minéralisées par un hydrosulfate de soude, dont la formule est : Na O H² S ; mais comme aujourd'hui on n'admet pas la décomposition de l'eau par la dissolution des sulfures, nous devons ramener cette formule à la suivante : Na S, c'est-à-dire, à un sulfure de sodium, comme l'avait dit M. Longchamp.

Mais cette composition de l'eau peut-elle bien rendre compte de tous les phénomènes que nous avons observés ? et l'admission, dans les eaux de Luchon, d'une autre espèce

---

ments thermaux sont une chose utile, ou les eaux minérales n'ont pas de valeur ! Si les eaux minérales n'ont pas de valeur, fermez les établissements thermaux : il est mal à un gouvernement de laisser ainsi tromper les malades. Mais si les établissements thermaux sont une bonne chose, alors faites tous vos efforts pour les mettre en harmonie avec les besoins de la santé des malades et des progrès de l'art et de la science ; et pour cela, faites-les inspecter par des hommes qui soient à la hauteur de la science et de l'art, et qui puissent suppléer à ce qui manque à vos inspecteurs ordinaires, qui ne se piquent pas trop de briller dans les sciences et les arts les plus utiles à ceux qui dirigent des établissements thermaux. Créez près des établissements thermaux des commissions scientifiques composées des employés scientifiques de vos administrations, tels qu'ingénieurs en chefs et ordinaires, des mines et des ponts et chaussées, des architectes des départements, de vos meilleurs médecins et pharmaciens, ainsi que des ingénieurs fontainiers, etc., et donnez assez d'autorité à ces commissions pour vaincre les obstacles que l'intérêt personnel ou de basses jalousies ne manquent pas d'apporter à tout ce qui est bon et utile. Faites correspondre ces commissions avec des conseils scientifiques que vous établissez près de vos ministères et vous ferez ainsi le bien qui, dans l'état actuel, est presque impossible.

de principe sulfureux, ne semble-t-elle pas mieux les expliquer? Ne peut-on pas regarder ce principe comme formé d'une combinaison d'acide sulfhydrique avec du sulfure de sodium, admettre, en un mot, le sel que l'on nomme, dans la nomenclature moderne, un *sulfhydrate de sulfure de sodium*, ayant pour formule un atome d'acide sulfhydrique combiné avec un atome de sulfure de sodium, exprimé par Na S, H² S.

Nous pensons aussi qu'il faut admettre quelques traces d'acide hydrosulfurique libre, comme le démontrent les expériences que nous avons rapportées plus haut, c'est-à-dire, le dégagement par l'ébullition d'une portion d'acide sulfhydrique. Nous allons commencer par cette seconde question.

Anglada, qui n'admettait pas la présence d'acide sulfhydrique libre dans les eaux des Pyrénées, et qui croyait que celui qui se dégageait spontanément par l'ébullition était entraîné par l'azote, avait soutenu cette opinion, en l'étayant de l'action de l'acide arsénieux sur les composés sulfureux. Si l'on traite, dit-il, une eau qui contient de l'hydrogène sulfuré libre, par l'acide arsénieux, l'eau se colore en jaune, et il se forme bientôt après un précipité jaune serin; si, au contraire, on prend une eau qui contient en solution de l'hydrosulfate de soude (sulfure de sodium), et qu'on la traite par l'acide arsénieux, il ne se produit ni coloration, ni précipité, tant que le mélange reste seul; mais si l'on y ajoute quelques gouttes d'un acide hydrochlorique ou autre, la liqueur se colore aussitôt en jaune, et bientôt après il se produit un précipité floconneux jaune serin. Quand on traite nos eaux sulfureuses par l'acide arsénieux, il ne se passe rien non plus, tant qu'on n'y ajoute pas un acide, mais l'addition de quelques gouttes d'acide colore l'eau en jaune ; et il en concluait que ces eaux ne contiennent aucune trace d'acide hydrosulfurique libre, mais un simple hydrosulfate de soude.

Cette conclusion semble rigoureuse. Cependant, quand je vis que toutes nos eaux dégageaient une certaine quantité d'acide hydrosulfurique, par la simple ébullition, je voulus examiner si les conclusions d'Anglada, d'après l'action de l'acide arsénieux, n'étaient pas trop absolues.

1° Je traitai l'eau sulfureuse par l'acide arsénieux, et il ne se produisit aucune coloration ni précipité ; mais l'addition d'un acide déterminait à l'instant une coloration jaune, suivie bientôt après d'un précipité floconneux jaune serin. Jusque-là mon expérience confirme celle d'Anglada ; mais continuons.

2° Je versai de l'acide hydrosulfurique dans nos eaux, pour être bien certain qu'il en existait de libre ; je traitai cette eau par l'acide arsénieux, qui n'y produisit ni coloration, ni précipité. L'addition d'un acide détermina aussitôt la coloration en jaune, suivie d'un précipité floconneux jaune serin, comme si l'eau n'eût pas contenu d'acide hydrosulfurique. Les conclusions d'Anglada semblent ébranlées par ce fait, mais nous allons plus loin.

3° Je préparai un précipité jaune floconneux de sulfure d'arsenic comme les précédens, en traitant une solution d'acide arsénieux par de l'acide hydrosulfurique ; je lavai bien le précipité, et je le versai dans un flacon contenant de l'eau sulfureuse des Pyrénées : *il fut aussitôt dissous.*

Nous sommes forcé de conclure de ces expériences, que l'acide arsénieux est un mauvais réactif pour constater l'absence ou la présence de l'acide hydrosulfurique libre dans nos eaux sulfureuses ; et puisque nous avons vu que l'ébullition nous portait à y admettre sa présence, nous nous

croyons autorisé à penser que les eaux sulfureuses des
Pyrénées contiennent toutes une certaine quantité d'acide
sulfhydrique libre, mais qui, en général, est peu considérable.

Nous allons maintenant examiner la question de savoir si le
principe sulfureux, qui ne se dégage pas par l'ébullition,
est un sulfure simple de sodium, avec la formule Na S, ou
bien un sulfhydrate de sulfure de sodium, avec la formule
Na S, H² S.

Si la solution était concentrée, la discussion serait bientôt vidée ; il suffirait de traiter l'eau par un sel de zinc ou
de manganèse, qui formeraient un précipité blanc dans
tous les cas, mais qui produiraient une effervescence avec
dégagement d'acide sulfhydrique si l'eau tient en dissolution un sulfhydrate de sulfure de sodium, tandis qu'il
n'y aurait aucune effervescence si elle contient un sulfure
simple.

On pourrait, peut-être, en concentrant l'eau, à l'abri du
contact de l'air, obtenir l'effet désiré ; mais je n'ai pas
encore pu avoir recours à ce moyen. En attendant, je me
suis contenté d'examiner la question à l'aide des opinions
des auteurs les plus distingués, et des observations que j'ai
faites, à l'aide de mes expériences et de celles des chimistes
qui se sont occupés des eaux minérales.

Le sulfure de sodium se dissout dans l'eau sans la colorer, aussi bien que le sulfhydrate de sulfure de sodium ;
tous les deux, quand ils sont dissous, dégagent de l'acide
hydrosulfurique par l'addition d'un acide ; tous les deux,
s'ils sont très étendus, perdent leur principe sulfureux
par leur exposition à l'air libre, sans colorer l'eau et sans
la troubler.

Anglada, qui avait établi que les eaux des Pyrénées

contiennent un sulfure de sodium, qu'il nommait hydrosulfate de soude, avait cherché à produire artificiellement
un corps qui eût la même composition que le principe sulfureux que contiennent les eaux des Pyrénées, et il dit
avoir réussi à en produire un qui avait, étant en dissolution
dans l'eau, des propriétés *tout à fait identiques*. Voici comment il s'exprime à ce sujet :

« L'hydrosulfate de soude que, dans mes nombreux
essais, j'ai cru pouvoir mettre en œuvre comme absolument
analogue à celui qu'entraînent nos eaux sulfureuses, a
toujours été préparé en faisant passer, avec les précautions
convenables, un courant de gaz acide hydrosulfurique à
travers une dissolution de soude caustique, assez concentrée pour qu'il y eût spontanément cristallisation ; et c'est
l'hydrosulfate ainsi préparé qui m'a servi dans tous les
cas.

» Ce qui m'autorisait manifestement, ajoute-t-il, à envisager ce sel comme représentant fidèlement celui que
contiennent nos eaux, c'est qu'il est le seul qui, dans les
diverses épreuves, se soit rigoureusement comporté à
l'instar du principe sulfureux de ces eaux ; dès lors, il m'a
été permis de déduire l'identité de constitution chimique
de l'identité des phénomènes, et de substituer, dans mes
recherches, le produit de l'art au produit de la nature (1). »
Il finit en disant qu'il « suffit d'avoir établi comme résultat,
que l'ingrédient sulfureux de nos eaux doit être réputé un
véritable hydrosulfate de soude (sulfure de sodium dissous
dans l'eau). »

Évidemment Anglada commettait une erreur lorsqu'il
croyait que les cristaux qu'il obtenait en faisant passer un
courant d'hydrogène sulfuré dans une solution concentrée

(1) ANGLADA, 6ᵉ *Mémoire*, p. 195 et 196.

de soude caustique, étaient, dans tous les cas, formés de sulfure de sodium (hydro-sulfate de soude). Ces cristaux pouvaient être un véritable sulfhydrate de sulfure de sodium
avec la composition suivante : Na S , S H²; tandis que,
d'après lui, la formule aurait dû être, dans tous les cas,
Na, S, formule qui, par la dissolution dans l'eau de ces
cristaux, se serait transformée, dans l'opinion d'Anglada,
en la formule suivante : Na, S, O H². En effet Berzelius
indique, pour la préparation du sulfhydrate de sulfure de
sodium, la méthode suivante. « On peut obtenir le sulfhydrate sodique (Berzelius entend parler du sulfhydrate de
sulfure de sodium, car il nomme le sulfure de sodium sulfure sodique ou monosulfure de sodium) de la même manière
que le sulfhydrate potassique. *Préparation du sulfhydrate
potassique :* cette combinaison peut être obtenue tant par la
voie sèche que par la voie humide. Pour l'obtenir par la
voie humide, on verse une dissolution d'hydrate potassique
(c'est-à-dire de la potasse caustique) pur et exempt d'acide
carbonique, dans une cornue tubulée ; on chasse l'air de la
cornue par un courant d'hydrogène, après quoi l'on fait
arriver du gaz sulfide hydrique (acide hydrosulfurique)
dans la liqueur, jusqu'à ce qu'elle n'en absorbe plus, etc...
La combinaison cristallise en gros prismes. »

Plus loin, il ajoute : « Pour obtenir le sulfure potassique (sulfure de potassium), on prend une dissolution de
potasse caustique, que l'on partage en deux portions
égales; on sature parfaitement une de ces portions avec du
sulfide hydrique (acide hydrosulfurique) ; si alors on ajoute
l'autre portion de potasse caustique (qu'on avait mise en
réserve), cette portion se trouve convertie en sulfure
potassique. » De sorte que le sulfhydrate de sulfure de
potassium, qu'on avait d'abord formé, se trouve converti

totalement en sulfure de sodium, en ajoutant autant de potasse caustique qu'il en contenait déjà.

M. Thénard, dans sa sixième édition du *Traité de chimie,* dit : « Les sulfhydrates de sulfure (de sodium, de potassium ou autres) s'obtiennent purs, en faisant passer un excès de gaz sulfhydrique à travers les bases alcalines dissoutes ou délayées dans l'eau, et évitant soigneusement le contact de l'air. »

On voit donc que ce n'est pas un sulfure de sodium qu'on obtient, dans tous les cas, en faisant passer un courant d'acide hydrosulfurique à travers une solution concentrée de soude caustique, mais bien quelquefois un sulfhydrate de sulfure de sodium, dans lequel il y a le double de soufre que dans le sulfure, et dans lequel cet atome de soufre en excès est combiné avec l'hydrogène. Quand on a obtenu ce sulfhydrate de sulfure, si on veut le convertir en sulfure simple, il faut y ajouter autant de soude caustique qu'on en avait employé pour former le sulfhydrate.

Les propriétés du sulfhydrate de sulfure sont les suivantes : il cristallise en gros prismes, qui se dissolvent dans l'eau sans la colorer.

« Les sulfhydrates sont colorés par l'air ; lorsque l'accès de ce dernier est limité, le sulfide hydrique (acide hydrosulfurique) seul est décomposé... Si, au contraire, l'air a un libre accès, une partie de sulfobase s'oxyde et se transforme en hyposulfite, tandis qu'une autre partie passe à un plus haut degré de sulfuration : de là vient que les sulfhydrates, quoique sans couleur par eux-mêmes, jaunissent, presque instantanément, lorsqu'on les met au contact de l'air.

« *Bisulfure de potassium.* — On l'obtient en dissolvant le sulfhydrate potassique, laissant la liqueur à l'air jusqu'à ce qu'elle commence à se troubler à la surface... Cette combinaison doit naissance à ce que l'hydrogène du sulfhydrate s'oxyde aux dépens de l'air. Quand on expose à l'air une dissolution de sulfure de potassium dans l'eau, le potassium et le soufre s'oxydent simultanément, de manière à produire de l'hyposulfite potassique, dans lequel l'acide et la base contiennent une égale quantité d'oxygène. Le sulfure de potassium est le seul degré de sulfuration qui subisse cette décomposition; tous les autres sulfures (le bisulfure, le trisulfure, le quadrisulfure et le pentasulfure) subissent un trouble par leur exposition à l'air : c'est du soufre qui se précipite... Tous les sulfures de potassium ou de sodium, excepté le monosulfure ou sulfure de sodium, sont jaunes quand ils sont dissous dans l'eau... Tant que la dissolution conserve une teinte jaune, il ne se forme que de l'hyposulfite, mais à l'instant où le soufre se précipite, l'hyposulfite s'oxyde et se convertit en sulfite, lequel à son tour se transforme bientôt en sulfate, la liqueur continuant toujours à rester neutre, parce que, dans ces trois sels neutres, la proportion relative de soufre et de potassium est la même (1). »

« Lorsqu'on met en contact avec l'air, à la température ordinaire, une solution de sulfhydrate de sulfure (de potassium ou de sodium), il en résulte, au bout de quelque temps, d'abord de l'eau et un bisulfure qui est jaune, puis, un hyposulfite qui est incolore... On voit que l'oxygène de l'air commence par se combiner avec l'hydrogène du sulfhydrate, qui rend le soufre ainsi prédominant dans ce composé, et qu'ensuite il se combine avec le soufre et le potassium ou le sodium. Or, comme le bisulfure est jaune, le premier effet de l'air doit être de colorer la liqueur;

(1) BERZELIUS, *Traité de chimie*, t. II et III, passim.

mais comme l'hyposulfite est sans couleur, le second effet de ce fluide doit être de détruire la nuance qu'il avait d'abord développée (1).»

Mais M. Thénard oublie d'ajouter que, comme l'hyposulfite, le sulfite et le sulfate ne contiennent qu'un atome de soufre; il faut, pour que la liqueur s'éclaircisse, que le second atome qui avait transformé le monosulfure en bisulfure se précipite et rende l'eau trouble ou blanchâtre avant qu'elle ne soit clarifiée.

« Le soufre, surtout à l'aide de la chaleur, chasse le gaz sulfhydrique des sulfhydrates, et les fait passer à l'état de polysulfure... ; à 10° de température, la décomposition commence à être sensible, c'est-à-dire, qu'il y a dégagement de gaz sulfhydrique et dissolution de soufre ; à 30°, elle est assez forte; à 100° elle devient totale (2).»

Nous tirerons bientôt parti de cette propriété des sulfhydrates alcalins, de dissoudre le soufre en poudre, pour expliquer comment l'eau de la grotte inférieure de Luchon ramène la transparence de l'eau de la Reine, devenue blanche.

J'ai préparé, avec M. Ernest Barruel, du sulfhydrate, du bisulfhydrate et un corps indermédiaire qui est un véritable sesqui-sulfhydrate. Le monosulfhydrate ne se colore peut-être jamais en jaune, mais le bi et le sesquisulfhydrate se colorent constamment, quand on fait une solution étendue au même degré que les eaux des Pyrénées, comme je l'ai démontré dans un mémoire présenté à l'Institut en 1845, et dont M. Dumas, devant qui j'ai répété les expériences, doit être le rapporteur.

Maintenant que nous avons indiqué les diverses modifi-

(1) THÉNARD, *Traité de chimie*, 6e édit. t. III, p. 553.
(2) THÉNARD, *Traité de chimie*, 6e édit., t. III, p. 551.

cations qu'éprouvent les composés sulfureux, voyons s'il ne serait pas facile d'en faire l'application aux eaux thermales sulfureuses des Pyrénées, et notamment aux phénomènes du blanchîment que nous avons observés à Luchon.

Mais, avant, nous devons ajouter que le sulfhydrate de sulfure dégage de l'hydrogène sulfuré sans se troubler quand on le traite par un acide ; que le monosulfure de sodium se conduit comme lui, mais que tous les autres sulfures, depuis le bisulfure jusqu'au pentasulfure, c'est-à-dire ceux qui colorent l'eau en jaune verdâtre, en se dissolvant, précipitent du soufre, quand on les traite par un acide, en même temps qu'il se dégage de l'hydrogène sulfuré (1).

Il est facile maintenant de démontrer l'analogie ; je dirai presque l'identité, qui existe entre le sulfhydrate de sulfure de sodium et le principe sulfureux qui existe dans nos eaux, et nous allons donner une théorie très simple du blanchîment des eaux de Luchon.

Le sulfhydrate de sulfure de sodium qui existe dans ces eaux y est en dissolution très étendue. Si cette eau arrive directement à l'air libre, elle perd tout son principe sulfureux, sans se colorer : l'oxygène de l'air se porte sur le sodium pour former de la soude, sur le soufre pour former de l'acide hyposulfureux, et ces deux nouveaux corps se combinent ensemble pour former de l'hyposulfite de soude. L'acide carbonique de l'air s'empare d'une portion de la soude pour former du carbonate de soude, et l'acide hydrosulfurique ne trouvant plus de base avec laquelle il puisse rester combiné, se dégage et répand l'odeur qui lui est

(1) Berzelius et Thénard.

propre : c'est l'odeur qu'on sent auprès des sources, car le sulfhydrate par lui-même est inodore.

Quand l'eau sulfureuse arrive dans un réservoir dont elle ne remplit qu'en partie la capacité, l'oxygène de l'air n'étant pas en aussi grande quantité qu'à l'air libre, s'empare d'abord de l'hydrogène de l'acide sulfhydrique avec lequel il a le plus d'affinité, et met en liberté le soufre avec lequel il était combiné ; mais ce soufre, à mesure qu'il devient libre, se combine avec le sulfure existant, pour produire un polysulfure, et l'eau prend alors la couleur jaune verdâtre que nous avons signalée.

Lorsque l'eau jaune verdâtre arrive au contact de l'air libre, l'oxygène agit de nouveau sur tous les éléments à la fois ; il s'empare du sodium pour former de la soude, d'un atome de soufre pour former de l'acide hyposulfureux, qui se combine avec une portion de la soude, et l'acide carbonique s'empare de l'autre portion. Mais il existe un atome de soufre en excès, qui, n'étant pas attaqué par l'air, parce qu'il n'existe pas de base avec laquelle le nouveau corps qu'il produirait pourrait se combiner, se précipite sous forme de poudre blanche très fine, et donne à l'eau la couleur blanche qu'on lui connaît. Quand le précipité est déposé, l'eau a repris sa transparence, parce que l'hyposulfite qu'elle contient est incolore. C'est par le même motif que les acides, qui ne troublaient pas l'eau quand elle était incolore, la troublent subitement quand elle est devenue jaune verdâtre.

Lorsque l'eau de la Reine est devenue blanche, qu'elle reprend sa transparence par l'addition d'eau de la Grotte, et qu'alors le mélange a conservé une couleur jaune verdâtre, c'est le sulfhydrate de sulfure de sodium de l'eau de la Grotte qui dissout le soufre de l'eau de la Reine, qui

s'était précipité ; il se forme une certaine quantité de polysulfure, et l'acide hydrosulfurique d'une portion du sulfhydrate se dégage.

Je crois que ces développements rendent suffisamment
compte du phénomène du blanchîment, en même temps
qu'ils font connaître la véritable nature du principe sulfureux des eaux des Pyrénées. Quelques fabricants d'eau
minérale artificielle, ont attaqué ma théorie, parce que le
sulfhydrate de sulfure qu'il faut fabriquer pour donner
une imitation moins grossière de nos eaux que celle qu'ils
débitent, est très difficile à préparer à l'état cristallin,
seul état dans lequel il soit stable, et ces Messieurs l'ont
essayé vainement, comme ils le disent dans un mémoire
qu'ils ont lu à l'Académie de Médecine, il y a un an
(quoique je sois parvenu très bien à le préparer à l'état
cristallin, en suivant la méthode indiquée par Berzelius);
je donnerai plus loin un extrait de leur mémoire avec la
réponse que j'y ai faite. Je ne doute pas que ces Messieurs,
qui d'ailleurs avaient autrefois adopté mon opinion, n'y
reviennent bientôt ; j'ai trop de confiance en leur loyauté
pour penser qu'ils persisteront à soutenir une opinion que
je crois une erreur, quelqu'avantageuse qu'elle soit à leurs
intérêts. Il est vrai, et je les y engage, qu'il faudra faire
d'autres expériences que celles qu'ils ont faites pour se créer
une opinion exacte, et se servir d'autres procédés pour
obtenir le sulfhydrate de sulfure cristallisé.

Ainsi, loin de regarder, comme ils le disent, la question
comme définitivement jugée dans le sens de leur opinion,
je la crois plutôt jugée dans le sens de la mienne, et je
leur dois des remercîments pour m'avoir fait élever presque
à la hauteur d'une démonstration ce que, jusqu'ici, je
n'avais admis que comme hypothèse , rendant plus facile-

ment compte de l'explication des faits de blanchîment et autres qui se manifestent dans les eaux sulfureuses naturelles (voir à la fin de cette partie le mémoire sur les sulfhydrates, etc., et celui sur les eaux sulfureuses artificielles).

Mais cette explication s'applique-t-elle seulement à l'eau de l'ancienne Reine de Bagnères-de-Luchon? ou bien existe-t-il d'autres sources qui présentent ces phénomènes?

A Luchon même, l'ancienne Reine, qui a disparu, a été remplacée par une nouvelle source à laquelle on a donné, avec raison, le nom de Reine-Nouvelle, parce que la disparition de l'une coïncida avec l'apparition de l'autre. La nouvelle source offre même un grand avantage sur l'ancienne, en ce que, sortant derrière l'établissement même, et étant captée à une certaine profondeur dans le flanc de la montagne, elle n'offre pas de variations de température comme en offrait l'ancienne, et plus sulfureuse qu'elle, elle l'est toujours au même degré, parce qu'elle ne se mêle nullement avec l'eau froide.

Cette source passant dans le même réservoir que l'ancienne Reine, y éprouve les mêmes modifications. Elle blanchit même plus fortement et plus vite, parce que, étant plus sulfureuse, il se précipite plus de soufre, et que passant dans deux réservoirs, la galerie où elle naît, lui servant de premier réservoir, elle est plus longtemps en contact avec un air limité.

Une source qu'on nomme Richard-Nouvelle, qui suinte peu à peu et s'accumule dans une vaste galerie dont elle remplit à peine le tiers de la capacité, devient jaune verdâtre d'abord, et blanchit ensuite. La source Richard ancienne rétablit sa transparence, comme la source de la Grotte inférieure rétablit celle de la Reine. (1).

(1) Cet état de choses est changé à Luchon, depuis que les galeries des fouilles ont été continuées par M. l'ingénieur François.

Les sources ne séjournent plus dans les galeries, elles y passent par des tuyaux souterrains sans s'y arrêter; elles sont modifiées dans leur température et dans leur sulfuration qui ont été augmentées, pour la plupart des sources, aussi bien que leur volume, comme je l'indiquerai dans un des tableaux suivants (voir les tableaux). Je donnerai plus de détails sur ces faits dans un travail spécial sur Bagnères-de-Luchon.

II.

BLEUISSEMENT DES EAUX D'AX.

Lorsque M. Magnès Lahens, un des pharmaciens les plus distingués de Toulouse, fit l'analyse des eaux d'Ax, il signala dans l'établissement du Tech une source qu'on nommait *la bleue*, parce que son eau, disait-on, devenait bleuâtre dans les réservoirs et dans les baignoires. En cherchant à se rendre compte de ce phénomène, qui semblait d'abord extraordinaire, M. Magnès croit en trouver l'explication dans les parcelles de schiste que cette eau contiendrait en suspension, et pour être plus certain de la justesse de son observation, il prit du schiste qu'il pulvérisa, le mit dans de l'eau commune, le remua pour mettre quelques parcelles en suspension, et l'eau prit un aspect bleuâtre.

Lorsque je visitai Ax, en 1835, j'allai voir en grande hâte la fameuse source bleue, mais, à mon grand regret, elle n'allait plus dans le réservoir. Je la fis découvrir à son point émergent, et je trouvai une eau limpide comme de l'eau de roche; mais le phénomène se présentait d'une manière très marquée dans une source voisine dite n° 4 du même établissement. Cette source, disait un vieux garçon de bains, était très bleue quand le temps était serein, un peu moins quand le temps était nuageux, et presque pas quand il y avait du brouillard.

J'examinai cette eau dans son réservoir, elle paraissait en effet d'un beau bleu, du point de vue où j'étais placé ; je fis prendre de cette eau dans des carafes, et, à mon grand étonnement, au lieu d'une eau bleue, ce fut une eau blanche qu'on m'apporta, une eau analogue à l'eau de la Reine de Luchon, blanchie. J'examinai avec attention le réservoir, et je vis que c'était à une illusion d'optique que l'apparence bleue etait due ; il existait deux ouvertures dans ce réservoir d'une forme irrégulièrement cubique ; l'une, dans l'embrasure de laquelle j'étais placé quand j'observais l'eau, donnait dans l'établissement, l'autre ouverture, un peu plus élevée que la précédente et située presque vis-à-vis d'elle, donnait au dehors de l'établissement. Les rayons lumineux qui pénétraient par cette dernière allaient se réfléchir sur la surface de l'eau blanchâtre, et transmettaient au regard du spectateur les diverses teintes du ciel.

Cette source, comme on le voit, était à peu près dans les mêmes circonstances que les eaux de Luchon ; seulement elle blanchissait dans le réservoir même où elle jaillissait, parce que, quoique n'étant pas à l'air libre, elle était plus aérée que celle de Luchon.

Cette couleur blanche ne disparaissait pas en traitant par les acides, au contraire, la teinte blanche était augmentée.

Il faut observer que la plupart des sources d'Ax, quand elles ont parcouru un certain trajet dans des canaux un peu vastes, deviennent un peu jaunâtres, et précipitent alors, faiblement il est vrai, mais cependant d'une manière

appréciable quand on attend environ un quart d'heure,
par les acides. Les sources qui, comme les Canons,
l'Étuve du Teich, déposent du soufre sur leur passage,
sont aussi un peu jaunâtres.

III.

LACTESCENCE DES EAUX DE CADÉAC.

Cadéac est un petit village à un quart de lieue d'Arrau;
il y existe deux établissemens d'eaux sulfureuses, l'un situé
sur la rive droite, l'autre sur la rive gauche de la Neste;
c'est ce dernier seulement que j'ai pu visiter.

Il existe cinq à six sources dans cet établissement, qui,
presque toutes, sont limpides et incolores; une seule se
montre à la surface du sol avec une teinte jaune-verdâtre
très prononcée; elle devient laiteuse lorsqu'elle tombe dans
la baignoire. Il me fut facile, malgré les contes que le
propriétaire débitait sur les vertus de cette source, « parce
que, disait-il, elle contenait du mercure ou du vitriol, » de
ramener tous ces phénomènes à un état particulier du
principe sulfureux; elle sort à l'état de polysulfure et précipite du soufre, soit par l'action de l'air, soit quand on la
traite par des acides.

Il est assez remarquable de voir sortir de terre, sans
qu'elle soit passée par des réservoirs, une source contenant
du polysulfure; mais si nous considérons qu'elle sort par
un canal spacieux, qu'on m'a dit assez long, au milieu
d'énormes débris de roches granitiques, auprès de plusieurs
sources qui sont incolores, il est facile de présumer que
cette source, qui coule horizontalement, doit séjourner
dans quelques cavités formées par les blocs de granit, et

que c'est dans ces réservoirs et dans son vaste conduit que le principe sulfureux se modifie (1).

IV.

COULEUR JAUNATRE DES EAUX DES PISCINES DE BARÈGES.

Tant qu'elle reste dans les réservoirs, qui sont hermétiquement fermés et d'une petite dimension, l'eau des sources de Barèges reste incolore et ne précipite pas par les acides ; elle conserve la même propriété en passant dans les baignoires, elle y perd seulement la plus grande partie du principe sulfureux.

Mais quand ces eaux se rendent dans les piscines, qui peuvent être considérées comme de vastes réservoirs, elles se colorent légèrement en jaune verdâtre et précipitent alors en blanc par les acides.

Si l'action n'est pas très marquée à Barèges, c'est qu'il faut qu'une eau soit très sulfureuse pour que son principe puisse se modifier avant d'avoir disparu complètement, et l'on sait que les sources de Barèges ne se rendent pas directement dans les piscines, qu'elles passent, au contraire, dans les baignoires auparavant, tandis qu'un simple filet de la grande douche s'y rend seul pour entretenir la température.

Je ne doute pas que, si les piscines de Barèges étaient alimentées par des sources vierges telles que la Grande-Douche ou Polard, l'eau de ces piscines ne blanchît beau-

(1) M. V. Gerdy ignorait, sans doute, ce passage, quand il a dit, dans son excellent travail sur les eaux d'Euriage, qu'il n'existait pas d'exemple connu d'une eau polysulfureuse. Je ne pense pas, s'il visitait cette source, qu'il pût conserver le moindre doute sur le polysulfure qu'elle contient. Mais, conservera-t-elle ce caractère, si l'on creuse pour aller la chercher dans la roche en place ? Je ne le pense pas : elle reprendrait le caractère sulfhydraté comme ses voisines.

coup en arrivant au dehors, ou si l'on la traitait par un
acide; ce qui démontrerait l'identité du principe sulfureux
de Barèges avec celui de Luchon, comme la plupart des
cures de Luchon démontrent l'identité d'action avec les
eaux de Barèges; sauf pour les vieilles plaies d'armes à feu,
pour lesquelles les eaux de Barèges semblent avoir une
action plus spéciale, parce qu'avec une forte proportion de
sulfhydrate elles sont moins alcalines que celles de Luchon,
qui semblent irriter trop les blessures par la causticité de
cet alcali, en excès : ce qui les rend, au contraire, plus utiles
pour d'autres affections, telles que les affections cutanées,
les tumeurs, etc.

Je saisirai cette occasion pour dire un mot d'une question
que j'avais posée dans un travail sur les eaux de Luchon.
Peut-on imiter une source naturelle avec une autre source
naturelle d'une autre localité, en la ramenant à la même
température et à la même proportion de principes sulfureux,
et par conséquent obtenir les mêmes effets thérapeutiques!
Voilà ce que je me demandais en théorie. Voici ce que je
réponds en pratique : NON, il n'est pas possible d'imiter tout
à fait, surtout au point de vue thérapeutique, une source
par une autre source, surtout pour celles qui ont une action
spéciale sur certains organes : ainsi, il existe deux sources
dans les Pyrénées, la source vieille des Eaux-Bonnes et la
source de Larraillère de Cauterets, que l'on ne peut reproduire dans aucun autre localité des Pyrénées, pour l'action
qu'ont ces deux sources sur les affections de la poitrine, et
notamment sur l'état de tuberculisation au premier degré,
qui se manifeste par la rudesse du bruit expiratoire et son
prolongement, par un peu de matité sous la clavicule et
par un peu plus de résonnance de la voix dans ce siége, et
dans les fosses sus et sous-épineuses, etc. Et à ce sujet

je ferai observer combien est peu rationnel l'usage dans lequel on est à Cauterets d'expédier de l'eau de la source César pour remplacer l'eau de Larraillère qu'on dit peu transportable. Ces eaux ne se ressemblent en rien ni dans la proportion de de leurs principes constituants ni dans leurs propriétés thérapeutiques. Je préférerais expédier la source des OEufs qui a bien plus d'analogie et qui tient du même groupe que celle de César , qui est d'un groupe tout différent ; mais j'aimerais encore mieux Larraillère.

Non, on ne peut pas imiter les sources de Barèges pour les vieilles plaies, et c'est avec regret que je vois qu'on veut transporter à Arles , dans les Pyrénées Orientales , l'établissement militaire de Barèges. Il n'y a pas dans les Pyrénées deux établissements dont les eaux se ressemblent moins que les eaux d'Arles et de Barèges. Je concevrais qu'on fît à Arles et mieux à Ax, un second établissement militaire pour d'autres maladies que celles que l'on traite à Barèges ; mais je regarderais comme un acte de lèzehumanité qu'on supprimât l'établissement militaire de Barèges pour le transporter à Arles ou ailleurs.

Il est des cas cependant, où certaines de ces sources peuvent être jusqu'à un certain point les succédanées d'autres sources qui ont plus ou moins d'analogie avec elles ; ainsi, pour certaines affections cutanées, Barèges et Luchon, Ax et Cauterets, Molitg et Vernet peuvent être utilisés, mais l'action sera d'autant plus marquée que les eaux seront plus énergiques. Certaines affections syphilitiques, certaines affections lymphatiques, certains rhumatismes , etc., pourront trouver soulagement ou guérison dans toutes ces localités ; mais pour les vieilles affections cutanées et syphilitiques, j'aimerais mieux Bagnères-de-Luchon, aussi bien que pour les rhumatismes graves, tandis que pour les cas plus légers Barèges et même Ax et Cauterets suffiraient, aussi bien que Molitg, Vernet et Arles, tandis que pour certains rhumatismes nerveux et pour certaines affections sub-inflammatoires de l'utérus, j'aimerais mieux Saint-Sauveur ou les Eaux-Chaudes, et Ussat ou Bigorre, s'il ya de l'irritation. Luchon est aussi très souvent utile dans ces maladies, et j'ai obtenu de ces eaux des effets très remarquables.

Sans doute une pratique intelligente finira par spécifier les cas et les malades qui se trouveront mieux de telle ou telle eau; mais cette étude est encore à faire. Et je cherche, pour ma part, à porter une pierre à l'édifice qui sera construit dans l'avenir par le concours de tous les médecins des eaux.

V.

LOUCHISSEMENT DES EAUX DE MOLITG.

« Le phénomène du blanchîment des eaux s'est présenté, j'en suis presque certain, à Anglada, qui paraît en avoir complètement méconnu la cause; voici comme il s'exprime en parlant de l'eau d'une source :

» La source n° 2, qui s'annonce déjà à l'odeur comme faiblement sulfureuse, s'est comportée, en effet, avec les réactifs, de manière à justifier cette première indication. Sous tous les rapports, sa constitution chimique est identique avec la source n° 1; si cette source est moins sulfureuse, ce n'est pas parce qu'une eau froide est venue s'y mêler, mais parce que ce filet a dû faire un plus long trajet dans l'intérieur de la terre, subir un refroidissement plus étendu (elle marque 35°, et la source n° 1, 37°), rester plus efficacement aux prises avec l'air atmosphérique, et perdre ainsi une plus grande partie de son élément sulfureux.

» L'eau de cette source n° 2 a donné lieu à une obser-

vation qui semblait annoncer au premier aspect une différence remarquable entre elle et les autres eaux sufureuses ;
mais il a été facile de dévoiler les causes de la prétendue
anomalie.

» Le liquide se troublait à mesure que s'opérait son
refroidissement, non-seulement au contact de l'air, mais
encore dans un flacon fermé hermétiquement ; l'*addition
d'ammoniaque* maintenait ou rétablissait la limpidité. J'en
étais à apprécier les conditions du phénomène, lorsque j'ai
appris que le bassin où sont recueillies les eaux de cette
source, construit récemment, avait été revêtu d'un enduit
composé de briques pilées et de *graisse*. Il devenait ainsi
évident que la précipitation spontanée dépendait de la
matière graisseuse se séparant à la suite du refroidissement ; il a suffi, en effet, de chauffer le liquide troublé pour
lui voir reprendre aussitôt toute sa transparence (1). »

En examinant avec attention le fait cité par Anglada, il
est facile de voir qu'il s'est trompé sur l'explication qu'il en
donne : il attribue le trouble à de la graisse, qui, dissoute
dans l'eau, se précipite par le refroidissement ; mais de
l'eau à laquelle on fait dissoudre un peu de graisse à la
température de 35° semble plutôt s'éclaircir que se troubler
par le refroidissement ; d'un autre côté, l'ammoniaque,
loin de dissoudre la graisse qui se précipite dans l'eau
refroidie, hâte au contraire cette précipitation.

Je crois, au contraire, que la description des lieux
donnée par Anglada indique que cette cau devait éprouver
quelque modification dans son principe sulfureux.

« La source n° 2 se trouve à l'extérieur de l'établissement, près la porte d'entrée : ces eaux s'élèvent à travers la

(1) ANGLADA, *Traité des eaux minérales*, t. Iᵉʳ, p. 278, 279 et 280.

fente d'un rocher et se rassemblent immédiatement dans un bassin couvert d'où le trop plein s'échappe par un soupirail.

» Cette disposition est vicieuse, elle rend trop facile l'action de l'air sur ces eaux. »

Nous voyons que cette disposition de la source se rapproche beaucoup de celle de la source dite n° 4, dans les bains du Teicht d'Ax, dans laquelle nous avons vu le phénomène du blanchîment se produire dans le réservoir même, et de celle de Richard-Nouvelle de Luchon qui blanchit en tombant dans la baignoire.

Il est vrai qu'Anglada ne parle pas de la couleur jaune verdâtre que cette eau devait avoir avant de blanchir ; mais tant de personnes qui ont analysé et vu les eaux de Luchon avaient méconnu cette couleur, qu'il n'est pas étonnant qu'elle ait échappé à Anglada.

Nous voyons aussi que cette eau blanche redevenait transparente après avoir ajouté de l'ammoniaque ou en la faisant chauffer ; mais nous avons vu aussi que les eaux blanchies de Luchon reprenaient leur transparence par l'ammoniaque et la chaleur. J'ai visité les eaux de Molitg et je n'ai plus retrouvé le phénomène signalé par Anglada, parce qu'on avait hermétiquement fermé le réservoir de la source n° 2.

Je n'ai tant insisté sur tous ces phénomènes que parce qu'ils sont liés à la constitution des eaux sulfureuses, et qu'il est essentiel d'en éviter la production, si l'on veut conserver à l'eau tout son principe sulfureux. Dans quelques cas, cependant, si l'on désire des eaux très-douces, on peut le laisser exister. Dans nos Pyrénées nous sommes bien plus en peine, surtout à Barèges et à Luchon, de calmer l'excitation produite par les eaux sulfureuses que de la produire, quoique nos eaux ne contiennent que la dixième partie environ du principe sulfureux des eaux artificielles. Aussi sommes-nous forcés de donner souvent, pendant la baignée, des bains émollients de 26 à 27° R et prolongés d'une à deux heures et plus, pour calmer cette excitation. Ces bains dont j'ai adopté l'usage à Luchon me rendent de grands services ; ils permettent aux malades de continuer une baignée qu'ils seraient obligés d'interrompre, au grand détriment de leur santé , et adoucissent les crises qui pourraient devenir trop violentes.

Si l'on pensait ne pas devoir admettre , pour le principe sulfureux des eaux minérales des Pyrénées, la composition que j'ai donnée, les phénomènes du blanchîment n'en devraient pas moins recevoir la même explication, avec une légère modification dans la théorie ; mais, dans tous les cas, les faits restent les mêmes, et l'application que j'ai donnée de la transformation d'un monosulfure ou sulfhy-drate en polysulfure dans le réservoir ; puis du polysulfure en hyposulfite d'abord et en sulfate ensuite avec précipitation du soufre qui blanchit l'eau, reste la même et m'appartient complètement. Car autre chose est l'explication d'un fait dont on étudie avec soin les phénomènes, autre chose est son interprétation. La première est une vérité démontrée, que le principe sulfureux soit un sulfure ou un sulfhydrate ; la seconde est une hypothèse très probable, mais je ne l'ai donnée que comme hypothèse. Il y a cette différence entre certains chimistes qui ont attaqué mon opinion et moi, c'est que j'ai donné comme simple hypothèse une opinion pro-bable et peut-être vaie, tandis qu'ils donnent comme une vérité démontrée ce qui n'est encore qu'une hypothèse. MM. Pelouse, Thenard et Dumas, comme on le verra dans les rapports ci-annexés, se rangent à mon avis, et, je dois le dire, il a plus de poids pour moi que celui de mes anta-gonistes.

Si, au lieu d'un sulfhydrate de sulfure, que je crois exister dans les eaux, l'on persistait à admettre un simple sulfure de sodium, voici comment la théorie devrait être modifiée :

Le sulfure de sodium se dissout dans l'eau sans la colorer, et quand cette eau passe au contact de l'air libre, l'oxygène de l'air se combine avec le sodium pour former de la soude, avec le soufre pour former de l'acide hyposulfureux, qui se combinent ensemble pour former de l'hyposulfite de soude, qui est incolore. L'acide carbonique s'est aussi combiné avec une portion de la soude, parce que, d'après la théorie admise par M. Gay-Lussac, l'acide hyposulfureux, qui se combinerait avec la soude pour former un hyposulfite de soude, aurait la composition suivante $S^2 O^2 + Na O$. L'on voit que, d'après cette théorie, l'oxygénation du sodium se fait avec plus de rapidité que celle du soufre, et que s'il ne se forme pas un polysulfure, c'est parce que l'acide hyposulfureux contient deux atomes de soufre pour un atome de sodium.

Quand l'eau serait dans les réservoirs avec un air non renouvelé, l'oxygénation de la soude marcherait avec plus de rapidité encore par rapport au soufre qu'à l'air libre, et il se formerait un polysulfure, parce que tout le soufre ne s'oxygénerait pas, et lorsque l'eau jaune verdâtre serait arrivée au contact de l'air, elle se troublerait toujours, d'après l'explication que j'en ai donnée.

Cette théorie me paraît moins satisfaisante que la précédente; en effet, comme il arrive que l'hyposulfite formé passé à l'état de sulfite et de sulfate, il faudrait admettre que s'il y a deux atomes de soufre dans l'hyposulfite pour un atome de sodium, on obtiendra un sulfate qui sera dans les mêmes rapports, c'est-à-dire qu'on aurait un véritable bisulfate, et l'eau devrait être acide, ce qui n'est pas.

D'un autre côté, comment pourrait-on admettre qu'il existât de l'acide hydrosulfurique libre, et je crois avoir démontré dans ces eaux cet état de liberté, en présence du sulfure de sodium qui joue un véritable rôle de base. Autant vaudrait admettre cet acide à l'état de liberté en présence d'un alcali en excès.

Je sais qu'Anglada a voulu expliquer le dégagement de l'acide hydrosulfurique, quand on fait bouillir l'eau, par l'action du gaz azote qui l'entraînerait mécaniquement. Si cette assertion d'Anglada était exacte, il faudrait qu'on trouvât de l'hydrogène sulfuré en mélange avec l'azote qui se dégage spontanément des sources, quand elles sont dirigées de bas en haut, tandis que cela n'est pas.

Je conçois que dans les eaux sulfureuses accidentelles, dont je parlerai plus loin, il se trouve de l'acide hydrosulfurique libre en présence d'un sulfure de calcium et même de sodium, parce que ces eaux contiennent en même temps une assez grande proportion d'acide carbonique libre, qui tend sans cesse à décomposer le sulfure et à dégager cet acide hydrosulfurique; mais dans les eaux sulfureuses qui ne contiennent pas d'acide carbonique libre, je ne peux concevoir la présence d'une certaine quantité d'acide hydrosulfurique libre en présence d'un sulfure alcalin. Je rechercherai si la modification qu'éprouve le principe sulfureux en passant de l'état de sulfhydrate à celui de polysulfure, ne donne pas à l'eau des propriétés différentes, et peut-être plus actives, quoique le soufre soit alors en plus petite proportion.

Le monosulfure n'attaque pas le platine, tandis que les polysulfures l'altèrent promptement.

Le bichlorure de mercure, quoique ne contenant que la moitié moins de mercure que le protochlorure, est beaucoup plus actif que lui.

A Barèges, l'on a remarqué que les piscines, produisaient des effets plus actifs que les bains ordinaires. Je sais que la haute température de l'atmosphère y est pour beaucoup ; mais la modification du principe sulfureux n'y serait-elle pour rien ? Nous avons démontré plus haut que, dans les piscines, le soufre passait à l'état de polysulfure.

A Bagnères-de-Luchon, la Reine est, dit-on, très-active dans le bain, quoique ne contenant que très peu de principe sulfureux. L'eau y est assez longtemps à l'état de polysulfure avant de blanchir. Il faut qu'il existe une bien grande différence entre le principe sulfureux de nos eaux et le principe sulfureux des eaux accidentelles : ainsi tandis qu'à Enghien on forme de très bons tuyaux de conduite avec le zinc, nous ne pouvons pas en faire à Luchon qui résistent plus d'une saison. Cependant les eaux d'Enghien sont plus chargées de sulfure que les eaux de Luchon; mais à Enghien c'est un sulfure de calcium, substance peu active; tandis qu'à Luchon et dans le reste des Pyrénées, c'est un sulfhydrate sodique, substance très active. On a beau objecter que le sulfure de calcium et le sulfhydrate de soude, ou si l'on veut le sulfure de sodium sont identiques parce que, traités par un acide, ils dégagent tous deux de l'acide sulfhydrique; mais cette raison est insignifiante, car on peut tirer des principes actifs identiques de deux corps qui ont une activité très différente : ainsi l'on tire l'hydrogène sulfuré des sulfures de fer ou d'antimoine, substances peu actives; de même on tire de l'oxygène de l'oxyde d'arsenic et de l'oxyde de magnesium substances dont l'action est bien différente, etc.

J'ai vu des personnes d'une constitution délicate et très excitable qui supportaient à peine la source du petit puits de Bagnères-de-Luchon et qui s'en trouvaient très bien (cette source est la moins sulfureuse de Luchon), et qui ne pouvaient supporter deux ou trois bains de la source Richard-Nouvelle, sans perdre le sommeil et sans être vivement excitées; et qui pouvaient prendre trente et qua- rante bains d'Enghien, sans éprouver ni excitation ni perte de sommeil, ni action thérapeutique.

§ IV.

DE L'ALCALI DES EAUX MINÉRALES DES PYRÉNÉES.

Toutes les eaux sulfureuses des Pyrénées sont alcalines, comme le prouve l'effet des réactifs : le sirop de violette est verdi, le papier de tournesol et sa teinture, rougis par un acide, sont ramenés au bleu avec plus ou moins de promptitude. Mais quel est cet alcali, et à quel état se trouve-t-il ?

Poumier, qui publia, en 1813, une analyse des eaux sulfureuses des Pyrénées, analyse qui fait encore loi dans beaucoup de localités, ne mentionne, comme pouvant pro- duire la réaction alcaline, que la chaux et la magnésie. Quant à la soude, il ne l'admet qu'à l'état de sulfate et de chlorure, et l'on sait que dans ces combinaisons elle n'a aucune réaction sur le sirop de violette ni sur le tour- nesol rougi.

MM. Longchamp et Anglada firent justice de cette erreur, et reconnurent tous les deux que la substance qui donne l'alcalinité aux eaux minérales sulfureuses est de la soude accompagnée de potasse.

M. Longchamp prétend même y avoir trouvé de l'ammoniaque; mais je ne peux admettre la présence de cette dernière substance dans nos eaux.

Quoique MM. Longchamp et Anglada soient d'accord sur la présence de la soude dans ces eaux sulfureuses, ils ne le sont pas sur sa manière d'être. M. Longchamp la considère comme à l'état caustique, tandis qu'Anglada l'admet, au contraire, à l'état de carbonate. M. Orfila, dans son travail sur les eaux de Cauterets, inséré dans le *Dictionnaire de médecine*, en vingt-cinq volumes, adopte l'opinion d'Anglada.

M. Longchamp, pour prouver que la soude est à l'état caustique dans les eaux sulfureuses des Pyrénées, annonçait dans son mémoire (publié en 1823 dans les *Annales de chimie et de physique*, p. 156 et 157), que « ces eaux verdissent le sirop de violette, qu'elle ramènent au bleu le papier de tournesol rougi par un acide..., qu'elles *ne donnent aucun louche par l'eau de chaux* », et il ajoutait : « On est donc forcé de reconnaître que la soude est à l'état caustique dans les eaux de Barèges, Cauterets, Saint-Sauveur, etc. »

Il faut avouer que les raisons données par M. Longchamp étaient peu convaincantes, surtout pour Anglada, qui avait obtenu un précipité très abondant par l'eau de chaux : aussi s'éleva-t-il une discussion entre ces deux chimistes, et les honneurs de la querelle restèrent-ils à Anglada, dont les opinions ont été généralement adoptées depuis, et qui mourut avec la conviction d'avoir ramené M. Longchamp à son opinion, comme il le dit dans un de ses mémoires.

Il répondait, de son côté, pour établir que la soude était à l'état de carbonate, par des expériences que je crois plus spécieuses que solides; il disait :

Première preuve. — « J'ai rempli presque en entier

d'eau de Barèges un flacon bouché à l'émeri ; j'ai ajouté autant d'eau de chaux que sa partie vide lui permettait d'en recevoir, et je l'ai tenu exactement fermé. *Ce n'est qu'après quelques heures que le liquide a commencé à louchir;* en moins d'une demi-journée, on a vu, formé au fond du vase, un précipité blanc adhérant à ses parois, *s'en détachant facilement par l'agitation, sous forme floconneuse,* et offrant tous les caractères de ce qu'on nomme *carbonate de chaux,* qui n'est, dans un sens, qu'un *sous-carbonate* (1). »

Cette première preuve, donnée par Anglada, et adoptée par M. Orfila dans l'article ci-dessus, ne me paraît pas convaincante ; je la crois même opposée à l'opinion qu'on veut en étayer.

Examinons s'il est bien vrai que le précipité formé par l'eau de chaux dans les eaux sulfureuses des Pyrénées soit un carbonate de chaux, et pour y parvenir, comparons les propriétés de ce précipité avec celles du précipité obtenu par l'eau de chaux sur un carbonate alcalin.

1° Quand on traite un carbonate alcalin par l'eau de chaux, le précipité se forme subitement, ou du moins la liqueur se trouble à l'instant même, et le précipité commence bientôt après à se déposer.

Quand on traite l'eau sulfureuse par l'eau de chaux, le mélange reste limpide pendant plusieurs heures ; ce n'est quelquefois qu'après vingt-quatre heures que le précipité est déposé.

2° Le précipité formé dans l'eau qui contient un sous-carbonate alcalin peut être floconneux d'abord ; mais il devient bientôt grenu, de manière à former une poudre blanche qui adhère assez fortement aux parois du vase pour

(1) 3ᵉ *Mémoire,* p. 305.

ne pouvoir en être détachée par l'agitation. Il faut l'action d'un acide pour détruire cette adhérence.

Le précipité formé avec nos eaux, s'il adhère quelquefois aux parois du vase, s'en détache facilement par l'agitation, sous forme floconneuse, et conserve cette forme indéfiniment. J'en ai gardé pendant trois ans, dans des flacons bouchés à l'émeri, qui avait toujours conservé la forme floconneuse, sans adhérer nullement aux parois du vase.

3° Quand on traite, sous l'eau même où il a été conservé, par un acide nitrique ou hydrochlorique, le précipité formé avec un carbonate alcalin, il se dissout en produisant une effervescence dont les bulles nombreuses se distinguent facilement à travers la liqueur.

Quand on traite, au contraire, par les mêmes réactifs, et dans les mêmes circonstances, le précipité formé avec les eaux sulfureuses, il se dissout sans la moindre effervescence.

On voit déjà que si ces deux précipités ont quelques propriétés communes qui les rapprochent, ils en ont beaucoup plus qui les séparent, et qui démontrent que leur nature ne peut être confondue en aucune façon. Tous les deux, il est vrai, contiennent de la chaux : mais, tandis que le précipité formé par le carbonate de soude contient cette chaux combinée avec l'acide carbonique, celui formé avec les eaux sulfureuses offre la chaux combinée à la silice, à l'état de silicate de chaux; et quoique la silice forme la plus grande partie du précipité, on y trouve en outre, un peu de substance organique, des traces de magnésie, d'alumine et de fer, mais pas la plus petite quantité d'acide carbonique.

C'est sans doute parce que M. Longchamp, lors de ses

voyages aux Pyrénées, n'attendait pas assez, pour constater les effets des réactifs sur les eaux, qu'il a pu nier que l'eau de chaux formât un précipité dans les eaux sulfureuses; mais, averti plus tard par des expériences faites par un des pharmaciens distingués des Pyrénées, M. Paillasson jeune, de Lourdes, que l'eau de chaux formait un précipité abondant avec les eaux de Cauterets, Barèges, etc., il a reconnu son erreur à ce sujet, et il l'a franchement avouée (1). Il dit : « Que toutes les eaux qui contiennent de la silice donnent, avec l'eau de chaux, un silicate de chaux, que beaucoup de personnes confondent, sur l'apparence, avec le carbonate de chaux. » C'est ce qui est arrivé pour les eaux des Pyrénées.

Après avoir découvert la cause de l'erreur de M. Longchamp, et l'avoir justifiée, je vais indiquer la cause de l'erreur de MM. Anglada et Orfila, qui avaient pris le silicate de chaux pour du carbonate de chaux.

1° Lorsqu'on traite, avons-nous dit plus haut, le précipité de silicate de chaux par un acide, il se dissout *sans effervescence*, tant qu'il n'a pas été exposé au contact de l'air; mais il n'en est plus de même si, depuis sa formation, il a reçu l'influence de cet agent. En effet:

2° Si l'on prend du silicate de chaux récemment ou anciennement formé avec nos eaux sulfureuses, qu'on le fasse bien dessécher à l'air libre spontanément, ou à une douce chaleur, il se dissout avec effervescence, à la manière des carbonates, et le gaz qui se dégage est de l'acide carbonique que la chaux du silicate a absorbé par son exposition à l'air.

(1) Dans une note insérée dans le tome LXII des *Annales de chimie et de physique*, en parlant des eaux de Luxeuil (en 1836).

3° Si l'on prend le silicate après l'avoir bien lavé, qu'on le dessèche au-dessus de 200 à 300° , il se produit une effervescence comme dans le cas précédent ; mais le précipité n'est pas dissous en totalité , il reste un dépôt assez fort de silice qui a pris assez de cohésion pour ne plus être dissoute par les acides ; mais elle est soluble dans les alcalis concentrés à l'aide de la chaleur.

4° Quand on traite le résidu de l'évaporation des eaux sulfureuses par un acide, il se produit une vive effervescence, et la plus grande partie du gaz qui se dégage est de l'acide carbonique.

Les trois derniers faits que nous venons de citer pouvaient facilement induire en erreur les observateurs les plus attentifs ; et si nous n'avions pas été certain de la nature du précipité formé par l'eau de chaux dans les eaux sulfureuses , nous aurions été trompé nous-même : mais, averti d'abord par les avis bienveillants de M. Longchamp, et convaincu par nos expériences, que le silicate de chaux, quand il avait été exposé à l'air, pouvait produire une effervescence, nous ne nous sommes pas arrêté au dégagement de gaz produit par les acides sur le résidu de l'évaporation ; nous avons considéré cet acide carbonique comme accidentel.

Deuxième preuve. — Anglada donnait comme une des preuves les plus convaincantes de la combinaison de l'alcali des eaux avec l'acide carbonique , le résultat des expériences suivantes :

Traitement par l'ébullition et par l'acide. « 250 centimètres cubes (il parlait de l'eau de Barèges) ont été transvasés, à l'aide d'un siphon , dans une fiole à médecine, à l'ouverture de laquelle on a immédiatement adapté un tube droit, effilé par le bas , et plongeant légèrement dans le liquid pour y introduire au besoin le réactif, ainsi qu'un tube recourbé destiné à établir la communication avec une série de deux flacons où était contenue de l'eau de baryte. Le liquide a été élevé jusqu'à l'ébullition ; cette température a été maintenue quelques minutes, sans qu'il se soit rien dégagé qui troublât la transparence du réactif. On a introduit alors dans la fiole une petite quantité d'acide sulfurique, étendue d'eau. Bientôt on a vu se dégager des matières gazeuses qui ont noirci légèrement et précipité abondamment l'eau de baryte du premier flacon. L'ébullition a été continuée pendant environ vingt minutes : lorsqu'on a pu penser que tout dégagement gazeux avait cessé, l'opération a été arrêtée ; le liquide qui avait absorbé le gaz a été filtré subitement, et lavé à l'instant même avec beaucoup d'eau distillée, qu'on venait de faire bouillir, et encore très-chaude ; l'appareil où s'opéraient les filtrations et les lavages était renfermé sous une petite cloche, dans le but de prévenir autant que possible le contact de l'air.

« Le filtre chargé de *carbonate de baryte* ayant été convenablement séché au bain-marie, étuvé et pesé, a été lavé à l'acide acétique faible, qui y a produit une vive effervescence et dissous la *presque totalité* du précipité. Lavé après cela, et séché de nouveau, il se trouvait avoir perdu 0 gr. 06 de carbonate de baryte ; 1,000 centimètres cubes d'eau eussent fourni 0 gr. 24 cent. de ce carbonate, correspondant à 0 gr. 076 milligrammes de soude, pour former 0 gr. 129 milligrammes de carbonate de soude. »

Cette expérience d'Anglada semble être sans réplique pour établir que l'alcali, dans les eaux minérales des Pyrénées, est à l'état de carbonate. Cependant, je la crois plus spécieuse que solide, et je vais essayer d'en combattre les conséquences.

Nous voyons d'abord que cette expérience n'est pas complète. Anglada n'a rien fait pour s'assurer d'une manière irrévocable de la nature du gaz qui se dégage des eaux sulfureuses pour se combiner avec la baryte. Il a négligé de noter son odeur, sa solubilité dans l'eau, son action sur le manganèse. Il a, de plus, négligé ce qui se passe dans l'eau bouillie, quand on la traite par un acide; il a négligé la portion insoluble du précipité.

J'ai répété plusieurs fois les expériences d'Anglada, en dirigeant le gaz, soit dans l'eau de chaux, soit dans l'eau de baryte, et j'ai vu constamment que le précipité se forme, comme il l'indique, avec les mêmes caractères apparents du carbonate de baryte. Cependant je ne me suis point hâté de tirer de ce fait la même conclusion que lui. J'ai observé :

1° Que lorsqu'on traite par un acide fort sulfurique ou hydrochlorique l'eau qui a bouilli à l'abri du contact de l'air, elle se trouble légèrement au moment où elle dégage le gaz qui se combine avec la baryte ou la chaux.

2° J'avais observé que le précipité, en se dissolvant sous l'eau, formait des bulles qui ne venaient jamais crever à sa surface quand on le traitait par un acide. J'avais vu, au contraire, que l'acide carbonique ne se dissolvait jamais complètement dans l'eau, quand on le dégageait d'un dépôt formé sous cette eau.

3° J'avais senti avec soin le gaz qui se dégageait quand on traitait le précipité formé avec la baryte par un acide, et je lui avais trouvé une odeur de soufre qui brûle.

Je fus porté alors à admettre que le gaz qui se dégage de l'eau sulfureuse des Pyrénées, prise à la source et bouillie à vase clos, puis traitée par l'acide sulfurique ou hydrochlorique, était non de l'acide carbonique, comme l'avaient pensé Anglada et M. Orfila, mais de l'*acide sulfu-reux*. J'étais d'autant plus autorisé à émettre cette opinion, que je savais par expérience que ces eaux contiennent de l'oxygène qui ne se dégage pas par l'ébullition, mais qui se combine avec une portion du principe sulfureux pour former de l'acide hyposulfureux, qui se combine avec la soude à l'état d'hyposulfite de soude. J'avais, en outre, observé qu'en ajoutant un acide à cette eau bouillie, elle se troublait légèrement, en dégageant le gaz ; je pus admettre que l'hyposulfite de soude formé se décomposait, qu'il se dégageait de l'acide sulfureux, et qu'il se précipitait du soufre, comme cela arrive toutes les fois qu'on traite un hyposulfite par un acide.

J'aurais pu lever tous les doutes à ce sujet, si j'avais pu recueillir le gaz dégagé sur une cuve à mercure. Mais j'ai déjà dit qu'il ne m'avait pas été possible de faire cette emplette pendant mon voyage ; et comme j'avais observé que l'eau qui séjourne au contact de l'air absorbe de l'acide carbonique, je n'ai pas pu la répéter à Paris sur de l'eau transportée, car j'étais convaincu à l'avance que j'obtien-drais des résultats erronés. J'attendrai d'être fixé près des eaux thermales, pour décider complètement la ques-tion : je recueillerai les gaz sur le mercure, je les traiterai par le bi-oxyde de manganèse (porté sur une baguette enduite de pâte), qui absorbera l'acide sulfureux, s'il en existe.

J'examinerai, en outre, si je trouve de l'acide carbo-nique ; lorsque j'en aurai constaté la quantité, si cette pro-portion n'est pas en rapport avec la chaux, la magnésie et l'alumine, et si, au contraire, il y a un excédant d'acide carbonique qui serait combiné avec la soude ; et je m'empresserai, si je me suis trompé, de rectifier mon erreur. Alors aussi peut-être je pourrai porter la conviction dans les esprits : aujourd'hui je ne peux qu'élever un doute.

Cependant je vais reproduire une expérience que j'ai faite, et qui pourra, jusqu'à un certain point, étayer l'opinion que j'ai émise.

J'ai dégagé de l'acide sulfureux en traitant du cuivre par l'acide sulfurique ; j'ai dirigé le gaz qui se dégageait (ayant eu la précaution auparavant de perdre tout l'air de l'appareil), soit dans l'eau de baryte faite à l'instant même, soit dans de l'eau de chaux récemment préparée. Il s'est formé dans les deux cas un précipité blanc pulvérulent de sulfite de chaux et de sulfite de baryte. Je les ai recueillis sur un filtre, et je les ai bien lavés à l'eau distillée, récemment préparée, ayant soin, pendant toutes ces opérations, de tenir l'appareil à l'abri du contact de l'air. Je les ai fait sécher à la chaleur du bain-marie ; je les ai traités par l'acide acétique faible : ils ont produit tous les deux une effervescence marquée. Le précipité formé par le sulfite de chaux s'est dissous en totalité ; mais le précipité formé par la baryte a laissé un très petit résidu, quoique la plus grande partie se soit dissoute. Cette portion insoluble était du sulfite basique et du sulfate de baryte qui pouvait s'être formé par l'oxygénation du sulfite de baryte, ou par la volatilisation d'un peu d'acide sulfurique, quand on a produit l'acide sulfureux.

Nous avons vu qu'Anglada avait obtenu un résidu insoluble dans le filtre quand il avait traité par l'acide acétique le précipité formé avec la baryte et l'acide gazeux dégagé des eaux. Cette substance insoluble ne peut-elle pas aussi être du sulfate de baryte formé par les mêmes circonstances, avec du sulfite basique, qui peut se former par l'action de l'acide acétique qui partage le sulfite formé en sulfite acide soluble et en sulfite basique insoluble?

§ V.

DES SUBSTANCES ORGANISÉES ET ORGANIQUES, AZOTÉES, DES EAUX SULFUREUSES DES PYRÉNÉES.

Les naturalistes avaient établi depuis longtemps que toutes les eaux thermales, aussi bien que les eaux froides, étaient le séjour d'un certain nombre de substances organisées, que les uns rangeaient parmi les plantes, les autres parmi les animaux, parce que si l'on brûlait ces substances après les avoir desséchées, quelques-unes dégageaient des vapeurs empyreumatiques ammoniacales; et comme on croyait qu'il n'y avait que les substances animales qui renfermassent de l'azote, ils avaient été, pour ainsi dire, autorisés à admettre cette opinion.

Secondat, fils du grand Montesquieu, avait étudié, dès l'année 1750, la substance organisée qui se trouve dans le bassin de la place publique de Dax, dans les Landes, où la chaleur de l'eau s'élève à 50° Réaumur, ou 62 centigrades; il l'avait nommée *fucus thermalis*.

Sulh avait déjà, dès 1748, observé, à Bath en Angleterre, une substance analogue.

Thore assignait à cette substance les caractères suivants:

« C'est une substance polymorphe gélatineuse, vésiculaire, feuilletée, verte, lisse dans sa jeunesse, jaunâtre, hérissée dans sa vieillesse, de crêtes disposées en réseaux, ce qui leur donne la ressemblance extérieure d'un estomac de ruminant.

» Beaucoup de crêtes de sa surface s'élèvent en cordes de quelques pieds de hauteur, et plusieurs des plaques de sa substance finissent par surnager; elle encombre bientôt les lieux qui l'ont vue naître, et contraint à les nettoyer. »

Vaucher, qui s'occupait avec soin de recherches microscopiques, et qui, le premier, débrouilla le chaos qui, jusque-là, avait confondu toutes les substances à filaments, admit que les eaux de la source dite d'*alun* des bains d'Aix, en Savoie, renfermaient cinq à six espèces d'oscillaires; et la description qu'il en donne me paraît d'autant plus exacte, que j'ai retrouvé toutes ces mêmes substances, avec les caractères qu'il leur assigne, dans des bassins situés derrière l'établissement de Bellevue à Bagnères-de-Bigorre; ce qui me fait penser aussi, *à priori*, que ces eaux d'alun ne sont pas sulfureuses, ou qu'elles ne doivent leur caractère sulfureux qu'à la décomposition d'un sulfate calcaire ou alcalin par la putréfaction de ces substances; car je n'ai jamais trouvé dans les eaux sulfureuses naturelles qu'une seule substance organisée, qui n'a aucun des caractères attribués par Vaucher aux oscillaires qu'il a observées à la source d'alun d'Aix.

M. Bory de Saint-Vincent, qui a fait depuis longtemps une étude spéciale des substances organisées microscopiques, a formé un règne spécial sous le nom d'*arthrodiées*, dans lequel il range ces substances filamenteuses dans diverses tribus, sous les noms de *conferves, oscillaires, anabaines*, etc.

MM. Longchamp et Anglada, qui avaient trouvé, dans le résidu de l'évaporation des eaux minérales sulfureuses, une substance organique azotée, et qui avaient vu qu'on trouvait dans les canaux et réservoirs de la plupart des sources sulfureuses, des substances, tantôt sous forme gélatineuse, tantôt sous forme de filaments blancs plus ou moins allongés, tantôt sous forme de magma diversement coloré, avaient confondu sous une même dénomination toutes ces substances qu'ils regardaient comme identiques, et comme le resultat du dépôt de la substance en dissolution. Ils se contentèrent d'attacher chacun un nom particulier à ce produit multiforme, et il s'éleva entre eux une grande discussion, pour savoir s'il fallait laisser à cette substance, le nom de *barégine* que lui avait donné M. Longchamp, parce qu'il l'avait observée pour la première fois à Barèges, ou celui de *glairine*, que voulait lui substituer Anglada, parce que, disait-il, « la substance qui se trouvait dans les canaux par où passait l'eau sulfureuse ressemblait à des glaires d'œuf, et que, comme la substance en dissolution était évidemment la même, il valait mieux lui donner le nom de *glairine*, diminutif de *glaires*.

Si, au lieu de disputer sur un mot, ces deux chimistes eussent apporté avec eux un bon microscope, ils auraient évité toutes ces discussions, et auraient enrichi la science de faits qui auraient pu lui être utiles.

Anglada, surtout, n'aurait pas employé plus de cinquante pages à réfuter, sans succès et sans le moindre intérêt, l'opinion des naturalistes; il se fût convaincu, comme j'ai pu le faire, qu'il existe dans toutes les sources d'une certaine température des substances organisées d'une structure particulière, dont la forme, les habitudes et la couleur varient suivant les substances salines ou sulfureuses contenues dans les eaux, et suivant les diverses températures que ces eaux ont en sortant de terre, ou peuvent acquérir par le refroidissement spontané ou opéré par des mélanges d'eau froide.

M. Longchamp, de son côté, n'aurait pas considéré comme une seule et unique substance qui peut s'altérer par les mélanges d'eau froide, et la conferve qu'on trouve dans les eaux sulfureuses d'une certaine température, et les oscillaires et zignema qu'on rencontre dans certaines eaux de Bigorre, Vichy, et les anabaines et nostocs qu'on trouve dans les eaux de Néris et de Dax (voir les planches).

Je vais d'abord m'occuper de la substance qu'on trouve en dissolution dans les eaux sulfureuses ; je parlerai ensuite de deux autres qu'on trouve sur leur passage, ou dans leurs bassins. Je démontrerai que, si l'une des deux, la substance gélatineuse, peut être considérée comme un dépôt de la substance en dissolution plus ou moins modifiée par le contact de l'air, qui forme d'une substance soluble une substance insoluble, à la manière de l'albumine et de l'albuminose ; celle, au contraire, qui se voit sous forme filamenteuse doit en être distinguée.

Nous parlerons, en traitant des eaux salines, ferrugineuses et salées, des substances organiques qu'on trouve en combinaison avec les bases, comme l'acide crénique dans les eaux ferrugineuses de Bagnères-de-Bigorre, etc., de celles qui y sont en simple dissolution, et de celles, enfin, qu'on rencontre sur leur passage à l'état organisé.

Nous verrons que l'acide crénique joue dans les eaux ferrugineuses le même rôle que l'acide carbonique et sulfurique dans les eaux analogues, et qu'il ne faut pas recourir, comme le faisait M. Longchamp dans ses analyses des eaux de Vichy, à l'hypothèse de la combinaison de la chaux avec le fer, celui-ci jouant le rôle d'acide, pour expliquer la dissolution de ces bases dans les eaux qui ne contiennent pas assez d'acide sulfurique ou carbonique pour opérer cette dissolution.

I.

DE LA PYRÉNÉINE,

SUBSTANCE AZOTÉE, EN DISSOLUTION, DANS LES EAUX MINÉRALES SULFUREUSES,
NATURELLES, DES PYRÉNÉES.

(1re variété de la Barégine.)

On trouve, avons-nous dit, dans *toutes* les eaux minérales sulfureuses naturelles, *quelle que soit leur température*,
une substance azotée qui se trouve constamment dans le
résidu de l'évaporation de ces eaux. Il est impossible, quels
que soient les moyens employés, d'isoler cette substance
de manière à l'obtenir pure.

Lemonnier, dans son analyse des eaux de Barèges,
avait observé (lorsqu'il voulut reprendre après plusieurs
mois le produit de l'évaporation de ces eaux, qu'il avait
concentrées en volume cinquante fois environ moindre que
leur volume primitif), dans le résidu qu'il avait placé dans
un flacon bouché à l'émeri, une substance homogène sous
forme de gelée, qui, placée sur des charbons ardents,
répandait des vapeurs empyreumatiques ammoniacales.

Mais Lemonnier se trompait en prenant cette substance
gélatineuse pour la substance azotée pure. Cette pellicule
gélatineuse, qui se forme au fond des flacons où l'on a mis le
résidu de l'évaporation de l'eau sulfureuse, est un silicate
de soude très hydraté, mêlé, parfois, de silicate de chaux et
de silice gélatineuse résultant de la décomposition du sulfure
de silicium, qui entraîne avec lui une portion de la substance
azotée, comme toutes les autres portions de ce résidu.
Toutes les fois qu'on trouve de la substance azotée ou pyrénéine déposée le long des conduits des eaux, ou sur les
roches où des filets d'eau passent, cette substance se trouve
mêlée de silicate de soude et de silice : aussi, quand on la

calcine trouve-t-on dans le résidu de la silice qui semble
inhérente à ce dépôt (1). Et comme ces silicates de chaux et
de soude offrent un grand volume sous une petite masse,
Lemonnier, en voyant disparaître presque en entier cette
substance placée sur les charbons ardents, n'avait pas tenu
compte du résidu. Il n'avait aperçu que la grande diminution
de volume, et les vapeurs que cette substance répandait.

Je ne rechercherai pas quelle peut être l'origine de cette
substance, quoique je sois porté à admettre qu'elle se forme
dans les eaux. Tout ce que l'on m'a dit à ce sujet me paraît
complètement hypothétique, et je n'aurais qu'une nouvelle
hypothèse à ajouter à celles qu'on a faites avant moi. Je
veux seulement établir que cette substance ne peut être le
résultat de la décomposition de conferves, ou substances
organisées azotées qui pourraient vivre dans le sein de la
terre, dans les points où passent ces eaux avant d'arriver
à la surface du sol. Si cette substance était le résultat de la
décomposition des conferves, on trouverait sans doute quelques-unes de ces plantes dans les tuyaux ou conduits verticaux qui amènent ces eaux à la surface, et l'on devrait en
trouver dans toutes les eaux. Or, j'établirai plus bas que la
conferve qui se développe dans les eaux sulfureuses ne se
forme qu'au contact de l'air, et seulement dans les eaux

---

(1) M. Aubergier, pharmacien distingué et chimiste habile, qui a rendu
un service signalé à la thérapeutique, en préparant, en grand, le lactuaerium
(suc concret de la laitue obtenu par incision comme l'opium), a très bien
observé, aussi, de son côté, que la silice se trouvait toujours mêlée a ces
dépôts de pyrénéïne. Je me plais ici à rendre hommage à sa bonne observation et à sa loyauté, quoique nous ne soyons pas d'accord sur le mode de
dissolution de la soude que je persiste plus que jamais, d'après de nouvelles
expériences, à considérer à l'état de silicate, la présence de l'acide carbonique. quand il s'y rencontre, étant un état d'altération des eaux mal
captées et aérées.

d'une certaine température, inférieure à 55° ou 60° cent.;
pour moi, je ne l'ai jamais rencontrée au-dessus de
50 cent.

Si l'on examine avec attention les conduits de bois, ou
autres, implantés verticalement dans le sol pour faire jaillir
une de ces sources, on ne retrouve aucune trace de substance gélatineuse, ni de substance filamenteuse, qu'au
point de ce conduit qui est en contact *avec l'eau et avec l'air*.
Elles forment là un petit cordon plus ou moins étendu, qui
ne se prolonge jamais au-delà d'un demi-pouce à un pouce
dans l'eau. Si l'on enlève ce cordon de substance, et qu'on
examine avec soin pendant des heures entières, l'eau qui
remonte, jamais on ne la voit entraîner aucun vestige de
substance filamenteuse. Quant à la substance gélatineuse,
je n'ai jamais pu en voir non plus; mais Anglada prétend
avoir mis, dans une circonstance analogue, un tamis de
crin pour recueillir les substances qui seraient entraînées
par l'eau, et avoir pu ramasser quelques flocons, à peine
appréciables, d'une substance muqueuse. Cette observation ne me paraît pas établir que la substance muqueuse
soit venue de l'intérieur de la terre : elle peut fort bien
s'être rassemblée dans son tamis, par une espèce de dépôt
ou d'agrégation de la substance qui est en dissolution dans
les eaux. Anglada a laissé son tamis cinq à six jours dans
la source, et il en faut quelquefois moins pour voir cette
substance se reproduire dans les lieux où elle a l'habitude
de se former.

Il cite aussi, à l'appui de l'opinon que quelques flocons
muqueux peuvent venir de terre, l'expérience de Pilhes,
qui envoya à Chaptal de la substance filamenteuse recueillie
au robinet des bains du Couloubert d'Ax. Mais l'assertion
est loin d'être fondée, car la source du Couloubret, dans

laquelle on recueillit ces substances, ne jaillit pas de terre immédiatement au moment de sa sortie du robinet, elle coule pendant l'espace de 20 à 30 mètres dans un canal horizontal, dont elle remplit à peine le tiers de la capacité, et dans lequel elle est facilement en contact avec l'air; car ce canal est formé avec des tuiles en forme de gouttière, et débouche dans un réservoir qui n'est pas hermétiquement fermé. D'un autre côté, la température de cette eau permet à la conferve que j'ai nommée *sulfuraire* de se développer sur son passage. J'ai voulu vérifier l'exactitude de ce fait : j'ai fait découvrir ce canal de conduite, et je l'ai trouvé rempli, dans tout son fond, de cette conferve, qui, en partie décomposée, avait pris un aspect puréiforme blanchâtre à sa surface, et noirâtre dans son fond. Elle était filamenteuse seulement sur les bords.

Quand on plonge le bras dans un de ces conduits verticaux qui amènent immédiatement l'eau de bas en haut, et qu'on nomme *pompe* dans les établissements des Pyrénées, on ne peut enlever en grattant avec l'ongle aucune espèce de substance, et l'on ne trouve en frottant avec la pulpe du doigt aucune sorte d'onctuosité, tandis que l'eau que l'on puisse dans ces pompes, même profondément, contient en solution la substance azotée qui se retrouve dans le produit de l'évaporation, et qui dégage, par sa calcination, des vapeurs empyreumatiques ammoniacales. J'ai répété ces expériences sur de l'eau sortant de la terre à des degrés très différents, depuis 12° centigrades, comme à la source de Labassère, près de Bagnères-de-Bigorre, à 30°, comme à Lès, dans la vallée d'Aran, à 45°, comme à Pause de Cauteret, jusqu'à 70°, comme à la pyramide d'Ax : il n'y avait de différence entre ces sources que la présence de la conferve au contact de l'air dans les trois premières sources, et son absence dans la quatrième. Je prouverai bientôt que cette différence tient à une circonstance de température, trop élevée dans la dernière.

Tous mes efforts pour reconnaître la quantité que chaque source contient de cette substance par litre d'eau ont été inutiles. Les divers procédés de dessiccation que j'ai voulu mettre en usage pour dessécher le résidu qui la renferme ont été sans succès ; plus je desséchais, plus le résidu perdait de son poids; de sorte que je ne savais réellement à quel point m'arrêter pour comparer le poids du résidu avant et après la destruction de cette substance par la calcination, et pour déterminer le poids réel de cette substance.

J'ai consulté les chimistes les plus habiles, et tous m'ont dit qu'ils ne croyaient pas que je pusse arriver à des résultats exacts.

Si nous examinons, en effet, le moyen employé par Anglada, pour déterminer le poids de cette substance, nous voyons combien il est défectueux : il chauffait pendant plusieurs heures le résidu de l'évaporation à la chaleur du bain-marie, il déterminait le poids de ce résidu par deux pesées successives égales, il calcinait ce résidu ; ensuite il y ajoutait quelques gouttes d'eau, il le chauffait de nouveau au bain-marie, il déterminait le nouveau poids de ce résidu par deux pesées successives égales, il soustrayait le second poids du premier, et la différence équivalait, pour lui, à la quantité de substance azotée existant dans les eaux.

Cette manière de procéder n'offre aucune garantie. Comment peut-on croire que les sels mêlés à une substance organique ne retiendront pas plus facilement une plus grande quantité d'eau que ceux qui en sont débarrassés.

Cette substance organique, quand elle existe dans le résidu concentré, doit former une espèce de réseau qui retient facilement l'eau dans ses mailles, et ce qui le prouve, c'est qu'Anglada, qui a voulu aussi établir le poids de la substance gélatineuse desséchée, et j'ai tout lieu de penser que la substance en dissolution dans les eaux, et la substance gélatineuse sont analogues, sinon identiques, pouvait faire perdre, à cette substance isolée, 98 pour cent d'eau, en la desséchant fortement. Nous voyons, en outre, qu'Anglada, qui croyait avoir trop desséché ce résidu, se trouvait obligé d'ajouter quelques gouttes d'eau pour rétablir l'équilibre. Je crois, d'après cela, qu'Anglada nous a donné le plus souvent dans ses analyses une quantité approximative comme poids réel. Pour moi, je m'abstiendrai de donner dans mes analyses le poids de cette substance, ne croyant pouvoir présenter rien d'exact à ce sujet.

DE LA PYRÉNÉINE DÉPOSÉE.

SUBSTANCE GÉLATINEUSE AMORPHE DES EAUX SULFUREUSES.

(2e variété de la Barégine).

Quand on pénètre dans les réservoirs, dans lesquels une masse d'eau séjourne plus ou moins longtemps, et dans les cavités souterraines, creusées dans les flancs des montagnes pour donner issue à une source sulfureuse, on remarque une substance gélatineuse, amorphe, n'offrant aucune trace appréciable d'organisation; cette substance tapisse, comme l'a très bien fait observer M. Longchamp, le fond de ces réservoirs et leurs parois dans les points que l'eau quitte et baigne alternativement. Il semble que chaque fois que l'eau passe sur ce mur, elle laisse des couches extrêmement minces, de cette substance, qui s'augmentent

continuellement par de nouveaux dépôts, et qui, pouvant
acquérir jusqu'à plusieurs pouces d'épaisseur, ne sont
cependant jamais feuilletées. La substance qu'on trouve
dans les cavités par où l'eau suinte du plafond par petites
gouttelettes, en forme de stillicides, prend une apparence
stallactiforme, analogue à ces petites stallactites qu'on
observe dans les grottes calcaires. On y voit très bien une
espèce de tube, avec un petit canal intérieur, pour conduire
la gouttelette d'eau (Voy. *fig.* 1, *planche* A). Quand on examine au microscope, même avec la lentille qui grossit le
plus, cette substance, au moment où on la recueille sous
forme de plaques ou de tubes, on n'y trouve, quand elle
est recueillie sous l'eau, ou qu'elle en est constamment
humectée, aucune trace d'organisation. C'est comme si
l'on avait sous le microscope une parcelle de gelée, formée
avec le suc d'un fruit, comme la gelée de groseille ou de
pomme.

Cette substance est ordinairement limpide, incolore, et
offre assez de ressemblance avec le corps vitré de l'œil.
Si cette substance repose sur du bois ou sur des schistes
ferrugineux ou carburés, elle se colore plus ou moins fortement, et prend des teintes qui varient depuis l'opale
jusqu'au brun.

Si cette substance est exposée au contact de la lumière,
dans des flacons qui contiennent de l'eau de la source et
un peu d'air, on voit, après quelque temps, s'y former de
petits granules à peine perceptibles. Ces granules peu à
peu acquièrent de l'accroissement, et l'on voit qu'après
quelques mois, il s'y est développé des filaments blancs
d'une extrême ténuité, dont on ne peut pas bien apercevoir la structure, mais qui pourraient bien n'être
qu'un état abortif de la conferve que je vais bientôt

7

décrire. Je pris, il y a trois ans, de cette substance, que je fis extraire du réservoir de la source du Rey, qui n'avait aucun filament quand je la recueillis, et qui en avait acquis lorsqu'elle fut examinée à Paris quelques mois après.

Je suis moi-même entré, cette année, dans le réservoir du Rey; j'ai trouvé de cette subsance gélatineuse, qui était située hors de l'eau, dans une disposition que je crois devoir indiquer.

La source du Rey coule, dans son réservoir, par un petit canal horizontal dont la paroi supérieure manque dans l'espace d'un demi-pied environ dans le moment de son entrée dans le réservoir.

La paroi supérieure du canal était remplacée par une couche d'un demi-pouce d'épaisseur de cette substance gélatineuse, et l'eau coulait au-dessous. Cette couche qui semblait s'être développée par extension d'un bord à l'autre du canal, jusqu'à la réunion complète des deux parties qui formaient une espèce de pont pour laisser passer la source, plus petit, mais analogue à celui que l'on remarque dans la source incrustante des environs de Clermont; avec cette différence, que l'un est formé par une substance gélatineuse, et l'autre par une substance calcaire, mais tenues d'abord toutes les deux en dissolution dans les eaux.

Cette substance, située en partie au-dessus de l'eau, contenait déjà en place quelques rudiments de filaments blancs évidemment avortés, pour ne pas s'être trouvés dans des circonstances qui auraient pu favoriser leur développement.

Je suis porté à penser, d'après le mode de formation de cette substance, qui se développe à la manière des substances calcaires dans les eaux chargées de bicarbonate de chaux, qu'elle est un dépôt de la substance en dissolution, et je ne peux admettre, comme l'a dit M. Séguier fils, en 1836, que cette substance gélatineuse soit le résultat de la décomposition de la substance filandreuse (1).

Si M. Séguier eût examiné avec soin la galerie dans laquelle coule l'eau de Richard-Nouvelle, et qui venait d'être creusée peu de temps avant son arrivée à Luchon, il aurait vu qu'il existe au fond de cette galerie plusieurs suintements d'eau sulfureuse qui s'écoulent du plafond en forme de stillicide ; qu'il existe un tube stallactiforme comme ceux que j'ai décrits plus haut, à chaque point d'écoulement ; que ces tubes sont entièrement isolés de la substance blanche filamenteuse qui existe, au contraire, dans le plancher de la galerie. On ne peut pas supposer que les filamens du plancher soient allés se fixer à la voûte pour s'y décomposer. Cette galerie, qui n'existait que depuis quelques mois lorsque je l'ai visitée, contenait une grande quantité de substance gélatineuse, n'offrant aucune trace d'organisation quel que fût le grossissement du microscope employé, tandis que je conserve, dans l'eau de la source même, de la substance filamenteuse depuis trois ans, qui, quoique un peu altérée par ce laps de temps, n'offre pas l'aspect de la substance gélatineuse, et présente d'une manière très appréciable des traces évidentes d'organisation.

Ne pouvant connaître l'origine de la substance qui est en dissolution dans les eaux sulfureuses, et la substance gélatineuse étant à mes yeux un simple dépôt formé par agrégation des molécules de la première substance plus ou moins modifiée par le contact de l'air, je ne rechercherai pas non plus quelle est son origine primitive, quoique je sois porté à admettre qu'elle se forme par composition ;

(1) Compte-rendu à l'Institut en 1836.

je ferai seulement remarquer que l'on trouve dans toutes les eaux froides ou chaudes, de source ou de rivière, une substance qui peut varier à chaque espèce de source ou qui peut offrir des caractères analogues, mais non identiques. Tout le monde sait que si l'on se déchausse pour passer une rivière à gué, les pieds glissent sur les cailloux d'une manière quelquefois assez forte pour compromettre l'équilibre. Ces cailloux ne doivent leur propriété glissante qu'à un enduit d'une substance, en dissolution dans les eaux, qui se dépose sur ces cailloux, en formant des couches plus ou moins épaisses qui les enveloppent. L'origine de cet enduit n'est pas plus connue que celle de la substance gélatineuse des sources sulfureuses. Plusieurs auteurs l'ont attribuée à la décompositon des divers animalcules qui existent dans toutes les eaux ; mais, dans ce cas, comment se fait-il que cette substance gélatineuse soit si abondante dans les eaux sulfureuses et si rare dans d'autres eaux de même température, mais d'une différente constitution. Il existe encore sur cette question un mystère aussi impénétrable que dans la première. Je crois qu'il faut se contenter d'étudier les circonstances dans lesquelles on trouve cette substance, d'étudier ses propriétés ; mais qu'il faut abandonner, jusqu'à ce que la science ait de nouveaux faits, la recherche de son origine ; il n'existe que des hypothèses sur ce point, et je me garderai d'en ajouter une autre qui serait aussi inutile que les précédentes.

Je crois devoir rapporter une circonstance du dépôt de la substance gélatineuse dans les eaux sulfureuses : lorsque, dans un réservoir qui contient une eau sulfureuse d'une certaine température, il existe des suintements, de bas en haut, d'une eau d'une température différente, il se forme dans tous les points de ce réservoir où existent ces petits

suintements verticaux, de petits dépôts de substance gélatineuse sous forme de tubes, ayant assez d'analogie pour
leur forme avec des tubes artériels, qui adhèrent par leur
extrémité inférieure au plancher du réservoir, et qui flottent par l'autre librement dans le liquide. Les bulles de
gaz azote qui se dégagent presque constamment de ces filets
passent par leur intérieur et maintiennent le calibre continuellement dilaté. Ces tubes peuvent offrir depuis une
ligne jusqu'à huit et dix lignes de diamètre, et de deux à
trois lignes jusqu'à plusieurs pouces de hauteur.

J'en ai trouvé plusieurs dans la source du Teich, dite
n° 4, à Ax. Ces tubes, examinés au microscope, n'offrent
aucune trace d'organisation, et ils ne peuvent, par
conséquent, être confondus avec les tubes que forme la
conferve qu'on désigne sous le nom d'*anabaina monticulosa*, qu'on trouve dans les bassins de quelques thermales salines, malgré l'espèce de ressemblance extérieure
et malgré quelques circonstances de développement qui
semblent les rapprocher. En effet, quand on examine les
tubes d'*anabaina monticulosa*, on voit que leurs parois sont
formées par un feutrage de filaments d'un très petit diamètre, il est vrai, mais facilement perceptibles. Cette
substance déposée, organique, non organisée, et qui ne
se retrouve presque que dans les eaux sulfureuses naturelles des Pyrénées, doit être considérée véritablement
comme un dépôt de la substance en dissolution, et porter,
comme elle, le nom de *pyrénéine*. Les dépôts de cette substance laissent, quand on les calcine, des traces de silice
comme celle qu'on observe dans le résidu de l'évaporation.

J'ai donné le nom de *pyrénéine* à la substance qu'on nommait *barégine* ou *glairine* parce que ce nom me paraît plus
convenable. Je n'attache pas cependant une très grande

importance à cette dénomination, si ce n'est pour établir
qu'on la trouve dans toutes les eaux sulfureuses naturelles
des Pyrénées et qu'elle ne se trouve presque que là.

DE LA SULFURAIRE,
SUBSTANCE BLANCHE FILAMENTEUSE DES EAUX SULFUREUSES.

Quand on examine les conduits par lesquels passent
certaines sources sulfureuses, on les voit tapissés d'une
substance filamenteuse, très onctueuse au toucher.

Cette substance, qui a été confondue jusqu'ici par les
chimistes avec la substance gélatineuse dont nous venons
de parler, doit en être distinguée avec soin, d'abord,
parce que l'une étant un dépôt d'une substance en dissolution, et par conséquent non organisée, ne doit pas être
confondue avec une substance dont l'organisation est
déterminée et dont les habitudes peuvent être étudiées ; en
second lieu, parce que, d'après la confusion qu'on avait
faite de ces deux substances, on avait jugé de la quantité
de la substance en dissolution par la quantité de celle qu'on
voyait sur le passage des sources ; et, comme il paraît très
vraisemblable qu'une substance azotée qui se trouve en si
grande quantité en dissolution dans les eaux sulfureuses,
n'est pas sans effet sur l'économie animale, il ne faut pas
jeter par une fausse induction une défaveur sur les eaux
qui ne présentent pas de cette substance blanche, en
concluant qu'elles ne doivent, par conséquent, pas tenir
en dissolution de la substance azotée, et d'un autre côté,
il ne faut pas juger de la présence de la substance azotée
par la présence de la substance filamenteuse ; nous verrons
en effet que celle-ci existe aussi dans toutes les eaux sulfureuses accidentelles au-dessous de $+ 50°$ cent., tandis
que ces sources ne contiennent pas de trace de la substance

gélatineuse, comme on le voit à Enghien, à Schisnach, à Borcette, à Bade (Suisse), etc., où la sulfuraire abonde, mais où la pyrénéine manque.

La substance en dissolution se trouve, avons-nous dit, dans toutes les eaux sulfureuses naturelles des Pyrénées, et elle y existe dans des proportions qu'il nous a été impossible de déterminer exactement, mais qui nous ont semblé, par la couleur noire que prenait le résidu par la calcination, être à peu près en rapport avec la proportion du principe sulfureux. Nous allons voir, au contraire, que la substance blanche, à laquelle j'ai cru devoir donner le nom de *sulfuraire*, parce que je ne l'ai jamais rencontrée que dans les eaux sulfureuses, ne suit pas le rapport proportionnel du principe sulfureux, mais que sa présence, dans une eau, est indispensable pour qu'il y existe de la sulfuraire, et qu'elle existe aussi bien dans les eaux sulfureuses accidentelles que dans les eaux naturelles, pourvu qu'elles coulent à l'air et à une température qui ne soit pas supérieure à $+ 50°$ cent. environ.

Dans l'examen que je fis des sources des Pyrénées, relativement à cette substance, je fus d'abord assez embarrassé pour apprécier les circonstances de son développement. Il y avait des localités qui en présentaient à toutes les sources, tandis que d'autres localités en montraient dans quelques-unes et n'en présentaient pas dans d'autres.

Telles sources qui contenaient à peine des traces de principe sulfureux, comme la source Blanche à Luchon, la source chaude de Lès, dans la vallée d'Aran, les sources de l'Arressec, de Baudot, aux Eaux-Chaudes, offraient dans tous les points de leur passage, une grande quantité de cette substance. Telles autres sources très sulfureuses, comme la Grotte supérieure de Luchon, la source des Canons d'Ax, n'en offraient aucune trace.

D'un autre côté, les sources de Cadéac, de Labassère, très sulfureuses, contenaient dans tous leurs conduits, une quantité prodigieuse de cette substance, et la source de l'Étuve de la place du Breil d'Ax, peu sulfureuse, n'en contenait pas du tout.

Je vis d'abord qu'il ne fallait établir aucun rapport entre cette substance et la quantité du principe sulfureux.

Mais, en reportant mes regards sur les observations que j'avais faites, je crus reconnaître qu'il existait un rapport de la sulfuraire avec la température des sources, non que cette substance soit plus abondante dans celles qui sont très chaudes ou très froides, mais je crus remarquer qu'elle aimait à vivre dans une eau d'une température moyenne. En effet, on en trouve beaucoup aux Eaux-Chaudes, dans toutes les sources ; il en existe un peu moins à Mainvieille que dans les autres, quoiquelle soit de la même nature : ces sources s'élèvent de $+ 11°$, 50 à $+ 36°$ centigrades.

On en voit beaucoup aux eaux de Bonnes, soit dans la source Vieille qui marque $+ 33°$, 50 centigrades, soit à la source du Bois, qui ne s'élève qu'à $+ 11°$ environ cent.

La source de Labassère, qui en offre beaucoup, a $+ 12°$ cent. ; les sources de Saint-Sauveur, de Cadéac, de Gripp, nous en présentent aussi : ces sources s'élèvent de $+ 7°$ à $+ 34°$, 50 cent.

A Cauterets, les sources de Bruzaut, de Pause-Vieux, du Petit-Saint-Sauveur, sont celles où l'on en remarque le plus, avec la Raillière : ces sources sont entre $+ 32°$, 50 centigrades et $+ 45°$ à $+ 48°$ centigrades. Ces dernières n'en laissent apercevoir qu'après avoir parcouru un certain trajet. Le Pré et les Œufs n'en offrent pas la moindre trace à leur source ; mais, lorsque la source du Pré a été tempérée dans un réservoir où l'eau descend jusqu'à + 25° centigrades, elle en contient une grande quantité. Lorsque le Gave mêle ses eaux avec la source des Œufs, cette substance se montre encore.

A Barèges, toutes les sources de + 33 à + 40° cent. en ont, sauf la grande douche, + 44°, 50 cent.

A Bagnères-de-Luchon, il n'y avait autrefois que les sources dites *Blanches*, qui avaient de + 25 à + 30° cent. qui en présentassent. C'est même à cette substance, comme le dit Campardon, que le nom de ces sources était dû. Aujourd'hui, on en voit beaucoup dans la source Richard-Nouvelle, + 38° centigrades ; à la Grotte supérieure, qui de + 61°, 50 centigrades qu'elle avait, quand elle n'en offrait aucune trace, est descendue à + 47° centigrades. Cette dernière température ne paraît pas être même celle qui convient le mieux à cette substance ; car, dans son trajet, l'eau de la Grotte rencontre un petit filet d'eau froide qui ramène sa température dans ce point à + 38° centigrades, et c'est précisément dans cette partie du conduit de la Grotte que la substance est en plus grande abondance.

Les autres sources de Luchon, quand elles se refroidissent, soit en se mêlant à l'eau froide, soit en séjournant à l'air en présentent de longues traînées, comme on le voit dans un filet qui s'échappe de la source de l'Étuve et de Richard, et dans tous les points où les tuyaux se crèvent, principalement quand la température est peu élevée, comme en automne et en hiver. On en voit aussi des quantités considérables dans le canal de fuite des eaux, au moment où il entre dans la piscine des chevaux et dans le canal de fuite, situé le long de l'allée des bains jusqu'à une certaine distance qui est marquée par la disparition du principe sulfureux.

Je ferai remarquer à ce sujet que les conferves, les oscillaires et autres substances organisées sont souvent des chimistes très habiles, qui saisissent les moindres parcelles de substances. Ainsi ces corps s'approprient certains principes minéraux qui sont souvent en quantité inappréciable dans les eaux, tels que le fer, l'iode, le brome, le soufre, etc. Il est très remarquable aussi que les conferves, qui existent dans des sources diverses, sont d'autant plus développées que ces eaux sont plus minéralisées. La conferve zignema, par exemple, peut doubler et même tripler de volume, si l'eau contient le double ou le triple de substances salines et elle s'accroît en proportion de l'augmentation des sels. C'est dans la mer, en général, que les conferves et les ulves sont le plus développées. Il serait curieux d'observer si, dans les divers rivages, elles augmentent avec la salure et si la température n'exerce pas aussi une influence, c'est un désidérata que je signale aux collecteurs d'algues et de conferves.

Les sources Chaudes, $+ 30°$ et du Pré, $+ 19°$, en offrent beaucoup à Lés (vallée d'Aran).

J'ai remarqué, dans cette localité, un fait qui indique bien l'influence d'une assez basse température sur la production de cette conferve. Il existe derrière l'établissement, une petite cabane dans laquelle jaillissent plusieurs filets qu'on a réunis ensuite dans un bassin commun. Un de ces filets monte verticalement par un tube prismatique; et de là, par un petit trop plein, se rend dans le bassin ci-dessus indiqué; mais avant de s'écouler, il reçoit un autre petit filet qui tombe en cascade d'un autre petit conduit horizontal. Il existe, au point de la surface de l'eau du premier conduit, un cordon d'un travers de doigt de large, de substance blanche ou sulfuraire; mais dans le côté par où tombe la petite source horizontale, le cordon de substance blanche n'a plus seulement un travers de doigt, mais il s'étend de 4 ou 5 pouces en profondeur.

Cet arrangement de la substance peut aussi, dans cette circonstance, être attribué à une autre cause, c'est que, la sulfuraire ne pouvant exister qu'au contact de l'air, et la petite cascade que forme la source horizontale, introduisant par sa chute un grand nombre de bulles d'air dans le canal de l'autre source, mais du côté seulement où elle tombe, elle permet à cette substance de pouvoir vivre dans l'eau, à une plus grande profondeur.

Ax est, de toutes les localités, celle qui m'a permis de mieux étudier l'influence de la température sur la production de la sulfuraire.

1° Toutes les sources qui sont au-dessous de + 45° en offrent des quantités plus ou moins grandes : mais les autres sources qui s'élèvent depuis + 60° jusqu'à + 75°, 70 centigrades n'en offrent pas le plus petit vestige; on trouve sur le passage de celle-ci un dépôt jaunâtre, pulvérulent, qui est du soufre pur. Ce corps séché brûle avec une flamme bleue, répandant en brûlant une odeur d'acide sulfureux, sans mélange d'odeur empyreumatique ammoniacale, et sans laisser de résidu. Nous avons dit à quoi tient ce dépôt de soufre.

Il existe à Ax trois localités où se trouvent groupées les sources sulfureuses, le Teich, le Breil ou le faubourg et le Couloubret.

2° Il y a plusieurs sources dans l'établissement du Teich, et notamment deux très chaudes : l'une, l'Étuve, fait monter le thermomètre centigrade à + 70°, 50 ; l'autre, la Pyramide, à +62°. On ne trouve sur le passage de ces deux sources aucune trace de substance blanche filamenteuse.

Cette source, dite de l'Étuve, se perd par un canal horizontal d'une capacité de cinq à six fois plus grande que son volume, dans un petit bras de rivière, qui, plus loin, concourt à former l'Ariège. Dans tout le trajet de ce canal, on trouve un dépôt jaunâtre pulvérulent de soufre, sans aucun vestige de sulfuraire ; mais, *au point de contact de l'eau de cette source et de l'eau de la rivière*, on voit de grandes plaques *de substances blanches*, filamenteuses, qui recouvrent toutes les pierres. Cette substance se trouve dans un lieu d'une température moyenne, de + 15 à + 30° cent., et tant que le mélange des deux eaux conserve les traces du principe sulfureux.

En octobre 1835, la rivière *baignait largement* le pan de mur où vient se terminer le canal qui conduit l'eau de cette source, et la substance blanche se trouvait *immédiatement au point de contact des deux eaux*.

Au mois de juillet 1836, la rivière *était très basse*, et ce n'était que par instant que quelques flots allaient baigner le pied du mur ; aussi la substance blanche *ne se trouvait-elle plus* au point du contact immédiat des deux eaux qui formaient une température moyenne de + 55° cent. ; mais elle s'était retirée dans le milieu du lit de la rivière où la température moyenne était de + 15° à + 25° cent.

L'hiver de la même année, l'eau de la rivière *s'étant accrue*, la substance s'était *rapprochée du mur*, où la *température moyenne* se trouvait être de + 15° à + 25° cent., comme mon ami, M. Astrié, inspecteur des eaux d'Ax, me l'apprit, sur la demande que je lui en avais faite, d'après la prévision, presque certaine, que j'en avais.

Dans l'été de 1837, les choses sont revenues dans le même état que dans l'été de 1836; et je viens de recevoir une lettre de M. Marcaillou, pharmacien distingué d'Ax, qui m'apprend que *l'eau ayant repris son niveau*, vers la fin de l'autome, la substance s'était de nouveau rapprochée du mur; je l'y ai revue en 1840.

Dans toutes ces circonstances, *quoique mêlées à de l'eau froide*, les eaux de l'Étuve avaient conservé la sulfuraire dans un *état de blancheur parfait*, ce qui nous servira, avec d'autres faits, à réfuter l'opinion de M. Longchamp, qui attribue au mélange d'eau froide la couleur brunâtre ou verdâtre que prend, dans quelques cas rares, cette substance. Dans quelques circonstances, l'on croit suivre une eau sulfureuse qui s'était perdue plus loin, et l'on trouve une eau saline de nature différente. C'est ce que j'ai trouvé à Cauterets, derrière Pause, en suivant la source de César; à Labassère, derrière la cabane; à Borcette au-dessous du Pochenbrun. Toutes ces sources froides, de nature saline, contenant des chlorures et des sulfates calcaires, laissaient voir sur leur passage des filaments verts; c'étaient des conferves conjuguées, et dans les points où la source sulfureuse qui contenait de la sulfuraire s'y mêlait, on voyait la sulfuraire et la conferve conjuguée se mêler aussi; mais chacune dominait dans la partie où l'eau qui la produisait était en plus grande abondance; ce qu'on reconnaît par le thermomètre et les réactifs. C'est sans doute un fait analogue, celui de la source César, je crois, qui aura induit M. Lonchamp en erreur; mais dans ces cas, la sulfuraire était toujours blanche; la couleur verte venait de la conferve conjuguée. M. Lemonier, sous-inspecteur des eaux de Bagnères-de-Bigorre, qui a fait un travail très intéressant sur les eaux de cette localité, avait

adopté l'opinion de M. Longchamp, relativement à la substance verte qui se trouve derrière la source de Labassère;
mais ayant visité ensemble les lieux, j'ai été assez heureux
pour le ramener à mon opinion; comme je l'ai ramené
aussi à mon opinion contrairement à celle de M. Léon
Marchand qu'il avait adoptée, relativement à la sulfuration accidentelle des sources de Salut, dans quelques
étés très chauds. Un homme loyal et intelligent, comme
M. Lemonier, ne peut pas conserver et soutenir une opinion erronée quand la vérité lui est démontrée.

3° Les baignoires de l'établissement du Teich sont, en
partie, alimentées par la source de l'Étuve, qui conserve
toute sa chaleur jusqu'au moment où elle tombe dans le
bain; mais comme cette température serait beaucoup trop
élevée, on la mêle dans la baignoire avec de l'eau de la
rivière. Les deux eaux arrivent dans la baignoire par deux
petits conduits en bois, qu'on bouche avec des mandrins
garnis d'étoupes, qui permettent à l'eau de s'échapper
continuellement, sous la forme de stillicide, et par gouttes,
le long du mur du cabinet de bains et le long des parois de
la baignoire. Ces deux petits conduits, situés tantôt sur
une ligne horizontale, parallèlement l'un à l'autre, tantôt
sur une même ligne verticale, sont séparés de plusieurs
décimètres. Tant que le stillicide de chaque source arrive
isolément dans la baignoire, il ne se trouve sur leur trajet
aucune trace de substance blanche; mais dès que les deux
filets d'eau se réunissent de manière à donner lieu à un
mélange d'une température de $+15°$ à $+40°$ centigrades, il se
forme, sur tout le trajet, un cordon de substance blanche
ou de sulfuraire, depuis le point de rencontre des deux
eaux jusqu'au fond de la baignoire, et ces traînées de substance conservent leur couleur blanche indéfiniment.

4° On voit sur plusieurs parties du lit de la petite rivière qui passe entre la place du Couloubret et la place du Breil de larges plaques de substance qui ont plus ou moins d'étendue, et chacune d'elles correspond à un petit griffon d'eau sulfureuse qui sourd de ce point.

Je crois avoir assez établi la nécessité d'une température moyenne, qui s'élève de $+ 7°$ à $+ 44°$ cent. environ; mais dont je n'ai pu encore préciser exactement le chiffre, pour permettre à la substance blanche ou sulfuraire de se former.

Je vais maintenant établir qu'il est indispensable aussi qu'une source contienne du soufre, ne serait-ce que des traces souvent insensibles aux réactifs ordinaires, pour qu'elle puisse se développer.

Il existe à Luchon une source, que l'on nomme *la froide*, qui naît à côté de la blanche, dans le fer à cheval situé au sud-ouest de l'établissement.

Les baigneurs attachaient un grand prix à pouvoir mettre dans leurs bains une partie de la *source blanche*, qui passait pour supérieure aux autres, à cause de ces filamens blancs qui s'y trouvent en abondance par suite de sa température, $+22°$ centigrades. Pour satisfaire à leur fantaisie, comme cette source blanche était peu abondante, les fermiers des bains avaient pratiqué une communication qui permettait facilement le mélange des deux eaux, de façon qu'une partie de la froide passait avec la blanche, et une très-faible quantité de la blanche se mêlait à l'eau froide. La quantité du principe sulfureux était si petite, qu'elle était inappréciable par les réactifs les plus sensibles. Le nitrate de plomb et le nitrate d'argent précipitaient en blanc, et j'en avais conclu que ni l'une ni l'autre de ces sources ne contenaient aucune trace de principe sulfureux. Cependant la présence de cette substance me fit tenter de nouveaux essais : je plaçai dans le courant de ces deux sources un papier blanc, imprégné d'une solution d'acétate de plomb. Pendant les premières heures, ce papier conserva sa couleur blanche ; mais après trois ou quatre heures, il devint d'un blanc sale, et après vingt-quatre heures, la teinte brune était sensible.

Après les fouilles de 1836, la source blanche, qui n'était qu'un mélange d'un petit filet échappé de la Reine avec de l'eau de la source froide, disparut comme la Reine elle-même, qui alla reparaître plus loin sous le nom de *Reine-Nouvelle*. Mais la source froide alors, n'ayant plus de mélange avec la blanche, et se trouvant réduite à ses propres principes, qui n'ont rien de sulfureux, ne présenta plus aucun filament blanc de sulfuraire. Il s'y développa, au contraire, une espèce de conferve qui n'a aucun rapport avec elle. Cette plante est un conferve conjuguée, le zygnema, qui s'y trouve très abondamment au printemps, principalement dans un petit canal de fuite du trop plein qui se jette près de l'angle sud-est de l'établissement actuel, analogue à celle de la figure 14 de la planche B. Quand cette source froide est pure, elle marque $+ 17°$ cent. et contient seulement de la conferve zygnema ; quand elle n'est pas bien captée, elle augmente de température et va de $+ 18°$ à $+ 20°$ cent. et contient alors un peu de sulfuraire. Cependant cette source froide conserve encore une température dans laquelle la sulfuraire pourrait se plaire, puisqu'elle marque $+ 17°$ centigrades, et quoique aussi cette *eau laisse dans son résidu une substance azotée* qui s'y trouve en dissolution.

Les sources d'Ussat, qui contiennent en dissolution une substance azotée qu'on y trouve en assez grande abondance, ne présentent pas la moindre trace de sulfuraire, mais laissent voir dans le conduit de décharge des bains deux autres plantes, dont l'une est une espèce de Chara et l'autre une Zygnema.

Je pense que, dans les sources que l'on nomme sulfureuses dégénérées, qu'on regarde comme ayant perdu tout leur principe sulfureux, dans lesquelles cependant la substance blanche se trouve, on pourrait encore reconnaître quelques traces de ce principe, en agissant avec le soin que j'ai mis à Luchon. J'ai trouvé dans l'établissement du Breil d'Ax une source dite n° 7, pouvant être considérée comme une sulfureuse dégénérée, qui contient de cette substance, et qui précipite en blanc par les sels de plomb et d'argent, qui, cependant, avec le papier de plomb, a donné une teinte d'un blanc sale, après plusieurs heures de contact. Il en est de même de la source Bruzaut de Cauterets, descendue au village ; mais qui conserve plus de principes sulfureux, surtout depuis que l'on a mieux abrité le conduit qui la mène du point d'émergence à l'établissement où on l'utilise, depuis que M. Orfila en donna le conseil.

Je me crois autorisé à admettre, d'après ces faits, qu'il faut, pour que la sulfuraire puisse exister, *quatre* circonstances *indispensables :* 1° une température au-dessous de $+45°$ cent. ; 2° la présence d'un principe sulfureux naturel ou accidentel ; 3° le contact de l'air, qui est aussi indispensable ; 4° un courant d'eau favorise aussi le développement ; elle est moins abondante, à circonstances égales, dans une eau dont le courant n'est pas appréciable ; dans ce dernier cas, elle forme, quelquefois, des plaques qui nagent à la surface de l'eau, comme de la crème de lait ; ainsi deux des circonstances ne suffisent pas, puisque dans les eaux très chaudes, malgré le soufre et l'aération, on n'en rencontre pas, et dans les eaux non sulfureuses on n'en trouve pas non plus, malgré la température modérée et le contact de l'air. D'où il faut conclure, que dans les sources sulfureuses, il est toujours facile de déterminer le développement de cette substance, en ramenant la température par des mélanges d'eau froide de + 15° à + 40° centigrades.

Après avoir parlé d'une manière générale de la sulfuraire, je crois devoir donner quelques caractères spécifiques qui distingueront cette substance de toute autre, quoiqu'elle ait les plus grands rapports avec plusieurs conferves ou autre substances qu'on trouve dans le lit des fleuves et des fontaines, mais qui sont d'espèces ou de genres différents.

CARACTÈRES SPÉCIFIQUES DE LA SULFURAIRE.

Cette substance que l'on pourrait confondre par quelques-uns de ses caractères, soit avec les Oscillaires, soit avec les Nostocs, mais surtout avec les Anabaines, s'en distingue cependant par quelques traits spéciaux.

Elle est formée de filets extrêmement ténus, dont le diamètre varie suivant l'âge, de $\frac{1}{1200}$ à $\frac{1}{400}$ de millimètre. Leur longueur est extrêmement variable; elle n'est quelquefois que d'un à deux millimètres, et d'autres fois, elle s'étend à plusieurs centimètres.

Quand on examine d'une manière superficielle cette substance, on n'y voit que des filaments blanchâtres plus ou moins longs; mais si, par un examen plus attentif, on veut étudier le mode d'arrangement de ces filaments, on est surpris de l'ordre et de la régularité qu'ils ont entre eux.

Ils se groupent quelquefois autour d'un fragment de la

substance gélatineuse, indiquée sous le nom de *pyrénéine*, à laquelle ils adhèrent par une de leurs extrémités, tandis que l'autre flotte librement au gré du courant du liquide, dans lequel ils sont immergés. En se groupant ainsi, ils affectent diverses formes qui semblent dépendre de celle du fragment de pyrénéine qui les supporte.

Tantôt ils forment sur les pierres qu'ils recouvrent une espèce de duvet cotonneux, comme on le voit dans les petits bassins où coulent continuellement des filets d'eau qui jaillissent en gouttelettes, comme dans les buvettes de Bonnes, de Saint-Sauveur, de Laraillère, etc.; tantôt sous la forme d'un velours blanc, et si les filaments sont un peu plus longs, sous la forme d'une peluche blanche qui garnit les petites pierres et le bois des canaux qui conduisent les eaux (voyez *fig.* 6, *pl.* A.).

Tantôt elles prennent des formes plus régulières : on en voit sous forme de houppes à poudrer (*fig.* 2, *pl.* A.).

Tantôt sous la forme d'un plumet, d'un épi (*fig.* 5, *pl.* A.). Quelquefois ces groupes ressemblent à des queues, à des crinières de cheval (*fig.* 7, *pl.* A.). Enfin, d'autres fois, on y trouve la régularité la plus parfaite : j'ai trouvé, dans la petite rivière qui coule derrière les bains du Teich d'Ax, deux échantillons qui présentaient toute l'apparence d'une fleur radiée; le centre, comme dans tous les groupes, était formé de pyrénéine. La circonférence était formée par les filets. Le premier, ressemblant très bien à un pepin de pomme ou de poire, était fixé à un caillou par sa petite extrémité. Les rayons, qui étaient d'une égalité parfaite, étaient attachés à la réunion des deux tiers inférieurs avec le tiers supérieur. J'étais, quand je fis cette observation, avec MM. les docteurs Astrié, d'Ax et Rigal, de Gaillac; M. le colonel d'Exéat et M. Marcaillou, qui furent surpris,

comme moi, de cet arrangement merveilleux. J'ai représenté ces échantillons de grandeur naturelle, vus de profil
et par-dessus (aux *fig.* 3) et les mêmes échantillons grossis quinze à vingt fois (dans les *fig.* 4, *pl.* A.).

D'autres fois cette substance n'offre aucun arrangement
particulier.

Lorsqu'on observe au microscope les filaments de ces
divers groupes, on leur trouve une disposition intérieure
identique; ils sont tous formés :

1° D'un tube simple, transparent, très uni, cylindrique
dans presque toute son étendue, arrondi par son extrémité
libre, sans aucune cloison apparente dans son intérieur.

2° De globules ou ovules arrondis qui garnissent *complètement* son intérieur. Ces petits globules sont moins transparents que le tube extérieur; ils se touchent par deux
points de leur circonférence, ils *sont tous de la même grosseur
dans toute la longueur du tube*. Il semble seulement, par la
forme légèrement conique que prend le tube à son extrémité, que les globules terminaux soient un peu plus petits
que les autres (voy. *fig.* 8 et 9, *pl.* A.).

Quand on les considère avec un très fort grossissement,
on pourrait prendre ces filaments pour de petits tubes de
verre presque capillaires, remplis de grains de poudre de
chasse qui en rempliraient le calibre.

Il est facile de s'assurer que l'organisation que je viens
de décrire est exacte : lorsque la substance commence à se
décomposer ou lorsque l'époque de la régénération de cette
plante est venue, on voit des tubes en partie vides, en partie
pleins, et les globules qui manquent dans la longueur du
tube s'aperçoivent facilement disséminés sur le porte-
objet (*fig.* 9, *pl.* A.).

J'ai cherché à connaître le développement de cette

substance, mais si je n'ai pu encore parvenir à vérifier son mode de fécondation, j'ai pu cependant suivre son développement depuis l'état de globule jusqu'à celui de conferve complète.

Ces globules, après être sortis du tube, s'agglomèrent au nombre de quelques-uns, se gonflent et finissent par se rompre par un point de leur circonférence; peu à peu on voit sortir par cette déchirure un tube extrêmement fin, dans lequel on ne peut encore apercevoir les globules; mais bientôt ce tube grossit et s'allonge, et présente les caractères de l'état adulte (*fig.* 10, 11 et 12, *pl.* A.).

Les filaments qu'on voit, à l'œil nu, sont des réunions d'un nombre considérable d'individus de cette conferve, qui ne sont bien perçus isolément qu'à l'aide du microscope.

Il est difficile de connaître le mode d'union de chacun des filaments avec la substance gélatineuse : tout ce qu'on peut apercevoir c'est qu'ils pénètrent dans son intérieur et qu'ils semblent se confondre avec elle (voy. *fig.* 8, *pl.* A.).

Cette substance gélatineuse est-elle le simple support de la substance filamenteuse qui s'y développe, comme une plante le fait sur la terre? Est-elle au contraire le premier rudiment de la conferve? Cette question, à laquelle se rattachent les plus hautes considérations philosophiques, me semble complètement insoluble encore.

M. Longchamp pense qu'il n'est pas plus difficile à l'oxygène, à l'hydrogène, au carbone et à l'azote de se réunir en tubes capillaires, sous l'influence des forces chimiques, que sous la forme de cristaux (1).

Pour moi je pense au contraire qu'il existe un intervalle immense entre ces deux phénomènes, tout l'intervalle qui

(1) *Annal. de physiq. et de chimi.*, t. LXII, p. 146.

sépare la vie de la mort, la puissance de l'homme de celle de Dieu.

La sulfuraire se distingue des nostocs, en ce que, dans la première, les filaments sont libres dans une grande étendue, tandis qu'au contraire ils sont toujours empâtés dans une mucosité visqueuse dans les nostocs ; en ce que, dans la sulfuraire, le tube est cylindrique et les globules égaux, tandis que, dans les nostocs, le tube externe, étant moulé sur les globules intérieurs, présente des étranglements entre chacun d'eux, et que dans ceux-ci le globule terminal se trouve souvent d'un diamètre deux ou trois fois plus considérable que les autres globules.

Elle se distingue des oscillaires, en ce que les ovules ont un diamètre égal dans tous les points de leur circonférence, tandis que les oscillaires ont le diamètre transversal des articles plus grand que le diamètre dans le sens de la longueur, et qu'il n'existe jamais de mouvement spontané dans la sulfuraire.

Il y a aussi une différence avec les anabaines, avec lesquelles on a voulu la confondre ; ou si l'on veut la ranger dans cette tribu, c'est un genre nouveau. En effet, les anabaines qui ont pour caractère d'avoir un tube cylindrique, rempli de globules, qui se touchent par deux de leurs extrémités, présentent comme caractère spécifique d'avoir certains de ces globules placés de distance en distance, qui sont plus gros que les autres.

L'anabaine thermale qu'on a voulu donner comme habitant toutes les eaux thermales, sulfureuses ou autres, s'en distingue en ce qu'elle habite les eaux salines d'une très haute température (source de Dax, 62° cent), tandis que la sulfuraire ne se trouve que dans les eaux sulfureuses de basse et moyenne température et ne pouvant jamais exister au-dessus de $+ 45$ à $50°$ centigrades au plus.

L'anabaine thermale existe au fond des bassins, puisqu'elle les encombre; la sulfuraire n'existe qu'au contact de l'air, ou seulement couverte par un ou deux pouces d'eau, car elle est morte quand on la trouve dans le fond des bassins où le courant l'entraîne.

La sulfuraire qui est ordinairement blanche et qu'on a comparée à des blancs d'œufs durs, à cause de cette couleur, peut prendre cependant, dans quelques circonstances, une couleur brunâtre d'un vert mal teint et quelquefois comme rougeâtre; c'est dans les circonstances où elle se trouve exposée au contact de la lumière directe et qu'elle est à peine couverte d'eau; c'est ce qu'on voit très bien à Cauterets, dans le canal de vidange de la source de César, située derrière l'établissement de Pause-Neuf. On voit que cette substance peut, en s'accumulant, et s'enchevêtrant avec la pyrénéine, prendre un aspect fibreux, qui la fait comparer, par quelques personnes, à de la chair musculaire. Elle prend dans ce canal une odeur fétide qui a assez d'analogie avec celle de la chair en putréfaction; mais ce n'est seulement que dans les points du canal qui reposent sur des planches, tandis dans les parties où elle repose sur du granit ou du schiste, elle est complètement inodore, parce que la décomposition est retardée. Dans quelques cas semblables, à Arles, à la sortie du petit Escaldadon, à Ax, dans une source située derrière le Teich, on trouve un mélange de pyrénéine et de sulfuraire avec des chordafilum agglomérés et colorés en rouge couleur de chair, comme l'avait signalé Anglada. J'ai étudié la cause de cette coloration, et je l'ai trouvée dans la présence d'hydrate de sesquioxyde de fer (qui résultait, d'après M. l'ingénieur François, d'un sulfure de

fer pyriteux, incrusté par grains dans les roches où sour-
daient ces sources ; le sulfure de fer passe à l'état de sulfate
par l'action de l'oxygène et de l'humidité de l'air, et enfin,
le sesquioxyde de fer se précipite) et se combine à cette
substance qui alors est rouge, mais qu'on décolore par
l'acide chlorydrique affaibli, qui dissout le fer et qui précipite, alors, en bleu par le cyano-ferrure de potassium.

On voit très bien, dans ce canal, que c'est l'action de la
lumière qui donne cette couleur brune ; car à sa partie
supérieure, ce canal étant couvert par de larges ardoises,
et l'action du soleil ne pouvant agir, la substance conserve
la couleur blanche qu'elle a dans tous les autres lieux

Je ne comprends pas sur quels fondements M. Longchamp
a pu établir que cette substance devait sa couleur brune
verdâtre au mélange de l'eau sulfureuse avec de l'eau froide.

J'ai parcouru plusieurs fois toutes les localités qu'il a
visitées dans les Pyrénées, et je n'ai pas trouvé un seul
fait qui puisse justifier sa manière de voir ; j'en ai trouvé
beaucoup, au contraire, et notamment à Luchon, à Ax et
à Gripp, qui lui sont complètement opposés. J'ai expliqué
plus haut la cause de l'erreur de M. Longchamp, qui,
n'ayant pas employé le microscope, avait confondu avec la
sulfuraire le zygnema de couleur verte qui se trouve sur le
passage de certaines sources salines non sulfureuses, qui
peuvent se mêler à l'eau froide (1).

Quand on conserve dans un flacon de la substance géla-

(1) Quoique M. Longchamp ait commis une erreur en ne se servant pas
du microscope pour distinguer les deux substances, il n'en résulte pas
moins que le fait observé par lui se rencontre, et démontre l'exactitude
avec laquelle M. Longchamp a fait ses travaux sur les eaux. Il est bien à
regretter que l'on ait brutalement enlevé à des travaux utiles un homme qui
aurait rendu de grands services à la science, s'il avait pu les continuer

tineuse ou pyrénéine, il se passe un fait assez remaquable très bien décrit par M. Longchamp. « J'ai conservé, dit-il, pendant cinq ou six mois, deux onces de barégine en gelée, dans un petit bocal de verre débouché, et j'ajoutais de temps en temps un peu d'eau, pour que la matière restât au même point d'hydration. La partie qui était en contact avec l'air ne s'est nullement colorée; mais ce qui est fort surprenant, c'est qu'elle s'est successivement colorée par le fond, et qu'elle est enfin devenue parfaitement noire jusqu'à neuf à dix lignes de la surface. Cette couche

encore quelques années. Il semble qu'une fatalité poursuive les établissements thermaux de France, et surtout ceux des Pyrénées : dès qu'un homme a fait quelques travaux utiles qui pourraient amener de grandes améliorations, on lui suscite mille obstacles. Aussi les établissements thermaux de France sont-ils dans l'état le plus déplorable. Les gouvernements ne semblent s'en occuper que pour leur nuire ; faire ou seconder le mal et empêcher le bien semble être le problème que certains ministres et leurs agents se soient posé et qu'ils sont parvenus à résoudre au-delà, peut-être, de leurs espérances. J'aurai plus loin l'occasion de revenir sur ce mal et j'en montrerai le remède qu'il est urgent d'apporter, si l'on ne veut, malgré la valeur des eaux, voir délaisser nos établissements, si mal conçus, si mal bâtis, si mal régis, en comparaison de ceux qu'on trouve en Allemagne, en Suisse et en Savoie. Nous n'avons, en effet, dans les établissements des Pyrénées, pas une seule douche, pas un seul bain à vapeur bien organisés ; cependant nous pourrions avoir les meilleurs d'Europe ; car nous avons les chutes d'eau les plus fortes et les eaux les plus chaudes. Ainsi, à Cauterets, on pourrait avoir une chute naturelle de plus de cent mètres, si l'on en avait besoin. Hé bien! l'on vient de construire un établissement qui coûtera plus de 400,000 francs et où l'on n'a fait des douches que de trois à cinq mètres, encore les cabinets des douches sont-ils complètement gâtés. Cet établissement n'est pas encore achevé et il est déjà à refaire. Voilà ce qu'on gagne à ne pas avoir de direction pour les constructions des établissements thermaux. Quant aux bains à vapeur, on n'y a pas seulement pensé. Cependant, dans cet établissement, les douches et le vaporarium auraient dû être l'objet principal.

A Bagnères-de-Bigorre, dont les eaux ont quelqu'analogie avec la source

supérieure ne s'est jamais colorée. Lorsque la coloration en noir a atteint son maximum, elle a successivement disparu, et la matière est redevenue incolore comme dans l'origine. Voilà un effet assez extraordinaire *et dont je ne vois pas la cause*; mais on peut croire que c'est par un effet semblable que l'on trouve la barégine diversement colorée dans les réservoirs. »

M. Longchamp ne pense pas qu'on puisse expliquer cette coloration noirâtre et sa disparition; je crois, au contraire,

---

d'Alun à Aix, en Savoie, il existe une chute de plus de trente mètres, et l'on n'a ni bonnes douches, ni bons bains de vapeur, ni piscines; cependant, je crois que les piscines, le vaporarium et les douches de Bagnères-de-Bigorre pourraient valoir celles d'Aix, en Savoie, qui sont alimentées par la source d'Alun, peu ou pas sulfureuse, quand elle est au point où on l'utilise; là, aussi, on a fait un établissement encore neuf de près de 300,000 francs de valeur; tout y est à refaire ou presque tout.

Je ne connais que Vernet, qui appartient à un particulier, qui soit assez bien organisé en douches et en vaporarium et bientôt en piscines.

Depuis que j'ai écrit cette note, l'établissement thermal de Bagnères-de-Luchon a été reconstruit d'après les indications d'un programme que j'avais fait, mais que l'on n'a pas malheureusement suivi entièrement, comme je l'indiquerai ailleurs. Cependant, cet établissement contient aujourd'hui près de cent baignoires, plusieurs bonnes douches dans de vastes cabinets, comme ceux d'Aix, en Savoie; de plus un grand nombre de douches dans les baignoires; des piscines plus ou moins bonnes, des bains de vapeur, etc.

On aurait aussi mieux fait, comme je le voulais, d'achever les fouilles avant de construire. On n'aurait pas été obligé de faire courir les eaux, ce qui leur ôte, quoi qu'on en dise, une partie de leur valeur; Mais je traiterai toutes ces questions en publiant mon mémoire sur Luchon, composé en 1835, lu en 1837 à la commission scientifique et envoyé à l'Académie de médecine et des sciences, d'après le vœu de cette commission, en 1838, et dont je n'ai pas encore obtenu le rapport officiel. On pourrait aussi, comme je le conseillai à M. Soubis, en 1840, faire transporter l'eau de Labassère et la placer en buvette dans un bassin couvert d'un flotteur ou dans une espèce de gazomètre, comme j'en ai fait établir à Arlang, en 1835, et à Lès, pour l'eau ferrugineuse, il y a dix ans.

que cette explication est très simple, après l'analyse des substances mêlées à la pyrénéine ou barégine.

J'ai repris l'expérience de M. Longchamp, et j'ai vu que toutes les fois que je mélangeais la substance décolorée de la surface avec la substance noirâtre, toute la masse ayant par conséquent un aspect homogène, bientôt la substance de la surface se décolorait de nouveau ; en remuant ainsi à plusieurs reprises la substance, de manière à renouveler la surface en contact avec l'air, cette substance, en se décolorant constamment, a fini par donner à toute la masse un aspect blanchâtre, qu'elle n'a plus perdu même après trois ans de séjour dans un flacon.

Mais une circonstance qui n'a pas assez frappé M. Long-champ, et qui donne la clef de l'explication du phénomène, c'est que la barégine, qui est presque inodore quand on la met dans un flacon, acquiert en noircissant une odeur fétide, dans laquelle celle d'hydrogène sulfuré prédomine, et lorsque la substance noire est redevenue incolore, elle a perdu complètement toute odeur, et principalement celle d'hydrogène sulfuré. Lorsqu'on traite la substance noircie par un acide, l'odeur d'hydrogène sulfuré devient encore plus vive, et il se produit une effervescence. Que s'est-il donc passé pendant tous ces changements ? L'eau qui est en grande quantité dans les mailles, comme celluleuses, de la barégine, puisqu'elle y existe dans la proportion de 98 pour cent, contient du sulfure sodique, du sulfate de soude et des traces de fer ; en outre, les cendres de la barégine, quand on la brûle, contiennent une assez forte proportion d'oxyde de fer. Il se produit une réaction par laquelle tout le sulfate de l'eau passe à l'état de sulfure de sodium, par la décomposition de la substance organique qui s'empare de son oxygène. Ce sulfure cède son soufre au fer pour former du sulfure de fer, dont la couleur est noire ; mais ce sulfure de fer, en contact avec l'oxygène de l'air, passe en partie à l'état de sulfate qui est incolore ; et l'acide carbonique de l'air, décomposant une partie du sulfure, chasse l'ydrogène sulfuré qui, en s'échappant, donne cette odeur si forte à la substance, et il se forme du carbonate de fer. Peut-être à son tour aussi, le sulfate de fer est-il décomposé en sulfure, jusqu'à ce tout le fer soit repassé à l'état de carbonate ou d'oxyde.

Un phénomène analogue s'observe tous les jours dans les rues de Paris : on voit quand on dépave ces rues, que les pavés par leur surface inférieure et latérale sont couverts d'une boue noirâtre, qui doit cette couleur au sulfure de fer, et lorsque cette surface a été exposée quelques temps au contact de l'air, on lui voit perdre la couleur noire et l'on trouve dans la boue du sulfate de fer.

M. Braconnot signala, en 1832, dans la curure des égouts de Nancy, que c'était au sulfure de fer provenant de la décomposition des matières organiques, que la couleur noire était due, qu'elle se conservait indéfiniment sous l'eau ; mais qu'elle se perdait par le contact des boues avec l'air. Il signala aussi que lorsqu'on traitait cette boue noire par l'acide hydrochlorique, elle produisait une effervescence avec dégagement considérable d'hydrogène sulfuré et d'acide carbonique, comme on le remarque dans la barégine devenue noire.

La substance filamenteuse, quand elle s'accumule dans certains conduits, ou réservoirs où elle a été entraînée par le courant de l'eau et où elle séjourne un temps considérable, prend une teinte noire dans toutes les parties qui ne sont pas en contact avec l'air, et cette couleur me paraît due à la même cause en grande partie ; car je pense que comme cette substance est le résultat de la décomposition d'une matière organisée, elle peut fort bien se transformer en une espèce de substance ayant de l'analogie avec l'humus et l'acide ulmique ; mais j'ai besoin de faire de nouvelles expériences à ce sujet. Quand ces substances azotées sont décomposées, il s'y forme de nouvelles substances comme des chordafilum, des protonéma, etc., dont nous ne pouvons parler ici.

§ VI.

SOURCES SULFUREUSES NATURELLES RANGÉES D'APRÈS LA QUANTITÉ DU PRINCIPE SULFUREUX ÉVALUÉ POUR UN LITRE.

Plusieurs méthodes ont été suivies pour évaluer la quantité de principes sulfureux qui se trouve dans les sources sulfureuses, suivant quelles contiennent un sulfure ou un sulfhydrate de sulfure, ou qu'elles contiennent un sulfure avec de l'hydrogène sulfuré libre.

La petite portion de ce dernier gaz, que nous avons vu exister dans les eaux sulfureuses des Pyrénées, est trop peu considérable pour que nous ayons cru devoir la déterminer séparément, nous avons pensé, non qu'il fallait la négliger, mais qu'on pouvait la confondre avec le sulfure sodique.

M. Longchamp, qui a donné dans son *Annuaire*, publié en 1832, un tableau comparatif du principe sulfureux des principales sources des Pyrénées, s'est servi du sulfate acide de cuivre pour précipiter le soufre du sulfure à l'état de sulfure de cuivre, et quoique M. Lonchamp soit arrivé à des résultats qui se rapprochent beaucoup des miens, je n'ai pas cru devoir me servir du même réactif pour les raisons suivantes :

1° En traitant par un sel acide, on risque de dégager une

certaine quantité de gaz hydro-sulfurique résultant de la décomposition du sulfure.

2° Par ce réactif on forme un sulfure de cuivre, qui, ayant la plus grande tendance par son exposition à l'air à se transformer en sulfate de bioxyde de cuivre, en absorbant l'oxygène de l'air, peut produire une augmentation de poids indéterminé ; car toute la masse ne sera pas transformée, et l'on ne connaîtra pas exactement quelle est la portion du sulfure qui a subi cette transformation.

Grothus proposa l'emploi du nitrate d'argent ammoniacal, dont il se servit avec succès dans quelques analyses.

Anglada, dans ses analyses des eaux sulfureuses des Pyrénées-Orientales, a suivi le procédé de Grothus : il précipitait par le nitrate d'argent ammoniacal ; il recueillait le précipité sur un filtre, brûlait le sulfure avec son filtre pour obtenir l'argent métallique, reprenait cet argent par l'acide nitrique pour former du nitrate d'argent, il précipitait l'argent par un sulfure en excès, recueillait le précipité sur un filtre taré à l'avance, et il lavait convenablement ce précipité à l'eau distillée, désséchait bien le précipité dans son filtre qu'il ramenait au même état d'hygrométricité, et, après avoir soustrait le poids du filtre, il déterminait, par le calcul, le poids du sulfure de sodium par le poids du sulfure d'argent.

J'ai suivi le procédé de Grothus et d'Anglada, avec quelques légères modifications qui m'ont semblé produire de meilleurs résultats.

1° Au lieu de faire de l'argent ammoniacal, j'ai vu qu'il valait mieux traiter par le nitrate d'argent, et ajouter aussitôt la quantité d'ammoniaque capable de dissoudre tout le chlorure et le sulfite d'argent formés aussi bien que les

carbonates s'il en eût existé. En effet, si l'on n'ajoute pas
une quantité d'ammoniaque en excès et qui doit varier
suivant chaque source, il peut arriver, si une source contient une grande quantité de chlorure, que l'ammoniaque
qui existe dans le nitrate d'argent ammoniacal soit insuffisante, à moins qu'on en ait ajouté un grand excès, qui
devient inutile dans la plupart des cas. J'avais, en suivant
le procédé d'Anglada, commis une grande erreur dans une
source des Pyrénées, qui jouit d'une haute réputation ;
cette source, qui contient plus du double de chlorure que
toutes les autres sources sulfureuses des Pyrénées, est
celle des Eaux-Bonnes ; la quantité d'ammoniaque ajoutée
à mon chlorure d'argent, et qui avait été suffisante pour
toutes les autres sources des Pyrénées, ne l'était plus
pour celle-là ; mais de nouvelles expériences m'ont fait
rectifier cette erreur. Je la signale, pour éviter à ceux qui
voudront suivre le procédé d'Anglada, l'écueil contre lequel
j'ai été me heurter.

2° Après avoir obtenu le précipité de sulfure d'argent et
la solution des chlorures, des sulfites et des carbonates s'il
en existait, je décantais, après un repos de vingt-quatre
heures, l'eau surnageant le précipité, en la faisant passer
sur un filtre pour retenir les molécules les plus fines qui
pouvaient encore se trouver en suspension ; je jetais ensuite
le précipité sur le filtre et je le lavais à l'eau ammoniacale,
jusqu'à ce que l'eau de lavage ne contînt plus la moindre
trace d'argent.

Je me servais pour les lavages d'eau ammoniacale, et
j'avais soin de tenir l'entonnoir qui contenait le filtre,
couvert d'un disque de verre, pour empêcher que, par
l'évaporation de l'ammoniaque, une partie du chlorure
d'argent ne fût de nouveau précipitée sur le filtre, ce qui
m'aurait fait commettre une erreur.

3° Après avoir fait dessécher convenablement le précipité dans son filtre, je le calcinais comme Anglada ; mais au lieu d'agir dans un simple creuset, je préférais me servir d'un fourneau de coupelle, et je réunissais tout l'argent en un bouton unique, par le moyen d'une balle de plomb pauvre, dont je prenais le quart pour chaque opération.

4° Je prenais le poids du bouton d'argent avec le plus grand soin, et pour être plus certain des résultats, je le faisais peser à la Monnaie avec des balances exactes (1). Je calculais la quantité de soufre qui devait être combinée avec cet argent pour former le sulfure d'argent, et j'en déduisais la quantité de sulfure ou de sulfhydrate sodique que contenait chaque litre d'eau.

Je voulus savoir quel degré d'exactitude fournissait ce procédé ; je fis cinq opérations successives avec l'eau de la Grotte inférieure de Luchon, et j'obtins les résultats suivants :

Grotte inférieure au robinet n° 17.

1re Expérience,	argent obtenu,		0, 145 ^{gr.}
2°	—	—	0, 145
3°	—	—	0, 144
4°	—	—	0, 142
5°	—	—	0, 143
Moyenne.			0, 144

Nous voyons, d'après ce résultat, que nous avons une exactitude à $\frac{1}{1000}$ de gramme près (c'est-à-dire à $\frac{1}{64}$ de grain près).

(1) Je saisis cette occasion pour témoigner à M. Levol, qui a bien voulu faire toutes mes pesées, mes remercîments sincères pour l'exactitude qu'il a mise dans ces opérations et pour la bienveillance avec laquelle il m'a accueilli.

Je crois pouvoir exposer avec confiance, dans le tableau suivant, les nombres que j'ai obtenus sur toutes les eaux minérales que j'ai étudiées; et pour que mon tableau soit plus complet, j'ai intercalé les nombres obtenus par Anglada, sur les eaux des Pyrénées-Orientales, en les classant à côté de ceux qui sont le plus près du chiffre qu'il a obtenu. (*Voy.* le 2ᵉ Tableau.)

Pour éviter toute cause d'erreur, j'ai réduit les nombres donnés par Anglada aux nombres fournis par le sulfure sec et anhydre, au lieu de prendre l'hydrosulfate de soude cristallisé qu'il avait adopté.

Comme lui et comme tous les chimistes modernes, j'ai admis que le sodium était représenté par le poids atomique 290,9000. Je ferai observer, à ce sujet, que M. Longchamp a cru devoir adopter le nombre 581,8000, qui est exactement le double de celui qui est généralement admis.

Cette remarque n'est pas inutile; car M. Longchamp, qui, dans son tableau, donne des chiffres beaucoup plus élevés que les miens, se trouve, au contraire, en réduisant le sodium à son véritable poids atomique, avoir donné des nombres qui sont un peu inférieurs, ce que j'attribue à la perte qu'il a dû éprouver par l'excès d'acide que contenait son sel.

D'un autre côté, M. Patissier et M. Boutron-Charlard, qui ont formé un tableau composé avec les nombres donnés par Anglada (ayant soin cependant de soustraire l'oxygène et l'eau), avec ceux donnés par M. Longchamp (sans avoir la précaution de dédoubler le poids du sodium), et avec quelques nombres que je leur ai fournis, se trouvent avoir formé, dans la dernière édition du *Traité des eaux minérales* de M. Patissier, un tableau comparatif qui a besoin d'être rectifié d'après les données que je viens de signaler; sans cette précaution, il est plein d'erreurs.

Un résultat remarquable, et qui démontre l'exactidude des opérations, à quelques petites erreurs près, c'est que les diverses sources des Pyrénées sont rangées par M. Longchamp et par moi dans le même ordre, quoique nous ayons tous les deux suivi des procédés différents pour parvenir au même but; ce qui prouve que, quoique les nombres absolus que nous avons donnés ne soient pas tout à fait exacts ni pour l'un ni pour l'autre, la place relative que chaque eau occupe dans la série est celle que nous avons assignée.

Les personnes qui ont étudié la chaîne des Pyrénées et la hauteur des différentes montagnes qui la constituent, doivent remarquer qu'il existe un rapport direct entre la quantité du principe sulfureux qui existe dans les eaux sulfureuses et le rapprochement du centre de la chaîne et des pics de roches primitives les plus élevées (*voy.* le 3ᵉ Tableau).

Ainsi les sources thermales qui contiennent la plus forte proportion de principe sulfureux sont celles de Bagnères-de-Luchon, dont la Grotte supérieure, celle qui en renferme le plus, en contient 0ᵍʳ0601 par litre, et ces sources se trouvent situées en face de la Maladetta, la montagne la plus élevée des Pyrénées et la plus près du centre de la chaîne (1).

Le principe sulfureux va en diminuant, à l'est et à l'ouest de Luchon, jusqu'à la Preste, d'une part, et à Saint-Sauveur de l'autre; puis il se relève tout à coup à l'est, en face du Canigou, où les eaux minérales du Vernet sont les plus sulfureuses des Pyrénées-Orientales, et à l'ouest, en

(1) Depuis la continuation des travaux des fouilles, la température et le principe sulfureux des eaux de Luchon a beaucoup augmenté (*Voir le* 4ᵉ *tableau*).

face du Vignemale, où les sources de César et des Espagnols de Cauterets reprennent ce que semblait avoir perdu celle de Saint-Sauveur.

Ensuite, en allant vers l'Océan et la Méditerranée, le principe sulfureux diminue de nouveau, comme on le voit aux Eaux-Chaudes et à Vinça.

Pour mieux faire comprendre cette dégradation successive du principe sulfureux des eaux, je place un tableau dans lequel je mets pararallèlement l'éloignement des eaux sulfureuses du centre de la chaîne, avec la quantité du principe sulfureux et les rapports avec les pics les plus élevés, formés de roches primitives (*voyez* le 3e tableau).

Il paraît y avoir une contradiction dans les eaux de Lès avec la loi que j'ai établie ; car ces eaux, très rapprochées du centre de la chaîne et de la Maladetta, ne sont pas plus sulfureuses que les eaux d'Ax, qui en sont plus éloignées ; mais je ferai observer que, dans *chaque localité*, à quelques exceptions près, dont il est facile de reconnaître la cause, la source la plus sulfureuse est la plus chaude, quand elles sont bien captées dans la roche en place. À Lès, au contraire, la source sulfureuse, utilisée dans l'établissement, qui est la plus chaude, ne contient que très peu de principe sulfureux, $0^{gr}, 0089$; tandis que la source dont j'ai donné le principe sulfureux, et qui en contient $0^{gr}, 0152$, c'est-à-dire près du double de la chaude, n'a que moitié à peu près de sa température. D'où je conclus que si cette source était dégagée de l'eau froide qui s'y mêle, elle serait beaucoup plus sulfureuse encore ; car si elle augmentait de température en raison du principe sulfureux qu'elle a, relativement à la source chaude de la même localité, elle devrait être aussi sulfureuse que la douche de Barèges. Ce ne sont pas de vaines spéculations que je fais en établissant ces calculs ; ils peuvent offrir d'utiles applications. Ayant été consulté pour un établissement qui se forme aux eaux de Lès, j'ai pu établir, par les données que j'avais acquises, qu'on utilisait dans l'établissement la source la moins importante qui existe dans cette localité ; qu'on avait tort de faire chauffer cette source, qui n'a que $+30°$ cent., et qui perd, en chauffant, le peu de principe sulfureux qu'elle avait ; qu'il valait beaucoup mieux faire de nouvelles fouilles pour dégager ces sources des eaux froides qui s'y mêlent, et pour trouver de nouvelles sources qui doivent nécessairement se perdre sous les attérissements placés au pied de la montagne.

Ces prévisions ont été réalisées en partie, et quoiqu'on n'ait pas entièrement suivi mes avis, on a obtenu, en approfondissant seulement un peu le puisard de la source employée aux bains, et en le rapprochant de quelques toises de la montagne, une augmentation de $+4$ à $+5°$ de température : cette source, qui ne marquait autrefois que $+25°$ à $+26°$ cent., s'élève aujourd'hui à $+30°,25$ cent.

Si cet établissement appartenait à la France, comme il appartient à l'Espagne, quoiqu'il soit tout français par sa situation, il pourrait devenir l'un des plus importants des Pyrénées (1).

Il semble exister aussi une anomalie à Cauterets, où le principe sulfureux des Espagnols n'est pas en rapport avec l'élévation du Vignemale ; mais je ferai observer que j'ai

---

(1) On a entrepris depuis quelque temps, d'après ma recommandation, à Lès, des fouilles que je dirige et qui ont déjà produit, quoiqu'à peine commencées, de bons résultats, en élévation de température et de sulfuration ; mais qui sont encore bien incomplètes. J'en espère de bien plus importants quand les travaux seront achevés.

pris la quantité de principe sulfureux, lorsque la source avait déjà parcouru deux ou trois cents mètres de tuyaux pour descendre au village, ce qui a dû lui en faire perdre une portion.

Je ne donne pas le chiffre du principe sulfureux de Cadéac, mais je peux affirmer, d'après les expériences que j'ai faites, que son chiffre doit être au moins égal à celui de Barèges, s'il n'est plus élevé (*Voir le 4ᵉ tableau*).

Si, lorsqu'on voyage, on veut prendre une idée de la quantité de principe sulfureux qui existe dans chaque source, on peut y parvenir d'une manière approchée par le procédé suivant, qui n'a rien d'exact ni d'absolu, mais qui, cependant, peut faire ranger les sources dans un ordre qu'une plus grande exactitude confirme le plus souvent; je dirai même que ce moyen éleva chez moi le premier doute sur l'exactitude du résultat que j'avais obtenu dans mes premières expériences aux Eaux-Bonnes.

On prend une fiole à médecine, dont on connaît la capacité, on y met de l'eau sulfureuse jusqu'à une hauteur du col déterminée par un trait à la lime; on traite alors par quelques gouttes d'acétate de plomb, qui y forme un précipité qui varie du noir au chocolat et quelquefois au noisette; on agite fortement la bouteille, en bouchant l'ouverture avec le doigt ou un bouchon, on la renverse, et le précipité se dépose sur le doigt ou le bouchon. On le recueille dans un tube gradué, et on le recouvre d'une quantité d'eau toujours la même, pour le soumettre à une pression égale; on le laisse reposer une ou deux heures, en tenant le tube bien vertical, on mesure la hauteur du précipité et l'on déduit son rapport avec celui des autres sources où l'on a fait les mêmes expériences.

On peut, au lieu d'une fiole à médecine, se servir d'un

petit appareil analogue aux appareils de déplacement. Quand le précipité est ramassé au fond du vase, on ouvre le robinet, et tout le précipité s'écoule facilement dans le tube où on le reçoit.

Quoique ce procédé, je le répète, n'offre pas une exactitude absolue, il peut satisfaire le désir qu'a tout médecin qui voyage, de s'assurer, par lui-même, de la quantité relative de principe sulfureux que chaque source contient. Il faut seulement avoir soin de prendre toujours la même quantité d'eau, d'agiter le précipité et de le laisser reposer le même temps; il faut tenir compte aussi de la couleur : à volume égal, le plus noir est le plus sulfureux.

Je ne m'étends pas davantage sur les eaux sulfureuses naturelles des Pyrénées, réservant pour un travail ultérieur les analyses que j'en ai faites, et qui ont été achevées seulement depuis quelques jours. Je vais maintenant passer à quelques considérations sur ce que j'ai nommé les sources sulfureuses accidentelles.

DE LA SULFUROMÉTRIE,
OU MOYEN DE MESURER LE PRINCIPE SULFUREUX DES EAUX PAR L'IODE.

Depuis la publication de ce travail, M. le docteur Dupasquier médecin distingué, professeur de chimie à Lyon, a fait connaître un procédé dont il s'est servi pour déterminer la quantité du principe sulfureux des eaux d'Allevard.

Ce procédé consiste à déplacer le soufre, qui se précipite peu à peu, sous forme de poudre blanche, au moyen de l'iode dissous dans l'alcool, avec addition d'amidon dans l'eau qui se colore en bleu en se combinant avec l'iode, pour former de l'iodure d'amidon, mais seulement quand tout le soufre est précipité, parce que l'affinité de l'iode pour l'amidon est moins forte que celle qu'il a pour l'hydrogène ou les métaux.

En juillet 1839, je passai à Lyon, M. Dupasquier me fit connaître son procédé qu'il venait de communiquer à l'Académie des sciences : il consistait alors à prendre un poids déterminé d'alcool au même degré de l'aréomètre, à y ajouter un poids téterminé d'iode ; à faire dissoudre cet iode et à l'employer au moyen d'un tube effilé par le bas et gradué d'une manière particulière. Chaque degré représentait 0^{gr} 02 d'iode, on voyait combien de degrés il fallait employer. M. Dupasquier eut la bonté même de m'envoyer à Luchon un tableau qui indiquait à chaque quantité de teinture d'iode employée le titre correspondant de principe sulfureux.

Je compris d'abord le grand service que M. Dupasquier venait de rendre à la science de l'analyse des eaux sulfureuses, je me mis à expérimenter ce procédé si simple et si expéditif, avec beaucoup de soin.

Mais, je m'aperçus bientôt de quelques sources d'erreurs, si l'on ne prenait certaines précautions résultant de la modification du principe sulfureux par l'oxygène en hyposulfites et sulfites, etc. Je vis aussi qu'il était plus exact, au lieu de peser l'alcool, (qu'il était difficile de ramener au même degré de densité, ce qui aurait pu empêcher le rapprochement d'expériences faites avec des alcools différents, surtout par divers expérimentateurs), de le mesurer : ainsi je pris un décilitre d'alcool à 33° du commerce, dit trois-six, et qu'on trouve partout, et j'y mis ensuite 1 gramme d'iode, ce qui faisait que chaque centimètre cube d'alcool contenait un centigramme d'iode 0^{gr} 01, et chaque dixième de centimètre cube d'alcool, 1 milligramme d'iode 0^{gr},001.

Je vis aussi qu'au lieu d'employer un tube effilé, à degrés arbitraires, il valait mieux se servir de la burette de M. Gaylussac, graduée par centimètres cubes et dixièmes de centimètre cubes.

Je répondis à M. Dupasquier, pour le remercier de son obligeante communication, et je lui fis part de mes observations et des avantages qu'il y aurait pour sa découverte, à adopter ces modifications. Et j'en fis l'application en août 1839, aux eaux de Luchon, en présence de M. Legrand, secrétaire d'état des travaux publics, et de M. Michel Chevallier, ingénieur en chef des mines, professeur d'économie politique, et je me suis servi aussi de la méthode de M. Dupasquier, avec les modifications que j'y avais introduites pour déterminer en 1840, la quantité du principe sulfureux de toutes les eaux des Pyrénées, dans une mission spéciale que m'avait confiée, conjointement avec M. l'ingénieur François, M. Gouin, alors ministre de l'agriculture et du commerce, qui avait de si bonnes vues pour l'amélioration des établissements thermaux. Je ne pus, dans ce voyage, employer la burette, n'en ayant pas d'assez exactement graduée.

Je m'aperçus, mais trop tard, après ce voyage, d'une nouvelle source d'erreurs du procédé de M. Dupasquier, pour certaines eaux très chaudes : au-dessus de $+ 20°$ centigrades on commence à commettre des erreurs qui peuvent, à la température de $+ 70°$ à $+ 75°$ centigrades, aller jusqu'au 1/5 et peut être plus loin. Cette source d'erreurs provient de ce que l'iodure d'amidon qui se forme par la combinaison de l'iode et de l'amidon, quand on a précipité tout le soufre, et qui donne la couleur bleue qui indique le point de saturation, est soluble à une certaine température, et que, par conséquent, la couleur bleue indicative de la saturation, ne se manifeste pas dès que cette saturation est faite (1). Il faut remédier à cette source d'erreurs par un des trois moyens suivants : ou laisser refroidir l'eau dans un flacon bien bouché à l'émeri jusqu'à + 15° à + 20° cent. et opérer alors ; mais ce moyen est assez long et peut causer quelques erreurs en moins par un peu de précipitation du soufre ou par une transformation en hyposulfite, si l'on ne prend pas des précautions bien exactes; ou en mêlant de l'eau très froide à l'eau sulfureuse pour l'amener à la même température; ou par la correction, quand on a opéré sur l'eau à sa température normale, au moyen d'une table que je donnerai ou qu'on peut faire soi-même par l'expérimentation.

J'ai communiqué l'année dernière de vive voix, cette nouvelle source d'erreurs causée par la température, à M. Dupasquier, dans son passage à Luchon, en octobre 1844, dans une tournée qu'il avait faite dans les Pyrénées, en commençant par les Pyrénées-Orientales et l'Ariège, où il avait expérimenté sur des eaux très chaudes, sans s'apercevoir de l'inexactitude qu'il avait pu commettre. On a aussi signalé une autre source d'erreurs, c'est l'alcalinité de l'eau; mais pour les eaux sulfureuses elle est assez peu considérable pour qu'on ne doive pas s'y arrêter.

Aujourd'hui, M. Dupasquier a aussi adopté une burette double; mais il met double dose d'iode dans 1 décilitre d'alcool, c'est-à-dire 2 grammes par décilitre. J'aime mieux, malgré son autorité, ne mettre qu'un gramme par décilitre, parce que cette dose établit des rapports simples

(1) C'est ce qui a causé l'étonnement de M. le docteur James, quand il a examiné l'eau du Petit-Saint-Sauveur de Cauterets, qu'il a cru trouver plus sulfureuse quand elle était chauffée que quand elle était à sa température naturelle.

entre les centigrammes et les centilitres, et qu'il y a moins de chances de se tromper dans le calcul. J'enferme l'iode, pesé par grammes, dans des tubes de verre scellés des deux bouts; il se conserve ainsi indéfiniment.

Je préfère aussi donner le nom de sulfuromètre à l'instrument (1), que celui de sulfhydromètre assigné par M. Dupasquier, car c'est le soufre des sulfures qu'on mesure le plus souvent.

Malgré toutes ces observations et toutes ces précautions, l'honneur de la découverte reste entière à M. Dupasquier, je n'en réclame aucune part. Cependant, j'ai dû avertir de ces précautions et de ces changements pour mieux faire connaître la valeur du procédé de M. Dupasquier pour le rendre plus parfait, et d'un plus facile emploi.

Je les résume :

1° Alcool à + 33° de l'aréomètre ou 3/6 1 décilitre, à + 15° cent., température moyenne.

2° 1 gramme d'iode pur, renfermé dans un tube de verre scellé des deux bouts et qu'on casse, après y avoir fait un trait à la lime. L'iode se conserve ainsi indéfiniment, pesé par grammes.

3° Une burette de Gaylussac, dite sulfuromètre, graduée par centimètres cubes et 1/10e de centimètre cube, correspondant à des 0^{gr}, 01 cent. et des 0^{gr}, 001 mill. d'iode, ou un tube effilé au bas, recourbé à sa pointe, gradué de même.

4° Un vase, pour puiser et mesurer l'eau, de 1/4 de litre, marqué au moyen d'un trait circulaire, auquel on fait affleurer l'eau.

(1) On trouve les sulfuromètres, chez M. Leydeker, 55, quai des Augustins et chez M. Collardeau, rue du Faubourg-S-Martin ; et l'iode renfermé dans des tubes scellés des deux bouts, chez M. Guérin, quai Saint-Michel, 2, et chez MM. Rousseau frères, 9, rue de l'Ecole-de-Médecine.

5° Employer l'eau qui a plus de + 20° cent. après l'avoir refroidie dans un flacon plein bouché à l'émeri, ou ramenée à cette température par l'eau froide.

6° Ou, si l'on opère à chaud, ramener par le calcul, au moyen d'une table, le degré obtenu à celui qui existe réellement, sans quoi il y a erreur au-dessus de + 20° cent.

7° Ne pas employer de la solution d'amidon, qui ait plus de trois jours, si elle n'est alcoolisée.

8° Ne pas employer de la teinture d'iode qui ait plus d'un mois, car il se forme de l'"acide iodhydrique qui altère les résultats.

9° Verser peu à peu la liqueur d'iode jusqu'à ce que toute la masse ait acquis une couleur bleue uniforme, car alors tout le soufre est précipité et l'excès d'iode se combine avec l'amidon; tant que tout le soufre n'est pas précipité, la couleur bleue qui se forme à la surface disparaît en remuant, il n'y a que celle qui persiste qui indique la saturation.

10° Laisser reposer la teinture d'iode quelques instants, puis compter combien on a employé de centimètres cubes de teinture et de dixièmes de centimètres cubes, et se rappeler que chaque centimètre cube de teinture d'iode renferme $0^{gr.}$, 01 cent. d'iode, et que chaque dixième de centimètre cube renferme $0^{gr.}$, 001 mill. d'iode.

11° Rechercher par le calcul, qui devient une simple addition, combien il y avait de soufre, de sulfure ou de sulfhydrate dans l'eau, en se rappelant que $0^{gr.}$, 01 cent. d'iode déplace 0,00127 de soufre, ce qui correspond à 0,00311 de sulfure de sodium, ou à 0,00135 d'acide sulfhydrique.

SECTION DEUXIÈME.

DES SOURCES SULFUREUSES ACCIDENTELLES SECONDAIRES
OU PAR DÉCOMPOSITION.

Je donne le nom de *sulfureuses accidentelles, secondaires ou par décomposition,* à des sources qui, salines dans une portion de leur trajet, deviennent ensuite sulfureuses par leur passage à travers des substances organiques en putréfaction ou en décomposition, et se modifient ainsi dans leur constitution.

D'abord elles contenaient, indépendamment des autres substances, du sulfate de chaux, de soude ou de magnésie (quoique ce soit principalement celles qui contiennent du sulfate de chaux et de magnésie qui éprouvent plus facilement cette transformation). En filtrant à travers les substances organiques qui sont déjà dans un état commençant de décomposition, elles cèdent l'oxygène de leur sulfate à la matière organique, pour former de l'acide carbonique et de l'eau, et le soufre reste combiné avec le métal soit calcium ou autre, à l'état de sulfure de calcium, de sodium, de magnésium; mais l'acide carbonique qui se forme en même temps décompose une portion du sulfure, déplace de l'acide sulfhydrique, dont une partie se dégage spontanément avec de l'acide carbonique, et dont une autre portion, qui reste en dissolution dans l'eau, se dégage quand on la porte à l'ébullition, avec le reste de l'acide carbonique.

Avant 1785, les eaux de Bourbonne étaient considérées comme sulfureuses, quoique cependant Monnet eût dit dans son Hydrologie, dès 1775, qu'elles ne devaient cette qualité qu'à la décomposition des végétaux et des boues qui pourrissaient dans les réservoirs : opinion qui fut plus tard confirmée, car, lorsqu'on voulut déblayer ces réservoirs, pour élever un nouveau bâtiment, elles perdirent complètement leur propriété sulfureuse, comme le rapporte Duchanoy, dans une analyse qu'il en fit, en 1827.

M. Save, de Saint-Plancard, signale dans son analyse des eaux de Sainte-Marie, l'odeur sulfureuse que répand la boue de la fosse où vont se rendre ces eaux, et il en attribue l'odeur à la décomposition du sulfate de ces eaux par la matière organique en décomposition.

Depuis cette époque, M. Ossian Henry a fait des recherche spéciales sur la transformation des sulfates en sulfures, par les matières organiques en décomposition, et il a attribué, avec raison, le principe sulfureux que contiennent les eaux d'Enghien, à la décomposition du sulfate de chaux que cette eau renferme en grande quantité; mais lorsqu'il a voulu étendre cette explication à la formation des eaux sulfureuses naturelles des Pyrénées, il a évidemment commis une erreur, comme je le démontrerai plus tard ; car, bien loin que le sulfate de soude qui existe dans les eaux des Pyrénées diminue en se décomposant pour former des sulfures, le sulfure sodique, au contraire, se détruit continuellement pour former des sulfates.

J'ai trouvé dans les Pyrénées trois ou quatre sources sulfureuses accidentelles résultant évidemment de la désoxygénation des sulfates par les matières organiques en décomposition; l'une d'elles est située à Salies, près les plâtrières de Mont-Saunès ; les autres étaient situées à Bagnères-de-Bigorre, à Saint-Christau et à Cambo.

La plus sulfureuse de ces sources est celle de Salies, qui est plus sulfureuse que celle de la Pescherie d'Enghien et qui offre les mêmes caractères : elle contient une grande

quantité de sulfate de chaux et de sulfure de calcium, et
cela est peu étonnant; car, comme l'eau d'Enghien, elle
sort près d'une carrière de plâtre, dans un bois très humide
et tourbeux.

Quoique très sulfureuse, la source de Salies n'est pas
utilisée ; on connaît trop , dans ce pays, l'avantage des
eaux sulfureuses naturelles des Pyrénées pour perdre son
temps à faire un grand usage de cette source ; et jusqu'à
ces dernières années l'eau d'Enghien n'était guère plus
heureuse, malgré les analyses des savants , tels que Fourcroy, Vauquelin, Longchamp , Péligot, etc.; ce dernier
même avait fait la fausse spéculation d'acheter ces eaux et
il s'y est ruiné. Le bon sens public avait fait justice de
l'exagération des propriétés qu'on avait voulu leur attribuer.

C'était un fait digne de remarque, que de voir, au
milieu d'une trentaine de sources salines, deux ou trois
sources sulfureuses apparaître comme pour faire envie aux
autres. Aussi la renommée publia-t-elle à haute voix la
découverte que fit le docteur Pinac à Bagnères-de-Bigorre,
de deux sources sulfureuses, en creusant les fondements
de sa maison. Il décrivit, lui-même, avec beaucoup de
soin , la constitution géologique du terrain où furent découvertes ces sources. « Elles sourdent, dit-il, au milieu d'une
» couche très épaisse d'*une excellente tourbe*, couleur de tan
» ou de café brûlé qui , par sa contexture et ses éléments,
» paraît *évidemment* provenir *de la décomposition des végétaux.*
» Cette tourbe brûle très bien et répand une odeur sulfu-
» reuse.» .

Cette description géologique du terrain en dit plus sur
la véritable nature de ces sources que tout ce qu'on pourrait ajouter pour prouver qu'elles ne sont pas de la nature
des sulfureuses ordinaires des Pyrénées.

Il paraît même que maintenant la couche tourbeuse de la source Pinac est épuisée, et qu'elle aurait besoin d'être renouvelée pour donner à l'eau toute sa qualité ; car tous les essais que j'ai tentés avec les réactifs pour constater la nature sulfureuse de ces sources ont été sans succès. Les sels de plomb et le nitrate d'argent précipitent en blanc, et le papier imprégné d'acétate de plomb, qui est si sensible pour constater la nature du principe sulfureux, a séjourné pendant plus de quatre heures dans le courant de cette source, sans avoir rien perdu de sa couleur blanche.

Je félicite, pour ma part, le propriétaire de cette source de ce changement ; car, au lieu d'une mauvaise eau sulfureuse, il a une bonne eau saline, analogue à toutes celles de Bagnères-de-Bigorre.

Lorsque je visitai les sources de Bagnères-de-Bigorre, en 1836, on venait de découvrir une nouvelle source sulfureuse aux bords de l'Adour, derrière une papeterie, dans un pré appartenant à M. Coma. Déjà les vertus miraculeuses de cette nouvelle source avaient été proclamées au loin, et les journaux de Paris avaient transcrit avec empressement les éloges un peu emphatiques, peut-être, qu'on avait prodigués à cette source.

Cependant les médecins du lieu en ordonnaient les eaux en boisson à leurs malades, et, pour prêcher d'exemple, certains d'entre eux en faisaient d'abondantes libations.

J'arrivai, sur ces entrefaites, à Bagnères-de-Bigorre, et, d'après la réputation de la source, je m'empressai d'aller la visiter.

Je fis des expériences avec les réactifs qui produisirent les résultats suivants :

1° Le nitrate de plomb précipitait abondamment en brun ;

2° Le nitrate d'argent y formait un précipité olivâtre dont le volume était diminué, mais dont la couleur augmentait d'intensité par l'ammoniaque.

3° Le papier imbibé d'acétate de plomb est assez promptement bruni.

4° Les acides produisent quelques bulles gazeuses et avivent l'odeur sulfureuse.

5° Le papier bleu de tournesol n'éprouve aucun changement, le papier rougi est au contraire assez promptement ramené au bleu.

6° Le chlorure de barium y manifeste une légère teinte laiteuse que l'addition d'acide nitrique ne détruit pas.

7° L'oxalate d'ammoniaque rend l'eau laiteuse.

Cette source dégage des bulles de gaz qui, recueillies dans un tube, sont en partie absorbées par l'eau de chaux qu'elles blanchissent, et le résidu qui ne peut être absorbé éteint une allumette enflammée. L'odeur de ce gaz présente un peu celle de l'hydrogène sulfuré.

La température de cette source, celle de l'air étant à $+$ 11°, et celle de l'eau de l'Adour à $+$ 9°, était à $+$ 14° cent.; tandis que la température d'une petite source saline qui jaillissait à côté de la sulfureuse marquait $+$ 15°, 50 centigrades.

On voit par les expériences 1, 2, 3 et 4 que cette eau était réellement sulfureuse. L'ébullition à vase clos lui faisait perdre une partie du principe sulfureux, mais elle en conservait encore une partie après son ébullition.

Les expériences 6 et 7 indiquent la présence d'une certaine quantité d'acide sulfurique et de chaux.

L'expérience 5 indique une certaine alcalinité.

Toutes ces considérations donnaient à cette eau une certaine analogie avec les autres eaux des Pyrénées, mais la quantité de chaux, la quantité d'acide hydrosulfurique libre, et la présence d'une assez forte quantité d'acide carbonique libre, me firent soupçonner qu'il y avait cependant une différence notable. J'analysai la petite source voisine qui avait une température de + 15°, 50 cent., c'est-à-dire, + 1°, 50 cent. plus que l'autre, et je la trouvai composée des mêmes éléments, sauf le principe sulfureux. Je commençai alors à soupçonner que ces deux sources pouvaient bien avoir quelques liens de parenté. Je dégustai de nouveau la source sulfureuse, et je lui trouvai un goût qui n'était pas franchement sulfureux; il s'y mêlait quelque chose de marécageux, une espèce de goût de vase. J'examinai avec attention le terrain dans lequel cette eau naissait, et je vis qu'il différait essentiellement du terrain environnant : c'était une espèce de tourbe noirâtre ressemblant à de la sciure de bois charbonné. Je traitai cette terre par des acides, et j'en dégageai une forte odeur sulfureuse ; ensuite je cherchai ce que devenaient les eaux de la petite source saline voisine, et je vis qu'elles se perdaient dans la tourbe. Je fis détourner le courant de la petite source, et je vis que la source sulfureuse avait diminué. Ces deux sources étaient éloignées de deux mètres environ et séparées par une couche de cette espèce de tourbe d'un demi-mètre environ d'épaisseur, mais qui s'étendait de l'une à l'autre.

La question était assez grave à décider, car la ville voulait acheter cette source du propriétaire; et l'on parlait d'y construire un grand établissement qui aurait été, il faut le dire, dans le site le plus agréable des Pyrénées. Je me décidai pourtant à affirmer, d'après toutes les données que j'avais acquises, que cette source n'était pas une source naturelle, et qu'en enlevant le terrain tourbeux, tout prin-

10

cipe sulfureux disparaîtrait. J'en avertis le propriétaire,
qui, en homme d'honneur, ne voulut rien conclure sans
connaître la vérité. Des ouvriers furent mis à l'œuvre pour
enlever toute la couche de tourbe, et dans deux heures la
source sulfureuse avait disparu.

Je viens d'entrer dans quelques détails qui paraissent
étrangers peut-être à la science : cependant si l'on considère que j'ai pu *à priori* constater qu'une source qui jouis-
sait déjà d'une certaine réputation n'était qu'une espèce de
bourbier infect, dont les eaux étaient plus nuisibles qu'u-
tiles ; que cet exemple pourra servir à relever d'autres
erreurs, et fera connaître le ridicule des prétentions de
certaines localités qui, pour quelques eaux fétides, croient
avoir des sources sulfureuses analogues à celles des Pyrénées, et le crient d'autant plus haut que le fait est moins
certain, j'espère qu'on me pardonnera cette digression.

On aura pu aussi remarquer combien peu il fallait de
temps à l'eau pour transformer son sulfate en sulfure, car
toute l'eau de la source saline, dont le courant était assez
abondant, se perdait dans une masse de tourbe de deux à
trois mètres d'étendue, et en sortait après avoir perdu
seulement un degré et demi de chaleur, complètement sulfureuse, par un courant aussi abondant que celui qui
entrait dans la tourbe.

J'ai su depuis que cette tourbe était le résultat de l'accumulation de la sciure de bois d'un moulin à scie, qui avait
été transportée par une inondation et qui s'était arrêtée
dans ce point, plusieurs mois avant l'apparition de la source.

On voyait sur les petits brins de bois ou de paille qui faisaient saillie dans le petit bassin qu'on avait creusé pour
donner l'écoulement à la source, des couches d'une substance blanchâtre, ayant l'aspect de la sulfuraire, et repo-

sant sur une couche de substance gélatiniforme ayant beaucoup de ressemblance avec la barégine. Cette substance, mise sur des charbons, répandait une odeur de soufre mêlée à des vapeurs empyreumatiques, mais où l'on ne pouvait pas distinguer l'odeur ammoniacale, à cause de l'odeur prédominante de l'acide sulfureux.

Ces substances, examinées au microscope, offraient, pour la gélatineuse, une apparence de barégine dans laquelle il était impossible de distinguer aucune trace d'organisation ; quant à la substance blanchâtre, on n'y distinguait que des granules irréguliers ressemblant à de petits cristaux brisés. Cette substance, qui ne présentait aucune trace d'organisation, ni filamenteuse, ni globuleuse, semblait une agglomération de petits cristaux de soufre, plutôt qu'une substance confervoïde.

La petite source saline ne laissait qu'un léger dépôt ferrugineux, sans aucune trace de substance gélatineuse ni blanchâtre.

Il est très remarquable de voir dans un si petit espace, et par un simple changement de constitution de principes contenus dans une eau, se développer une substance comme animale.

Ce fait ne pourrait-il pas jeter quelque jour sur la présence de la barégine dans les eaux sulfureuses, et justifier l'opinion d'Anglada, qui croyait que la substance azotée en dissolution dans les eaux sulfureuses naturelles se forme de toutes pièces, en rappelant toutefois que cette substance est une substance azotée mais non organisée ?

Dans un second examen que je fis à Salies, en 1840, par suite d'une mission spéciale, dont m'avait chargé M. le Ministre de l'agriculture et du commerce, pour l'amélioration des établissements thermaux des Pyrénées, je découvris que la source sulfureuse avait tout le fond du bassin tapissé par un dépôt rougeâtre, lie de vin ; je crus que, comme cette eau était voisine d'une ferme, l'on était venu y rincer un barril, car le dépôt ressemblait à de la lie de vin ; toutes les feuilles, les brins de bois, les cailloux qui étaient au fond du petit réservoir à ciel ouvert où coule la source, étaient couverts de cette substance. Je voulus cependant l'examiner au microscope ; mais quel ne fut pas mon étonnement et celui des personnes qui étaient présentes, de voir que le champ du microscope était parcouru par de petits animalcules de forme ellyptique, très petits, qui s'y trouvaient par millions et qui donnaient à l'eau cette couleur rougeâtre qu'ils avaient eux-mêmes. J'en fis une étude attentive au moyen de l'exellent microscope de M. Georges Hauberhauzer.

Ces infusoires ont une forme ellytique ou ovale allongé; dans l'état de leur développement complet, leur plus grand diamètre est de $\frac{1}{75}$ à $\frac{1}{100}$ de millimètre, mais la plupart sont beaucoup plus petits. Ces animalcules sont formés d'une enveloppe transparente, au dedans de laquelle on aperçoit 4 à 8 points rouges et doués, au moins en apparence, d'un mouvement de grouillement très marqué. (Voy. *fig.* 13, *planche* A). Je n'y vis aucun appendice ni cils vibratiles, et un examen fait en 1841, avec M. Richard, professeur de botanique à la Faculté de médecine de Paris, confirma ma description. Un examen au microscope solaire, fait par MM. Joly et Pinaud, professeurs à l'Académie des sciences de Toulouse, n'a pas donné d'autres résultats. Il est assez difficile d'expliquer le mouvement rapide de progression et de tournoiement que ces animaux exécutent avec tant de vitesse dans le champ du microscope qu'ils traversent avec la plus grande rapidité.

M. Richard, à qui je demandai s'il connaissait ces petits infusoires, me dit, qu'ils avaient de l'analogie avec ceux observés par M. le professeur Joly, dans les marais salans, et qu'ils devaient appartenir à la famille des monadaires; mais qu'ils ne connaissait aucune espèce analogue ; que c'était une espèce nouvelle du genre monade.

La grande ressemblance des eaux d'Enghien avec l'eau de Salies, me fit soupçonner que j'y retrouverais cette monade ; en effet, je la retrouvai par grandes plaques irrégulières, depuis un centimètre à plusieurs décimètres d'étendue, mêlée à la sulfuraire, dans le canal de fuite de la nouvelle source découverte par M. Bouland, en creusant dans les terrains tourbeux d'Enghien ; les infusoires des deux localités étaient semblables.

Je priai M. Abadie, pharmacien à Salies, d'étudier les habitudes de ces infusoires ; il m'en rapporta les observations que je donne avec confiance : lorsque le temps est beau et que le soleil luit, les monades montent à la surface de l'eau et lui donnent la teinte lie de vin qui m'avait frappé ; ils y forment, souvent, des espèces de plaques ou amas irréguliers, plus fortement colorés que le reste de la superficie ; lorsqu'il pleut, quand la température est basse ou quand la source n'est plus éclairée par les rayons du soleil, les monades quittent la surface des eaux et vont se placer sur les feuilles, les branches et les cailloux qui tapissent le fond, et où je les observai d'abord, quand j'en fis la découverte.

Je voulus comparer ces monades avec celles observées par M. le professeur Joly, dans les eaux des marais salans, et qui colorent ces eaux en rouge de sang, il voulut bien faire cet examen avec moi. Cet examen confirma mes premières observations ; nous vîmes, en outre, ces animalcules se reproduire sous nos yeux par divisions, nous les vîmes se grouper deux à deux, trois à trois et tournoyer ensemble ainsi groupés sur leur axe longitudinal. (Voy. *fig.* 14, *planche* A).

J'ai donné à cette monade le nom de monas sulfuraria, parce que je ne l'ai trouvée que dans des eaux sulfureuses.

Nous l'avons décrite, avec M. Joly, dans une note que nous avons présentée, l'an dernier, à l'Académie des sciences de Toulouse, avec les caractères suivans :

Monas corpore ellyptico, vel oblongato, ovato, medio inter-dùm sinuato, uno longiore quam lato, $\frac{1}{75} - \frac{1}{100}$ *millimetri attingunt ; volutando procedens, vacillans, rosea an potius vinosa ; socialis.*

Un an après que je l'eus trouvée et que je l'eus fait voir à M. le professeur Richard, MM. Charles et Auguste Morren ont publié un travail remarquable sur la coloration des eaux par les infusoires et les algues. M. Charles Morren dit avoir trouvé, dans les environs de Liége, une monade, qu'il désigne sous le nom de monas rosea, dans une source sulfureuse, et qui présente, avec celle que j'ai trouvée, une telle ressemblance que M. Joly est porté à la considérer comme la même espèce. Mais si M. Charles Morren a le premier fait connaître cet infusoire et a, sur la publication que nous avons faite, une priorité incontestable, j'ai la priorité de la découverte et de l'observation communiquée à M. le professeur Richard.

Un fait digne de remarque et qui prouve de plus en plus que, semblables sous ce rapport, aux animaux les plus parfaits, les plus petits êtres de la création sont soumis, dans leur distribution géographique et dans leurs stations, à des lois d'une étonnante et admirable précision, c'est que jusqu'à présent je n'ai rencontré le monas sulphuraria que dans les sources sulfuro-calcaires, accidentelles, froides et très chargées de principe sulfureux ; je n'en ai jamais vu dans les eaux sulfureuses des Pyrénées ; d'ou je dois conclure que l'eau dans laquelle M. Charles Morren a observé son monas rosea est une sulfureuse accidentelle , résultant de la décomposition d'un sulfate de chaux.

Nous verrons, en effet, plus loin , que la Belgique ne peut pas avoir de sources sulfureuses naturelles.

Je ne serais pas surpris que cette monade se retrouvât à Schisnach , en Suisse , dans la source sulfureuse , s'il y existe quelque point bien disposé pour qu'elle se développe. Je ne l'y ai pas vue quand j'y suis passé ; il est vrai que je n'ai examiné leur trace que dans la citerne où elle naît, et il faisait trop d'obscurité dans ce lieu pour pouvoir l'y distinguer, peut-être aussi ce lieu n'est-il pas assez aéré pour qu'elle s'y développe, mais on doit la trouver dans les canaux de fuite de la source ou de l'eau des bains.

Nous ne terminerons pas cet article sans faire observer que beaucoup d'eaux sulfureuses, qui existent dans les pays éloignés des montagnes et des terrains primitifs, n'ont pas une autre origine, et qu'on doit les ranger dans la classe des sulfureuses accidentelles , parce qu'elles n'ont aucun rapport avec les eaux sulfureuses naturelles des Pyrénées , dont elles se distinguent par tant de points. Ces idées , toutes de théorie quand j'écrivais ce travail, se sont réalisées dans la pratique, comme on le verra plus bas dans mes recherches sur les eaux d'Allemagne , etc.

1° Les eaux sulfureuses des Pyrénées naissent toutes dans le terrain primitif ou sur les limites de ce terrain et du terrain de transition.

1° *bis* Les sulfureuses accidentelles naissent toutes dans

le terrain de transition et plus souvent dans le secondaire et le tertiaire.

2° Les sulfureuses naturelles naissent seules éloignées de toutes autres sources , et contiennent en très petite quantité des substances salines.

2° *bis.* Les sulfureuses accidentelles sortent toujours à côté de sources salines, et contiennent toujours une grande quantité de substance qu'on trouve dans le résidu de l'éva. poration : il s'élève au triple et même au quadruple de celui qu'on trouve dans les sulfureuses des Pyrénées.

3° Le gaz qui se dégage des sources des Pyrénées est toujours de l'azote pur.

3° *bis.* Celui qui se dégage des eaux sulfureuses acci- dentelles est de l'acide carbonique mêlé d'acide hydrosul- furique avec des traces d'azote.

4° Les eaux sulfureuses naturelles contiennent une quan- tité considérable de substance azotée en dissolution , dans quelque point de leur cours qu'on les prenne.

4° *bis.* Cette substance azotée ne se rencontre pas dans les eaux sulfureuses accidentelles : si elle existe , elle doit y être en si petite quantité qu'on ne l'y admet qu'avec doute.

5° Les eaux sulfureuses naturelles contiennent à peine des traces de sels calcaires et magnésiens, et n'en contien· nent que d'insolubles.

5° *bis.* Les sulfureuses accidentelles en contiennent plusieurs grammes par litre, et notamment des chlorures de ces deux métaux, que les eaux sulfureuses naturelles ne contiennent jamais.

6° Les eaux des Pyrénées contiennent toutes pour prin- cipe sulfureux un sulfure ou sulfhydrate sodique.

6° *bis.* Les sulfureuses accidentelles contiennent, au

contraire, du sulfure de calcium, ou hydrosulfate de chaux, de magnésium, de sodium.

7° Presque toutes les eaux sulfureuses naturelles sont thermales; ou si elles sont froides, elles le doivent à des mélanges d'eau froide ou à de grands circuits qu'elles font dans le sein des roches primitives.

7° *bis.* Toutes les eaux sulfureuses accidentelles sont, en général, froides; ou si elles sont chaudes, on trouve à côté la source saline chaude qui décèle leur origine.

8° Les eaux de Bagnères-de-Luchon, de Barèges, de Cauterets, etc., sont le type des premières.

8° *bis.* Les eaux d'Enghien, de Salies, de Saint-Christau, de Cambo, de Pinac à Bigorre, sont le type des secondes.

En un mot, ces deux sortes de sources ne se ressemblent pas plus entre elles que le goût sulfureux franc des premières ne ressemble au goût fétide et marécageux des secondes; pas plus que le sulfhydrate de soude ne ressemble au sulfure de calcium, pas plus enfin que le sel de Glauber ne ressemble au plâtre de Montmartre.

Quand je fis l'analyse des eaux d'Enghien, je voulus bien me rendre compte de leur mode de formation. Je fus assez heureux dans mon examen pour y trouver une substance nouvelle qui n'y avait pas été signalée ni par Fourcroy, ni par Vauquelin, ni par MM. Longchamp et Henry, dont le dernier en avait fait plusieurs fois l'analyse. Cette substance est le *manganèse* qui s'y trouve mêlé au fer; j'en annonçai la découverte, en 1839, à l'Académie de médecine, à la suite d'un mémoire que j'y présentai sur les eaux de Bagnères-de-Luchon.

J'étudiai, en même temps, les sources voisines et les terrains dans lesquels elles naissaient. Je vis que le point où naissent les eaux d'Enghien sont d'anciens marécages, dont les traces se manifestent encore aux environs. On les voit remplis de plantes marécageuses qui meurent et renaissent chaque année ; c'est ce qui forme l'espèce de tourbe au milieu de laquelle naissent ces eaux, et qui leur donne, par sa décomposition, le caractère sulfureux, en désoxygénant le plâtre ou gypse dont elles sont chargées.

L'on voit, dans le parc même où sont les sources sulfureuses, la source saline qu'on nomme de la Coquille, d'où elles naissent ou du moins avec laquelle elles ont une origine commune. Mais la source de la Coquille, qui contient les mêmes substances que les sources sulfureuses, sauf le principe sulfureux et une certaine proportion d'acide carbonique, sort de terre par un conduit qui la sépare des matières tourbeuses, puisqu'elle est un puits artésien, et qui la garantit, par conséquent, de leur contact et empêche ainsi la décomposition du sulfate de chaux ou plâtre, pour former le sulfure de calcium.

Les eaux sulfureuses, au contraire, filtrent, pour remonter à la surface du sol, à travers ces terrains tourbeux que nous avons signalés ; le sulfate de chaux ou plâtre se modifie en décomposant les matières tourbeuses, et le principe sulfureux se trouve ainsi formé avec une plus grande quantité d'acide carbonique, résultant de l'union du carbone des matières végétales avec l'oxygène du sulfate de chaux.

Ces eaux d'Enghien sont bien, quoi qu'on en puisse dire, des eaux SULFUREUSES ACCIDENTELLES. On aura beau objecter, comme l'a fait M. Henry, qu'elles sont constamment sulfureuses, et que, par conséquent, elles ne sont pas sulfureuses accidentellement, c'est un mauvais jeu de mots que fait là M. Henry : par accidentelles, je n'entends pas, et tous les véritables savants ont adopté mon opinion à ce

sujet, je n'entends pas, dis-je, des sources rsulfueuses formées par hasard ou par accident, mais des sources qui,
salines à leur point de départ du centre de la terre, deviennent sulfureuses dans les couches superficielles du sol par
des accidents de terrains d'une nature organique. Le mot
accident est un mot technique en géologie quand on veut
désigner un terrain ou portion de terrain différent du
terrain environnant (1).

Plusieurs personnes considèrent les *eaux de Louesche*
comme *sulfureuses* et les administrent comme telles. Il y a
peu de jours encore, qu'ayant été appelé en consultation
par une personne appartenant à une famille distinguée, un
médecin célèbre prescrivit indistinctement les eaux de
Louesche ou de Barèges, comme tout à fait analogues.

Cependant les eaux de Louesche ne contiennent aucune

---

(1) Je suis peiné d'être obligé de descendre à toutes ces explications,
mais elles sont utiles pour détromper et éclairer les médecins et les malades
sur ces affiches qui sont placardées sur tous les murs de Paris, où
l'on lit : eaux sulfureuses naturelles d'Enghien. On emploie ce mot comme
pour jeter un défi aux faits et à la vérité.

Sans se contenter de tromper les malades sur la nature des eaux, on leur
vend aussi des pastilles portant le nom de pastilles d'Enghien. Ou ces pastilles sont faites avec le résidu de l'évaporation des eaux, et alors la substance qui y domine est du plâtre, ou elles sont faites avec un sulfure
alcalin artificiel, qui n'existe pas dans les eaux d'Enghien, et l'on trompe
sur la nature du remède.

Je saisis cette occasion pour m'élever avec force, par le même motif,
contre les pastilles d'Eaux-Bonnes. Quand on est assez heureux pour
posséder un remède aussi précieux que les Eaux-Bonnes, on doit s'en
contenter et ne pas en compromettre la valeur par des pastilles plus ou
moins infidèles dans leur composition.

L'autorité devrait veiller plus attentivement sur ces tromperies qui com-
promettent la santé des malades et n'ont d'autre but que d'enrichir quelques
spéculateurs.

trace de principe sulfureux, comme l'ont démontré des expériences faites sur les lieux par un de mes amis, M. Lenoir, chirurgien distingué des hôpitaux et agrégé de la Faculté de médecine. J'ai fait aussi quelques expériences sur de l'eau qu'il a eu la bonté de me rapporter, et sur les dépôts que cette eau laisse sur son passage.

Ces dépôts contiennent, pour la plus grande partie, de l'oxyde de fer, un peu de manganèse, de l'alumine, de la chaux et des traces de magnésie, mais *pas un atome de soufre ni de substance organique.*

Les réactifs démontraient dans l'eau une grande quantité de sulfate de chaux, un peu de sulfate de magnésie, de sulfate de soude, des chlorures et des carbonates de ces bases avec des traces de fer, mais pas un atome de soufre ni de substance organique, analogue à la pyrénéine. J'en avais pas assez d'eau pour y rechercher le manganèse, mais tout

Pourquoi laisser vendre aussi, sous le nom de pastilles de Vichy, que chaque pharmacien fait chez lui, le bi-carbonate de soude, dont on tire la base de Marseille ou d'ailleurs. Ces pastilles auraient-elles moins de valeur pour s'appeler pastilles de bi-carbonate de soude ? puisqu'elles ne contiennent autre chose que ce bi-carbonate, de la gomme et du sucre.

Il en est de même des eaux sulfureuses artificielles qu'on désigne sous le nom d'eaux de Barèges, d'Eaux-Bonnes, etc., et qui n'ont aucun rapport de composition ni d'action avec les eaux naturelles. On ne devrait les vendre que sous le nom de sulfures, de sulfydrates, de foie de soufre, etc., et à l'état concret, pour éviter les accidents qui sont plusieurs fois arrivés avec des solutions concentrées, qu'on a par méprise données en boisson quand elles étaient préparées pour bains.

On a dernièrement défendu de vendre du sirop de glucose pour du sirop de gomme, cependant la fraude était moins grave et moins nuisible que de vendre, sous le nom Barèges ou d'Eaux-Bonnes, des eaux artificielles qui ne leur ressemblent en rien.

Je sais que la loi le permet, mais la loi ne serait-elle pas à refaire sur ce point ?

doit faire penser que, puisqu'il existe dans le dépôt, il doit aussi se trouver dans les eaux.

J'ai visité en 1839 les eaux de Louesch et j'ai trouvé que mes prévisions étaient exactes : ces eaux ne sont nullement sulfureuses à la source, elle deviennent quelquefois légèrement sulfureuses dans les piscines par la décomposition d'un peu de sulfate, par la matière sébacée du corps des baignoires (1).

C'est avec peine qu'on voit tous les jours des médecins, même très célèbres, ordonner les eaux sans trop connaître ni leurs propriétés chimiques, ni leurs propriétés thérapeutiques. Cependant ce remède est le plus souvent le seul qu'on puisse mettre en usage avec succès dans beaucoup de maladies chroniques. Nous ne sommes pas déjà si riches en ressources thérapeutiques pour que nous ne devions pas étudier avec soin celles qui sont le plus souvent utiles.

J'espère pouvoir donner bientôt les analyses des sources les plus importantes des Pyrénées, et les faire suivre d'observations recueillies sur les lieux.

Je noterai avec autant de soin les cas où les eaux sont inutiles ou nuisibles que ceux où elles auront été employées avec succès. C'est en suivant cette marche qu'on pourra déduire des faits quelques lois qui serviront de base à l'application de ces eaux, et qu'on détruira cet empirisme aveugle qui, jusqu'ici, a été le seul guide pour leur administration.

J'ose croire que mes confrères des Pyrénées voudront bien me seconder dans cette entreprise.

(1) Voir mon travail sur les eaux de la Suisse, etc.

CHAPITRE II.

Les eaux ferrugineuses des Pyrénées peuvent être divisées en trois séries bien distinctes :

1° Les eaux qu'on nomme *ferrugineuses carbonatées*, c'est-à-dire celles dont le fer est tenu en dissolution par l'acide carbonique.

2° Les *ferrugineuses sulfatées*, c'est-à-dire celles dont le fer est tenu en dissolution par l'acide sulfurique.

3° Enfin, les sources *ferrugineuses crénatées*, c'est-à-dire celles dont le fer est tenu en dissolution par l'*acide crénique*.

Cette dernière espèce d'eaux ferrugineuses a été méconnue pendant longtemps, parce que, ne recueillant pas les gaz qui se dégagent de l'eau par l'ébullition, on pensait qu'il y avait un excès d'acide carbonique, et par conséquent autant qu'il en fallait pour tenir le fer en dissolution. Ces eaux par conséquent ont été rangées jusqu'ici parmi les ferrugineuses carbonatées.

Nous dirons peu de chose maintenant des sources ferrugineuses ; nous allons seulement donner quelques détails sur les eaux ferrugineuses crénatées.

DES SOURCES FERRUGINEUSES CRÉNATÉES.

Dès que l'analyse chimique se fit avec plus d'exactitude et que les chimistes se tranportèrent près des sources mêmes pour faire une partie de leurs expériences, ils ne tardèrent pas à apercevoir que l'acide carbonique que renfermaient quelques eaux ferrugineuses était en quantité insuffisante pour dissoudre le fer et quelques autres bases qui se trouvent dans ces eaux. M. Longchamp fut un des premiers à signaler ce manque d'acide carbonique, et crut pouvoir expliquer la dissolution du fer et de la chaux par la combinaison de l'oxyde de fer avec la chaux, le premier jouant le rôle d'acide. « Le peroxyde de fer, dit-il, est un véritable acide qui forme avec les bases, et particulièrement avec la chaux, des combinaisons que je me propose de faire connaître (1). » Il ajoute : « Les chimistes ont toujours cru que l'oxyde de fer était dissous dans les eaux par l'acide carbonique ; c'est une erreur : ce n'est pas l'acide carbonique qui dissout l'oxyde de fer : si l'oxyde avait été dissous par l'acide carbonique, il ne s'échapperait pas au moment où l'eau ferrugineuse arrive au contact de l'air (2). »

Quoique M. Longchamp ne dise pas formellement que le ferrate de chaux, dont il parle, soit soluble dans l'eau, il le laisse soupçonner et a l'air de dire que le fer ne doit sa solution qu'à son état de combinaison avec la chaux.

Dans une note sur les eaux de Luxeuil, insérée par M. Longchamp dans le tome LXII des *Annales de chimie et de physique*, il dit, en rendant compte d'un phénomène remarquable que présentent ces eaux, qu'elles forment, en se déposant dans le bassin où elles sourdent, une espèce de gelée, quand elles y ont reposé quelque temps : mais il n'explique pas ce phénomène : il dit bien que cette eau contient de l'oxyde ferrosoférique, qui devait être à l'état d'oxyde ferreux, et une matière organique, mais il ne dit pas que cette matière tient le fer en dissolution. Il appar-

---

(1) *Analyse des eaux de Vichy*, p. 67, anno 1825.
(2) *Analyse des eaux de Vichy*, p. 113.

tenait à Berzelius, qui a répandu tant d'éclat sur la chimie, de faire connaître le premier la nature de la substance qui tient le fer en dissolution dans un grand nombre d'eaux.

« J'ai trouvé, dit-il, dans l'eau de Porla deux principes organiques électro-négatifs, à l'un desquels j'ai donné le nom d'acide crénique (de source) et à l'autre celui d'acide apocrénique, parce qu'il est formé du précédent à la manière des dépôts d'extraits. Ils constituent très vrai-semblablement cet ingrédient commun à toutes les eaux minérales, que l'on a désigné jusqu'à présent par le nom de principe extractif. L'eau de Porla, au contact de l'air, laisse déposer une ocre brune qui contient du crénate basique de peroxyde de fer, et de l'apocrénate. On sépare facilement l'acide de l'ocre ; on doit faire bouillir l'ocre vec une dissolution de potasse caustique, jusqu'à ce que l'oxyde de fer, au lieu de former une poussière fine qui passe par le fitre, présente l'état floconneux de l'hydrate, d'oxyde de fer, etc. Il donne un sel soluble avec l'oxydule de fer, et un sel insoluble avec l'oxyde.

« Le nitrate d'argent donne un précipité qui devient bientôt pourpre, et se dissout en totalité dans l'ammoniaque. L'acide crénique précipite l'acétate de plomb avec une couleur légèrement jaunâtre, etc. (1). »

J'ai fait plusieurs analyses d'eaux ferrugineuses créna-tées ; je signalerai particulièrement la source ferrugineuse de Bagnères-de-Bigorre, connue sous le nom de *fontaine d'Angoulême, et une source près Roanne.*

Les eaux ferrugineuses crénatées prennent, quand l'acide crénique y est très abondant, une couleur violacée tirant sur le pourpre, quand on les traite par une certaine quan-

---

(1) *Ann. de chim. et de phys.,* t. LIV, p. 219 et suiv.

tité de nitrate d'argent ; et cette couleur, qui ne disparaît pas par l'ammoniaque, a dû souvent induire en erreur, et faire regarder comme sulfureuses des eaux qui ne le sont nullement.

Si quelquefois, après qu'on l'a traitée par l'ammoniaque, l'eau, colorée en violet tirant sur le pourpre par le nitrate d'argent, perd sa couleur violacée et recouvre sa limpidité, ce n'est pas par la dissolution du précipité, mais par son dépôt au fond du verre, où il est quelquefois assez peu abondant pour ne pas être remarqué, si l'on n'y porte son attention d'une manière spéciale.

Lorsqu'on évapore ces eaux, il s'y forme bientôt un précipité d'un aspect rouge-jaunâtre, qui se fonce à mesure que le résidu se dessèche, et qui, au lieu d'avoir l'aspect floconneux de l'hydrate de sesqui-oxyde de fer pur, est un mélange de crénate basique et d'apocrénate de sesqui-oxyde de fer, ressemblant à de la brique pilée.

Le résidu de l'évaporation se sépare en deux portions, quand on le traite par l'eau distillée : la portion soluble contient de l'acide crénique comme la portion insoluble ; mais le fer se rencontre seulement dans la portion insoluble.

Pour constater qu'une eau contient de l'acide crénique, s'il n'est pas en assez grande quantité pour qu'on le constate par les réactifs sur l'eau, à la source, on évapore l'eau et l'on traite la portion insoluble à l'eau distillée, par une solution de potasse à l'alcool, et l'on fait bouillir, jusqu'à ce que l'oxyde de fer, au lieu d'avoir un aspect grenu et pulvérulent, acquière l'aspect floconneux qui lui est naturel, quand il est à l'état d'hydrate ; on filtre, on évapore la solution de potasse qui s'est colorée en brun fauve, couleur qu'elle doit à l'acide organique qu'elle tient en dissolution, et l'on peut ou constater la présence de l'acide

11

en calcinant seulement, ou l'extraire par des procédés, assez compliqués, indiqués par Berzelius.

On retrouve aussi cet acide dans les bassins où coulent ces sortes d'eaux, sous forme de flocons rougeâtres plus ou moins gélatineux, et je suis porté à croire que le phénomène observé par M. Longchamp dans les eaux de Luxeuil, et peut-être aussi la formation si subite de la substance qui se dépose spontanément dans les bassins de Vichy, tient à l'acide crénique qui se dépose avec le fer à l'état de crénate basique de sesqui-oxyde de fer, et de crénate de chaux.

J'ai pu me convaincre dans un voyage que je fis à Vichy en juin 1840, de la vérité de mon observation, j'examinai avec soin le dépôt qui se formait dans le bassin de la source de l'Hôpital, et je reconnus qu'il était formé d'acide crénique et de sesqui-oxyde de fer, d'acide crénique et de chaux. Mais indépendamment des flocons de ces substances qui se précipitaient, on trouvait, à la surface du bassin, des plaques verdâtres plus ou moins brunâtres nageant tantôt sur toute la surface de l'eau, tantôt adhérentés aux parois du bassin et tantôt se précipitant entraînées par les flocons de crénate; je vis aussi plusieurs malades qui s'empressaient de recueillir ces plaques brunâtres et de les boire avec l'eau, car c'était, disaient-ils, du minéral.

Je fis l'examen de ces plaques avec un bon microscope, et je vis que c'étaient des amas d'oscillaires (espèce de petis vers) que les malades avalaient à l'envi les uns des autres. Je fis observer ces substances à M. Prunelle et à M. Petit, et j'engageai le premier à faire couvrir la source de l'Hôpital pour éviter la formation de ces oscillaires qui sont vivifiés par l'air et le soleil; il me promit de le faire, et je crois qu'il a exécuté ce dessin, mais je ne pense pas que la source soit hermétiquement fermée, comme elle devrait l'être pour empêcher la précipitation du crénate qui, dans certains cas, peut avoir au besoin, tant qu'il est soluble, d'utiles applications, à Vichy, et l'évaporation de l'acide carbonique.

La présence de l'acide crénique et celle des sulfates explique très bien le caractère sulfureux que prennent certaines sources, principalement l'été, à Vichy : ainsi, la source Lucas et sa voisine des Acacias, et quelquefois la source en amont des Célestins. Quand je passai à Vichy, après un débordement de l'Allier, qui avait formé plus de dépôt limoneux que d'habitude, cette seconde source des Célestins avait une odeur et un goût si sulfureux et si désagréables qu'elle en était impotable. Si ces sources étaient mieux captées, je pense qu'on pourrait les mettre à l'abri de cet inconvénient, comme l'a proposé M. le Dr Petit.

J'ai trouvé en Allemagne, à Shwalbac, et en Belgique, à Spa, cette décomposition des sulfates par l'acide crénique, qui donnait un goût légèrement sulfureux à des eaux gazeuses. Evidemment, cette sulfuration dans ces eaux, trop peu considérable pour être utile, n'a que l'inconvénient de donner mauvais goût et mauvaise odeur à ces sources.

Je donnerai plus loin de plus amples détails à ce sujet.

J'ai trouvé dans les Pyrénées un grand nombre de sources crénatées. La plupart de celles qui y sont, sauf certaines des Pyrénées-Orientales, ont leur fer dissous à l'aide de cet acide. Ainsi, la source ferrugineuse de Cambo, celle de Gantis, de Labarthe, de Siradan, de Burgalaïs, des propriétés du Dr Cazes et du sieur Labardens, à Saint-Gaudens, sont des sources ferrugineuses crénatées, très actives.

CHAPITRE III.

DES SOURCES SALINES DES PYRÉNÉES.

Il existe dans les Pyrénées des sources salines très importantes et très nombreuses : je signalerai principalement celles de Bagnères-de-Bigorre, d'Ussat, d'Audinat, d'Encausse, de Sainte-Marie, de Siradan, de Barbazan, de Ganties, etc., qui toutes jouissent d'une réputation méritée.

Je donne le nom de *sources salines* à celles qui, contenant une proportion de sels plus considérable que les eaux ordinaires de sources ou de rivières, n'offrent aucun principe assez prédominant pour avoir *une odeur* ou *une saveur spéciales*. Anglada les nommait à tort *eaux thermales simples*.

L'on pourrait établir une variété de ces sources qu'on pourrait nommer *sous-salines*, tant elles contiennent peu de principes salins, et qui, cependant, ont une action utile et très marquée sur l'économie : telles sont les eaux de Labarthe de Nestes, des Chalets-St-Nérée, en Barousse, la source du Bugatet, à Saint-Gaudens, etc. Ces sources ont pour caractère spécial, de contenir très peu de substances salines, mais en assez grande abondance, une matière organique qui, avec une légère alcalinité, contribue à donner à la peau, quand on s'y baigne, une onctuosité très marquée. Ces sources, entre autres propriétés importantes, sont très sédatives, au point, quand on les prend de + 25° à + 27° réaumur, + 31° à + 34° cent., de ralentir le pouls de six, huit, dix et même douze pulsations par minute, au-dessous de l'état normal. L'on comprend quel parti l'on pourrait tirer de ces sources dans les affections nerveuses, les palpitations, dans des cas même d'hypertrophie du cœur, etc. M. V. Gerdy avait déjà signalé par l'action de certaines eaux, un léger ralentissement du pouls ; mais, M. le docteur Montagnan l'a signalé d'une manière bien plus marquée à Labarthe de Nestes. Je l'ai observé à la source Bugatet de Saint-Gaudens, où j'ai trouvé huit et douze pulsations au-dessous de l'état normal, sur une autre personne et moi, tandis que j'ai trouvé que les eaux sulfureuses de Luchon, l'élèvent le plus souvent et ne le diminuent guère que d'un à deux, dans des cas exceptionnels, et quand le malade reste longtemps immobile dans son bain et que la température est bien à + 26° Réaumur 1/2 à peu près, car plus haut et plus bas le pouls est toujours accéléré.

Les bains émollients contenant une forte décoction de plantes mucilagineuses et faite avec de l'eau de rivière, et non avec de l'eau de source minérale soit peu sulfureuse soit sulfureuse dégénérée, ralentissent le pouls de quelques pulsations et sont très sédatifs pour calmer l'excitation causée par les bains sulfureux, quand on les prend de + 25° à + 27° 1/2 Réaumur, surtout à + 26° 1/2, qui est la température qui convient le mieux au plus grand nombre de malades. J'ai obtenu d'excellents résultats de ces bains émollients, malgré le préjugé qui fait admettre qu'on ne doit pas mêler les bains d'eau douce avec les bains minéraux ; et je crois qu'on ferait bien d'en établir dans les autres localités où existent des eaux sulfureuses énergiques comme Baréges, Ax, Cauterets, etc. Les malades ne s'en iraient pas avec des surexcitations qui les désespèrent, sans amener de résultats avantageux, et les crises, opérées plus paisiblement, n'en seraient ni moins utiles ni moins complètes.

Je ne vais parler maintenant que des substances (qui semblent déposées) qu'on trouve sur le passage de ces eaux.

Les personnes qui ont analysé ces diverses sources depuis quelque temps, se sont empressées de donner le nom de *barégine* à toutes les substances vertes, et M. Longchamp a regardé toutes ces substances comme de la barégine altérée. Cependant, quand on les observe avec soin, on voit que, loin d'être des substances déposées, ce sont des productions organiques extrêmement variées.

J'ai trouvé jusqu'à six espèces différentes de substances dans les bassins de l'établissement de Bellevue de Bagnères-de-Bigorre. Il existe, derrière le jardin de cet établissement, trois bassins réfrigérants, où l'on conduit un filet d'eau qui s'échappe de la source de la Reine.

1° Dans le point où cette eau jaillit, on voit un dépôt rougeâtre, grenu, qui, quoi qu'en dise M. Longchamp dans une note insérée à la page 26 de son Analyse des eaux de Vichy, est bien du sesqui-oxyde de fer crénaté. Quand cette eau a parcouru quelques mètres dans un petit canal découvert, on voit, partout où elle passe, des feuillets membraneux verdâtres, mêlés de points noirâtres, qui sont formés par trois espèces d'oscillaires, semblables à celles que Vaucher a trouvées dans le bassin des eaux d'Alun à Aix en Savoie; ce qui me fait fortement soupçonner que la nature sulfureuse qu'on attribue à cette eau n'est pas naturelle, et peut bien être due à la décomposition de ces oscillaires, ou d'autres substances organiques.

Comme je l'avais pensé par la présence de ces oscillaires, les eaux d'Aix en Savoie, d'après l'étude et l'analyse que j'en ai faites sur place, sont des eaux sulfureuses accidentelles, avec tous les caractères de cette espèce d'eau. J'ai donné des détails, à ce sujet, dans mon traité sur les eaux d'Allemagne, de Savoie, etc., qui se trouve plus loin, et j'en donnerai des preuves plus manifestes, en rapportant, dans un autre volume, l'analyse exacte de ces eaux.

Les plus remarquables de ces oscillaires sont l'*oscillaria major*, représenté à la *fig.* 20 de la planche B, et l'*oscillaria nigra*, fig. 19, même planche.

Ces oscillaires, comme toutes celles de cette famille, sont composées d'un tube externe, allant en s'amincissant vers son extrémité libre. L'intérieur du tube est rempli par une substance verdâtre, dont les segments, de forme à peu près quadrilatère, sont plus étendus dans le sens de la largeur que de la longueur du tube. Quand ces êtres sont libres, ils offrent un mouvement visible, analogue à celui de l'aiguille d'une montre; c'est-à-dire, qu'ils oscillent sur leur base en produisant des mouvements angulaires plus ou moins marqués. Dans un âge plus avancé, ces petits êtres se feutrent entre eux, perdent leurs mouvements, et forment des plaques feuilletées plus ou moins épaisses, et quelquefois d'une étendue considérable.

On trouve de ces mêmes oscillaires dans le plus petit des réservoirs de Bellevue, qui reçoit l'eau chaude et qui s'y maintient à la température de $+ 43$ à $+ 45°$ cent.

On trouve dans le même établissement, dans le bassin le plus grand, intermédiaire au plus petit et à celui dont nous parlerons plus bas, une espèce de *scytonema* qui, en se feutrant, ne forme plus des plaques, mais de petites touffes qui, pour l'aspect et la couleur, ressemblent à de l'éponge fine, comme on le voit (*fig.* 18, planche B).

Enfin, dans le troisième bassin, où l'eau arrive déjà refroidie, et où elle se conserve à la température moyenne de $+ 15$ à $+ 25°$ cent., ce ne sont plus ces substances que l'on trouve, mais une conferve du plus beau vert tendre, dont les filaments allongés, qui acquièrent quelquefois un mètre de longueur, présentent l'aspect d'écheveaux de soie non tordue de la plus belle nuance.

Cette conferve, qui est représentée (*fig.* 18, planche B), est composée d'un tube simple, séparé de distance en distance par des cloisons qui sont éloignées de trois diamètres environ l'une de l'autre. L'intérieur de ces cloisons est rempli de granules brillants, d'une matière verte, distribués sans ordre et sans symétrie.

Cette conferve, à laquelle Vaucher a donné le nom de *conjugata angulata*, a été désignée par Lingbie sous le nom de *zygnema genuflexum*.

» Elle présente un phénomène remarquable, à l'époque de sa fécondation. Deux cellulles de filaments différents se rapprochent jusqu'à se toucher, et donnent à cette conferve une forme anguleuse qui lui a valu son nom. Ces deux loges se brisent au point de contact, restent quelque temps juxtaposées, les globules verts communiquent, et, quelques temps après, on voit sortir de ces loges de petits méritales, qui sont le rudiment de nouvelles conferves (1)».

On trouve dans le canal de vidange de l'eau des bains d'Ussat, une substance analogue.

A Loures, dans le département des Hautes-Pyrénées, j'ai trouvé une autre espèce de conferve, qui habite une petite fosse, située dans un jardin, et où naît une source saline contenant une certaine quantité de chlorure de sodium, de sulfate de magnésie, de carbonate, etc., à la température de $+ 12$ à $+ 14°$ cent.

---

(1) VAUCHER, *Traité des Conferves.*

Cette conferve, composée, comme la précédente, d'un tube simple, séparé de distance en distance par des cloisons éloignées de trois à quatre diamètres, offre des granules brillants, rangés par série linéaire, contournés en spirales simples, ce qui lui donne une apparence de zig-zag.

» A l'époque de la fécondation, les cloisons de deux tubes différents forment un prolongement réciproque qui vient se juxtaposer, et qui n'exige pas que la conferve se coude pour le rapprochement. Les deux cloisons se comportent comme dans le cas précédent, avec cette différence que toute la matière verte d'une cloison passe dans l'autre, s'y agglomère pour former un noyau elliptique, qui se sépare du tube de la conferve, séjourne quelque temps au fond de l'eau, et donne, au printemps, naissance à une nouvelle conferve. » (1)

Cette conferve, que Vaucher désignait sous le nom de *conjugata porticalis*, a été nommée, par Lyngbie, *zygnema quininum* (Voy. *fig.* 17, *planche* B).

J'ai trouvé encore dans d'autres eaux, comme à Audinat, à Ganties, d'autres espèces de conferves, qu'il serait trop long de rapporter ici, mais qui prouvent que toutes les eaux ont dans leur courant, au contact de l'air, des productions organisées, qui varient dans certaines limites, suivant la qualité de l'eau et suivant sa température.

Nous avons déjà vu que les eaux sulfureuses ont une production organisée différente de celle des eaux salines, et nous allons voir que les eaux salées en produisent d'autres qui diffèrent de celles-ci.

Je vais encore indiquer une substance qui se trouve dans le puits de la grande source d'Audinat.

(1) Vaucher, *Traité des Conferves.*

Cette substance tapisse toutes les parois internes de ce puits, jusqu'à une grande profondeur, formant de petites poches qui se remplissent de gaz, se détachant du fond par la légèreté qu'elles ont acquise à cause du gaz qu'elles renferment; elles montent à la surface, se rompent, laissent échapper le gaz qu'elles contiennent, et, redevenues plus pesantes par la perte de ce gaz, retombent au fond du puits. J'ai saisi quelques-unes de ces poches, je les ai examinées au microscope, et il m'a été impossible, sur les lieux, d'en reconnaître l'organisation, tant le feutrage qui les formait était serré. Examinées de nouveau, après deux mois de séjour dans l'eau, j'ai pu y distinguer des tubes très-fins, remplis de petits globules, comme dans les ana-baines (Voy. *fig.* 21 et 22, *planche* B).

J'ai trouvé avec la même substance des navicules biponc-tuées (Voy. *fig.* 16, *planche* B), et une espèce de diatome uniponctué (Voy. *fig.* 15, *planche* B).

J'ai trouvé dans le grand bassin de la grande source de Dax, dans les Landes, cette substance, décrite par Secondat et par Thore sous le nom de fucus thermalis, qui se produit si abondamment qu'elle encombre ce bassin et qu'on est obligé de le nettoyer une fois par semaine. Cette substance est une véritable Anabaine, formée de grands tubes membraneux, qui se développent surtout dans les points où sortaient les gaz. Ces tubes, plus ou moins fran-gés et irrégulièrement déchirés, sont composés dans leurs parois de filaments entrecroisés, formés d'un tube rempli de globules, dont quelques-uns, de distance en distance, sont plus gros que les autres, ce qui leur donne plus ou moins de ressemblance avec un chapelet.

J'ai retrouvé les mêmes substances dans les bassins des eaux de Néris; elles ont la même organisation et se comportent de même. Ces filaments sont retenus entre eux par une substance mucilagineuse, abondante, qui est utilement employée, en forme de cataplasme., à Néris.

La présence de ces substances à Néris et à Dax, et que je n'ai retrouvée dans aucune autre source, ni en France ni dans aucune autre partie de l'Europe; l'identité des gaz et des matières salines ; la même nature de terrain, m'ont fait admettre que les eaux de Dax et de Néris étaient semblables et qu'on pourrait tirer de celles des Landes les mêmes avantages que de celles de Néris, si on savait bien les administrer. Celles de Dax, bien plus abondantes, auraient même l'avantage de pouvoir fournir des bains spontanés de vapeur, comme il n'en existerait nulle part. Mais pour cela, il faudrait que le gouvernement, qui néglige trop tout ce qui a rapport aux établissements thermaux, s'en occupât un peu plus et donnât l'impulsion sans attendre qu'on le traînât à la remorque dans toutes ces questions si importantes à la santé publique ; jamais les conseils municipaux de ces localités ne sauront décider de ces améliorations, ni en faire un bon choix. C'est toujours au gouvernement, dans ces cas, à prendre l'initiative. J'ai toujours pensé que, dans toutes les questions d'hygiène et d'utilité publique, le gouvernement devait, après s'être éclairé, agir par coërcition : les pauvres habitans des campagnes ne pouvant pas toujours distinguer ce qui leur est le plus utile, et les préjugés les empêchant souvent de le réaliser.

CHAPITRE IV.

DES EAUX SALÉES ET CHLORURÉES.

Je laisse le nom d'*eaux salées* à celles qui contiennent une assez grande quantité de chlorure de sodium (sel commun) en dissolution, pour leur donner une saveur salée, prononcée et carastéristique.

Anglada avait donné le nom d'*eau saline* à ces espèces de sources, et avait enlevé cette dénomination à celles que nous venons de citer dans le chapitre précédent, pour leur donner le nom d'*eaux thermales simples*. Il en résultait une confusion marquée, je dirai même une erreur : d'abord, il distinguait par la chaleur des sources qui avaient une composition identique, et il ne tenait pas compte de la grande quantité de substance saline que contiennent ces eaux ; enfin, il dépossédait, sans aucun avantage pour la science, du nom d'*eaux salées,* des sources qui l'avaient toujours porté.

Il existe plusieurs sources, dans les Pyrénées, qui sont fortement salées, mais je n'ai pu visiter que celles de Salies, dans l'arrondissement de Saint-Gaudens (Haute-Garonne), et celle de Salies en Béarn, si remarquable par la quantité de sel qu'on en retire (le 1/3 de son poids) et par le brome et l'iode qu'elle contient, ce qui rendrait les eaux mères de cette source si utiles, si on les employait en bain mélangées à l'eau salée, dans les affections scrofuleuses et autres de nature lymphatique.

Celle de Salies (Haute-Garonne), qui jaillit de bas en

haut dans un puits de plusieurs mètres de profondeur, donne par l'évaporation un résidu fort abondant, qui s'élève à près d'une once par litre, et qui est formé en grande partie de chlorure de sodium.

Cette source, dont les eaux sont employées aux usages domestiques, pourrait être utilisée d'une manière très-avantageuse en bains et en douches.

Cette contrée de la France, éloignée de plus de 40 lieues de l'Océan et de la Méditerranée, trouverait une ressource importante dans l'usage des eaux salées. Il est en effet une foule de maladies dans lesquelles leur emploi produit les meilleurs effets. J'espère que mon appel sera entendu, et que la ville à qui la source appartient s'empressera d'élever un établissement qui doit avoir les résultats les plus avantageux.

J'ai trouvé sur les parois du puits de cette source une substance confervoïde, qui diffère complètement de celles que j'ai observées dans les eaux sulfureuses et salines.

Cette substance est formée de tubes d'un diamètre douze à quinze fois plus considérable que celui de la conferve conjuguée de Bagnères-de-Bigorre, et quarante ou cinquante fois plus gros que celui de la sulfuraire des eaux sulfureuses. Ce tube paraît encroûté d'une subtance verdâtre, rangée par petites plaques quadrilatères sur plusieurs lignes presques parallèles et comme en quinconce, qui lui donne, jusqu'à un certain point, l'apparence d'une peau de serpent ou de lézard. Ces écailles venant à tomber, quand la plante macère quelque temps dans l'eau, et à l'époque de la fécondation, laissent apercevoir un gros tube, transparent comme celui des autres conferves, quand elles sont vidées; mais qui, au lieu d'être uni, présente, sur toute sa surface, des veinules saillantes entre-croisées, qui

lui donnent alors l'aspect d'un treillage en fil de fer, ou
bien l'aspect d'une aile de *demoiselle*. Cette substance est
un vrai *scytosiphon*, qu'à cause de sa forme, qui a de la
ressemblance avec celle d'un fuseau, je crois devoir
nommer *scytosiphon fusiforme*. (Voy. *pl.* C, *fig.* 24, 25, 26,
27 et 28.)

Cette substance, comme on voit, ressemble aux ulves
marines : sa substance verte au lieu d'être renfermée dans
le tube comme les conferves d'eau douce, est appliquée à
la surface externe par plaques quadrilatères assez régulières,
enchâssées sous une pellicule.

On voit, *fig* 28. un amas de petits individus groupés
en éventail, de couleur verdâtre et posant par une de leurs
extrémités sur un tube du *scytosiphon* : ce sont des bacil-
laires.

J'avais bien donné ce caractère à ces animalcules dans
une note à l'Institut, mais une observation secondaire,
quand ces substances étaient un peu altérées, m'avait
fait admettre dans ma thèse que c'étaient de jeunes sujets de
la plante. Des observations nouvelles à Salies même et à
d'autres sources, comme dans le ruisseau salé qui coule
près des eaux de Rennes, dans le département de l'Aude,
et dans les bassins de graduation de Kreustnach, en Allemagne, où je les ai trouvées sur des conferve conjugées
ou zygnema d'une très grande dimension, mais qui
n'étaient pas des *scytosiphons*, quoiqu'elles fussent dans
les eaux salées, m'ont bien démontré que ces substances
étaient des bacillaires et non de jeunes *scytosiphons*, puisqu'elles étaient sur d'autres subtances dans le voisinage
desquelles les *scytosiphons* n'existaient pas.

Je ferai remarquer que j'ai trouvé des zygnema dans
des eaux salines variées et dans des eaux salées, et que les

dimensions de ses substances étaient d'autant plus considérables, que l'eau dans laquelle elles se trouvaient contenait plus de sels, comme si ces plantes se nourrissaient de ces sels, et devenaient d'autant plus grandes qu'elles contenaient une nourriture plus abondante. Ainsi, elles sont d'une très petite dimension dans les eaux ferrugineuses, quand on y en trouve, car ces eaux contiennent, en général, peu de sels et sont peu aptes à nourrir des conferves. Elles sont plus fortes dans les eaux salines et très grandes dans les eaux salées. Nous avons vu aussi que la substance confervoïde qui se développe dans les eaux sulfureuses, quoique d'une nature différente, est d'une très petite dimension. J'ai observé aussi que le diamètre de cette substance, la sulfuraire, était plus grand dans les eaux accidentelles, comme Enghien et Schisnach, qui contiennent beaucoup de sels, que dans les eaux sulfureuses des Pyrénées qui en contiennent très peu. J'ai trouvé que toutes ces conferves, que j'ai examinées en 1840, contenaient de l'iode et des traces de brome, et que l'iode s'y rencontrait à l'état d'iodure de fer.

CHAPITRE V.

DE LA THERMALITÉ ET DE LA TEMPÉRATURE
DES EAUX THERMALES,
CONSIDÉRÉES SOUS LE POINT DE VUE PHYSIQUE ET THÉRAPEUTIQUE.

Je ne discuterai pas avec détail la question de la cause de la chaleur des eaux thermales, car, jusqu'ici, les hommes les plus éminents en matière de science géologique sont peu d'accord sur ce phénomène, et j'avoue que je n'ai recueilli aucun fait assez saillant pour éclairer la question.

Quatre hypothèses ont été admises :

1° Celle qui attribue la chaleur des eaux thermales à la réaction chimique qui s'opère dans le sein de la terre. Mais cette hypothèse est peu probable, car, si elle était vraie, les eaux les plus chargées de substances devraient être les plus chaudes : nous voyons cependant qu'il n'en est point ainsi ; il n'y a qu'à jeter un coup d'œil sur le tableau comparatif que j'ai donné du principe sulfureux des différentes sources, mis en regard de leur température ; on voit que les eaux de Luchon, beaucoup plus sulfureuses, sont moins chaudes que les eaux d'Arles et d'Ax, etc. ; que la source de la Bassère, qui n'a que dix à douze degrés cent., est beaucoup plus sulfureuse que les eaux de Cauterets, qui passent 50°.

2° Anglada a consacré un gros mémoire à établir que la chaleur des sources tient à des courants électriques souterrains. Il est bien vrai que toutes les fois qu'il se développe de l'électricité, il y a élévation de température *et vice versâ*; mais les points isothermes, soit des eaux des Pyrénées, soit des différentes sources du globe, ne sont nullement en rapport avec les courants électriques indiqués par l'aiguille aimantée. L'opinion d'Anglada, soutenue avec talent, rentre néanmoins dans les hypothèses.

3° Les volcans éteints ont été donnés comme cause de la température de ces eaux, parce que l'on trouve des sources chaudes dans le voisinage des volcans en combustion. Cela peut être vrai, mais comme la cause de la chaleur des volcans est elle-même inconnue, si on ne la rapporte pas à la chaleur centrale, car il est impossible de l'attribuer à la combustion de pyrites, elle rentre aussi dans la suivante.

4° La chaleur centrale joue un grand rôle aujourd'hui en géologie. La plupart des phénomènes observés dans cette science lui sont attribués, tels sont le soulèvement des montagnes, les volcans et la chaleur des eaux thermales, etc.

Il est démontré que lorsque l'on pénètre à de grandes profondeurs, la chaleur va continuellement en augmentant dans la proportion de + 1° cent. pour 25 ou 30 mètres, et l'on a déjà creusé à Paris un puits artésien de 553 mètres de profondeur, qui accuse + 35° cent. de température à sa partie la plus profonde; mais je ne crois pas qu'il existe des exemples de courants d'eau, rencontrés à diverses profondeurs, dont la température se soit trouvée en rapport avec cette profondeur. Je ne crois donc pas qu'on ait prouvé d'une manière incontestable que la température des eaux est due à la cha-

12

leur centrale ; mais cependant j'adopte cette opinion comme me paraissant la plus probable. (1)

Je ferai toutefois observer qu'il est démontré pour moi que, toutes les fois qu'on peut prouver qu'une source va de bas en haut, et que l'on peut examiner cette source à divers points de sa hauteur, le refroidissement s'opère en montant d'une manière assez rapide : ainsi, à Bagnères-de-Bigorre, les sources de Salies, de Cazaux, du Dauphin et de la Reine qui sont complètement identiques ou qui, pour mieux dire, sont la même source, sortant par des filets différents, à diverses hauteurs, vont en diminuant de température en rapport direct de leur élévation. Salies et Cazaux ont + 51°, 30 cent. de température ; la Reine, qui est environ 120 mètres plus élevée, n'a que + 46°, 50 cent.; et le Dauphin, qui se trouve à la moitié de la distance, également éloigné de l'une et de l'autre, a + 48°, 30 cent., température qui se trouve intermédiaire à celle des deux sources précédentes. Il devrait, d'après ce fait, en être toujours ainsi, si les sources prenaient leurs températures suivant leurs profondeurs ; mais il n'en est pas toujours de même : ainsi à Cauterets, César qui est plus élevé que Pause vieux et neuf, est plus chaud de 3° que cette source. L'on voit aussi dans la même localité que la source des Œufs qui est plus élevée que Mahourat, le Pré et La-Raillière est beaucoup plus chaude qu'elles. Est-ce à des mélanges d'eau froide

---

(1) La question a été tranchée par le puits de Grenelle, dont la profondeur est à 553 mètres 50 cent. et dont la température est de + 35° 63 cent. tout à fait en rapport avec la profondeur ; par conséquent les théories de courants magnétiques, de réactions chimiques et même de volcans éteints en peuvent plus être admis que comme de savantes erreurs.

que cette anomalie est due? Je ne peux l'affirmer, n'ayant pas fait de recherches suffisantes à ce sujet.

Cette anomalie s'explique très bien par l'examen des faits ; j'ai observé que les sources sulfureuses, dans les localités où elles sont bien captées, comme à Barèges, à Cauterets et à Luchon, etc., sont rangées dans chaque groupe, de façon que la plus chaude et la plus sulfureuse est au centre, et que les autres vont en s'éloignant et en se refroidissant, à droite et à gauche ; ainsi à Barèges la douche ou tambour est au centre, à droite et à gauche l'entrée et Polard, puis, plus éloignés, le bain neuf et le fond et enfin aux extrémités, Lachapelle et Dassieu.

Ainsi à Cauterets, dans le groupe du sud, la source des Œufs, la plus chaude et la plus sulfureuse de ce groupe, est au centre, puis, à droite et à gauche sont le Bois et Mahourat et en s'éloignant, le Pré et le petit Saint-Sauveur, qui est le plus éloigné, de la source centrale et la plus froide et la moins sulfureuse.

Ce fut le défaut de symétrie dans les sources de Luchon (car la plus chaude était à une extrémité et la plus froide à l'autre dans celles de l'établissement thermal ; et la moins sulfureuse la plus près, la plus sulfureuse la plus éloignée de celles de l'établissement, dans la propriété Soulerat), qui me fit concevoir l'idée des fouilles de Luchon pour retrouver cette harmonie, que je jugeai que les atterrissements avaient détruite ; et je ne me trompais pas, car en pénétrant vers la montagne et en saisissant les eaux dans la roche en place, nous avons reproduit cet ordre naturel qui doit se retrouver dans tout groupe de sources sulfureuses naturelles bien captées et qui ont pris leur équilibre. En effet, aujourd'hui à Luchon, la source Bayen, la

plus sulfureuse et la plus chaude, est au centre ; à droite et
à gauche sont la Reine et la Grotte supérieure ; ensuite plus
loin d'un côté et d'autre, la Blanche et Richard-Nouvelle ;
enfin la source Ferras, au sud et les sources Soulerat, au
nord, qui sont aujourd'hui très peu sulfureuses, depuis
que les travaux de fouilles horizontales de la commune ont
repris les eaux que les fouilles verticales Soulerat avaient
attirées de leur côté et lui avaient fait perdre.

Lorsqu'on voudra tenter des fouilles dans le pré Ferras
où j'ai observé des sources sulfureuses dégénérées, je ne
doute pas qu'on ne trouve de nouveaux groupes symétriques
dont les sources les plus sulfureuses et les plus chaudes
seront au centre, et les autres iront en diminuant, en
s'éloignant de la source centrale, et de température et de
sulfuration. Rien n'indique la limite des eaux, et il serait
utile, avant de bâtir, de faire ces nouvelles fouilles pour
ne pas laisser une partie des eaux en dehors de l'établissement thermal nouveau, afin de ne pas placer, comme je
l'ai dit en 1837, l'établissement thermal d'un côté quand
les eaux seraient de l'autre, et de remplir l'indication que
j'avais posée alors, de mettre s'il est possible le réservoir
sur les sources et baignoires adossées aux réservoirs (1).

Ne peut-on pas croire aussi que, puisque pour parcourir
une centaine de mètres, en montant, une source a pu
perdre près de 5° de température, les sources thermales qui
arrivent à la surface du sol, et qui, pour acquérir le degré
de température de l'eau bouillante, devraient partir au

_____

(1) Les nouvelles fouilles faites, sur mes indications, au pré Ferras, ont produit de nouveaux groupes symétriques, comme je l'avais
prévu. (Voyez le tableau des sources de Luchon à la fin du volume.)

moins de 2,700 mètres de profondeur, ne pourraient pas arriver à la température de + 60, 70 et 75, et même + 80° cent. qu'on leur trouve?

On pourrait dire, il est vrai, que l'eau partant d'une grande profondeur, étant soumise par conséquent à une forte pression, pourrait acquérir un degré plus élevé que celle de l'eau bouillante, sans se vaporiser. On pourrait dire aussi que l'eau, dans le centre de la terre, en rapport avec des couches plus chaudes que celles qui sont à la surface, ne perdrait pas de sa température dans une proportion aussi rapide que celle que nous avons observée à la surface du sol. Ces raisons peuvent être valables, mais j'ai dû indiquer les objections qu'on pourrait faire à la théorie de la chaleur centrale, laissant à d'autres le soin d'élucider cette question.

On a beaucoup discuté pour savoir si la chaleur des eaux thermales était de même nature que celle que l'on fait acquérir à l'eau en l'exposant sur un foyer. Certaines personnes ont prétendu que l'eau naturellement chaude avait des propriétés physiques bien différentes de celle qu'on fait chauffer artificiellement. Elles citent, comme autorité, l'expérience de madame Sévigné qui faisait reverdir une rose dans de l'eau bouillante de Vichy, tandis que cette rose se flétrissait quand on la mettait dans l'eau bouillante ordinaire. Or, l'eau de Vichy n'a que + 44° cent. de température, tandis que l'eau bouillante en a + 100, et la prétendue ébullition de l'eau de Vichy tient au dégagement abondant d'acide carbonique, qui par sa nature développe les plantes.

Ces personnes prétendent aussi que l'on supporte plus facilement la chaleur de l'eau chaude naturelle que celle

de l'eau chauffée, et elles citent, pour exemple, la source de
la Reine de Luchon et de la Buvette de Barèges ; mais la
Buvette de Barèges et la Reine de Luchon ne s'élèvent pas
au-delà de + 44° cent. (1), et, d'un autre côté, ces personnes oublient que tous les jours on prend du bouillon,
du thé, du café qui ont plus de + 60° cent. de température, sans se brûler.

Elles prétendent, en outre, que l'eau naturelle conserve
plus longtemps sa température que l'eau chauffée ; il y en
a qui vont même jusqu'à dire que l'eau minérale, exposée
à un froid considérable, ne gèle pas comme le fait l'eau
ordinaire.

Quoique M. Longchamp et Anglada aient prouvé l'absur-
dité de ces allégations, je crois devoir rapporter quelques
expériences que j'ai faites à ce sujet :

1° Je pris des mauves fleuries qui se trouvaient auprès
de la source de la Grotte supérieure, à Bagnères-de-Luchon,
et je les plongeai pendant deux minutes dans l'eau de cette
source, qui marquait + 60° 50 cent. : elles en sortirent
tout à fait flétries.

2° Je recevais, en faisant mes expériences près de la
même source, de fréquentes visites d'énormes couleuvres
qui, la plupart du temps, passaient des heures entières à
se chauffer aux rayons du soleil. J'en pris une par la queue,
et je la plongeai vivante dans un petit canal où passait
l'eau de la Grotte, qui avait alors + 61° cent. Dans moins
de demi-minute je l'en retirai morte et raide comme si on
l'eût traversée d'un fil de fer dans le sens de sa longueur.

3° Je pris, étant aux Eaux-Chaudes, deux carafes tout

_____

(1) La Reine de Luchon arrive aujourd'hui à près de + 60° cent.

à fait égales, je remplis l'une de l'eau du Clot qui avait, quand je commençai l'observation, + 33° cent., je fis chauffer de l'eau du Torrent, que je ramenai aussi à + 33° cent. et j'en mis dans l'autre carafe. Il était une heure après midi quand je commençai l'expérience; on peut voir dans le tableau suivant, qu'elles se sont refroidies avec la même rapidité:

HEURES.	CLOT.	TORRENT.
1	33,00	33,00
2	26,90	27,10
4	22,30	22,40
9	19,25	19,45

4° Quand je demeurais plus de dix minutes les pieds plongés dans l'eau de la Reine nouvelle, qui marque + 52,50° cent., position que j'étais obligé de conserver pour prendre des températures dans le fond des galeries, pour recueillir l'eau et faire les expériences sur le principe sulfureux, j'éprouvais des cuissons dans la plante des pieds qui duraient plus de vingt-quatre heures. Des ouvriers, qui, lorsqu'on creusait les galeries, se trouvaient forcés d'y séjourner plus longtemps, m'ont assuré qu'il leur survenait des vésicules qui soulevaient l'épiderme.

5° J'avais porté de la sulfuraire dans de petits flacons remplis de l'eau des sources, l'eau s'est gelée, et les flacons ont été brisés.

Mais cette question de thermalité, qui, pour ceux qui ont fait des expériences avec soin, n'est pas douteuse, et qui les laisse convaincus que la chaleur des eaux naturelles et la chaleur communiquée produisent, à température égale, des résultats qui sont physiquement identiques, est beaucoup moins importante dans certaines maladies, pour les médecins, que la question du degré de température auquel les eaux doivent être administrées, et que la constance du degré de cette température (1).

Si nous examinons quelles sont les eaux qui jouissent d'une réputation le plus solidement établie, nous voyons que ce sont celles dont la température se rapproche le plus de celle du corps et celles dont la chaleur est constante. Ce fait ne s'observe pas seulement dans les différentes localités, mais nous voyons que, dans une même localité, ce sont les sources qui se rapprochent le plus de ces conditions qui sont instinctivement préférées.

Ainsi tout le monde connaît la réputation des eaux de Barèges, dont la température s'élève de + 28° à + 42 cent. pour les bains; celle des eaux de Saint-Sauveur, dont la température varie dans les diverses baignoires de + 32°,50 à + 34°,50 cent.; à Cauterets, c'est La-Raillère qui est le plus en vogue; à Bagnères-de-Bigorre, le Foulon, les Yeux, Salut ne désemplissent pas : cependant ces sources ne dif-

---

(1) Quoique je persévère dans l'opinion que, physiquement, nous ne pouvons trouver de différence entre l'eau naturellement chauffée et celle qui l'est artificiellement, je ne pense pas, d'après les observations que j'ai faites, qu'on obtienne les mêmes résultats thérapeutiques avec ces deux espèces d'eaux : ainsi, pour les rhumatismes, on obtient des résultats très avantageux avec des eaux thermales variées, et ces résultats sont bien plus douteux avec les eaux chauffées. Pourquoi? je l'ignore, je constate un fait, et il n'a pas moins de valeur pour moi, bien que je ne puisse pas l'expliquer. Pour ma part, je suis tellement convaincu de l'avantage de la thermalité des eaux que je m'empresse d'aller visiter toutes les eaux thermales que l'on me signale et que je me déplace avec regret pour voir une eau froide, à moins qu'elle ne soit ferrée, salée, gazeuze, bromurée ou iodurée.

fèrent principalement des autres que par leur température, qui est de + 32°, 50 à + 35°, 20 cent., dans le bain.
Les eaux d'Ussat, dans les départements voisins de cette
localité, qui jouissent d'une grande réputation justement
méritée, la doivent, en grande partie, à leur température
constante et rapprochée de celle du corps.

Bien plus, c'est que des sources toutes différentes dans
leur composition jouissent, dans beaucoup de cas, de propriétés analogues jusqu'à un certain point, lorsqu'elles ont
à peu près la même température : ainsi, les eaux de Saint-
Sauveur, les eaux d'Ussat, les eaux du Foulon et du Salut
à Bagnères-de-Bigorre sont appliquées avec le plus grand
avantage dans les affections nerveuses, aussi bien que la
source de l'Esquirette des Eaux-Chaudes ; elles se rapprochent toutes plus ou moins, dans la baignoire, de + 32°, 50
à + 34°,50 cent. de température. Au contraire, le Clot des
Eaux-Chaudes, la piscine de Barèges, le Pré de Bigorre,
etc., sont employées avec le plus grand avantage pour les
rhumatismes et sont nuisibles dans les affections nerveuses. Ces sources marquent toutes dans le bain + 36° cent.

Jamais les eaux de Saint-Sauveur n'ont guéri un rhu-
matisant, à moins que ce ne soit de rhumatismes nerveux pour lesquels elles sont, au contraire, fort utiles ;
et le docteur Samonzet, praticien distingué, m'a assuré
que les Eaux-Bonnes et les sources des Eaux-Chaudes, à
l'exception de l'eau du Clot, n'avaient aucune influence
dans le rhumatisme articulaire.

Je crois que l'on doit tenir compte avec beauconp d'exactitude des températures auxquelles on administre les eaux
thermales, et je suis persuadé, pour ma part, que les
mots forte et faible que l'on prodigue, sans examen, à telle
ou telle eau sont appliqués le plus souvent d'une manière

irréfléchie, quant à la composition de l'eau. Que si l'on entend par forte la propriété *immédiatement* excitante d'une eau thermale, elle doit être bien plutôt entendue de sa température que des proportions chimiques des substances qui y sont contenues. Je me chargerais, pour ma part, de calmer la susceptibilité nerveuse d'une petite-maîtresse avec un bain d'eau de la Grotte de Bagnères-de-Luchon appliqué à + 32 ou + 33° cent., et d'exciter un Hercule avec la source de la Preste ou du Pré de Cauterets à la température de + 44° et de + 47° cent.

Je ne veux pas établir cependant que ce qu'on doit entendre par force des eaux tienne seulement à leur température : il existe une force thérapeutique propre à chaque espèce d'eau, et en rapport avec la nature et la proportion de ses principes constituants ; mais cette force n'est pas celle qui se fait sentir le plus souvent *immédiatement* en bains : ce n'est qu'après un usage plus ou moins soutenu que l'on retrouve les avantages ou les inconvénients qui résultent de cette action thérapeutique.

C'est ce qui m'a fait admettre, dans toutes les eaux, deux actions quelquefois bien distinctes, mais qui peuvent se confondre dans quelques cas.

1° Une action immédiate ou physiologique qui se fait ressentir dans le bain même ou peu de temps après qu'on en a fait usage. Cette action tient en grande partie à la température de l'eau, et se trouve le plus souvent indépendante de sa constitution. On peut en retirer de grands avantages, si l'on sait s'en servir à propos ; elle peut même, dans quelques cas, avoir tous les honneurs de la cure ; et les médecins pourront indistinctement ordonner telle ou telle source, en prescrivant exactement le degré de température à laquelle les bains doivent être administrés. Ainsi pour quelques femmes susceptibles, très nerveuses, on pourra ordonner les bains de Saint-Sauveur, de Salut, de Ferras et Soulerat du Petit-Puits, de Luchon, d'Ussat à +32° ou +33° cent., etc. Ces eaux, cependant, doivent être indiquées dans les maladies suivant les constitutions individuelles : ainsi les personnes les plus faibles iront, de préférence, à Saint-Sauveur ou à Luchon, surtout si elles ont quelque chose de lymphatique, celles qui se rapprocheront du tempérament sanguin iront plutôt à Ussat, à Salut, etc.; pour certains cas de rhumatisme, les bains à + 36° ou + 38° cent. de température, qu'ils soient salins ou sulfureux, peuvent produire d'excellents résultats.

Tels individus se trouvent mieux, dans les rhumatismes, des eaux salines; tels autres des eaux sulfureuses, sans qu'il soit toujours très facile d'en distinguer la cause; cependant, il me semble, d'une manière générale, que les personnes faibles, lymphatiques rhumatisantes, se trouvent mieux des eaux sulfureuses, et les personnes sanguines, robustes, bilieuses, des eaux salines; mais une longue observation peut seule bien faire discerner ces cas, et il est plus facile de l'apprendre par expérience que de l'indiquer aux autres. Je suis assez heureux pour avoir acquis assez d'habitude pour me tromper rarement sur les indications des diverses eaux que je prescris et que mes études chimiques m'ont aidé à acquérir.

2° Je distingue une action que je nomme *médiate* ou *thérapeutique,* et qu'on peut aussi appeler *spécifique* ou *dynamique.* Cette action, qui ne se manifeste souvent qu'après un temps assez éloigné, qui est rarement immédiate et qui se fait bien plus souvent sentir après 2, 4, 6, 8 et 10 mois et quelquefois plus d'un an, quoiqu'elle soit certaine et qu'elle provoque, quelquefois, des crises qui, quoique pénibles, sont le plus souvent utiles, tient à la nature des principes contenus dans les eaux et à la quantité de ces principes.

L'étude de cette propriété des eaux est encore presque toute à faire, quoique ce soit cependant la plus importante.

Je crois que tout médecin qui dirigera ses recherches sous ce double point de vue, arrivera à des résultats bien plus certains que ceux qu'on a obtenus jusqu'aujourd'hui. Il pourra voir peut-être que telle source qui calme telle affection rhumatismale, à cause de sa température, la laisse bientôt se reproduire, parce qu'elle n'a pas porté son action spécifique sur la cause de la maladie : elle n'aura agi que comme palliatif; tandis qu'une autre source aura calmé les symptômes et guéri complètement la maladie, en détruisant la cause même du mal.

C'est après avoir cherché à connaître la nature du remède que je devais employer, que je vais me livrer à son application. Je saurai consacrer ma vie entière à jeter quelque jour sur la question encore si obscure des eaux minérales; et je m'estimerai heureux si, à force de travail, je parviens à détruire quelques préjugés, à relever quelques erreurs, à établir quelques vérités.

Depuis que j'ai écrit ce mémoire, quoique je me sois presque exclusivement livré à la pratique médicale, j'ai cependant de nouveau visité les Pyrénées dans toute leur longueur de l'Océan à la Méditerranée, et j'ai fait des expériences et des observations sur toutes les sources qui jaillissent de cette chaîne, en les comparant à celles du centre de la France, de l'Allemagne, de la Belgique, de la Suisse et de la Savoie, que j'avais visitées avant de revoir les Pyrénées.

J'ai consigné quelques aperçus dans le travail suivant,

qui renferme, quoique bien incomplet, des faits intéressants, et qui donnent, je le crois, du moins, une grande valeur à nos eaux des Pyrénées.

J'ai fait aussi d'utiles observations dans mes voyages, et j'aurais été heureux d'en faire jouir nos établissements thermaux, soit dans les entreprises qu'on a faites, soit dans celles qu'on va faire pour les améliorer.

Mais c'est au moment où j'aurais pu être le plus utile à mon pays que, par l'influence des mauvaises passions et des intérêts particuliers, l'on paralyse mes efforts et l'on cherche à annihiler le résultat de mes travaux et de mes observations, parce que je n'ai jamais voulu pactiser, quand je les ai connus, avec ceux qui, dans des vues d'intérêt ou d'ambition, ont dénaturé et compromis les projets qu'ils n'ont pas conçus, mais dans lesquels ils ont voulu introduire, sans les comprendre et sans les justifier, des changements nuisibles aux établissements thermaux, aux habitants et aux malades.

Mais un temps viendra, je l'espère, où les populations désabusées sauront reconnaître ceux qui veulent le bien, et où les administrations éclairées ne se prêteront plus à faire le mal : la lumière ne sera pas toujours mise sous le boisseau.

Mais en attendant, il s'est fait beaucoup de mal, il peut s'en produire encore, et j'aurai le regret de le voir sans pouvoir l'empêcher. Mais je n'aurai pas à me reprocher d'avoir prêté mon concours à ce que je ne croyais pas le bien.

Le jour de la justice viendra pour tous; et quoique tardif pour moi, je l'attends avec confiance. Car bien que je n'aie pas pu faire, dans l'intérêt de mon pays, tout ce que j'aurais voulu, parce que je n'ai pas été secondé, j'espère que plus tard l'on me rendra la justice d'en avoir fait assez et d'en avoir encore voulu faire davantage, sans arrière-pensée d'ambition ou d'intérêt (1), pour que j'attende avec résignation, mais en m'écriant avec douleur..... Oh! que le bien est difficile à faire!!!

(1) J'avais refusé, en 1837, l'inspection de Barèges qui rapporte 10 à 15 mille francs. J'avais refusé 6,000 francs que la ville de Luchon m'offrait pour mes analyses et mes travaux sur les fouilles; et j'ai refusé l'indemnité que m'offrait le Gouvernement pour une mission scientifique qu'il m'avait confiée en 1840. J'ai toujours voulu rester libre et indépendant, pour pouvoir dire la vérité à tous et sur tout : c'est le seul moyen de faire le bien.

Une seule fois, cédant aux sollicitations réitérées d'un père de famille, je consentis, dans l'intérêt de son fils, et pour mieux accomplir le bien qu'on me faisait entrevoir, à descendre du premier rang que j'occupe dans la clientèle, au second rang dans la hiérarchie. Mais, quoique je fusse porté le premier, et hors ligne, par le Conseil d'hygiène, qui me connaissait et avait examiné mes travaux, j'échouai par l'influence des mauvaises passions d'hommes qui ont gravement compromis notre pays, et qui craignaient que ma nouvelle position ne vînt mettre un terme au cours de leurs méfaits et de leurs dilapidations.

DEUXIÈME PARTIE.

RECHERCHES

SUR

LES EAUX MINÉRALES

DE L'ALLEMAGNE,

DE LA BELGIQUE, DE LA SUISSE ET DE LA SAVOIE.

DEUXIÈME PARTIE.

RECHERCHES

SUR

LES EAUX MINÉRALES

DE L'ALLEMAGNE,

DE LA BELGIQUE, DE LA SUISSE ET DE LA SAVOIE.

EXPOSITION.

J'avais souvent entendu parler des beaux établissements thermaux d'Allemagne et de leur bonne administration. Poussé par le désir d'importer dans nos contrées les améliorations que j'aurais observées dans mon voyage, je l'entrepris dans le mois de mai 1839, emportant avec moi des réactifs et quelques instruments pour jeter un coup d'œil sur les eaux de ces contrées, dont la réputation, justement acquise, ne faisait que s'accroître tous les jours, et réveillait dans mon cœur des sentiments de tristesse, en pensant au déplorable état de nos établissements thermaux, dont les eaux, cependant, étaient dignes d'un meilleur culte.

13

Je n'avais ni le temps ni tous les instruments nécessaires pour faire une étude approfondie de ces eaux ; mais je les examinai avec assez de soin pour connaître leur nature, et pour pouvoir, jusqu'à un certain point, établir une comparaison de ces eaux avec celles de notre pays.

Je crois être resté dans les limites de la plus stricte exactitude, et je me plais à reconnaître tous les avantages qu'on retire de leur application.

Mais, si j'ai trouvé beaucoup d'améliorations qu'on peut importer dans nos contrées, pour la forme, la bonne tenue et la bonne direction des établissements thermaux, je n'ai eu rien à envier pour la nature des eaux. Les nôtres, surtout les sulfureuses naturelles des Pyrénées, l'emportent de beaucoup sur les sulfureuses d'Allemagne, de Belgique, de Suisse et de Savoie. D'un autre côté, le Mont-d'Or n'a rien à envier à Ems, ni Vichy à Wiesbaden, ni Ussat à Vildbad.

Creutznach seul l'emporte sur nos eaux de France, à cause de la grande quantité de brome qu'il contient, Selsters et Spa l'emportent sur nos sources gazeuses ; mais Louesch ne l'emporte sur Bagnères-de-Bigorre que par le mode d'administration.

Mais que de choses nous avons à faire, pour avoir le confortable d'Allemagne et d'Aix en Savoie. Que de progrès pour avoir de bons doucheurs et de bons masseurs, etc.

J'avais indiqué toutes les améliorations que nous avions à faire, à la suite du Mémoire qu'on va lire et qui a eu les suffrages de l'Académie des Sciences, de l'Institut, qui en a voté l'impression dans les Mémoires des Savants étrangers (1). Ce Mémoire a été imprimé en 1840, dans les

(1) Voir le rapport de MM. Dumas, Thénard et Pelouze à la fin du vol.

Annales de physique et de chimie, et est resté à peu près inconnu, sauf pour quelques savants; je le réimprime aujourd'hui, mais sans pouvoir y joindre l'appendice qui y était annexé pour les améliorations des établissements thermaux, et qui est entre les mains de M. le professeur Dumas, qui fit imprimer ce Mémoire.

Je le regrette vivement, car j'avais traité les principales questions d'utilité publique : telles que le mode d'administration des eaux et des établissements thermaux; le conseil d'hygiène dont j'avais demandé la création; les hôpitaux et les internes, pour ne pas laisser toujours les médecins dans l'ignorance de cette grande ressource thérapeutique; le transport et la conservation des eaux; l'établissement de commissions scientifiques, près des eaux, correspondant avec le conseil d'hygiène; la distribution des heures de bains, dont tant d'inspecteurs avaient abusé; en un mot, toutes les principales questions pouvant apporter des améliorations aux thermes, favoriser l'exercice libre de la médecine, et rendre leur abord plus facile aux pauvres et aux malheureux.

Si je n'ai pas réussi au gré de mes désirs, j'ai donné l'impulsion, et j'ai tracé les règles à suivre pour pratiquer ces améliorations; le bien s'accomplit peu à peu, quoique lentement. Que d'autres aient les avantages et l'honneur du succès, et s'en attribuent le mérite, je ne voulais que le bien; mais je vois que beaucoup d'ivraie s'amasse avec le bon grain.

DIVISION ET CLASSIFICATION DES EAUX.

Je classerai les différentes espèces d'eaux d'après la

nature des principes prédominants qu'elles renferment, et je les dénommerai par un, deux, trois ou quatre de ces principes, de manière à ce que le corps le plus actif ou celui qui prédomine soit placé le premier.

Je distinguerai ces eaux : 1° en ferrugineuses que je diviserai en :

    a Ferro-gazeuses : Spa, Schwalbach ;

    b Ferro-crénatées : petites sources de Borcette et d'Aix en Savoie ;

    c Ferro-crénatées et gazeuses accidentellement sulfurées : Schwalbach, Spa ;

  2° En chlorurées que je diviserai en :

    a Chloro-natreuses : grandes sources de Borcette et de Wiesbaden ;

    b Chloro-natreuses accidentellement sulfurées : les sources d'Aix-la-Chapelle et quelques sources de Borcette ;

    c Chloro-iodo-bromées : Kreusnach, Munster ;

    d Chloro-natro-gazeuses : Kronstadt, Soden ;

    e Natro-gazeuses : Selsters, Ems ;

  3° En eaux gypseuses, accidentellement sulfurées : Schisnach, Bade-Suisse, Bex ;

  4° En eaux salines : Baden-Baden, Schlagenbach, Wilbad, Chaufontaine, Louech ;

  5° En salines accidentellement sulfurées : Wailbach, Lavey et Aix en Savoie.

On sera d'abord étonné qu'après avoir visité les eaux d'Aix-la-Chapelle, de Bade en Suisse, de Schinznach et d'Aix en Savoie, je n'aie pas fait une catégorie d'eaux sulfureuses naturelles ; mais j'espère qu'on ne m'en fera pas un reproche, quand, après avoir parcouru mon Mémoire, on sera convaincu, comme je le suis moi-même, qu'il n'existe ni dans l'Allemagne rhénane, ni en Belgique, ni en Suisse, ni en Savoie, aucune eau sulfureuse naturelle, sortant dans des terrains primitifs ; mais que les eaux, qui jusqu'ici ont été considérées comme telles, ne sont autres que des eaux sulfureuses accidentelles, dont on peut reconnaître et suivre, pour la plupart, la formation, depuis le point où elles sont encore salines jusqu'à celui où elles ont pris le caractère sulfureux.

Il y a cependant quelques sources, parmi celles que je désigne comme sulfureuses accidentelles, dont il ne me sera pas possible de suivre le développement ; mais leur analogie de composition avec les autres, la nature des terrains dans lesquels elles sourdent, les circonstances dans lesquelles elles sont placées, la série des phénomènes qu'elles présentent, établissent tant d'analogie avec les sulfureuses accidentelles, qu'il m'a été impossible de leur refuser ce caractère.

CHAPITRE I.

Nous avons divisé ces sources en ferrugineuses carbonatées, en ferrugineuses crénatées et en ferrugineuses accidentellement sulfureuses.

— ◦ —

SECTION PREMIÈRE.

DES SOURCES FERRUGINEUSES CARBONATÉES GAZEUSES.

Les sources ferrugineuses carbonatées sont celles dans lesquelles une saveur piquante d'abord et un arrière-goût atramentaire dominent, et dans lesquelles le fer est tenu en dissolution par l'acide carbonique, qui y existe même en assez grande quantité pour se dégager spontanément sous forme de bulles abondantes, dont la fréquence et le volume varient considérablement : quelquefois ce sont de petites bulles intermittentes, qui s'échappent à des distances de plusieurs secondes, comme à la Sauvinière et au Pouhon de Spa ; d'autres fois, le gaz s'élève par bulles petites, mais fréquentes, qui donnent à ces sources l'aspect d'une marmite en ébullition, comme au Tonnelet de Spa et au Weinbrunnen de Shwalbach ; d'autres fois, la source ressemble à un torrent impétueux qui s'échappe du flanc d'un rocher, comme on le voit au Brodelbrunnen de Shwalbach.

Les principales sources ferro-gazeuses que j'ai visitées sont celles de Spa et de Shwalbach.

§ Ier

DES EAUX DE SPA.

Les eaux de Spa sourdent, pour la plupart, dans une roche schisteuse micacée, mais toutes ne s'échappent pas de la roche en place. Quelques-unes, telles que la Géronstère, après s'être échappées de la Roche, parcourent avant de parvenir à la surface du sol, un terrain plus ou moins tourbeux, qui modifie quelques-uns de leurs principes, de manière à faire penser d'abord qu'elle sont d'une nature particulière; mais nous verrons que cette modification s'explique facilement, à l'aide des principes que j'ai posés dans mes recherches sur les eaux des Pyrénées.

Les principales sources de Spa sont :

> Le Pouhon ;
> La Sauvinière ;
> Le Groesbeck ;
> Les Tonnelets n°s 1, 2 et 3 ;
> et La Géronstère.

Il y a plusieurs autres filets d'eau plus ou moins écartés de Spa, qui se perdent sans être utilisés.

On pourrait penser, d'après la forte saveur des eaux de Spa et leurs effets énergiques, qu'elles contiennent une grande proportion de fer en dissolution. Cependant le Pouhon, qui en renferme le plus, contient à peine 5 centigrammes (un grain) de fer par litre d'eau.

Nous verrons même plus loin qu'une source (La Géronstère), qui ne contient que la moitié de cette quantité de fer, semble dans certains cas plus active, parce qu'elle tient ce fer en partie en dissolution par l'acide crénique, principe qui semble mieux permettre au fer d'être absorbé par l'économie.

L'acide carbonique que ces sources dégagent, soit spontanément, soit par l'ébullition, est presque pur : son volume varie et n'est nullement en rapport ici avec la quantité de fer que renferme chaque source, tandis que nous verrons les eaux d'Ems contenir l'acide carbonique et le fer dans des proportions semblables, qui sont en raison inverse de la température.

Dans le Pouhon, un litre d'eau contient un litre et un dixième environ d'acide carbonique, et un demi-centième environ d'azote, à la température de l'air ambiant ($+ 15°$ cent.), la température de la source étant de $+ 8°$, 10 cent.

Les sources du Tonnelet, qui sont à la même température, à un $\frac{1}{2}$ degré près, et qui ne contiennent que le tiers environ de fer du Pouhon, contiennent une plus grande quantité d'acide carbonique, un litre $\frac{1}{2}$ par litre d'eau, avec des traces à peine perceptibles d'azote.

Les eaux de Spa, d'une limpidité parfaite, ont une saveur d'abord piquante, puis atramentaire. Quelques sources sont odorantes : le Pouhon offre surtout certains jours une odeur spéciale désagréable, dont je crois avoir trouvé la cause dans une huile empyreumatique ou matière bitumineuse qui se trouve dans les schistes, augmentée par les lavages fréquents des carrelages voisins, au moyen du savon noir : soit que l'eau qui contient de ce savon en dissolution vienne se mêler par infiltration à l'eau de source, soit que l'odeur du savon se propage au loin, et soit mieux flairée au moment où l'on approche le verre des lèvres pour boire l'eau de la source.

D'autres sources, et la Géronstère principalement, ont une espèce d'odeur marécageuse, mêlée de l'odeur d'hydrogène sulfuré : j'expliquerai plus loin la cause de cette double odeur.

ACTION DES RÉACTIFS.

Le papier de tournesol, rougi par un acide, n'éprouve d'abord aucun changement dans l'eau ; mais si ce contact est prolongé et que l'acide carbonique se dégage, soit spontanément, soit par l'ébullition, le papier prend une légère teinte bleue.

Le papier bleu de tournesol, plongé dans l'eau, est bientôt rougi ; mais ce papier, exposé à l'air, reprend dans quelques secondes sa couleur bleue, et il peut ainsi être ramené plusieurs fois au rouge ou au bleu, suivant qu'il est plongé dans l'eau ou exposé à l'air.

En remuant l'eau avec une baguette, ou en la faisant chauffer, on chasse une grande quantité de bulles gazeuses, qui ne sont que de l'acide carbonique. Si, après avoir fait bouillir l'eau, on la traite par un acide, il se dégage encore quelques bulles gazeuses, mais beaucoup moins nombreuses que par la simple ébullition ; nous verrons, au contraire, que les eaux chloro-natreuses, telles que celles de Borcette, dégagent beaucoup plus de gaz, par l'action d'un acide, après l'ébullition, que par cette même ébullition.

L'eau de chaux, versée en médiocre quantité, y forme un nuage blanc, qui disparaît bientôt ; si l'on ajoute une nouvelle quantité d'eau de chaux, le nuage reste permanent, et il est bientôt suivi d'un précipité blanc grenu, adhérent aux parois du vase, soluble dans un excès de l'eau de la source ou par les acides, mais, alors, avec effervescence.

Le chlorure de baryum produit à peine une teinte opaline, tant qu'il est seul ; mais si l'on ajoute de l'ammoniaque, il se forme de suite un précipité blanc abondant. Ce précipité, complètement soluble dans les acides, laisse cependant une légère teinte louche à la liqueur.

L'oxalate d'ammoniaque produit un louche peu marqué.

Le nitrate d'argent donne, dans la plupart des sources, une teinte blanche, qui reste telle à l'abri du contact de la lumière, mais qui passe au gris violacé par l'action de cet agent. Deux sources, et la Géronstère principalement, prennent, par l'action du nitrate d'argent, une teinte *pourpre*, même à l'abri du contact de la lumière. Nous dirons plus loin la cause de cette différence.

La poudre de noix de galle donne une teinte d'un violet noirâtre, qui varie d'intensité dans les diverses sources : cette teinte n'est pas toujours en rapport avec la quantité de fer. Les sources dans lesquelles le nitrate d'argent prend une teinte pourpre semblent prendre une teinte plus foncée par la noix de galle que d'autres sources qui contiennent plus de fer : il semble que le principe qui, dans ces sources, tient une portion de fer en dissolution, permette mieux la réaction de l'acide gallique sur le fer. Dans les sources, au contraire, qui contiennent le fer en dissolution par l'acide carbonique, l'intensité de la teinte produite par la noix de galle est en rapport d'intensité avec la proportion de fer : ainsi elle est bien plus intense dans le Pouhon que dans les Tonnelets.

SOURCE DE LA GÉRONSTÈRE.

Cette source, devenue célèbre en 1717, par la guérison de Pierre-le-Grand, empereur de Russie, a principalement attiré l'attention des chimistes et des médecins, à cause d'une odeur spéciale et d'un goût qui diffère un peu de celui des autres sources.

La plupart des auteurs qui ont examiné cette source, ont attribué cette odeur à l'hydrogène sulfuré, et d'autres auteurs, qui ont analysé cette source avec beaucoup de soin, ont nié complètement la présence d'un principe sulfureux dans cette eau : Ahs, Dethier, Walter, Steuk, Limbourg, Levi, Dardonville et M. Chevreul sont de la première opinion; le docteur John Lucas, et une foule d'autres, sont d'une opinion contraire. De part et d'autre on a beaucoup disputé : chacun a apporté des preuves qui sont contradictoires les unes des autres, ce qui rend la question insoluble d'après ces renseignements.

Je dus apporter beaucoup de soin dans l'examen de cette eau, pour pouvoir asseoir un jugement basé sur les faits, et pour déterminer la cause de cette odeur et de cette saveur spéciales.

La plupart des réactifs se comportent avec cette source comme avec les autres sources de Spa; mais le papier imbibé d'acétate de plomb et le nitrate d'argent agissent tout autrement.

Lorsqu'on s'approche de la petite masure en pierre, et qu'on met la tête dans l'intérieur, on sent évidemment une odeur spéciale, mais qui, sans être très prononcée, a de l'analogie avec celle de l'hydrogène sulfuré. La saveur de l'eau, indépendamment de celle qui se rapporte au fer et à l'acide carbonique, est légèrement sulfureuse et comme marécageuse. Cette saveur est même peu agréable.

J'ai placé dans la niche en pierre qui recouvre la source, des papiers blancs imbibés d'acétate de plomb, dont les uns plongeaient dans l'eau, les autres restaient à la sur_ face, à plusieurs centimètres au-dessus de l'eau. Après une heure environ de séjour, les papiers avaient pris une teinte brunâtre manifeste, moins foncée dans celui qui était dans l'eau que dans celui qui était à la surface.

Cependant, l'acétate de plomb précipite en blanc dans cette eau, parce que le papier imbibé d'acétate de plomb est beaucoup plus sensible pour reconnaître les principes sulfurés que l'acétate de plomb lui-même, comme je l'avais déjà constaté dans mes *Recherches sur les eaux des Pyrénées:* il est donc évident que cette source contient des traces d'un principe sulfuré, mais en si petite quantité, que ce n'est qu'avec des réactifs très sensibles, qu'il y est appréciable; c'est là ce qui a été cause de l'erreur des chimistes qui l'ont méconnu.

Le nitrate d'argent, versé dans cette eau, ne produit rien d'abord; mais lors même que l'on place la liqueur à l'abri du contact de la lumière, elle prend dans quelques minutes une teinte pourpre très prononcée. L'addition d'ammoniaque semble rendre la couleur plus intense, et détermine bientôt un précipité brunâtre qui permet à l'eau de reprendre sa transparence et sa limpidité, lorsque ce précipité est entièrement déposé.

Cette action du nitrate d'argent, qui n'avait été signalée par aucun auteur, me fit bientôt reconnaître dans cette source la présence d'une forte proportion d'acide crénique, combiné avec une portion de fer. L'expérience répétée plusieurs fois, produisit toujours les mêmes résultats.

Je voulus reconnaître la cause de la présence du principe sulfuré et de l'acide crénique dans cette source, qui d'ailleurs, était semblable aux autres. Je fis quelques recherches sur la géologie des environs de la source, et je ne fus pas peu surpris de voir cette eau jaillir, non comme le Pouhon, dans la roche schisteuse, mais dans un véritable terrain tourbeux noirâtre, formé de la décomposition des végétaux.

Cette tourbe est même assez caractérisée pour qu'on l'emploie comme combustible dans ce pays.

Il me fut alors facile de voir que l'eau de la source de la Géronstère, de même nature d'abord que les autres sources de Spa, tant qu'elle était contenue dans la roche schisteuse, modifiait quelques-uns de ses principes, en passant pendant quelque temps dans un terrain tourbeux, qui décomposait une portion du sulfate de soude, qui se trouve naturellement dans cette eau, en absorbant une partie de son oxygène, et que le sulfure de sodium, résultant de cette décomposition, était à son tour modifié par l'acide carbonique de la source qui dégageait de l'hydrogène sulfuré; ce qui indique pourquoi le papier d'acétate de plomb est plus activement et plus promptement bruni à la surface de l'eau, que dans l'eau elle-même. (Voir *Recherches sur les eaux des Pyrénées,* à l'article des Eaux sulfureuses accidentelles.)

La présence de l'acide crénique s'explique aussi facilement que celle de l'hydrogène sulfuré; une eau contenant du carbonate de fer, qui passe à travers un terrain tourbeux en décomposition, s'empare de l'acide crénique que contient naturellement cette tourbe, ou en détermine la formation pour former du crénate de fer.

Le terrain tourbeux lui-même, qui est au-dessus du niveau supérieur de la source, contient du crénate de fer en petite quantité, comme on peut le voir, sous forme de flocon rougeâtre, dans la petite gouttière située au bas de la petite butte de terre qui entoure la source, à quelques pieds de la niche dans laquelle elle est contenue.

La source de la Sauvinière présente aussi des traces de crénate de fer, mais en beaucoup moins grande proportion que dans la Géronstère; peut-être aussi cette source, dans les fortes chaleurs, contient-elle des traces d'hydrogène sulfuré.

Nous devons conclure de tous ces faits:

1° Qu'il existe dans la source de la Géronstère des traces de sulfure de sodium qui passent rapidement à l'état d'acide sulfhydrique; que cette présence s'explique facilement, mais que sa quantité est si petite, qu'il est douteux qu'elle puisse avoir une action marquée sur l'économie;

2° Qu'il existe dans cette eau, non-seulement du carbonate de fer, mais en même temps du crénate de fer. dont la présence s'explique aussi facilement, et qu'il se peut très bien que l'action active de cette source soit due à la présence du crénate de fer, cette substance étant plus facilement absorbée par l'économie que le carbonate de fer. (On sait que dans ces derniers temps, des expérimentateurs habiles ont démontré que le lactate de fer, plus facilement absorbé par l'économie que les autres préparations de fer, était aussi plus actif.)

§ II.

DES EAUX DE SCHWALBACH.

Les eaux de Schwalbach ou Langenschwalbach, situées dans le duché de Nassau, naissent dans une des branches du Taurus, cette petite chaîne, si riche en eaux minérales, qui est limitée par le Rhin, le Mein et la Lah.

Les eaux de Schwalbach ont beaucoup d'analogie avec les eaux de Spa ; mais elles contiennent moins de fer et plus d'acide carbonique, ainsi que du carbonate de chaux et de magnésie. Elles sont intermédiaires et servent, pour ainsi dire, de transition aux eaux de Spa et de Selster.

Les principales sources de Schwalbach sont, en allant de l'est à l'ouest, dans la branche sud de la petite vallée où elles sourdent :

1° La source Ehebrunnen, composée de deux filets ;

2° La source Paulin-Brunnen ;

3° La source Rosen-Brunnen ;

4° La source Wein-Brunnen, composée de deux filets.

Dans la branche nord :

5° La source Obernen-Brunnen ;

6° La source Unternen-Brunnen ;

7° La source Sthal-Brunnen.

Dans la branche ouest :

8° La source Linden-Brunnen ;

9° La source Brodel-Brunnen.

La température moyenne de ces sources est de $+ 9°,50$ cent.

La saveur de ces sources, légèrement piquante avec un arrière-goût de fer peu marqué, est très agréable : l'une d'elles a une saveur qui plaît tant, qu'elle lui a valu le nom de Wein-Brunnen (source de vin).

Toutes ces sources dégagent de l'acide carbonique, et l'une d'elles, le Brodel-Brunnen, en laisse échapper en si grande quantité, qu'elle ressemble à un torrent impétueux. Cependant cette source n'est qu'un assez mince filet d'eau, qui se perd bientôt dans les terres sans laisser la moindre trace.

J'ai recueilli le gaz qui se dégage spontanément du

Sthal-Brunnen ; c'est de l'acide carbonique, mêlé à peine d'un millième d'azote.

L'eau dégage abondamment de l'acide carbonique par l'ébullition. 1,000 centimètres cubes d'eau m'ont donné 1,379 centimètres cubes à + 15° cent.

La source Paulin-Brunnen a fourni à M. Kastner, célèbre chimiste, qui s'occupe avec activité de l'analyse des eaux minérales d'Allemagne, 39 pouces cubes d'acide carbonique pour une livre d'eau de 16 onces.

La source Stahl-Brunnen, qui jaillit dans une petite place qui était, il y a quelques années, une prairie humide et à terre noire, dont il reste encore des traces dans le voisinage, m'a fourni un peu de crénate de fer, et cette source, m'a dit un pharmacien du lieu, donne dans les fortes chaleurs de l'été des traces d'hydrogène sulfuré qui colorent, après un certain temps, un papier imbibé d'acétate de plomb, exposé au-dessus du bouillon de la source. Ici, comme à la Géronstère de Spa, les mêmes causes produisent les mêmes effets.

Nous verrons, dans d'autres sources de l'Allemagne et de la Suisse, le phénomène de sulfuration accidentelle devenir assez prédominant pour faire cesser toute espèce de doute sur la présence d'un principe sulfureux, même pour avoir fait méconnaître la véritable nature des eaux qui présentent ce phénomène, et les avoir fait considérer à tort comme des eaux sulfureuses naturelles.

Les sources ferrugineuses carbonatées que nous avons étudiées ne présentent dans leur réservoir aucune espèce de conferve, comme si le fer était un obstacle à l'existence de ces végétaux ; il n'y existe non plus ni oscillaires, ni anabaines, tant que l'eau conserve tout son fer en dissolution ; mais lorsque, après un certain parcours, la

majeure partie du fer s'est précipitée, on trouve des zygnema de très petite dimension. J'en ai observé dans un
vaste bassin, où se rendent les eaux des Tonnelets de
Spa, et dans lequel se baignent les malades. Cette eau
alors a perdu plus des trois quarts de son principe ferrugineux.

Les bassins ou réservoirs dans lesquels naissent les
sources ne contiennent, dans la plupart, que du sesqui-oxyde de fer hydraté, mêlé dans quelques-unes à des
crénates et apocrénates du même oxyde, ainsi qu'on le voit
dans la Géronstère de Spa.

Quand ensuite l'eau de ces sources a été s'accumuler
dans une espèce de bourbier où elles se perdent, on y
trouve divers animalcules, mais qui tiennent plus à la
bourbe qu'à l'eau ferrugineuse.

SECTION DEUXIÈME.

DES EAUX FERRUGINEUSES CRÉNATÉES.

J'ai trouvé deux sources contenant du crénate de fer,
dans deux localités où la nature de leur principe minéralisateur était inconnue : ces sources méritent de fixer l'attention, car leur présence, dans les localités où elles existent, peut servir à déterminer la nature et le mode de
formation du principe des eaux sulfureuses qui existent
dans ces mêmes localités : c'est ainsi que nous en avons
rencontré à Aix-la-Chapelle, à Borcette et à Aix en Savoie,
comme nous en avions autrefois rencontré à Bagnères-de-
Bigorre.

§ 1er.

SOURCE FERRO-CRÉNATÉE DE BORCETTE.

Dans une prairie, au sud de Borcette et à cinq minutes

14

de la ville, jaillit une source froide qui contraste par sa température et par ses principes constituants avec les autres sources de cette localité.

Cette source, après sa sortie de terre, est conduite par des tuyaux de fonte dans un puisard situé à côté d'un fossé dans une autre prairie, et de là, par d'autres tuyaux, dans un des établissements thermaux de Borcette. C'est dans ce puisard intermédiaire et dans l'établissement thermal que je l'ai examinée.

Dans ce puisard, elle contient très peu de substance saline : la noix de galle y développe une teinte vineuse; elle ne paraît pas contenir plus de fer que la source du Tonnelet de Spa; cependant sa saveur est plus forte, et je serais porté à penser que son action est plus énergique, parce que le fer est tenu en dissolution par l'acide crénique. On pourrait rendre la saveur de cette eau beaucoup plus agréable, en la mêlant, au moment d'en faire usage, avec de l'eau gazeuse artificielle ou naturelle.

Le nitrate d'argent donne une belle teinte pourpre, même à l'abri du contact de la lumière; l'ammoniaque, ajoutée à la liqueur, rend sa couleur plus foncée et détermine la formation d'un précipité brunâtre.

Cette source, la seule de cette nature à Borcette, associée à l'usage des autres sources de cette localité, peut rendre de très grands services, dans les anémies et les chloroses.

On trouve dans le fond du puisard et sur ses bords, un dépôt abondant de crénate de sesqui-oxyde de fer, mêlé à de petits filaments d'une variété de zygnema et à quelques animalcules infusoires.

§ II.

SOURCE FERRO-CRÉNATÉE D'AIX-LA-CHAPELLE.

Il existe, dans la rue du Théâtre, qui conduit d'Aix-la-Chapelle à Borcette, une source ferrugineuse qui contient aussi du crénate de fer, mais en moins grande quantité que dans la source de Borcette.

§ III.

SOURCE FERRO-CRÉNATÉE D'AIX EN SAVOIE.

Lorsqu'on arrive de Genève, on trouve, à un quart-d'heure d'Aix, sur le bord de la route, un petit moulin à farine, appartenant à M. d'Espine père. Sous la roue verticale qui donne l'impulsion aux meules existe une source ferrugineuse, dont on fait usage, depuis quelque temps, sans connaître la nature du principe qui tient le fer en dissolution.

Un examen attentif de cette source, fait en présence de M. d'Espine fils et de M. Bonjean, pharmacien à Chambéry, m'a fait voir que le fer était dissous par l'acide crénique.

Le nitrate d'argent donne à l'eau une teinte pourpre, à l'abri du contact de la lumière, et cette teinte devient plus intense par l'addition d'ammoniaque qui finit par y déterminer un précipité.

Il existe dans un petit chemin de traverse, à quelques pas du moulin, deux ou trois petites sources de même nature, qui naissent dans un terrain humide, rempli de joncs; mais ces sources sont un peu moins riches en crénate de fer que celles qui naissent sous le moulin. Toutes ces sources méritent des analyses spéciales.

Nous verrons plus loin qu'il existe un certain rapport dans une même localité, entre la présence des sources ferrugineuses crénatées et des sources accidentellement sulfurées ; comme si la cause qui produit la formation de l'acide crénique dans un terrain était capable de produire la désoxygénation des sulfates pour les convertir en sulfures.

Quelquefois l'acide crénique et le principe sulfureux existent dans les mêmes sources, comme à Spa et à Schwalbach ; d'autres fois ils paraissent prédominer dans des sources différentes, comme à Borcette, Aix-la-Chapelle, Aix en Savoie : cependant ces sources mêmes en retiennent en général des traces. Aussi, lorsque dans le résidu de l'évaporation d'une eau sulfureuse accidentelle se trouve une matière organique azotée, doit-on plutôt la considérer comme de l'acide crénique que comme de la barégine.

CHAPITRE II.

DES EAUX CHLORO-NATREUSES.

Je donne ce nom à des sources dont les principes dominants sont le chlorure de sodium et le carbonate de soude, et dans lesquelles l'acide carbonique libre n'existe pas en assez grande quantité pour donner à l'eau une saveur ou une réaction acides : telles sont les eaux de Borcette et de Wiesbaden , ainsi que les eaux d'Aix-la-Chapelle , dans leur origine ; mais ces dernières , aussi bien que quelques sources de Borcette , deviennent accidentellement sulfurées, quand elles arrivent à la surface du sol.

SOURCES DE BORCETTE ET D'AIX-LA-CHAPELLE, SOIT CHLORO-NATREUSES, SOIT ACCIDENTELLEMENT SULFURÉES.

Tous les livres qui parlent des eaux d'Aix-la-Chapelle traitent accessoirement des eaux de Borcette , mais semblent n'accorder à ces dernières sources que très peu d'importance. Contrairement à l'opinion reçue , je traiterai d'abord des eaux de Borcette , que je considère comme les principales ; puis je parlerai des eaux d'Aix-la-Chapelle , comme accessoires au point de vue chimique.

J'espère justifier bientôt cette manière d'envisager ces eaux , quoiqu'elle soit en opposition avec l'opinion de tous les siècles , depuis Charlemagne jusqu'à nous.

Avant d'entrer dans la description des sources , il est important de donner un aperçu rapide des terrains dans lesquels sourdent les eaux de Borcette et d'Aix-la-Chapelle.

Aix et Borcette, qui ne sont éloignés que de douze à quinze cents mètres, et qui doivent être considérés par le géologue et le chimiste comme une même localité, sont situés dans un bassin de formation secondaire, ainsi que le témoignent la nature des terres et les coquilles nombreuses qu'on y rencontre.

Les pierres qu'on y voit sont des calcaires mêlés de schiste argileux, coupé de veines de houille et de lignite, recouvertes d'une espèce d'humus, résultant des détritus de plantes marécageuses, dont on trouve encore des traces dans les nombreux marais qui s'observent aux environs d'Aix-la-Chapelle et de Borcette.

SECTION PREMIÈRE.

EAUX DE BORCETTE.

Borcette est située au sud d'Aix-la-Chapelle, dans un point plus culminant que cette dernière ville. Cette circonstance est importante à noter, car nous verrons les eaux chloro-natreuses de Borcette devenir d'autant plus sulfureuses, qu'elles naissent dans un point plus déclive et plus éloigné du lieu où sourdent les sources principales les plus chaudes et les plus chargées de principes fixes.

Les principales sources de Borcette ont une température très élevée; les plus chaudes marquent de $+ 62°$ à $+ 68°$ centigrades, ce sont : la source dite la Plus Chaude, la source du bain de l'Épée, de l'Écrevisse, du Moulin d'or, du Kochbrunnen, etc.

Ces sources sont purement chlorurées, sans traces de principes sulfureux : ce ne sont que celles qui sont plus froides qui prennent ce caractère.

Le papier bleu de tournesol n'y éprouve aucun changement; le papier rougi par un acide est ramené au bleu dans quelques minutes.

Le papier d'acétate de plomb y reste blanc.

L'acide nitrique en dégage un grand nombre de bulles gazeuses, qui ont été reconnues être de l'acide carbonique : la simple agitation de l'eau avec une baguette ne dégage aucune des bulles gazeuses.

L'ammoniaque et la potasse y produisent un léger louche.

Une petite quantité d'eau de chaux forme un nuage blanc, qui disparaît bientôt. Une plus grande quantité forme un précipité blanc grenu, adhérent aux parois du vase, soluble avec effervescence dans les acides.

Cette action de l'eau de chaux semblerait indiquer une certaine quantité d'acide carbonique libre : il n'en est rien cependant, comme nous le verrons par l'ébullition.

Le nitrate d'argent forme un précipité blanc cailleboté, qui devient violet à la lumière seulement, et qui est complètement soluble dans l'ammoniaque.

Le nitrate de plomb forme un précipité blanc abondant.

Le chlorure de barium donne un précipité blanc abondant, qui est légèrement diminué par l'acide nitrique, qui en dissout une partie avec effervescence.

L'oxalate d'ammoniaque donne une teinte louche.

L'ébullition longtemps prolongée ne dégage qu'une bulle de gaz, qui est en grande partie de l'azote, avec des traces

d'acide carbonique et d'oxygène, équivalant en tout au millième environ du volume de l'eau.

Le gaz dégagé spontanément du Kochbrunnen, par bulles
assez grosses, et qui se renouvellent assez souvent, est
formé sur cent volumes, ci................. 100,

> Acide carbonique.................... 30,50
>
> Oxygène.......................... 1,10
>
> Azote............................. 68,40

Si ces eaux contiennent du bicarbonate de soude, dans
le sein de la terre, elles n'en contiennent plus dès qu'elles
apparaissent à la surface du sol ; alors elles contiennent
une grande quantité de chlorure de sodium, du carbonate
neutre de soude, du sulfate de soude et des carbonates de
chaux et de magnésie ; elles contiennent aussi, d'après
M. Monheim, pharmacien distingué d'Aix-la-Chapelle, qui
a fait une récente analyse de ces sources, du phosphate
de soude et de lithine, ainsi que du fluorure de calcium.

Ces sources ont une saveur salée, suivie d'un arrière-
goût alcalin ; ce qui leur donne une certaine ressemblance
avec la saveur d'un bouillon de poulet léger.

Une source qui passe dans la cuisine de l'hôtel des
bains de la Rose, situé à l'entrée de Borcette, à cent
mètres environ des sources principales, d'une température
de + 64° cent., c'est-à-dire 5° à 6° de moins que les
sources les plus chaudes, devient légèrement sulfureuse
en été, m'a affirmé le propriétaire. Au milieu de l'été
elle est même assez sulfureuse pour qu'on ne puisse y laver
l'argenterie sans crainte de la voir noircir. Quand je suis
passé à Borcette, dans le mois de mai 1839, cette source
n'offrait encore aucune trace de principe sulfureux.

A cent-vingt mètres environ de la source de la Rose, et
à deux cents mètres des sources principales, existe une

source transformée en buvette, et qui porte le nom de source des Buveurs. Cette source, qui ne marque que $+58°$ cent., 6° de moins que la source de la Rose, 10° ou 12° de moins que les sources principales, située dans un point plus déclive que la source de la Rose, est légèrement sulfureuse dans tous les temps de l'année. Elle sort à côté d'une prairie formée d'une terre noirâtre ; elle contient les mêmes éléments, sauf la quantité de principe sulfureux qui s'y trouve constamment et en plus forte proportion.

En suivant la même direction, et en descendant toujours, on trouve, à six ou sept cents mètres de la source de la Rose, près d'un fossé, à côté d'une prairie humide et marécageuse, dans laquelle existe un grand lac d'eau froide, à laquelle viennent se mêler une grande partie des eaux des sources de Borcette, une source nommée Pochen-Brunnen, qui ne marque plus que $+ 39°$ cent. de température, c'est-à-dire 20° de moins que la source des Buveurs, et 30° de moins que les sources principales.

Cette source est la plus sulfureuse des sources de Borcette; elle est même plus sulfureuse qu'aucune des sources d'Aix-la-Chapelle, y compris celle de l'Empereur. Elle mérite de fixer un instant notre attention.

Elle contient les mêmes principes que les sources précédentes, à quelques exceptions près.

Le gaz dégagé spontanément contient sur cent volumes, ci 100

    Hydrogène sulfuré. 1

    Acide carbonique. 12

    Azote. 87

Nous voyons que dans ce gaz l'oxygène qui existait dans

les sources qui n'étaient pas encore sulfureuses a disparu et a été remplacé par de l'hydrogène sulfuré.

Le gaz dégagé par l'ébullition est beaucoup plus abondant que celui qui se dégageait des sources principales. 1,000 centimètres cubes en ont dégagé plus de 20 cent. Ce gaz est formé sur cent parties, ci.   100

    Hydrogène sulfuré   2

    Acide carbonique.   18

    Azote.   80

Nous voyons que cette source dégage par l'ébullition une plus grande quantité d'acide carbonique que les sources principales, et que l'oxygène a complètement disparu par la formation de l'acide carbonique, et a été remplacé par de l'hydrogène sulfuré. Il est facile d'expliquer ces changements :

Les sources principales, qui ne contiennent aucune trace de principe sulfureux, contiennent de l'oxygène avec l'azote, et des traces à peine appréciables d'acide carbonique; mais ces eaux contiennent en même temps une certaine proportion de sulfate de soude.

Ces sources, en passant à travers des terres contenant des matières organiques en décomposition, laissent modifier le sulfate de soude : l'oxygène de ce sulfate se porte sur la matière organique pour s'emparer du carbone, et forme de l'acide carbonique, qui se trouve alors dans l'eau en plus grande proportion; le sulfate désoxygéné se trouve transformé en sulfure, dont une partie absorbe l'oxygène qui existait dans l'eau, pour former de l'hyposulfite de soude, ce qui fait disparaître complètement l'oxygène. Une autre portion du sulfure est décomposée par l'acide carbonique, qui dégage de l'hydrogène sulfuré qui s'échappe de l'eau par l'action de l'ébullition ou par dégagement spontané.

Nous observerons que la permanence du principe sulfureux et sa quantité ont été constamment en augmentant, à mesure que la source sortait dans un point plus déclive et plus éloigné des sources principales, et à mesure qu'elle était plus refroidie, en parcourant un plus grand espace de terre contenant des matières organiques en décomposition.

Nous sommes donc autorisé à admettre que les sources sulfureuses de Borcette sont des sources sulfureuses accidentelles.

Nous voyons, comme dernière preuve, que le sulfate de soude diminue à mesure que le sulfure de sodium augmente, comme les réactifs le font voir, et comme cela résulte de l'analyse même de M. Monheim, qui porte le sulfate de soude du Kochbrunnen, une des sources principales non sulfureuses, à 0, 38405
tandis qu'il ne le porte qu'à. 0, 35893
dans le Pochenbrunnen, la source la plus sulfureuse ci-dessus indiquée.

Un des caractères, aussi des plus remarquables des eaux sulfureuses accidentelles, c'est que, dans chaque localité, c'est en général la source la plus froide qui est la plus sulfureuse, tandis que j'ai démontré que les eaux sulfureuses naturelles des Pyrénées étaient d'autant plus chaudes, dans chaque localité, qu'elles étaient plus sulfureuses.

Nous avons vu plus haut qu'il existe à Borcette, comme dernier caractère de la nature des eaux sulfureuses accidentelles, une source ferrugineuse crénatée, dont nous avons signalé la coïncidence avec cette espèce de sources.

SECTION DEUXIÈME.

Les sources d'Aix-la-Chapelle sont divisées en sources supérieures et en sources inférieures.

Les sources supérieures sont considérées comme les plus sulfureuses, ce sont : 1° celle de l'Empereur, qui alimente le bain de l'Empereur, le bain Neul et la Reine de Hongrie, ainsi que la nouvelle Buvette, où elle parvient après un parcours de 300 mètres dans des tuyaux de plomb; 2° celle du Bûchel, qui fournit au bain de l'Empereur et au bain Neuf; 3° la source de Saint-Quirain, près du bain de ce nom.

Les sources basses ou inférieures sont : 1° celle du bain des Roses; 2° la source à boire de Saint-Corneille et la source du bain de Saint-Corneille. Il en existe d'autres peu usitées.

La source de l'Empereur, qui marque $+ 55°$ cent. à son point d'émergence, ne marque plus que $+ 49°,70$ cent. à la Buvette : elle a perdu près de $8°$ cent. dans son parcours dans les tuyaux de plomb; elle a perdu aussi une portion de son principe sulfureux.

Les sources sulfureuses d'Aix-la-Chapelle, la source de l'Empereur et toutes les sources supérieures aussi bien que les sources inférieures ont la même composition que les sources de Borcette; elles contiennent par conséquent du chlorure de sodium, du sulfate de soude, du carbonate de soude, des carbonates de chaux et de magnésie, et, d'après M. Monheim, des phosphates et des fluorures, à peu près dans les mêmes proportions que les principales sources de Borcette ; de plus elles contiennent du sulfure de sodium et de l'hydrogène sulfuré et de l'iode, comme quelques-unes des sources de Borcette.

D'après M. Monheim, et d'après l'opinion reçue, les sources supérieures seraient bien plus sulfureuses que les sources inférieures ; mais je suis loin de me ranger à cet avis.

Si nous nous en rapportons aux analyses faites par M. Monheim, pharmacien d'Aix-la-Chapelle, la source de l'Empereur serait une des plus sulfureuses de l'Europe. Elle serait même plus sulfureuse qu'aucune source des Pyrénées, car il porte le sulfure de sodium et l'hydrogène sulfuré de cette source à $0^{gr},08070$, tandis que la Grotte supérieure de Luchon, aujourd'hui la source Bayen, la plus sulfureuse des Pyrénées, d'après mes expériences, n'aurait par litre que $0^{gr},06010$ de sulfhydrate (1) ; ce qui établirait que la source de la Grotte de Luchon ne contient que les trois quarts du principe sulfureux de l'eau de la source de l'Empereur.

D'après mes expériences, au contraire, la source de l'Empereur serait très peu sulfureuse, et ne contiendrait que le quart ou le tiers du principe sulfureux de la Grotte de Bagnères-de-Luchon, c'est-à-dire six fois moins que ne lui en a attribué M. Monheim, ou $0^{gr},01100$ environ.

D'un autre côté, il est démontré pour moi que les sources basses d'Aix-la-Chapelle sont un peu plus sulfureuses que les sources hautes ; mais les unes et les autres sont moins sulfureuses que la source du Pochenbrunnen de Borcette.

_____

(1) Cette source a augmenté de température et de sulfuration depuis la première édition de cet opuscule.

Cette dernière source, qui se perd sans être utilisée, pourrait être employée, en tant que sulfureuse, avec plus d'avantage que les eaux d'Aix-la-Chapelle, car sa température, qui est très basse, n'aurait presque pas besoin d'eau froide pour être utilisée, tandis que la source de l'Empereur, qui est très chaude, a besoin de la moitié de son volume d'eau froide pour être employée en bains; ce qui réduit son principe sulfureux à rien ou presque rien dans le bain, comme je vais le démontrer.

Je crois que la différence qui existe entre les résultats obtenus par M. Monheim et par moi, tient au mode vicieux d'expérimentation employé par M. Monheim.

Pour obtenir le principe sulfureux et constater sa quantité, M. Monheim emploie l'acétate de cuivre, qui précipite en brun très clair, presque noisette, et qui forme un dépôt de très peu de sulfure de cuivre et de beaucoup d'oxyde et de carbonate de cuivre. Après le dépôt complet du précipité, il décante la liqueur et traite par l'acide acétique pour dissoudre le carbonate et l'oxyde de cuivre; puis il dessèche le résidu qui, pour lui, est du sulfure de cuivre pur, dont il évalue la quantité par le poids, et par le calcul il en déduit le sulfure de sodium.

Je ne sais si M. Monheim a pu dissoudre, par ce procédé, tout l'oxyde et le carbonate de cuivre; j'en doute par les résultats qu'il a obtenus. D'un autre côté, le sulfure de cuivre, exposé à une chaleur élevée, s'oxyde, ce qui augmente de beaucoup le poids réel.

Je voulus essayer plusieurs procédés pour évaluer la quantité de principe sulfureux d'une manière approximative, mais suffisante pour moi.

Je traitai par le nitrate de plomb, et j'obtins un précipité médiocrement abondant de couleur noisette (s'il eût

été de sulfure de plomb pur, le précipité aurait été noir) ;
cette couleur me fit voir d'abord qu'il s'était peu formé
de sulfure de plomb.

Je traitai par le nitrate d'argent avec excès d'ammoniaque pour dissoudre les chlorures ; j'obtins une légère
couleur fauve, mais pas de précipité subit ; seulement,
après plusieurs heures, j'obtins un précipité moins abondant que dans aucune eau des Pyrénées.

Je traitai enfin par un excès d'acide arsénieux avec addition d'acide hydro-chlorique , sans obtenir presque de
précipité.

Quoique l'acide arsénieux soit un mauvais réactif pour
juger la quantité absolue du principe sulfureux , il était
ici d'un grand secours, avec l'addition d'acide hydro-chlorique, puisqu'il ne devait précipiter que le principe sulfureux.

D'où je conclus que, malgré l'opinion reçue, la source
de l'Empereur est très peu sulfureuse, et que c'est par une
erreur d'analyse qu'on en avait jugé autrement.

Je ne me contentai pas d'examiner le principe sulfureux
à la source ; je voulus connaître la quantité qui restait dans
l'eau lorsqu'on en avait préparé un bain.

Je fis préparer dans la baignoire la plus près de la
source (dans la baignoire, dite de l'Empereur, d'une forme
octogone , à côté de laquelle, naît la source de l'Empereur, sous le parquet d'un joli cabinet qui précède cette
baignoire), un bain à la température de $+ 35°$ cent. ou $+$
$28°$ Réaumur ; je me mis aussitôt dans le bain, et, ouvrant
ma caisse de réactifs, je procédai immédiatement à
diverses expériences : mais il me fut impossible de trouver, dans cette eau , la moindre trace de principe sulfureux.

Le nitrate de plomb donne un précipité blanc.

Le nitrate d'argent précipite en blanc, et le précipité reste blanc, à l'abri du contact de la lumière. Ce précipité est complètement dissous par l'ammoniaque, et la liqueur reste incolore.

Le papier imbibé d'acétate de plomb, si sensible pour reconnaître la moindre trace de principe sulfureux, et qui donna des résultats si évidents à la source de la Géronstère de Spa, plongé dans cette eau pendant plus de trois quarts d'heure, reste complètement blanc.

L'acide arsénieux, avec addition d'acide hydro-chlorique, ne donne ni précipité ni teinte jaunes.

Il est donc évident que la source de l'Empereur est si peu sulfureuse, que la simple chute de l'eau dans la baignoire lui fait perdre tout ce principe, et que l'eau de cette source qui, d'ailleurs, est analogue aux sources de Borcette, redevient dans le bain une simple source salée chloro-natreuse, comme elle était à son origine, avant d'avoir contracté un peu de sulfure par son passage à travers des matières organiques.

Il faut observer que l'atmosphère qui est au-dessus de l'eau du bain, contient des traces de gaz sulfhydrique, qui s'y dégage par la chute de l'eau, car le papier d'acétate de plomb qui séjourne quelque temps dans cette atmosphère, y brunit légèrement.

Nous devons conclure de ces faits, et la conclusion est rigoureuse, qu'on prend des bains très peu sulfureux à Aix-la-Chapelle; car puisque la baignoire la plus rapprochée de la source n'a déjà plus de principe sulfureux, en tombant dans la baignoire, à plus forte raison les bains les plus éloignés du point d'émergence de cette source ne doivent-ils pas en contenir ou n'en contiennent-ils que très peu.

Il semble, quand on voit le griffon de la source de l'Empereur, que ce que je dis soit un paradoxe : en effet, quand on examine le trou situé au côté du griffon par où sort la vapeur destinée aux douches et bains de vapeur, on le voit tapissé d'une énorme quantité de soufre sublimé pulvérulent, très pur, et qui se renouvelle facilement quand on l'enlève. Mais c'est précisément parce que ce principe sulfureux se dégage rapidement, qu'il n'en existe plus quand l'eau est dans la baignoire; puis, si l'on considère l'énorme quantité d'eau qui passe sous ce trou, on est peu étonné de ce résultat. Ne sait-on pas aussi qu'il ne faut pas toujours juger du feu par la fumée? Ils sont souvent en raison inverse.

On dit qu'il existe aussi de grandes quantités de soufre, déposées sous la plaque qui recouvre le griffon même de la source, dans le cabinet qui précède le bain de l'Empereur. Je demandai à la voir, mais on me répondit que cette plaque ne s'ouvrait que pour les *têtes couronnées* (en Allemagne on les compte par douzaines), et je n'étais qu'un pauvre chimiste cherchant la vérité; la plaque resta close pour moi.

A Dieu ne plaise que l'on puisse supposer que parce que je démontre que les eaux sulfureuses d'Aix-la-Chapelle sont des eaux sulfureuses accidentelles peu sulfurées à la source, et presque pas sulfureuses dans le bain, je veuille prétendre qu'elles ne sont pas utiles! Loin de moi une pareille pensée : je considère ces eaux, au contraire, comme très remarquables, et je suis persuadé qu'elles produisent de très bons effets : seulement il ne faut pas les prescrire principalement pour des bains sulfureux.

L'eau de la Buvette d'Aix-la-Chapelle est encore légèrement sulfurée lorsqu'on la boit, car elle n'est pas tombée par une grande chute, et n'a pas séjourné au contact de l'air.

Il serait peut-être possible de conserver quelque portion de principe sulfureux dans les bains, en faisant arriver, comme je l'ai proposé depuis longtemps dans les Pyrénées, l'eau dans la baignoire par la partie inférieure et latérale; en couvrant les baignoires, et en faisant le mélange avec l'eau froide dans un tuyau commun avant qu'elle arrivât dans la baignoire. On éviterait alors ce brassage, au moyen d'un ringard, qui renouvelle les surfaces, et altère le principe sulfureux, déjà en si petite quantité.

Dans les eaux sulfureuses d'Aix-la-Chapelle, le gaz qui se dégage de l'eau par l'ébullition contient, comme dans les eaux sulfureuses de Borcette, de l'hydrogène sulfuré, de l'acide carbonique et de l'azote, sans trace d'oxygène.

Nous avons vu aussi que les sources basses, qui sont moins chaudes, et qui sortent dans un point plus éloigné des sources de Borcette que les sources supérieures, sont un peu plus sulfureuses.

D'un autre côté, nous avons signalé dans Aix-la-Chapelle une source ferrugineuse crénatée, qui finit d'établir le rapprochement entre les sources sulfureuses de Borcette et les sources sulfureuses d'Aix-la-Chapelle; par conséquent, ce que nous avons dit des premières doit aussi s'appliquer aux dernières.

La *pl.* D fera mieux comprendre l'analogie qui existe entre elles, et servira à établir leur nature.

SECTION TROISIÈME.

DES EAUX CHLORO-NATREUSES DE WIESBADEN.

Les eaux de Wiesbaden, sur lesquelles je donnerai de plus longs détails quand je traiterai des faits spéciaux, n'offrent rien de bien remarquable qui n'ait été déjà signalé.

Ces eaux ont beaucoup de rapport avec les sources de Borcette non sulfureuses, mais elles sont plus riches en carbonate de soude et en acide carbonique.

On peut aussi rapprocher les eaux de Wiesbaden des eaux de Vichy, avec lesquelles elles ont plus d'une analogie; mais l'avantage reste aux eaux de Vichy, tant par la nature que par la quantité des principes qui y sont contenus. Celles-ci comme celles-là sont appliquées aux affections chroniques de l'estomac et du foie, à certains rhumatismes et à la goutte.

Les eaux de Wiesbaden sont appelées, je crois, à un grand développement qui est secondé par les efforts continus du souverain de Nassau, qui regarde avec raison les eaux minérales de son duché comme un des plus beaux fleurons de sa couronne.

CHAPITRE III.

DES EAUX CHLORO-IODO-BROMÉES.

Je donne ce nom à des eaux dans lesquelles le chlorure de sodium, ainsi que l'iode et le brome, prédominent assez pour leur donner des propriétés spéciales.

SECTION PREMIÈRE.

EAUX DE KREUZNACH.

Kreuznach est situé à deux lieues de Bingen, sur les bords de la Nah, dans un joli vallon d'une lieue de long sur un quart de lieue de large, qui se prolonge, après s'être rétréci, jusqu'au rocher de Munster.

La partie du vallon qui s'étend des bains de Kreuznach jusqu'à Munster et au-delà, est formée par un porphyre d'un gris rougeâtre, auquel est superposé et succède le grès rouge, à partir des bains de Kreuznach.

Les sources sont fortement salées et sont exploitées depuis longtemps dans des bâtiments de graduation, pour faire du sel commun (chlorure de sodium). Nous dirons plus loin, en parlant de l'eau-mère, qui est employée avec un grand succès en bains, en mélange avec cette eau, comment se fait l'extraction du sel.

Ces sources sont situées en partie dans la petite ville de

Kreuznach, en partie dans le petit hameau de Munster, à une demi-heure de Kreuznach, et dans les points intermédiaires.

Toutes ces sources sortent du porphyre ou du point de jonction du porphyre avec le grès rouge. Aucune ne sort du grès rouge lui-même.

Leur température, qui va toujours en diminuant, du porphyre en allant vers le grès rouge, s'élève de $+ 11°$ à $+ 29°$ cent.

Indépendamment des autres substances, ces sources contiennent une certaine proportion de fer, qui est d'autant plus considérable qu'on se rapproche du grès rouge et que la température des sources diminue. La source qui en contient le plus est la source qui naît au milieu du lit de la Nah, à la jonction du porphyre et du grès rouge. La source qui en contient le moins est la Buvette, qui sort près des des rochers de Munster; car tandis que la poudre de noix de galle colore l'eau de la première source en rouge violacé, elle donne à peine une teinte rosée à la seconde.

Le fer est tenu en dissolution, en grande partie à l'état de crénate, qu'un auteur qui vient de faire l'analyse de ces eaux a très bien apprécié et a désigné sous le nom de *thermate* de fer, ne connaissant pas sans doute les travaux qui avaient été faits sur l'acide crénique et les eaux crénatées; mais je me suis assuré dans les dépôts qui se forment abondamment dans les conduits où passe l'eau, pour se sursaturer de chlorure de sodium par l'évaporation, que ce dépôt était formé en partie de crénate de sesqui-oxyde de fer et de crénate de chaux.

L'action des réactifs sur les eaux de Kreuznach diffère, sous certains rapports, de celle observée dans les autres eaux d'Allemagne : le papier bleu de tournesol, et le papier de tournesol rougi par un acide, n'éprouvent dans ces eaux aucune modification; ce qui indique une parfaite neutralité. Ce phénomène est assez rare, car presque toutes les eaux que j'ai visitées ont une réaction acide ou alcaline. Nous verrons plus loin que l'eau-mère offre la même neutralité.

Le papier blanc d'acétate de plomb n'y éprouve rien; l'acide nitrique et l'acide hydro-chlorique dégagent quelques bulles gazeuses d'acide carbonique, sans troubler l'eau.

L'acide sulfurique dégage aussi des bulles gazeuses, mais altère fortement la transparence de l'eau, et finit par former un précipité blanc grenu, insoluble dans les acides; ce qui tient à la formation d'une certaine quantité de sulfate de chaux, résultant de la décomposition d'un chlorure et d'un bromure de calcium. Ce phénomène, qui s'observe aussi dans l'eau-mère, n'a été observé par moi dans aucune autre source, soit de France, soit d'Allemagne.

La potasse et l'ammoniaque donnent un précipité blanc, floconneux, plus abondant par la potasse que par l'ammoniaque, soluble sans effervescence; ce qui dénote la présence d'une certaine quantité de chaux et de magnésie.

L'eau de chaux en petite quantité donne un nuage qui disparaît promptement; une plus grande quantité forme un précipité blanc, moitié grenu, moitié floconneux, soluble avec une légère effervescence par les acides; mais l'effervescence n'est pas en rapport avec le précipité. L'action de l'eau de chaux dénote la présence déjà signalée d'une petite quantité d'acide carbonique libre.

Le chlorure de baryum ne produit qu'une teinte à peine opaline, que l'acide nitrique fait disparaître presque en totalité; ce qui dénote à peine des traces appréciables de sulfate. Il est très rare de voir une eau, surtout une eau salée, ne pas contenir des proportions plus considérables de sulfate.

Le nitrate d'argent forme un précipité blanc abondant, qui devient violacé au contact de la lumière ; l'ammoniaque le dissout presque en totalité ; cependant l'eau reste louche, et il se dépose bientôt un précipité grenu, d'un médiocre volume.

L'action du nitrate d'argent fait déjà soupçonner la présence de l'iode, que nous constaterons plus loin.

L'oxalate d'ammoniaque donne un nuage blanc laiteux très abondant, qui dénote une forte proportion de bromure et de chlorure de calcium, puisqu'il existe à peine des carbonates et des sulfates.

La râclure de noix de galle, par sa teinte vineuse, et le prussiate de potasse, par sa teinte rosée, dénotent une assez forte proportion de fer.

L'amidon, aidé de l'action du chlore et de l'acide sulfurique, a donné une couleur bleue évidente, qui démontre la présence de l'iode dans cette eau, que l'action du nitrate d'argent, aidée de l'ammoniaque, avait fait soupçonner.

Nous verrons par l'étude des eaux-mères qu'il existe aussi dans cette eau une forte proportion de brome.

DE L'EAU-MÈRE OU MUTTERLANGE.

L'eau-mère des salines de Kreuznach et de Munster est la liqueur qui reste lorsqu'on a retiré dans les bâtiments de graduation, par l'évaporation spontanée d'abord, et par l'évaporation dans des chaudières chauffées ensuite, la plus grande partie du sel commun qu'elles contenaient.

Le climat de Kreuznach n'est ni assez chaud pour obtenir en été le sel par une simple évaporation spontanée, ni assez froid pour en obtenir en hiver la concentration par la congélation d'une portion de cette eau ; ce qui en opère très bien le départ. La température y est douce, et l'on est obligé d'user des moyens employés dans les climats tempérés.

On fait monter l'eau salée, par le moyen de pompes mues par un courant de la Nah, jusqu'à la partie la plus élevée de vastes hangars remplis de fagots d'épines ; l'eau se divise indéfiniment, et tombant goutte à goutte, se concentre par l'évaporation, à mesure qu'elle descend dans la partie la plus déclive, où elle est reçue dans de vastes réservoirs d'où elle est remontée six à sept fois jusqu'à concentration suffisante. Alors, on la met dans de vastes chaudières de fonte de 25 à 40 pieds de diamètre et de 2 à 3 pieds de profondeur. On porte l'eau à l'ébullition pendant vingt-quatre heures, puis on soutient la température pendant huit ou dix jours, à $+ 40°$ ou $+ 50°$ cent. On retire le chlorure de sodium, à mesure qu'il se dépose, pour le porter dans les séchoirs. Lorsque tout ce sel en est retiré, la liqueur est réduite au sixième environ du volume de l'eau primitivement employée.

Cette eau-mère, ainsi réduite, est dégagée de la plus grande partie de chlorure de sodium ; elle a une couleur fauve orangée, assez analogue à la petite bière. Sa saveur, légèrement salée, d'abord, puis ardente, comme si l'on mettait sur la langue de l'éther ou de l'alcool très concentré, avait un arrière-goût alcalin, légèrement amer. Son odeur spéciale rappelle celle du brome et de l'iode.

Cette eau-mère est complètement neutre ; le papier bleu et rougi de tournesol n'y éprouve aucun changement : l'aspect rougeâtre que paraît prendre le papier bleu s'arrête à la surface, et disparaît par le lavage à l'eau distillée.

L'acide nitrique ne produit aucun changement.

L'acide sulfurique y produit une effervescence, avec un dégagement de vapeur, dont l'odeur est analogue à un mélange d'acides chlorhydrique et bromhydrique, et il se forme un précipité blanc abondant de sulfate de chaux insoluble dans les acides nitrique et chlorhydrique, ce qui indique que la plus grande partie du bromure et du chlorure de calcium est restée dans l'eau-mère.

L'ammoniaque donne un précipité floconneux abondant de magnésie.

Quelle est la substance qui empêche la précipitation de la magnésie par la chaux, d'abord? Ce ne peut être un acide, surtout l'acide carbonique, puisque la liqueur a longtemps bouilli, que l'acide nitrique n'y produit pas d'effervescence; ce ne peut être de l'hydro-chlorate d'ammoniaque, car la potasse et la chaux ne dégagent aucune vapeur ayant de l'action sur le papier rougi de tournesol : c'est peut-être à la présence du bromure, du chlorure ou de l'iodure de calcium que ce phénomène est dû.

Le nitrate de plomb donne un précipité blanc, légèrement jaunâtre. Cette couleur dénote déjà l'iode.

Le nitrate d'argent donne un précipité blanc abondant, passant au gris violacé par le contact de la lumière. Ce précipité n'est pas complètement dissous par l'ammoniaque : il reste un résidu jaune pâle d'iodure d'argent.

Le chlorure de barium ne produit aucun changement, ce qui indique l'absence de tout sulfate. La petite quantité de sulfate, sans doute de chaux, qui avait été décélée dans l'eau, à été complètement précipitée pendant l'évaporation.

Le prussiate de potasse ni la noix de galle ne produisent

aucun effet, ce qui indique que le fer s'est déposé par
l'évaporation.

L'amidon, aidé du chlore et de l'acide sulfurique, donne
une couleur violette foncée, que l'excès de chlore détruit,
ce qui indique que la plus grande partie de l'iodure, et
peut-être la totalité, est restée dans l'eau-mère.

Le manganèse et l'acide sulfurique, à l'aide de la chaleur, produisent des vapeurs rouges abondantes, qui
donnent subitement une teinte brune très foncée aux
pièces d'argent décapées qu'on y expose.

J'ai l'honneur de présenter à l'Académie une de ces
pièces, qui contient une couche assez épaisse de bromure
d'argent ; car ces vapeurs sont évidemment des vapeurs
de brome, reconnaissables à leur couleur et à leur odeur
spéciales.

L'eau-mère s'emploie en bains, mêlée à l'eau de Kreuznach, à la dose de dix, vingt, trente, quarante et même
cent litres par bain, sans accident, et souvent avec des
résultats très remarquables, dans les anciennes affections
scrofuleuses, les vieux ulcères, les vielles plaies, etc. Le
docteur Priger, qui les a mises en vogue en les faisant
mieux connaître, les administre avec beaucoup d'habileté;
il m'a rapporté des faits de guérison que je citerai dans
mon travail spécial, et qu'on obtiendrait difficilement par
tout autre moyen.

Lorsque l'eau-mère n'est pas employée en bains sur les
lieux, elle est concentrée jusqu'à siccité pour être expédiée
au loin, soit pour en retirer le brome et l'iode, soit pour
servir à la préparation de bains.

Je donnerai ailleurs l'analyse exacte de l'eau-mère et
des eaux de Kreuznach et de Munster. Je puis, en atten-

dant, affirmer que les eaux de Kreuznach sont celles qui contiennent le plus d'iode, et surtout de brome parmi celles que j'ai visitées, et je ne doute pas qu'elles ne deviennent, quand elles seront plus connües, une grande ressource en thérapeutique dans beaucoup d'affections chroniques.

Il serait à désirer que l'on pût trouver en France, où la découverte du brome et de l'iode a été faite, des sources analogues. Peut-être en rencontrerait-on dans les salines de l'est ou dans les environs de Salies en Béarn. On devrait faire faire des recherches dans ce but (1).

La potasse forme un précipité plus abondant.

L'eau de chaux, en assez forte proportion, ne donne pas de précipité. Il en faut un très grand excès pour en obtenir la précipitation de la magnésie.

J'ai trouvé, dans les bassins où descend l'eau de gradua-tion, de grands amas de zignema d'un très grand diamètre, qui contionnent de l'iodure et du bromure de fer.

Sur ces conferves sont implantés des groupes de bacil-laires analogues à celles que j'avais trouvées attachées au scytosiphon de la source salée de Salies, que j'avais indiquées à tort comme des rudiments du scytosiphon.

J'ai trouvé dans une espèce de lac salé, à Munster, des oscillaires et un infusoire polymorphe (*Voir pl. C, fig. 33*).

---

(1) Mes indications n'ont pas été perdues, car on a utilisé depuis la pre-mière édition de ce travail, les eaux-mères des salines de l'Est avec un grand avantage. On devrait la concentrer pour l'expédier plus facilement.

J'ai aussi vu depuis les eaux de Salies, en Béarn, et j'ai trouvé une notable quantité de brome et d'iode dans les eaux-mères de l'évaporation de ces eaux. On pourrait utilement les employer dans l'Ouest de la France.

J'en ai trouvé aussi dans les eaux salées de Salies (Haute-Garonne), non seulement dans l'eau, mais dans les substances confervoïdes à l'état d'iodure de fer.

CHAPITRE IV.

DES EAUX CHLORO-NATRO-GAZEUSES.

Je distingue sous ce titre des eaux analogues, pour la plupart de leurs principes, aux eaux de Borcette et de Wiesbaden, mais qui, en outre, contiennent en dissolution une proportion d'acide carbonique assez forte pour leur donner une saveur et une réaction acides.

SECTION PREMIÈRE.

DES EAUX DE SODEN.

Soden est un petit village à trois lieues de Francfort, dans le duché de Nassau, du sol duquel sourdent vingt-quatre ou vingt-cinq sources qui ne varient entre elles que par la proportion de leurs principes.

Ces sources, désignées par des Numéros d'ordre depuis 1 jusqu'à 23, puis 6 A, 6 B, 6 C, sont d'une température qui varie de $+ 12°$ à $+ 24°$ cent. Toutes ces sources dégagent abondamment du gaz, qui produit un bouillonnement continu : elles sont limpides, incolores et inodores.

Leur saveur, d'abord piquante et légèrement salée, laisse un arrière-goût alcalin mêlé d'un goût de fer prononcé.

La source n° 6 C est plus salée que les autres, et offre une certaine ressemblance avec les eaux de Kreuznach, à la quantité d'acide carbonique près, et je ne serais pas étonné que cette source contînt une certaine quantité de brome et d'iode, ce que le peu de temps que j'ai passé à Soden ne m'a pas permis de vérifier.

Le papier bleu de tournesol est rougi : l'exposition à l'air lui rend sa couleur bleue.

Le papier rougi n'éprouve aucun changement dans l'eau naturelle; mais si l'eau a bouilli ou si elle reste longtemps exposée à l'air, elle le ramène au bleu. 1,000$^{c. c.}$ d'eau donnent 576$^{c. c.}$ d'acide carbonique.

Lorsque l'ébullition a chassé tout l'acide carbonique, la saveur de cette eau est analogue à celle des eaux de Bor-cette; l'acide nitrique en dégage encore beaucoup de gaz; il semble même que certaines sources qui sourdent dans des prairies humides répandent une légère odeur sulfu-reuse et ont la même saveur, qui semble plus marquée après l'expulsion de l'acide carbonique, comme toutes les eaux qui contiennent un sulfate et qui sourdent dans ces circonstances.

Je crois que ces sources, quand elles seront mieux con-nues, jouiront d'une grande réputation.

SECTION DEUXIÈME,

DES EAUX DE CRONTHAL.

Cronthal est à deux lieues de Soden; on y remarque trois sources, dont la principale, la Buvette (Trinkoder), offre une température de + 14° cent., l'air ambiant mar-quant + 24°.

Cette source, presqu'en tout analogue à certaines sources de Soden, contient cependant une plus grande quantité d'acide carbonique et de chlorure de sodium, que la plupart d'entre elles.

1,000$^{c. c.}$ d'eau m'ont fourni 1,080$^{c. c.}$ d'acide carbonique, à la température ambiante.

Sa saveur piquante et assez fortement salée est suivie d'un arrière-goût atramentaire.

Un médecin de Cronthal, propriétaire d'une des sources, utilise l'acide carbonique qui se dégage spontanément pour le faire déglutir dans certaines affections chroniques de l'estomac, ou pour donner des bains, en plongeant les malades dans une baignoire hermétiquement fermée (la tête seulement dehors), dans laquelle il dirige un courant d'acide carbonique.

Ce médecin prétend obtenir de très bons résultats de cette double action de l'acide carbonique, qui est très hyposténisante.

M. le docteur Gouin, inspecteur des eaux de Saint-Alban, a employé aussi avec avantage les bains d'acide carbonique ; il les considère comme très sédatifs.

Il serait utile que, dans d'autres localités de France, où sourdent, comme à Vichy des sources dégageant spontanément de l'acide carbonique, on établît de ces sortes de bains et on essayât de faire déglutir ce gaz. Peut-être trouverait-on de nouvelles ressources thérapeutiques dans les gastralgies, les hyperthrophies du cœur et les surexcitations nerveuses. J'ose espérer que cet appel ne sera pas fait en vain à mes confrères.

CHAPITRE V.

DES EAUX NATRO-GAZEUSES.

Les eaux natro-gazeuses se distinguent par une saveur acidule, mêlée d'un arrière-goût natreux. Telles sont les eaux d'Ems et de Selster.

SECTION PREMIÈRE.

DES EAUX DE SELSTER.

L'eau de Selster est la plus gazeuse de toutes les sources d'Europe : l'usage considérable qu'on en fait l'a assez répandue pour que je n'insiste pas sur ses propriétés, qui sont généralement connues, et dans lesquelles je n'ai rien trouvé de particulier à signaler.

SECTION DEUXIÈME.

DES EAUX D'EMS.

Ems est situé dans un joli petit vallon, sur les bords de la Lah. Ce village, formé d'une seule rue, commence par des chaumières et finit presque par des palais. Jamais peut-être, le développement d'une localité, par les eaux thermales ne s'est fait mieux sentir qu'ici : naguère, partout la misère ; aujourd'hui, partout la prospérité.

Les eaux d'Ems ne sont bien connues que depuis quelques années ; mais leur réputation , justement méritée,
s'accroît avec une grande rapidité.

Ces eaux dégagent abondamment de l'acide carbonique,
et quand on se promène sur une terrasse qui borde la Lah,
on voit dans le lit de la rivière de nombreuses bulles de
gaz qui s'échappent des sources qui s'y perdent. Il existe
même , du côté opposé à la terrasse, près de la source dite
des Chevaux , un petit lac où sourdent plusieurs filets, et
où dit-on, les oiseaux sont asphyxiés par le gaz, s'ils ont le
malheur de s'y arrêter pour s'y désaltérer.

J'ai trouvé dans ce petit lac une petite *zignema* et quelques anabaines , très bien caractérisées par des globules
juxtaposés en série linéaire , allant en diminuant vers l'extrémité , et dont quelques – uns , de distance en distance,
étaient deux ou trois fois plus renflés que les autres ; le
globule terminal était très petit. C'est la seule eau où j'ai
trouvé des anabaines bien caractérisées.

Les principales sources d'Ems sont :

Le Krehnchen (le robinet),

Le Kesselbrunnen (le chaudron),

La source froide ,

La source chaude ,

La source de l'Hôpital ,

La source des Quatre–Tours , etc.

La température de ces sources varie de + 27°, 60 cent.
à + 52°, 50.

Les sources les plus usitées sont le Krehnchen, la source
de l'Hôpital et le Kesselbrunnen.

L'acide carbonique et le fer que contiennent ces eaux
sont dans la même proportion , et en rapport inverse avec
la température : ainsi, c'est la source froide et le Krehn-

chen qui contiennent le plus de gaz et de fer, et c'est la source des Quatre-Tours qui en contient le moins.

La saveur de ces sources est extrêmement agréable : le Krehnchen, surtout, a comme un goût de pomme reinette, qui le fait rechercher par les malades.

Ces eaux contiennent, indépendamment de l'acide carbonique et du fer, une forte proportion de bicarbonate de soude, 2 grammes environ par litre d'eau ; du bicarbonate de chaux, du carbonate de magnésie, du sulfate de soude et du chlorure de sodium en petite proportion.

Le Kesselbrunnen, qui dégage constamment une grande quantité de gaz, comme un chaudron en très grande ébullition, ce qui lui a valu son nom, est très employé en boisson.

Le gaz spontanément dégagé est presque de l'acide carbonique pur : il a été complètement absorbé par la potasse, sauf une bulle imperceptible d'azote, mêlée d'une trace d'oxygène.

1,000$^{c. c.}$ d'eau bouillie ont dégagé 400$^{c. c.}$ de gaz.

La potasse a absorbé 388$^{c. c.}$ d'acide carbonique.

Le phosphore a absorbé $\frac{1}{2}$$^{c. c.}$ d'oxygène : il est resté 11$^{c. c.}$,50 d'azote.

Il existe une source, appelée *Bubenquelle* (1) (source des Garçons) qui jouit d'une grande réputation pour rendre les femmes fécondes. Cette source, qui jaillit du plancher d'un cabinet de bains, par un filet à + 34° cent., de la grosseur du petit doigt, s'élève de 1 à 2 mètres de hauteur. Les femmes s'assoient sur un tabouret de 2 décimètres de haut, percé d'une ouverture elliptique dans son centre. Ce filet

(1) Prononcez fortement Poupenquouêllé.

16

d'eau vient frapper directement les organes, et produit des résultats que l'on dit miraculeux.

Je pense que c'est moins à la qualité de l'eau qu'à sa température et au mode de percussion que ce jet d'eau exerce sur les organes, que ces résultats avantageux sont dus. Aussi je pense qu'on pourrait établir une semblable douche dans certaines eaux de France, et notamment à Saint-Sauveur et aux Eaux-Chaudes, dont la température est la même que celle de ce filet d'eau.

J'en ai fait établir de semblables à Luchon qui ont produit d'excellents résultats dans les engorgements utérins et dans les cas de granulations du col et les leucorrhées.

Cette espèce de douche, en modifiant l'état de l'organe utérin produit des résultats très avantageux chez les femmes qui ne peuvent concevoir ou qui sont sujettes aux fausses couches.

J'ai eu l'occasion de traiter à Luchon des malades qui avaient fait jusqu'à six et huit fausses couches sans pouvoir porter leurs enfants à terme, et qui les conservaient très bien après l'usage de cette douche; et d'autres qui n'ayant jamais pu concevoir, quoique mariées depuis plusieurs années, étaient assez heureuses, après l'usage de cette douche, pour devenir fécondes d'un à six mois après leur retour dans leur famille et pour conserver le fruit de leur conception.

CHAPITRE VI.

DES SOURCES GYPSEUSES ACCIDENTELLEMENT SULFUREUSES.

Je désigne sous ce titre des sources analogues à celles d'Enghien, qui se minéralisent en grande partie en passant à travers des bancs de plâtre, et qui contiennent une grande quantité de cette substance en dissolution ; qui, ensuite, passant à travers des marécages, deviennent sulfureuses et quelquefois assez fortement par la désoxygénation d'une partie de ce sulfate de chaux. Le principe sulfureux de ces eaux est toujours du sulfure de calcium mêlé quelquefois de sulfure de magnesium, avec une faible proportion d'hydrogène sulfuré en dissolution et dégagée par l'acide carbonique.

SECTION PREMIÈRE.

DES EAUX DE BEX.

Après avoir visité les eaux de Louech (qui ne sont nullement sulfureuses, comme je le prouverai plus loin, et qui ne répandent quelquefois cette odeur dans les piscines que par la décomposition d'un peu de sulfate de chaux, par l'action de la matière sébacée du corps, ces piscines n'étant pas toujours tenues très proprement, et les malades y séjournant jusqu'à huit heures par jour), je voulus rendre visite au directeur des salines de Bex, à M. Charpentier qui a fait un si beau travail sur les Pyrénées, et dont le souvenir nous sera toujours précieux.

M. Charpentier voulut bien me faire visiter les salines. Je fus frappé, en parcourant les longues galeries qu'on a creusées dans la montagne, formée de gypses contenant du sel en assez forte proportion, de l'odeur sulfureuse qui règne dans certains points de ces galeries ; je portai mon attention sur les points d'où partait cette odeur ; et je vis que l'on conduisait l'eau, soit de l'eau douce saturée de gypse, soit l'eau saturée de gypse et de sel, par des conduits en bois, qui, de distance en distance, laissaient filtrer de l'eau qui se répandait en nappe dans lesquelles baignaient par leur partie inférieure les tuyaux conducteurs de l'eau ; ces tuyaux séjournant dans cette eau stagnante, se décomposaient peu à peu, en absorbant l'oxygène du sulfate de chaux contenu dans l'eau, et étaient ainsi la cause de la formation du sulfure de calcium, qui répandait une si forte odeur, en dégageant à son tour l'hydrogène sulfuré par l'action de l'acide carbonique de l'air. Cette odeur est quelquefois assez forte pour être incommode aux ouvriers qui fréquentent les galeries.

Je ferai observer que les eaux-mères des salines de Bex contiennent une certaine quantité de brome et d'iode, mais moins abondamment que celles de Kreuznach.

SECTION DEUXIÈME.

EAUX DES BORDS DU LAC DE GENÈVE.

Non loin de l'embarcadère du bateau à vapeur, et à quelques centaines de mètres du point où le Rhône se jette dans le lac de Genève, existe un petit puisard, qui reçoit un petit filet d'eau légèrement sulfureux : ce filet descend d'un coteau voisin où se trouvent des couches de plâtre, et vient filtrer à travers les attérissements formés, depuis des siècles, par les alluvions du fleuve si bourbeux au moment où il entre dans le lac.

Cette eau, dans laquelle je jetai quelques réactifs, en attendant le bateau à vapeur, est d'une température de $+ 10°$ à $+ 12°$ centigr. Elle dégage spontanément quelques bulles de gaz, sur lesquelles je fis quelques expériences qui me démontrèrent qu'elles étaient formées d'acide carbonique, d'hydrogène sulfuré et d'azote. Les substances qu'elle contient sont du sulfate de chaux, un peu de carbonate de chaux, à peine des traces de chlorure de sodium et de calcium avec une très faible proportion de sulfure de calcium.

On bâtissait un grand établissement pour l'exploitation de cette prétendue source d'une valeur si minime. Je crois que c'est une dépense fort mal employée, car ces eaux déjà si peu sulfureuses à leur température naturelle, ne le seront plus du tout après qu'elles seront chauffées, et qu'elles seront arrivées dans la baignoire.

SECTION TROISIÈME.

DES EAUX DE SCHINZNACH.

Les bains de Schinznach, connus autrefois sous le nom de bains de *Habsbourg*, sont situés sur la rive droite et sur les bords de l'Aar, non loin de la colline de Wulpell, dont

la formation gypseuse dans plusieurs points dénote déjà,
par sa nature, celle de l'eau des bains de Schinznach.

La source de Schinznach, d'une température de $+31°$
centigrade, naît dans une vaste citerne, 5 mètres au-dessous du niveau du sol.

Cette source, dont le principe sulfureux est très abondant, se trouve minéralisée principalement par une grande
quantité de sulfate de chaux et de sulfure de calcium, avec
une légère proportion d'acide hydro-sulfurique, dégagé par
l'acide carbonique.

Cette eau est limpide et incolore; elle répand au loin
une odeur sulfureuse bien plus forte que celle qui existe à
Weilbach et à Bade en Suisse.

Sa saveur, légèrement amère, a très fort le goût d'œufs
couvis, avec une espèce d'arrière-goût marécageux, analogue à celui des eaux d'Enghien.

Le papier bleu de tournesol n'y éprouve rien.

Le papier rougi est ramené au bleu dans 7 ou 8 minutes.

Le papier imbibé d'acétate de plomb y est promptement
bruni et prend une teinte très intense, comme dans les
eaux les plus sulfureuses des Pyrénées, et comme dans les
eaux d'Enghien, bien plus fortement qu'à Weilbach et à
Aix-la-Chapelle.

L'acide nitrique dégage des bulles gazeuses assez nombreuses, et, après quelques minutes, forme un louche
sensible, par la participation d'une certaine quantité de
soufre.

L'eau de chaux forme subitement un précipité grenu
blanc, qui se dissout avec effervescence par les acides.

L'action de l'eau de chaux suffit, dans la plupart des cas,
pour distinguer une eau sulfureuse naturelle d'une eau
sulfureuse accidentelle. Dans les eaux sulfureuses naturelles

des Pyrénées, l'eau de chaux ne produit d'abord aucun trouble dans la liqueur, et ce n'est quelquefois qu'après plus d'une heure que la transparence de l'eau est altérée. Le précipité, qui n'est formé que de silicate de chaux avec des traces de fer et de matière organique, ne se dépose souvent qu'après plusieurs heures. Ce précipité floconneux n'est pas adhérent.

Dans les eaux sulfureuses accidentelles l'eau de chaux forme un trouble subit, suivi d'un précipité grenu, adhérent aux parois du vase, se déposant promptement, et soluble avec effervescence par les acides. Ce précipité est formé de carbonate de chaux, et quelquefois avec addition de magnésie.

L'ammoniaque et la potasse forment des précipités blancs grenus très abondants, solubles avec effervescence par les acides.

Le chlorure de baryum donne un précipité blanc grenu considérable, qui persiste après l'addition d'un acide.

L'oxalate d'ammoniaque forme un précipité blanc très abondant.

Le nitrate de plomb forme un précipité noir, plus abondant qu'à la Grotte supérieure de Luchon, autant qu'à Enghien, et six à sept fois plus qu'à Weilbach et à Aix-la-Chapelle.

Le nitrate d'argent forme un précipité olive-clair très prononcé : l'addition d'ammoniaque diminue sensiblement le volume du précipité, qui devient plus brun et est aussi volumineux que celui des Espagnols à Cauterets et de l'ancienne Reine de Luchon.

L'acétate de cuivre forme un précipité noir analogue à celui formé par le sel de plomb.

L'acide arsénieux donne de suite une teinte jaune, sans

addition d'autre acide. Il se forme après une demi-heure, un précipité floconneux jaune serin.

Si l'on traite l'eau par l'acide arsénieux, avec addition d'acide hydro-chlorique, le précipité jaune serin, qui est plus abondant, a lieu subitement.

L'action de l'acide arsénieux, comme celle de l'eau de chaux, peut servir jusqu'à un certain point à distinguer les eaux sulfureuses accidentelles (au moins celles qui sont formées par le sulfure de calcium et le sulfure de magnesium) des eaux naturelles :

Dans les eaux naturelles, l'acide arsénieux ne colore jamais spontanément l'eau ; il faut toujours l'addition d'un autre acide. Dans les eaux sulfureuses accidentelles, telles que celles de Schinznach, d'Enghien et d'Allevard, la coloration a lieu spontanément.

Je n'ai pas pu recueillir le gaz qui se dégage spontanément de la source par bulles extrêmement rares, mais j'ai recueilli le gaz obtenu par l'ébullition ; $1,000^{c.\,c.}$ d'eau don- $11^{c.\,c.}$ de gaz.

Le nitrate deplomb, introduit en fragments dans ce gaz, y brunit promptement et absorbe $0^{c.\,c.},26$ d'hydrogène sulfuré.

La potasse absorbe ensuite $0^{c.\,c.},31$ d'acide carbonique. Il reste $9^{c.\,c.},52$ d'azote.

Quand on traite l'eau bouillie par l'acide nitrique, il se dégage encore, en continuant l'ébullition, une assez forte proportion de gaz. $1,000^{c.\,c.}$ ont donné $53^{c.\,c.}$ de gaz, formés d'hydrogène sulfuré, d'acide carbonique en grande partie, d'oxygène et d'azote.

L'eau de Schinznach, qui est la plus sulfureuse des eaux de la Suisse, de l'Allemagne rhénane et de la Savoie, a beaucoup de rapport avec l'eau d'Enghien. Elle sourd sur les bords de l'Aar, non loin de bancs de gypse, comme nous l'avons fait remarquer, au milieu de terrains humides et marécageux, remplis de joncs et d'autres plantes en décomposition. C'est une eau sulfureuse accidentelle dans toute l'acception du mot, et qui peut, comme l'eau d'Enghien, servir de type aux eaux sulfureuses accidentelles gypseuses.

Cette eau, dans les points où elle s'écoule et où elle séjourne quelque temps, laisse déposer, non de la barégine, comme le font les eaux sulfureuses des Pyrénées, mais une substance blanche rugueuse, formée de sulfate et de carbonate de chaux.

Dans quelques points, et notamment dans le lit d'un petit canal de moulin, où se jette la vidange des baignoires, on voit des traînées de sulfuraire que j'ai reconnues, par l'examen au microscope, être analogue à celle que j'ai rencontrée à Enghien, à Aix-la-Chapelle, dans les sources basses, d'une température inférieure à + 50°cent., Borcette dans les sources sulfureuses.

SECTION QUATRIÈME.

DES EAUX DE BADE (SUISSE).

Les sources de Bade jaillissent sur les bords de la Limmat, dans un petit bassin situé au bas d'une colline dans laquelle existent des couches de gypse assez abondantes pour être exploitées.

Ces eaux ont une odeur légèrement sulfureuse et une saveur légèrement aigrelette et salée. Il s'en dégage spontanément des bulles assez nombreuses de gaz.

Une source du bain commun, près du Stadhof, m'a fourni, sur $100^{c.c.}$, $1^{c.c.}$,50 d'acide hydrosulfurique, plus $23^{c.c.}$ d'acide carbonique, plus $76^{c.c.}$ d'azote.

$1,000^{c.c.}$ d'eau m'ont fourni par l'ébullition $36^{c.c.}$ de gaz, composés de traces d'acide sulfhydrique de $29^{c.c.}$,80 d'acide carbonique et de $6^{c.c.}$,40 d'azote.

Ces eaux sont légèrement alcalines ; le papier rougi de tournesol est assez promptement ramené au bleu ; le papier d'acétate de plomb est légèrement bruni.

L'acide nitrique dégage des bulles nombreuses d'acide carbonique ; l'ammoniaque et la potasse forment un précipité blanc abondant, grenu, soluble avec effervescence dans les acides ; l'eau de chaux forme subitement un précipité blanc grenu, soluble dans les acides avec effervescence ; le chlorure de barium donne un précipité blanc abondant, insoluble dans l'acide nitrique ; l'oxalate d'ammoniaque donne un précipité blanc grenu considérable.

Le nitrate de plomb donne un précipité blanc, à peine fauve quand il est déposé au fond du vase ; le nitrate d'argent donne un précipité blanc considérable, soluble en totalité dans l'ammoniaque, laissant à l'eau à peine une légère teinte fauve.

Cette eau, comme on le voit, est extrêmement peu sulfureuse, et le peu de principes sulfureux qu'elle contient s'est complètement dégagé quand les malades prennent leurs bains ; car pour faire refroidir l'eau, qui est d'une température de $+46°$ à $+48°$ cent., ou prépare le bain la veille, et cette eau reste exposée six, huit et même douze heures à l'action du contact de l'air.

On trouve dans le petit baquet où coule la buvette de l'hôtel du Stadhoff, une grande quantité d'une substance blanche filamenteuse, qui n'est autre chose que de la sulfuraire qui est complètement à l'abri de la lumière.

Derrière l'hôtel du Stadhoff on voit deux grandes plaques brunes dans un point où l'eau qui s'échappe est exposée aux rayons du soleil. Ces plaques sont formées d'une oscillaire extrêmement ténue, d'un 400me environ de millimètre de diamètre.

J'avais déjà observé à Bagnères-de-Luchon, et je l'avais signalé dans un mémoire, que lorsque les eaux sulfureuses coulent en nappe au soleil, la substance qu'on y observe n'est plus blanche, mais prend un aspect brunâtre. J'avais cru d'abord que cette substance était formée de sulfuraire colorée par les rayons du soleil, mais j'avais vu plus tard que cette substance brunâtre était formée par des oscillaires qui pouvaient bien communiquer à la sulfuraire, qui quelquefois se trouvait mêlée avec elles, la couleur brune qu'elles avaient elles-mêmes.

Il est très remarquable de voir une eau dans laquelle se développe constamment une certaine substance, quand elle est à l'abri des rayons solaires, et une autre substance quand elle est frappée par ces rayons.

Il existe à Bade un petit vaporarium en miniature dans lequel on fait passer un courant d'eau chaude dont on obtient un très bon résultat dans les maladies des voies respiratoires ; mais le vaporarium d'Aix en Savoie, calqué sur celui d'Ischia, offre de bien plus grands avantages et c'est celui qu'on doit adopter dans les Pyrénées, et notamment à Bagnères-de-Luchon, comme on l'a déjà adopté au Vernet.

CHAPITRE VII.

DES EAUX SALINES.

J'ai donné le nom d'eaux salines à des sources dont aucun principe n'est assez prédominant pour leur donner une odeur ou une saveur spéciales : telles sont les eaux de Baden-Baden, de Schlansgenbach, de Wildbad, de Louesch et de Chaufontaine.

SECTION PREMIÈRE.

DES EAUX DE CHAUFONTAINE.

Les eaux de Chaufontaine sont situées entre Liége et Spa, sur les bords d'un petit ruisseau et dans un joli vallon qui rappelle ceux des Pyrénées et principalement la vallée de Barousse, près des Châlets-Saint-Nérée.

Cette source, qui naît dans un puits, à deux mètres au-dessous du sol, offre une température de $+ 35°,30$ cent., l'air ambiant étant à $+ 18°$ cent.

Cette eau contient un peu de chlorure de sodium, de calcium et de magnesium; un peu de sulfate de chaux, de carbonate de chaux ; un peu de silice et d'alumine.

Sa réaction n'est ni acide, ni alcaline d'abord; ce n'est qu'après plus d'un quart d'heure que le papier rouge de tournesol est légèrement viré au bleu.

Cette source, dont la température fait le principal mérite,

est fréquentée surtout par les habitants de Liége ; elle a certains rapports avec les eaux de Néris.

Il se forme sur l'aqueduc qui conduit les eaux de vidange, des oscillaires qui s'accumulent en grande quantité, et qui finissent, en se putréfiant, par répandre, lorsqu'on remue la boue qu'elles forment, une odeur d'hydrogène sulfuré prononcée par la décomposition d'une portion du sulfate de chaux par ces matières. Et ce qui est assez remarquable, c'est que l'on voit des traces de sulfuraire avortées dans certains points, au milieu de ces matières. L'eau, en devenant sulfureuse dans ce conduit, a permis à quelques filets de cette substance de se développer ; mais comme l'eau ne prend pas bien complètement le caractère sulfureux en totalité, mais seulement par places, cette substance n'a qu'un développement incomplet.

SECTION DEUXIÈME.

DES EAUX DE SCHLANSGENBACH.

Les eaux de Schlansgenbach, à deux lieues de celles de Schwalbach, sourdent dans un vallon délicieux et qui porte à la rêverie.

Ces eaux jouissent dans la contrée d'une grande réputation pour les maladies nerveuses ; on les considère même comme spécifiques.

Cependant l'examen de cette source m'a démontré qu'elles doivent leur principal mérite à leur température, de 30° cent. ; car les réactifs, sauf le nitrate d'argent qui y démontre une légère quantité de chlorure de sodium, n'y produisent presque aucun effet sensible.

Le papier bleu de tournesol n'y éprouve rien; le papier rougi ne semble prendre un teinte bleue qu'après plus d'une demi-heure; l'ammoniaque, ni la potasse, ni l'oxalate d'ammoniaque n'y produisent rien.

Le chlorure de baryum donne une légère teinte opaline, le nitrate d'argent un léger précipité blanc, soluble dans l'ammoniaque.

On ne trouve rien d'onctueux ni dans le fond des réservoirs, ni sur leurs parois.

On voit donc que cette eau, quant à sa composition, n'a que des qualités négatives. Sa température semble en faire tout le mérite; mais cependant, comme elle est un peu basse, on l'élève d'un à deux degrés pour la ramener à + 32° cent., qui est en général, la température la plus appropriée aux affection nerveuses.

SECTION TROISIÈME.

DES EAUX DE WILDBAD.

Les eaux de Wildbad sont situées dans le royaume de Wurtemberg, à quelques lieues de Stuttgard.

Ces eaux, qui coulent très abondamment, ont une grande analogie de composition avec les eaux de Schlansgenbach, c'est à-dire qu'elles n'ont presque pas de substance saline en dissolution. Elles contiennent à peine 0^{gr}, 30 (6 grains) de substance saline par litre, un peu de chlorure de sodium qui forme la moitié du poids de la substance, puis des traces de carbonate de soude, de chaux et de magnésie; des traces de sulfate de soude et de potasse, avec des traces à peine appréciables de fer et de manganèse.

Il y a plusieurs sources qui sont très abondantes, et qui toutes se rendent dans de vastes piscines, où l'on en fait usage. Voici les principales températures de ces sources :

Le Furstenbad. . .	Bassin. . .	35°,50centig.
	Source. . .	36°,80
Le Herrenbad . . .	Bassin. . .	34°,60
	Source. . .	35°,20
Le Frauenbad . . .	Bassin. . .	33°, »
	Source. . .	34°, »
Bains nouveaux. . .	Bassin. . .	32°,50
	Source. . .	33°,80
Catherinisfert. . . .	Bassin. . .	32°,30

Il y a une centaine d'années que Gessner trouva à peu près les mêmes températures.

Toutes ces sources, comme on le voit, se distinguent par une température très rapprochée de celle qu'on administre quand on donne des bains calmants. D'un autre côté leur permanence de température par un écoulement continu leur donne une grande valeur (1).

Nous voyons que les observations que j'avais eu l'occasion de faire en France sur les eaux des Pyrénées, relati-

(1) Ces eaux ont une grande analogie avec les eaux d'Ussat, dans l'Ariège, Elles ont aussi même température , à peu près mêmes substances, c'est-à-dire des sels neutres, en très petite quantité, qui ont une action hyposthénisante ; mais ce qui, surtout, établit entre ces sources une grande analogie d'action, c'est la température naturelle un peu inférieure à celle du corps, et l'écoulement continu , ce qui leur donne cette action calmante si marquée et si utile dans les affections où le système nerveux est irrité. Ussat et Salut, en France, Vildbad et Schlansgenbach , en Allemagne , voilà les sources sédatives par excellence. La source du Bugatet, de Saint-Gaudens, se rapproche , à la température près, de la source de Schlansgenbach ; et la source des Chalets Saint-Nérée de celles de Wildbad. On y trouve les mêmes conferves.

vement à l'influence des températures, se retrouvent en Allemagne, et qu'ici comme là on a attribué principalement aux principes contenus dans les eaux des propriétés qui, en réalité, appartiennent bien plus à leur température. C'est ainsi que nous voyons les eaux de Saint-Sa uveur, d'Ussat, du Foulon et de Salut de Bigorres, de l'Esquirette et du Rey des Eaux-Chaudes; de Wildbad, de Schlansgenbach, de Chaufontaine, avoir des compositions tout à fait différentes, et cependant être considérées, tant en France qu'en Allemagne, comme très sédatives et pour ainsi dire comme spécifiques dans les maladies nerveuses; et quand nous recherchons par quel point de contact toutes ces eaux se ressemblent, nous n'en trouvons qu'un : une *température à peu près égale* de $+ 32°$ à $+ 35°$ cent., avec un écoulement continu qui en entretient la permanence et une très faible proportion de principes salins.

SECTION QUATRIÈME.

DES EAUX DE BADEN-BADEN.

Choisissez par la pensée la plus jolie vallée des Pyrénées ou de la Suisse, comblez-en le sol, jusqu'à la hauteur des pins et des sapins, couvrez ce sol de verdure, semez-y des fleurs, bâtissez-y des palais, amenez-y tout ce que la société renferme de plus brillant : voilà Bade.

Quoique les eaux de Bade aient une saveur légèrement salée avec un arrière-goût natreux peu prononcé, on doit les considérer plutôt comme simplement salines que comme chloro-natreuses; car leurs principes constituants y existent en très petite proportion. On pourrait, à la rigueur, les regarder comme faisant la transition des eaux salines aux chloro-natreuses.

Les médecins du lieu ont tellement senti la pauvreté de leurs principes constituants, qu'ils ne croient pouvoir mieux faire que de falsifier, pour ainsi dire, ces eaux par une addition de carbonate de soude, et pour cet effet il ont fait fabriquer dans le bassin de l'Ursprung, une des buvettes principales, une espèce de marmite dans laquelle vient se rendre l'eau de la source, à laquelle ils mêlent du bicarbonate de soude, et ils administrent ce mélange sous le nom d'eaux de Carlsbad.

Il existe plusieurs sources chaudes à Bade : la principale, l'Ursprung, marque $+ 64°$ cent.

Elle dégage de temps en temps quelques bulles gazeuses qu'il m'a été impossible de recueillir.

$1,000^{c. c.}$ d'eau bouillie n'ont dégagé que $3^{c. c.}$ de gaz, dont un centimètre est de l'acide carbonique ; le reste était de l'azote, mêlé à un seizième d'oxygène.

Lorque l'eau a bouilli, l'addition d'acide nitrique dégage à peine quelques bulles gazeuses.

Les réactifs démontrent une faible quantité de carbonate de soude, qui n'a pas même la force de virer promptement au bleu le papier rouge de tournesol, malgré l'absence d'acide carbonique libre.

L'ammoniaque et la potasse donnent une teinte louche avec un précipité peu abondant.

L'eau de chaux donne un précipité blanc grenu peu abondant, mêlé de flocons solubles avec effervescence dans les acides.

Le chlorure de baryum donne une teinte opaline que l'acide nitrique ne détruit pas.

Le nitrate d'argent donne un précipité cailleboté, complètement soluble dans l'ammoniaque. Ce précipité est moins considérable que celui que l'on obtient à Borcette et à Wiesbaden.

On voit que cette eau contient peu de principes, que ceux qui dominent sont le chlorure de sodium et le sulfate de soude. Le fer ne peut être démontré dans l'eau par les réactifs : cependant il doit en exister un peu dans cette eau, car on en trouve des traces dans un dépôt grisâtre, légèrement fauve, qui se forme sur les parois du bassin.

Si la nature', que les mains des hommes ont beaucoup aidée, a considérablement fait pour Bade, sous le rapport du site et du paysage, elle n'a pas été aussi prodigue sous le rapport de la nature des eaux ; car ce sont à peu près les moins remarquables des bords du Rhin.

Bade, si je peux m'exprimer ainsi, peut être considéré comme le Bagnères-de-Bigorre des provinces rhénanes : on y vient bien plus pour se distraire que pour s'y guérir (1).

Je crains cependant que, sous ce point de vue, il ne perde même bientôt ; car il viendra une époque où les personnes honorables craindront de le fréquenter, s'il continue à se constituer comme un vaste tripôt où les fortunes vont s'engloutir.

---

(1) Cependant Bigorre pourrait devenir important, si l'on y faisait des piscines comme à Louesch et des douches avec des bains de vapeur comme à Aix, en Savoie, et si on y transportait les eaux sulfureuses de Labassère dans des appareils à gaz ou à flotteurs, comme je l'avais conseillé à M. Soubies, en 1840, et dont je lui traçai un dessin sur le mur de son établissement. Depuis plus de quinze ans, je demande ces améliorations, mais mes compatriotes sont sourds à ma voix. Ils ne sont sensibles qu'aux accents des plagiaires. Dieu l'a dit : « nul n'est prophète dans sa patrie ! »

SECTION CINQUIÈME.

DES EAUXDE LOUESCH.

Déjà, dans mes *Recherches sur les eaux minérales des Pyrénées*, j'avais fait pressentir, d'après les expériences auxquelles je m'étais livré sur des dépôts recueillis aux sources de cette localité, et d'après quelques essais que j'avais faits avec les réactifs, que ces eaux, malgré l'opinion généralement reçue, n'étaient pas sulfureuses.

Mon ami, M. Lenoir, chirurgien distingué des hôpitaux de Paris, voulut bien, à ma prière, faire quelques expériences sur les lieux mêmes, qui vinrent à l'appui de mon opinion.

Mais à présent, que j'ai eu l'occasion de les visiter moi-même, je peux affirmer qu'elles ne sont nullement sulfureuses à la source, ni dans leur trajet, jusque dans les piscines, mais si elles dégagent dans ces bassins une espèce d'odeur sulfureuse, cette odeur est due à la décomposition d'une faible partie de sulfate de chaux, par l'action désoxygénante de la matière sébacée et de la transpiration qui sont exhalées du corps.

Les malades, par leur long séjour dans l'eau, qui quelquefois dépasse huit heures par jour, sulfurent, si je peux parler ainsi, l'eau eux-mêmes. Ce phénomène est surtout très marqué dans les piscines qui n'ont pas été nettoyées depuis longtemps.

Je suis heureux de m'être rencontré dans cette circonstance avec M. le professeur Dumas, qui ayant visité Louesch, reconnut comme moi la véritable cause de l'erreur qui avait fait passer depuis si longtemps les eaux de Louesch pour sulfureuses.

Je vais démontrer par l'action des réactifs qu'il n'existe pas la plus petite trace de principe sulfureux dans ces eaux prises à la source.

La source Saint-Laurent, qui marquait le 29 ˈjuin 1839 +50°, 90 cent., la température de l'air étant à + 6°,70, naît devant la place située près de l'hôtel de la Maison-Blanche. C'est celle qui sert à toutes les piscines.

Cette source ne répand aucune odeur sulfureuse; elle a le goût de toutes les eaux salines contenant une certaine quantité de sulfate de chaux, dans lesquelles ni le fer, ni le chlorure de sodium, ni le soufre ne se distinguent par une odeur ni par une saveur spéciales. Je ne peux mieux la comparer qu'à celle des sources Cazaux et Salies de Bagnères-de-Bigorre, dont elle a la température et les principes constituants.

Le papier bleu de tournesol n'y éprouve rien, le papier rougi de tournesol n'est ramené au bleu qu'après un quart d'heure.

Le papier imbibé d'acétate de plomb, même après plusieurs heures de séjour, soit dans l'eau de la source, soit dans la vapeur du petit canal où coule l'eau, n'éprouve aucune espèce de coloration. On sait combien ce réactif est sensible à la moindre trace de principe sulfureux.

L'acétate de plomb et le nitrate de plomb précipitent en blanc, sans la moindre altération de couleur.

Le nitrate d'argent ne produit presque rien d'abord; mais après deux ou trois secondes, la liqueur prend une légère teinte opaline, qui passe au violacé par son exposition à la lumière; l'addition d'ammoniaque rend à l'eau toute sa transparence.

L'acide nitrique dégage quelques bulles gazeuses sans donner aucune odeur. L'ammoniaque donne un précipité floconneux, soluble dans les acides; la potasse donne le même résultat. L'eau de chaux forme un précipité floconneux, mêlé de quelques petits granules solubles avec effervescence.

Le chlorure de baryum forme un précipité blanc, grenu, abondant, insoluble dans les acides.

L'oxalate d'ammoniaque donne un précipité blanc très abondant.

La râclure de noix de galle, ni le prussiate de potasse ne décèlent le fer ; cependant on en trouve dans le dépôt par où passe l'eau, avec des traces de manganèse.

La source étant couverte à son point d'émergence, je ne pus recueillir les gaz qui se dégagent spontanément.

1,000 centimètres cubes d'eau bouillie m'ont donné 3 centimètres cubes de gaz, formés en partie d'azote avec un peu d'acide carbonique et d'oxygène.

Sous le stillicide de la source on trouve une substance verdâtre, azotée, lamelliforme, qui pourrait être prise par des observateurs peu attentifs pour une matière analogue à la barégine des eaux sulfureuses.

Mais cette substance, examinée avec soin au microscope, n'est autre chose qu'une réunion d'oscillaires, de $\frac{1}{400}$ de millimètre de diamètre, comme on en trouve sur le passage des eaux de Bagnères-de-Bigorre. Je n'ai trouvé aucune autre substance dans cette eau.

Les eaux de Louesch, qu'on administrait inconsidérément à tort, comme identiques aux eaux de Barèges, ne leur ressemblent en rien ; elles ont, au contraire, la plus grande analogie avec les eaux de Bagnères-de-Bigorre, dont les principes dominants sont du carbonate et surtout du sulfate de chaux, avec un peu de chlorure de sodium. Cette dernière substance est même bien plus abondante à Bigorre qu'à Louesch. Je peux donc répéter ce que j'avais déjà dit, que c'est plutôt au mode d'aministration de l'eau qu'à sa nature, que les effets qu'on obtient à Louesch sont dus.

La poussée qu'on obtient à Louesch, et dont on a tant parlé, est le résultat de cette longue macération dans une eau courante, dont la température s'élève de $+ 34$ à $40°$ centigrades, suivant les piscines, et suivant surtout que les malades sont situés plus ou moins près du point par où la source arrive dans la piscine.

Je suis loin de blâmer la manière dont on fait usage de l'eau à Louesch : je voudrais au contraire la voir s'introduire dans nos Pyrénées, et notamment à Bagnères-de-Bigorre, où les eaux ont tant de ressemblance avec celles de Louesch.

Les eaux de Bigorre produiraient alors des effets qu'on est loin d'obtenir aujourd'hui par le mode usité jusqu'à présent.

Ne serait-il pas en effet préférable, pour des Français surtout, d'aller prendre les eaux qui produiraient les mêmes résultats, le mode d'administration étant le même, dans une localité aussi agréable, et qui offre tant de ressources que Bagnères, plutôt que d'aller les chercher au milieu de rochers stériles, dont on ne peut quelquefois franchir les abords sans danger, et dans un lieu dont le climat est si variable, que j'y fus surpris par la neige à la fin du mois de juin.

J'espère que mes compatriotes ne tarderont pas à adopter les piscines et les autres améliorations que je leur ai indiquées ; mais pour obtenir de bons résultats, il est nécessaire de faire ces piscines, etc., comme elles sont à Louesch et non de faire des piscines de fantaisie, au gré et au caprice des architectes et des ingénieurs, comme on l'a fait ailleurs.

CHAPITRE VIII.

SOURCES SALINES ACCIDENTELLES SULFUREUSES.

J'ai trouvé dans mon voyage trois sources salines accidentellement sulfureuses : l'une est la source de Lavey, à une lieue de Bex ; l'autre est la source d'Aix en Savoie ; enfin une troisième source, celle de Weilbach, entre Wiesbaden et Francfort.

SECTION PREMIÈRE.

SOURCE DE WEILBACH.

La source de Weilbach, qui jouit d'une grande réputation en Allemagne, et dont on exporte plus de 150,000 cruchons par année, sourd dans un terrain où l'on trouve du calcaire grossier, alternant avec des couches d'argile.

Les couches supérieures du calcaire grossier sont mêlées d'argile plastique, dans laquelle on trouve du lignite et de la houille avec du gypse spathique.

Cette source, d'une température de $+14°$ centigrades, fut trouvée, il y a une cinquantaine d'années, en perçant une couche de houille. Sa saveur est légèrement sulfureuse, avec un arrière-goût salin et de tourbe, moins marqué que dans les eaux de Schinsnach.

Elle dégage spontanément quelques gaz que la disposition couverte de la source ne m'a pas permis de recueillir.

1,000$^{c.\,c.}$ ont dégagé par l'ébullition 63$^{c.\,c.}$ de gaz. L'acétate de plomb y brunit légèrement et absorbe 0$^{c.\,c.}$,35 d'acide hydro-sulfurique ; la potasse absorbe 28$^{c.\,c.}$ d'acide carbonique ; il reste 34$^{c.\,c.}$,70 d'azote, qui éteint les corps en, combustion sans troubler l'eau de chaux.

Si, lorsqu'on a fait bouillir l'eau, on la traite par un acide, il se dégage encore une assez forte proportion de gaz, formé de deux parties d'acide hydro-sulfurique, de 40 d'acide carbonique et de deux parties d'azote.

Le papier bleu de tournesol n'y éprouve rien ; le papier rougi de tournesol ne recouvre sa couleur bleue que dans 25 minutes.

Le papier d'acétate de plomb n'éprouve rien pendant 1 ou 2 minutes ; mais peu à peu il devient fauve, et il n'est brunâtre qu'après une demi-heure. Dans les sources sulfureuses des Pyrénées le papier brunit dans 8 à 10 secondes.

L'acide nitrique dégage des bulles gazeuses, sans produire de trouble dans la liqueur.

L'ammoniaque n'y produit rien, la potasse semble altérer légèrement la transparence, mais sans action bien marquée.

L'eau de chaux, dans une certaine proportion, forme un nuage blanc qui disparaît bientôt spontanément ; mais une plus forte proportion d'eau de chaux forme subitement un nuage permanent qui se précipite, sous forme de poudre grenue, soluble avec effervescence dans les acides.

Le chlorure de baryum donne une teinte opaline assez prononcée.

L'oxalate d'ammoniaque donne une teinte louche un peu plus prononcée qu'avec le chlorure de baryum.

Le nitrate de plomb donne un précipité noisette foncé plus brun qu'à Aix-la-Chapelle, médiocrement abondant.

Le nitrate d'argent donne un précipité fauve assez prononcé, que l'addition d'ammoniaque diminue notablement. Ce précipité semble à peu près égal à celui des Eaux-Chaudes des Pyrénées : il est plus considérable qu'à Aix-la-Chapelle.

Ces eaux, comme on le voit, contiennent, avec un peu d'acide carbonique libre, du carbonate de soude et de chaux, de chlorure de sodium, un peu de sulfure de calcium et de sodium, avec des traces d'hydrogène sulfuré libre.

Elles sont beaucoup moins sulfureuses et moins actives que la plupart des sources des Pyrénées, puisqu'elles peuvent à peine être comparées aux Eaux-Chaudes qui le sont le moins. Cependant, tandis qu'on expédie à peine 10 à 15,000 bouteilles d'eau sulfureuse dans toute la chaîne des Pyrénées, on en exporte de cette source plus de dix fois ce nombre.

C'est qu'en France nous ne savons pas apprécier assez les richesses que la nature nous a prodiguées si abondamment, et qu'en Allemagne, où la nature a été si avare, sous le rapport des eaux sulfureuses, on sait tirer un meilleur parti des moindres objets, que nous-mêmes nous dédaignerions.

On trouve dans le bassin où coule cette source par quatre tuyaux pour se rendre dans les bains, de nombreux filaments de sulfuraire.

On conçoit combien peu cette source, qui doit être chauffée, conserve de principe sulfureux dans la baignoire, puisque avant d'y arriver, elle tombe à découvert par quatre tuyaux de plusieurs pieds de hauteur, dans un bassin ouvert, pour se rendre par des conduits de plus de 50 mètres de long dans la chaudière où on la chauffe sans trop de précaution.

SECTION DEUXIÈME.

Les eaux de Lavey ont situées sur la rive droite du Rhône, non loin de Saint-Maurice, qui est sur la rive opposée.

La source a été captée, dans le lit même du Rhône, à plus de 35 pieds de profondeur, d'où elle est puisée par une pompe qui la jette dans un bassin, d'où enfin elle se rend par des tuyaux de plus de 100 pieds de long dans l'établissement où elle est utilisée.

Sa température, de $+35°$, 50 cent. à la source, perd trois degrés dans le parcours, de sorte que cette eau, qui serait à une excellente température pour être employée au moment où elle sort de la source, a besoin d'être chauffée pour qu'on puisse en faire usage dans les bains; aussi y ai-je à peine trouvé des traces de principe sulfureux dans la baignoire.

Sa saveur est presque insipide, à peine trouve-t-on un léger goût sulfureux, qui n'est pas plus prononcé qu'à Bade en Suisse.

Je n'ai pas pu recueillir les gaz qui peuvent se dégager spontanément de la source par bulles extrêmement rares.

1,000$^{c. c.}$ d'eau de la source ont dégagé par l'ébullition 6$^{c. c.}$,50. Le nitrate de plomb est légèrement bruni, et le gaz diminue de 0$^{c. c.}$,50, représentant l'hydrogène sulfuré.

La potasse absorbe 1$^{c. c.}$,10 d'acide carbonique; le résidu est formé de 4$^{c. c.}$,90 d'azote. Le papier bleu de tournesol n'y éprouve rien; le papier rougi de tournesol n'est que très faiblement ramené au bleu, même après une demi-heure.

Le papier d'acétate de plomb ne peut y prendre qu'une légère teinte brune, à peine café au lait.

L'acide nitrique dégage quelques bulles gazeuses, qui avivent à peine l'odeur sulfureuse.

L'ammoniaque et la potasse altèrent à peine la transparence de l'eau.

Le chlorure de baryum donne une teinte faiblement louche.

L'oxalate d'ammoniaque donne un louche un peu plus prononcé.

L'eau de chaux donne un louche assez prononcé, suivi d'un précipité grenu, soluble avec effervescence dans les acides.

Le nitrate de plomb donne à l'eau une couleur blanche laiteuse, prend une légère teinte café au lait très clair, en formant un précipité blanchâtre, à peine couleur noisette.

Le nitrate d'argent donne un louche assez prononcé, devenant gris violacé, légèrement noisette par le contact de la lumière. Tout le précipité est dissous par l'ammoniaque, et l'eau conserve à peine une teinte légèrement fauve.

On voit que cette eau, qui est très faiblement saline et encore plus faiblement sulfureuse, ne contient qu'un peu de carbonate de chaux, de sulfate de chaux, un peu de magnésie, un peu de sulfure de sodium ou de calcium, avec des traces d'hydrogène sulfuré libre. Elle n'est pas plus sulfureuse que celle de Bade, en Suisse, à la source, et elle ne l'est plus ou presque plus dans le bain.

On trouve sur son passage quelques filaments blancs de sulfuraire.

Les recherches que j'ai faites sur cette eau en présence

de M. Charpentier, qui voulut bien me conduire à Lavey, lui firent vivement regretter, dans l'intérêt du pays qu'il habite, de n'avoir pas une de ces sources sulfureuses des Pyrénées, si actives et si riches dans leurs principes constituants. Je conseillai à M. Charpentier de faire ajouter à ces eaux les eaux-mères des salines de Bex pour leur donner une plus grande activité, et je crois que mon conseil a été suivi avec avantage.

SECTION TROISIÈME.

DES SOURCES D'AIX, EN SAVOIE.

Je dois d'abord paraître bien téméraire de ranger les sources si célèbres d'Aix, en Savoie, dans la série des sources salines sulfureuses accidentelles. On me jugera cependant, je l'espère, avec moins de rigueur, quand on aura examiné les faits qui m'ont donné cette conviction, et j'espère qu'on se rangera de mon avis, malgré quelques objections qui pourraient être faites à cette manière de voir.

On distingue à Aix, en Savoie, deux sources chaudes principales, naissant à quelque distance l'une de l'autre, auxquelles on a donné, sans trop savoir pourquoi, le nom d'eaux de soufre et d'eaux d'alun.

L'eau d'alun marque $+ 44°,38$ cent.;

L'eau de soufre marque $+ 42°,30$ cent., c'est-à-dire $2°$ de moins que la source d'alun. Nous verrons que cette différence de température n'est pas indifférente, et qu'elle nous servira d'argument pour expliquer la nature, en apparence différente, de ces deux sources.

Certains auteurs, qui ont fait l'analyse de ces sources, se sont donné beaucoup de peine pour chercher la cause de la différence de nature de ces deux sources, ne faisant pas attention que, pour la plupart des substances qu'elles tiennent en dissolution, elles se ressemblent parfaitement, et que cette petite différence qui existe de l'une à l'autre, sous le point de vue du principe sulfureux, est si peu de chose, que l'on ne peut s'apercevoir facilement que ce principe n'est qu'une modification plus marquée dans la source de soufre que dans la source d'alun; car ces deux sources sont toutes les deux légèrement sulfureuses, la source d'alun aussi bien que celle de soufre, qui, sans l'être elle-même beaucoup, l'est cependant un peu plus que celle d'alun.

Il existe dans un jardin, situé dans la partie supérieure de la ville, une troisième source, appelée source Fleury, qui est aussi légèrement sulfureuse.

Pour prouver l'analogie qui existe entre l'eau de soufre et l'eau d'alun, je vais indiquer parallèlement l'action des réactifs dans ces deux sources, et les circonstances dans lesquelles elles se trouvent.

Toutes les deux naissent dans un terrain secondaire, dans lequel on trouve des coquillages qui indiquent sa nature, et qui rappellent les alluvions et les dépôts qui l'ont formé.

Le lac du Bourget, situé à une demi-heure du point où naissent les sources, semble n'être que le dernier terme d'un lac plus grand qui remplissait autrefois tout le vallon d'Aix; par conséquent le terrain du vallon se trouve mêlé de matières organiques analogues à celles qui se trouvent dans tous les dépôts lacustres.

D'un autre côté, nous avons signalé plus haut une source ferrugineuse crénatée existant dans le vallon d'Aix, à quelques minutes des sources sulfureuses, entre ces sources et le lac du Bourget.

Les roches qu'on observe à Aix sont formées d'un calcaire secondaire renfermant un grand nombre de corps organiques.

Ces sources naissent donc dans les mêmes conditions que toutes les autres sources sulfureuses accidentelles que nous avons signalées. Nous verrons que leur composition indique la même nature.

La saveur des deux sources est la même. Celle de l'eau de source a le goût sulfureux un peu plus marqué que celle d'alun, sans que cependant cette saveur soit très prononcée.

Le papier bleu de tournesol n'éprouve aucun changement ni dans l'une, ni dans l'autre.

Le papier rougi de tournesol passe rapidement au bleu dans les deux sources.

Le papier imbibé d'acétate de plomb prend dans l'eau d'alun, à la source, une légère teinte fauve, après une demi-heure de séjour. La vapeur de l'eau lui donne aussi une légère teinte fauve pâle. Dans l'eau de source, ce papier devient plus brun, mais pas trop rapidement. Il se colore plus vite à la vapeur.

L'acide nitrique dégage quelques bulles gazeuses sans changer l'odeur d'une manière manifeste dans l'eau d'alun; les bulles sont plus nombreuses dans l'eau de soufre et avivent légèrement l'odeur.

L'ammoniaque donne de suite une teinte louche, suivie d'un précipité moitié grenu, moitié floconneux, soluble avec effervescence dans les acides, soit dans l'eau d'alun, soit dans l'eau de soufre.

La potasse produit dans les deux sources le même effet, avec un précipité plus abondant.

L'eau de chaux donne un précipité blanc grenu, mêlé de flocons solubles avec effervescence dans les acides soit dans la source de soufre, soit dans la source d'alun.

Le chlorure de baryum donne un louche subit, suivi d'un précipité blanc grenu, insoluble dans l'acide hydro-chlo-rique, soit dans l'eau de soufre, soit dans l'eau d'alun, mais qui paraît un peu plus abondant dans la seconde que dans la première ; ce qui semble indiquer qu'une plus grande quantité de sulfate de chaux a été décomposée par les matières organiques dans l'eau de soufre que dans l'eau d'alun.

L'oxalate d'ammoniaque donne de suite une teinte louche, suivie d'un précipité blanc grenu, soit dans l'eau de soufre, soit dans l'eau d'alun.

Le nitrate de plomb donne un précipité blanchâtre, légè-rement fauve, un peu plus foncé dans l'eau de soufre que dans l'eau d'alun ; mais la couleur fauve est cependant évidemment manifeste dans l'eau d'alun.

Le nitrate d'argent donne avec l'eau de soufre un pré-cipité blanchâtre légèrement fauve, devenant gris violacé à la lumière. Ce précipité est presque complètement soluble dans l'ammoniaque, qui laisse à la liqueur une légère teinte fauve, sans formation de précipité coloré, mais avec déve-loppement d'un précipité blanc grenu floconneux de carbo-nate de chaux et de magnésie, soluble dans l'acide acétique.

Dans l'eau d'alun le nitrate d'argent donne à l'eau une teinte blanche, à peine jaune fauve, suivie d'un précipité gris violacé par le contact de la lumière. L'addition d'am-moniaque dissout le précipité, mais laisse à l'eau une très légère teinte jaune fauve, mais moins prononcée que dans l'eau de soufre. Il se dépose par l'ammoniaque un précipité blanc, floconneux, soluble dans l'acide acétique.

Le sulfate de cuivre forme un précipité blanc bleuâtre, légèrement fauve, soluble dans les acides, laissant une teinte fauve plus prononcée dans l'eau de soufre que dans l'eau d'alun.

Les gaz dégagés spontanément n'ont pu être recueillis ni dans dans l'eau de soufre ni dans l'eau d'alun.

1,000$^{c. c.}$, de l'eau de soufre ont fourni 18$^{c. c.}$ de gaz.

L'acétate de plomb a absorbé 0$^{c. c.}$,26 d'acide hydro-sulfurique. Le phosphore ne produit rien.

La potasse a absorbé. 0$^{c. c.}$,90 d'acide carbonique.
Il reste. . . . . 16 ,80 d'azote.

Total. . . 17 ,96.

1,000$^{c. c.}$ d'eau d'alun ont donné 4$^{c. c.}$,50 de gaz.

L'acétate de plomb y brunit légèrement sans absorption appréciable.

La potasse absorbe. . . 0$^{c. c.}$,25 d'acide carbonique.
Le phosphore absorbe. . 0 ,15 d'oxygèe.
Il reste. . . . . 3 ,90 d'azote.

Total . . . 4 ,30.

On voit dans cette différence des gaz une nouvelle preuve de la sulfuration accidentelle de ces eaux. En effet, l'eau d'alun, à peine sulfureuse, contient encore de l'oxygène, quoiqu'en petite quantité, et contient peu d'acide carbo-nique et une faible proportion d'azote. L'eau de soufre, au contraire, qui est plus sulfureuse que l'eau d'alun, ne contient plus d'oxygène. Elle contient une plus grande proportion d'acide carbonique, qui s'est formé par la désoxygénation des sulfates par l'hydrogène le carbone des matières organiques en décomposition, comme nous l'avions observé dans les sources sulfureuses de Borcette.

Cette source contient aussi une plus grande quantité d'azote par la réaction de l'oxygène sur le principe sulfureux qui met l'azote a nu.

Nous ferons observer que l'eau d'alun est plus superficielle que l'eau de soufre, et qu'elle sort des terres avant elle ; que par conséquent, parcourant moins de terrains dans lesquels elle puisse décomposer son sulfate, elle doit être moins sulfureuse.

Il est évident que les sources d'Aix en Savoie présentent tous les caractères des sources sulfureuses accidentelles.

La source la moins sulfureuse est la plus chaude ;

Elle contient de l'acide carbonique libre.

La plus sulfureuse contient moins de sulfate.

Ces sources naissent dans un terrain secondaire, contenant des matières organiques pouvant se décomposer.

Enfin elles contiennent du sulfate de chaux, et l'on trouve dans le voisinage une source ferrugineuse crénatée, résultant elle-même de la décomposition des matières organiques.

On a présenté les eaux d'Aix en Savoie, comme très sulfureuses, tandis qu'elles le sont fort peu. Ce qui donne à ces eaux une grande valeur, c'est leur grand volume et leur température très apte à être employée en douches; c'est, enfin, l'habileté des médecins qui les administrent. Aix, en effet, renferme plusieurs médecins vivant en bonne intelligence, parce qu'aucun n'a de privilége sur les autres, dont chacun pourrait faire la fortune d'un établissement thermal.

On observe dans des cavités souterraines où passent les eaux d'Aix, un phénomène qui se présente avec beaucoup

18

d'intensité, à cause des dispositions particulières où se
trouvent ces eaux, mais qui n'est pas spécial, comme on
l'a cru à tort, à cette localité : c'est la formation spontanée d'acide sulfurique, qui se dépose en formant des
combinaisons avec le fer et la chaux, et quelquefois l'alumine.

J'avais déjà observé ce phénomène, il y plus de cinq
ans, à Bagnères-de-Luchon, et je l'avais consigné, en 1837,
dans un mémoire présenté à une commission scientifique
nommée à Luchon.

Mais un phénomène qu'on a cru impossible, parce qu'il
ne se présente pas à Aix en Savoie, quoiqu'il soit fréquent
ailleurs, a été aussi observé par moi à Luchon et dans
plusieurs autres localités : c'est le dépôt de masses de
soufre pur à l'état de sublimation, et quelquefois très bien
cristallisé.

Quant au sulfate de chaux qu'on trouve en grande quantité dans les grottes d'Aix, l'explication en est facile par le
dépôt de l'acide sulfurique sur du calcaire.

J'ai trouvé à Aix en Savoie des substances organisées de
différentes natures :

1° Dans les points où coule l'eau de soufre on voit de la
sulfuraire, tant que cette eau est sulfureuse. On trouve
aussi des filaments de sulfuraire dans les grottes ; on en
trouve aussi des traces dans la source Fleury ; la sulfuraire
prend même dans cette source, où elle s'accumule assez
longtemps, un aspect gélatiniforme assez analogue à de la
barégine ; mais on y trouve toujours les filaments ;

2° Dans le bassin de Saint-Paul, et dans un bassin où
s'accumule la source Fleury, on trouve des plaques verdâtres, noirâtres, brunâtres, qui offrent des oscillaires de
différentes espèces, dont M. d'Espine fils donnera, je l'es-

père, un examen plus complet, et dont Vaucher et Saussure ont les premiers parlé.

CONCLUSION.

L'examen attentif des différentes sources que j'ai observées soit en Belgique, soit en Allemagne, soit en Suisse ou en Savoie, m'a permis de faire entre ces sources plusieurs divisions qui en facilitent la distinction et l'étude.

J'en ai trouvé de ferrugineuses, gazeuses ou crénatées ;
    de chloro-natreuses ;
    de natro-gazeuses ;
    de gypseuses ;
    d'iodurées ;
    et de salines, etc.

Toutes ces sources, dans des circonstances particulières, étaient susceptibles de devenir sulfureuses, tantôt avec des traces à peine perceptibles de principes sulfureux, tantôt dans des proportions considérables, mais le plus souvent dans des proportions moyennes qui n'avaient pas toujours été justement appréciées.

Quoique le travail que je présente ne soit qu'une ébauche imparfaite, il sera déjà un premier pas fait dans le but de mieux distinguer les sources sulfureuses entre elles, en les séparant dans deux catégories bien distinctes : les unes sortant très sulfureuses des *roches primitives*, telles que la nature les a formées, dans le premier effort qu'elle a fait pour constituer les chaînes de montagnes dans lesquelles elles naissent.

Les autres, sulfureuses par accident, acquérant cette qualité par la désoxygénation d'un de leurs principes par des matières organiques en décomposition. Celles-ci ne sortant jamais dans les roches primitives, et pouvant varier avec les circonstances qui amènent ou éloignent ces matières.

J'ai appelé les premières *eaux sulfureuses naturelles*, et les secondes *eaux sulfureuses accidentelles.*

Toutes les sources que j'avais étudiées dans les Pyrénées, à deux ou trois exceptions près, étaient des sources sulfureuses naturelles.

Toutes celles que j'ai étudiées, soit en Allemagne, soit en Belgique, soit en Suisse, soit en Savoie, sont des sources sulfureuses accidentelles ; et, je ne crains pas de le dire, il en sera ainsi de toutes les sources qui ne sortent pas dans la roche primitive. Les faits aujourd'hui me semblent assez nombreux pour pouvoir généraliser ce principe.

Voici par quels caractères se distinguent les sources sulfureuses naturelles des sources sulfureuses accidentelles :

1º Les eaux sulfureuses naturelles naissent toutes dans le terrain primitif et sur les limites de ce terrain et du terrain de transition ;

1º *bis.* Les sulfureuses accidentelles naissent dans le terrain secondaire ou tertiaire.

2º Les sulfureuses naturelles naissent seules, éloignées de toutes autres sources, et contiennent une très petite proportion de substance saline autre que le principe sulfureux ; et, toujours, dans les Pyrénées, les substances salines des eaux sulfureuses naturelles sont du sulfate de soude, du chlorure de sodium, du silicate de soude, etc., sans sulfate ni chlorure de chaux, ni de magnésie ;

2º *bis.* Les sulfureuses accidentelles contiennent en général une forte proportion de substances salines, et notamment, dans la plupart des cas, du sulfate de chaux ou de magnésie, avec des chlorures de ces bases, et quelquefois d'autres substances. Ces sources sourdent le plus souvent près de sources salines qui ont la même composition qu'elles, et dont elles dérivent, et souvent elles se trouvent dans le voisinage des sources ferrugineuses crénatées.

3° Les sources sulfureuses naturelles naissent le plus souvent chaudes, et dans *chaque localité*, s'il existe plusieurs sources, c'est *la plus chaude* qui est la plus sulfureuse, et qui devient d'autant plus sulfureuse qu'on la cherche plus profondément.

3° *bis.* Les sources sulfureuses accidentelles naissent le plus souvent froides, et, si elles sont chaudes, elles deviennent d'autant plus sulfureuses qu'elles se refroidissent d'avantage dans chaque localité, et plus on se rapproche des sources principales, moins elles sont sulfureuses.

4° Le gaz qui se dégage spontanément des sources sulfureuses naturelles, est de l'azote pur; celui qui se dégage par l'ébullition est de l'azote mêlé de traces d'hydrogène sulfuré.

4° *bis.* Le gaz qui se dégage des sources sulfureuses accidentelles spontanément est un mélange d'acide carbonique, d'hydrogène sulfuré et d'azote; celui qui se dégage par l'ébullition est aussi un mélange de ces trois gaz.

5° Les sources sulfureuses naturelles contiennent en dissolution une quantité notable d'une substance azotée qui se dépose quelquefois sous forme de gelée, qu'on a désignée sous le nom de barégine, et que j'ai nommée pyrénéine.

5° *bis.* Les sources sulfureuses accidentelles ne contiennent pas de barégine; quand elles contiennent une matière organique, cette substance est de l'acide crénique.

Ces caractères, je crois, sont suffisants pour mettre une

ligne de démarcation bien tranchée entre les eaux sulfureuses naturelles et les eaux sulfureuses accidentelles.

J'ajouterai que les eaux sulfureuses naturelles sont, en
général, très sulfureuses, tandis que les sources sulfureuses accidentelles le sont fort peu; lorsqu'elles le sont
d'une manière notable, comme à Schinsnach et à Enghien,
c'est toujours du sulfure de calcium qui les minéralise et
qui est joint à une grande quantité de sulfate de chaux, ou
de sulfure de magnesium comme à Allevard.

Nous avons vu aussi que des sources dont la composition
était différente sous le point de vue de la composition
chimique, agissaient cependant d'une manière analogue et
étaient, pour ainsi dire, considérées comme spécifiques dans
les affections nerveuses. Toutes ces sources n'avaient
cependant qu'un caractère commun, une température
égale et continue de $+ 32°$ à $+ 34°$ cent. (de $+ 26°$ à $+ 27°$
Réaumur), et une faible quantité de sels neutres.

J'ai trouvé dans toutes les eaux sulfureuses acciden·
telles dont la température était au-dessous de 50°, de la
sulfuraire blanche, quand cette eau coulait à l'ombre et au
contact de l'air.

Quand l'eau coulait dans des points frappés par les
rayons du soleil, cette sulfuraire n'était pas toujours
blanche et n'était pas pure; elle était mêlée d'oscillaires
d'une extrême ténuité et d'une couleur brunâtre plus ou
moins foncée, qui contribuait, je crois, à colorer la sulfuraire.

Dans les sources salines, salées ou natreuses, j'ai trouvé
diverses espèces de conferves, d'oscillaires et d'autres animalcules variant suivant la constitution chimique de l'eau
et suivant sa température (*Voir les planches*).

Tous ces faits confirment d'une manière concluante

toutes les données que j'avais établies dans mes *Recherches sur les eaux des Pyrénées.*

Je désire que ce nouveau travail puisse me concilier les suffrages de l'Académie, et je serais heureux de mériter ses encouragements et son approbation (*Voir* le rapport de MM. Dumas, Thénard et Pelouze, à la fin du volume).

———

TROISIÈME PARTIE.

MÉMOIRE

SUR

LES EAUX THERMALES

DE BAGNÈRES-DE-LUCHON.

1837.

« Sic vos non vobis. »

TROISIÈME PARTIE.

MÉMOIRE

SUR

LES EAUX THERMALES

DE BAGNÈRES-DE-LUCHON.

1837.

INTRODUCTION.

Bagnères-de-Luchon est situé au centre des Pyrénées, en face de la Maladetta, la montagne la plus élevée de la chaîne, à 314 toises (624 mètres) au-dessus du niveau de la mer, à égale distance de l'Océan et de la Méditerranée, dans une des plus jolies vallées des Pyrénées, dans la plus belle de toutes celles où sourdent des eaux minérales sulfureuses naturelles.

Cette situation de la vallée de Luchon mérite d'autant plus de fixer l'attention, qu'il existe, comme je l'ai démontré, un rapport direct entre la quantité du principe sulfureux des eaux des Pyrénées et la hauteur des montagnes primitives près desquelles les sources sont situées , ainsi qu'avec le rapprochement de ces sources du centre de la chaîne.

Le vallon de Luchon , qui donne son nom à la vallée, s'étend , dans une longueur de cinq mille toises sur douze cents de large , du village de Sier-de-Luchon à la tour de Castel-Viel.

Tout fait présumer que le sol de ce bassin, d'une forme irrégulièrement losangique , qui est traversé diagonalement du sud au nord par la Pique, une des branches de la Garonne, tient la place d'un ancien lac.

Les montagnes qui le bordent , sont formées de schiste micacé et de schiste argileux de transition. Les sources s'échappent d'un schiste micacé , dans lequel sont empâtés des blocs de granit à gros grains , renfermant des couches de mica feuilleté , et de pegmatite , contenant du mica palmé ou rayonné , à la limite du terrain primitif et du terrain de transition.

La petite ville de Bagnères-de-Luchon , bâtie au confluent de la Pique et du Gô , à l'entrée de la vallée de Larboust, est à une distance de cinq minutes de l'établissement thermal, auquel elle est liée par une belle allée de tilleuls, bordée de très jolies maisons , qui forment comme un boulevard, habité de préférence par les baigneurs qui viennent à Luchon.

La population habituelle de la ville , qui n'était , il y a cinquante ans, que de trois cents âmes environ s'élève aujourd'hui à plus de deux mille cinq cents. Le nombre d'étrangers qui viennent à Luchon s'accroît chaque année, quoiqu'on ait peu fait pour faire connaître ses eaux ; et tout porte à penser que ce nombre augmentera chaque jour , lorsque les médecins et les malades connaîtront toutes les ressources thérapeutiques qu'on peut attendre de leur administration.

Voici un tableau qui montre l'accroissement rapide qui s'est opéré dans le nombre d'étrangers, venus dans cette localité depuis sept ans ; et qui prouve que, dans cet espace de temps, ce nombre s'est presque doublé (1).

Le tableau montre aussi quel revenu considérable les eaux procurent à la ville et aux contrées environnantes.

DÉPARTEMENT
de la
HAUTE-GARONNE
————
ARRONDISSEMENT
de
SAINT-GAUDENS.
————
CANTON
de
Bagnères-de-Luchon.

ÉTAT SOMMAIRE

Des étrangers arrivés à Luchon, pour y faire usage des bains thermaux, depuis le 1er juin 1832 jusqu'au 1er novembre 1838, et calcul du minimum de la dépense que chacun y a faite, à raison de 5 francs par personne et par jour.

ANNÉES.	NOMBRE de personnes arrivées à Luchon	TOTAL des JOURNÉES de SÉJOUR.	LE SÉJOUR divisé par personne, chacune est resté environ.	A 5 FR. AU MOINS de DÉPENSE pour chacune.	*OBSERVATIONS.*
			jours.	fr.	
1832	2.624	69.524	26 1/2	347.620	
1833	3.167	85.728	27	428.910	Pour une personne qui vient à Luchon, il faut au moins, sans compter les
1834	3.283	88.003	26 3/4	440.015	bals, les cavalcades et les parties de plaisir à la montagne, fr. 5
1835	2.730	72.538	26 1/2	362.690	Pour se loger à une mansarde. 1
1836	3.564	99.116	27 3/4	495.580	Soit à manger à table d hôte 2 50
1837	3.043	76.982	25 1/4	384.910	Pour son bain. . . . » 75
1838	4.134	118.012	28 1/2	590.060	Le blanchissage, décrottage, étrennes.. . . » 75
					Total. . . fr. 5 00
Totaux.	22.545	609.957		3.049.785	

Mais pour que les eaux de Luchon aient toute leur

(1) Voir à la fin du mémoire le tableau des étrangers jusqu'à 1852.

valeur, il faut qu'elles aient acquis une stabilité qui leur
a manqué jusqu'à ce jour ; il faut qu'elles soient invariables
dans leur température et dans leurs principes constituants ;
il faut qu'elles soient administrées avec discernement et à
propos, et que l'établissement où l'on en fera usage, renferme toutes les conditions indispensables à une bonne
administration ; il faut surtout que les graves abus d'autorité dont se plaignent, avec tant de raison, les médecins
libres et les malades, soient détruits jusque dans leur
racine.

Avant 1835, époque à laquelle j'ai commencé mes
recherches sur les eaux des Pyrénées, l'établissement de
Luchon était en pleine décadence ; les eaux se perdaient
sous le terrain d'atterrissement, amassé au pied de la montagne, d'où elles s'échappent : celles qui restaient à la
surface du sol se mêlaient avec les eaux froides de pluie
et de neige, et variaient dans le printemps, de plus de 20
degrés dans leur température.

Les températures, trouvées par Bayen en 1766, s'étaient
toutes perdues. La plus chaude des sources, la Grotte,
avait diminué de plus de 7 degrés cent. depuis un temps
immémorial ; et jamais personne à Luchon ne s'était
occupé de l'état de ces sources, ni des moyens de leur faire
recouvrer leur température primitive et leurs propriétés
physiques, chimiques et thérapeutiques.

L'eau ne suffisait plus aux besoins du service, et à
l'époque de la saison où il y avait le plus de monde, on
ne pouvait plus prendre de bains après 4 ou 5 heures du
soir, on pouvait à peine fournir de 400 à 450 bains et de
120 à 130 douches. Le principe sulfureux de la source de
la Reine, la plus importante par son volume, se perdait,
soit par le passage de l'eau à travers les terres, soit par le

passage dans des canaux trop vastes; soit enfin par son séjour dans des réservoirs trop grands et mal fermés, et dans lesquels l'eau tombait par une cascade de plus de 10 pieds de hauteur. Cet état de choses tendait continuellement à empirer et pouvait devenir funeste pour les malades et pour le pays. Je fis sentir à l'autorité locale toute la gravité d'une pareille situation, et sur mon avis motivé, d'après les observations que j'avais faites dans les autres localités des Pyrénées, la ville consentit à procéder à des recherches dans les points qui furent désignés par M. Nérée-Boubée et moi, au maire et à une partie du conseil municipal.

Ces recherches exécutées dans l'hiver de 1835 et 1836, sous la direction de M. Azemar, maire, qui a montré dans cette circonstance une prudence et une fermeté admirables, amenèrent d'excellents résultats, qui sont consignés plus bas; mais ces travaux étaient insuffisants; ils avaient indiqué tout ce qu'on pouvait espérer des recherches conduites par un homme spécial; mais dirigées toujours dans le même but d'atteindre la roche en place, et de séparer les eaux chaudes des eaux froides, de manière à n'avoir plus que les sources à température constante et déterminée.

Un plan de recherces nouvelles fut demandé par le maire, à un jeune ingénieur plein de talent, à M. François, ingénieur des mines de l'Ariège.

Sur ces entrefaites, et avant que M. François eût communiqué son travail à l'autorité, M. de Bréville, administrateur habile et plein de dévoûment pour ses administrés, alors préfet de la Haute-Garonne, comprit toute l'importance des eaux de Luchon et voulut contribuer à améliorer l'avenir de cet établissement. Il nomma une commission, composée d'hommes spéciaux et de l'inspecteur de l'établissement de Luchon.

Cette commission, dont M. le docteur Viguerie, chirurgien en chef de l'Hôtel-Dieu de Toulouse, fut nommé président, était composée de MM. François, ingénieur des mines; Abadie, ingénieur-mécanicien; Barrié, inspecteur; Fontan, médecin et chimiste, et Artigala, architecte.

MM. François et Fontan lurent chacun un mémoire à la commission, et M. le docteur Barrié lui communiqua une note.

C'est sur les mémoires de MM. François et Fontan que la commission discuta et résolut plusieurs questions qu'elle crut les plus utiles pour améliorer les eaux et l'établissement de Bagnères-de-Luchon.

J'ai l'honneur de soumettre à l'Académie mon mémoire et celui de M. François, ainsi que les procès-verbaux de la commission, pour qu'elle apprécie bien la situation de Luchon avant 1835 et après 1836. Je donnerai plus loin l'état des lieux et l'importance des améliorations obtenues en 1838 et 1839; améliorations obtenues sous la direction de M. François, sur mes indications et ma surveillance.

CHAPITRE I.

1837.

MÉMOIRE (1)

SUR LES EAUX ET L'ÉTABLISSEMENT THERMAL DE BAGNÈRES - DE - LUCHON.

— ⊸⊶ —

SECTION PREMIÈRE.

FAITS GÉNÉRAUX.

1° Comme toutes les eaux sulfureuses des Pyrénées, les eaux de Bagnères-de-Luchon paraissent minéralisées par un sulfhydrate de sulfure de sodium, qui forme le principe le plus actif de ces eaux.

Cette substance, qui est facilement décomposable par le contact de l'air, éprouve des altérations différentes, suivant

(1) Ce mémoire, dont j'avais recueilli les matériaux en 1835 et 1836, fut écrit à la hâte, à l'occasion de la réunion d'une commission scientifique, nommée par M. le Préfet de la Haute-Garonne et provoquée par M. le docteur Viguerie, oncle, qui a toujours porté le plus vif intérêt à Bagnères-de-Luchon.

J'étais en excursion dans les Pyrénées, quand je reçus la nouvelle de ma nomination comme membre de la commission, et je dus demander mes notes qui étaient à Paris et qui ne me parvinrent que la veille de la réunion de la commission.

Je composai et dictai le mémoire dans une nuit, à un militaire, qui avait une assez belle plume : de là les imperfections et les répétitions qu'on y remarque, etc.; mais j'ai cru, pour plus d'exactitude, devoir le reproduire tel qu'il fut conçu, à cause de sa date et des faits qu'il renferme.

La commission, après en avoir discuté et admis les bases, me chargea de la représenter, pour la surveillance et la direction des travaux des fouilles

que l'eau est exposée au libre contact de cet agent, ou suivant qu'elle n'est en contact qu'avec un air non renouvelé.

Dans le premier cas, tout le sulfhydrate de sulfure passe à l'état d'hyposulfite de soude, et une portion de son acide sulfhydrique se dégage sans que la couleur ni la transparence de l'eau soit altérées. Dans le second cas, l'oxygène de l'air ne s'empare que de la partie du sulfhydrate, avec laquelle il a le plus d'affinité, c'est-à-dire, de l'hydrogène, pour former de l'eau et il se produit un polysulfure de sodium; l'eau prend une teinte jaune-verdâtre, sans que sa transparence soit encore altérée. C'est ce qui arrive aux eaux de la Reine et de Richard-Nouvelle, quand la première est dans le réservoir, et quand la seconde est dans la galerie, où on la laisse s'accumuler, au moyen d'un barrage qu'on a formé pour en faire une espèce de réservoir.

Lorsque, dans cet état de coloration jaune-verdâtre, ces eaux passent au contact libre de l'air, le principe sulfu-

---

et de l'établissement thermal, en m'imposant de réclamer sa réunion, si Luchon avait besoin de sa présence.

Avant 1848, je la fis réunir deux fois avec avantage pour les intérêts de Luchon; mais depuis cette époque, j'ai demandé, dans trois circonstances solennelles, sa réunion, sans pouvoir l'obtenir : parce que, comme moi, elle voulait le bien; et qu'elle ne voulait que le bien.

La commission m'avait aussi chargé de présenter mon mémoire et ses procès-verbaux à l'Académie de Médecine et à l'Académie des Sciences, pour demander leur avis.

L'Académie de Médecine fit son rapport en 1839, en approuvant le mémoire et les projets de la commission, et me fit l'honneur de me nommer membre correspondant, en votant l'impression de mon travail dans les Mémoires des Savants étrangers. L'Académie des Sciences n'a pas encore fait le sien, qui aurait aplani, s'il eût été fait en temps opportun, bien des difficultés, qui ont été tranchées, au détriment des malades et du pays, sans recevoir leur véritable solution.

reux, déjà modifié, éprouve un nouveau changement ;
l'oxygène de l'air s'empare d'une portion de soufre
pour la faire passer à l'état d'acide hypo-sulfureux ; une
autre portion d'oxygène s'empare du sodium pour le
faire passer à l'état de soude ; et ces deux nouveaux corps,
se trouvant en présence l'un de l'autre, se combinent de
manière à former une hyposulfite de soude, et enfin, un
sulfate. Mais l'action de l'air ne s'arrête pas là ; nous
avons vu que la proportion de soufre qui était combinée
d'abord avec l'hydrogène, s'est portée sur le sulfure de
sodium, quand l'hydrogène a été pris par l'oxygène pour
former de l'eau, et qu'ainsi le sodium se trouvait combiné
avec deux proportions de soufre. Mais dans la formation de
l'hyposulfite de soude, il n'y a eu qu'une proportion de
soude employée ; l'autre proportion se trouve, par conséquent en excès ; et comme le soufre, quand il est libre,
est solide, cette proportion se précipite sous forme de poudre blanche très ténue. C'est ce précipité de soufre qui
donne à l'eau de la Reine et à la source Richard-Nouvelle,
cette couleur d'un blanc laiteux, qui a été désignée sous
le nom de *blanchîment* de *l'eau ;* phénomène sur lequel nous
reviendrons plus bas. Je ferai seulement remarquer que
lorsque l'eau est tout-à-fait blanche, toute trace de principe sulfureux a disparu, puisqu'une portion de soufre est
passée à l'état de sulfate, et que l'autre proportion s'est
précipitée sous forme solide, état dans lequel il n'a plus
d'action sur l'économie, puisqu'il n'est plus absorbable.

L'hydrogène sulfuré qui se dégage de l'eau par l'action
de l'acide carbonique sur le sulfhydrate, est décomposé à
son tour par l'oxygène de l'air. Une partie passe à l'état de
soufre pur et une autre partie à l'état d'acide sulfurique,
comme je m'en suis assuré par l'expérience. Le dépôt du

soufre et la formation de l'acide sulfurique, ont lieu suivant que les galeries dans lesquelles séjourne l'eau, sont plus ou moins exposées à l'entrée de l'air ; si cet agent arrive librement, il se forme de l'acide sulfurique ; s'il n'y en a que peu, il se dépose du soufre. Aussi, remarque-t-on l'acide sulfurique, soit libre, soit combiné avec l'alumine et le fer, pour former un alun de plume ou avec la chaux pour former du plâtre à l'entrée des galeries, tandis que le soufre se trouve au fond des galeries, dans un état de pureté parfaite, et même dans un état de cristallisation. Vers le milieu des galeries, le soufre et l'acide sulfurique se trouvent mêlés, et l'on obtient cet acide en lavant le soufre à l'eau distillée, ou seulement en le laissant égoutter dans un filtre.

Anglada, après Bayen, (pour celles-ci), avait admis que le principe sulfureux dans les eaux des Pyrénées est à l'état de sulfure de sodium ; et pour le prouver, il faisait une préparation artificielle, qui avait, disait-il, toutes les propriétés de celui que contiennent les eaux naturelles. Mais il faut remarquer qu'Anglada, croyant faire un sulfure de sodium, faisait un véritable sulfhydrate de sulfure de ce métal (au moins dans quelques cas).

On peut prévoir déjà à l'avance d'après ce que nous venons de dire de la facile altération du principe sulfureux par le contact de l'air, combien il est important de lui faire éviter ce contact, et qu'il faudra diriger les améliorations de manière à tenir les réservoirs bien fermés ; à couvrir la surface de l'eau, par des flotteurs en bois léger, même dans les réservoirs; à éviter toutes les chutes et les longs parcours, surtout dans des tuyaux dont l'eau ne remplirait pas exactement la capacité. Les expériences que j'ai faites viennent complètement à l'appui de ces observations :

Déjà en 1835, je fis quelques essais sur l'ancienne Reine, qui me donnèrent les résultats suivants : le principe sulfureux de cette source, pris au moment où elle sort de terre, me donna une proportion égale à dix ; le principe sulfureux de la même eau, pris après un parcours de plus de douze mètres, au moment de sa chute dans le réservoir, ne me donna plus qu'une proportion égale à huit. Enfin, à la sortie du même réservoir, le principe sulfureux n'était plus que de 3,60 ; ce qui indique que le principe sulfureux dans le trajet que l'eau avait fait, du point d'émergence au point où elle entrait dans le réservoir, avait perdu un cinquième, et que dans sa chute, et pendant son séjour dans ce réservoir, elle avait perdu deux autres cinquièmes, ce qui le réduisait aux deux cinquièmes de ce qu'il était au moment où l'eau sortait de terre. Le mélange de l'eau avec l'eau froide, pour former un bain à $+ 35°$ cent., réduisait le principe sulfureux au cinquième de celui de la source primitive. Ce dernier cinquième n'équivalait qu'à 0^{gr}, 0019 de soufre, qui correspondaient à 0^{gr}, 0049 de polysulfure de sodium ; tandis que la source, à son point d'émergence, avait 0^{gr}, 0099, qui correspondent à 0^{gr}, 0243 de sulfure de sodium ; et lorsque l'eau des bains avait complètement blanchi, il ne restait plus rien du principe sulfureux.

Ces expériences, répétées sur la nouvelle Reine, après les fouilles de 1836, ont donné des résultats à peu près conformes : la nouvelle Reine, beaucoup plus sulfureuse à son point d'émergence, que ne l'était l'ancienne, puisqu'elle contient 0^{gr}, 0455 de sulfhydrate de sulfure de sodium, tandis que l'ancienne n'en contenait que 0^{gr}, 0243, c'est-à-dire environ les deux cinquièmes, quand elle sortait de sa sa galerie, qui formait, comme un premier réservoir dont l'ouverture était mal fermée, avait perdu $\frac{1}{4}$ environ de son principe sulfureux ; car elle n'avait plus que 0^{gr},0142 d'un mélange de sulfhydrate de sulfure de sodium et de bi-sulfure, elle n'avait après sa sortie de ce réservoir au cabinet n° 15, le plus proche de ce réservoir, que 0^{gr},0075 de soufre, correspondant à 0^{gr},0183 de bi-sulfure de sodium, c'est-à-dire le $\frac{1}{3}$ de ce qu'elle avait d'abord ; et comme il faut ajouter $\frac{3}{7}$ d'eau froide pour faire un bain à $+35°$ cent, ou $+28°$ Réaumur ; l'eau dans le bain conserve encore 0^{gr},0043 de soufre, correspondant à 0^{gr},0104 de bi-sulfure de sodium. Encore ai-je pris la circonstance la plus favorable ; car en parcourant les canaux en plomb, tels qu'ils existent aujourd'hui, l'eau perd encore une portion de son principe sulfureux ; ainsi au cabinet n° 15, elle avait encore 0^{gr},0075 de soufre, correspondant à 0^{gr},0183 de sulfure de sodium, tandis qu'au cabinet n° 29, le plus éloigné du réservoir, elle n'a plus que 0^{gr},0069, correspondant à 0^{gr},0169 de sulfure de sodium.

Cette dernière perte, peu considérable, il est vrai, égale cependant 0^{gr} 0006 ou la $\frac{1}{12}$ partie du principe sulfureux existant au moment où l'eau sort du réservoir. La diminution des principes sulfureux par l'addition de l'eau froide, a été déterminée par le calcul et par l'expérience, en faisant un mélange d'eau froide et d'eau de la Reine, de manière à former un bain à $+35°$ 50 cent. ou $28°\frac{1}{2}$ Réaumur pris dans le cabinet n° 22, vers la partie moyenne des corridors des bains ; et j'ai obtenu à peu près le même chiffre 0^{gr},0054 de soufre, correspondant à 0^{gr},0109 de sulfure de sodium à 0^{gr},001 près.

Il résulte de ces expériences que la Reine-Nouvelle ne conserve dans le bain que le $\frac{1}{2}$ du principe sulfureux, qu'elle avait à son point d'émergence.

Je ferai observer que la Reine-Nouvelle perd un peu moins

proportionnellement que ne perdait l'ancienne, relativement à son état primitif; celle-là ne perd que les $\frac{3}{4}$, tandis que l'autre perdait les $\frac{4}{5}$, ce qui tient à ce que le volume de la nouvelle Reine, étant plus considérable que l'ancienne, le réservoir est plutôt plein, et se maintient à un niveau plus élevé, et que par conséquent la chute que fait la source, en entrant dans le réservoir est moindre, et que l'eau entraîne moins d'air; que d'un autre côté, il y a moins de capacité vide d'eau dans le nouvel état de choses que dans l'ancien.

Une autre circonstance aussi plus favorable pour la nouvelle Reine, c'est qu'elle coule dans un canal large à la vérité, mais presque hermétiquement fermé à l'air extérieur, tandis que l'ancienne Reine parcourait depuis son point d'émergence, à son entrée dans le réservoir, un canal beaucoup plus grand que son volume ne le comportait, et que l'air circulait librement dans ce canal, depuis son orifice jusqu'à sa terminaison dans le réservoir; par conséquent l'eau de l'ancienne Reine, dans le réservoir, était en contact avec un air plus chargé d'oxygène que n'est la nouvelle. Ce fait est d'autant plus exact que la nouvelle Reine, à son point d'émergence dégage une assez grande quantité de bulles de gaz azote, qui empêchent dans la galerie l'entrée d'autant d'air extérieur; or l'azote n'a aucune action sur le principe sulfureux : l'oxygène seul et l'acide carbonique peuvent le décomposer.

2° Les eaux sulfureuses contiennent du sulfate de soude, soit qu'il existe naturellement dans les eaux, soit qu'il provienne de la décomposition du sulfhydrate de sulfure de sodium;

3° Elles contiennent du chlorure de sodium, dont la quantité est quelquefois assez considérable;

4° Du carbonate de chaux en petite quantité ;

5° Du silicate de soude et du carbonate en grande quantité, dont la proportion varie suivant que l'eau est restée plus ou moins exposée au contact de l'air ;

6° Des traces de magnésie, à l'état sans doute de carbonate ;

7° Des traces à peine appréciables d'alumine et de magnésie ;

8° Quelques parcelles de fer, mais toujours en assez notable quantité, si ce n'est pour être pesées, du moins pour être appréciées ;

9° De la silice en quantité toujours assez considérable, et à l'état de silicate de soude ou de silice ;

10° Enfin une substance azotée en dissolution, qui porte le nom de barégine, d'après M. Delonchamps et de glairine d'après Anglada ; j'ai cru devoir lui conserver le nom de barégine.

Cette substance se trouve dans toutes les sources sulfureuses quelle que soit leur température ; quant à la quantité, il est très difficile, sinon impossible, de la déterminer. Cette substance peut se déposer dans les réservoirs, soit sous l'aspect d'une masse gélatineuse, amorphe dans son ensemble et dans sa structure, soit sous forme de tubes de différents diamètres, attachés soit aux voûtes des cavités par où suinte l'eau sulfureuse en manière de stalactites, comme on le voit à Luchon, dans la galerie de Richard-Nouvelle, soit dans le fond des réservoirs quand il suinte de bas en haut de petits griffons, d'une eau à température différente de celle qui remplit le réservoir : la cavité du tube, dans ce dernier cas, donne passage aux bulles de gaz azot, tandis que la cavité du tube dans celle qui est en manière de stalactites, donne passage à la goutte d'eau comme on le voit dans les stalactites calcaires des grottes ordinaires ; aussi le diamètre est il beaucoup moins grand dans les tubes du plafond des galeries, que dans ceux du plancher ; la goutte d'eau étant d'un volume beaucoup plus petit que la bulle de gaz.

La substance qui forme la paroi de ces tubes, n'offre aucune structure déterminée ; quel que soit le grossissement du microscope que l'on emploie, l'on ne peut apercevoir qu'une masse comme de la gelée d'un aspect jaune grisâtre demi-transparente, sans la moindre trace d'organisation.

Il faut bien se garder de confondre cette substance avec celle dont nous allons nous occuper.

11° La plupart des eaux sulfureuses mais non pas toutes, laissent apercevoir sur leur passage une substance blanche quand elle est à l'abri du contact des rayons solaires ; formée de filaments plus ou moins longs, groupés suivant divers arrangements offrant à l'œil nu tantôt l'aspect d'une peluche blanche, tantôt celui d'un plumet, d'une fleur radiée, d'une queue ou d'une crinière de cheval ; enfin d'une houppe ; quelquefois n'offrant aucun arrangement particulier.

Cette substance, que dans certains pays, le vulgaire appelle le *minéral*, le *soufre*, a été confondue jusqu'à ce jour avec la barégine ; c'est même cette confusion qui a valu à cette dernière substance le nom de glairine que lui a donné Anglada ; car dans certains cas cette substance blanche a l'aspect, quand elle se détache des points où elle adhère, de blancs d'œufs cuits.

Il est très important de la distinguer de la barégine, car elle en diffère complètement.

Examinée au microscope, elle se présente sous la forme de filamens blancs d'une extrême ténuité ; ces filamens sont formés d'un tube transparent qui est entièrement rempli de petits ovules ou globules qui paraissent en remplir complètement le calibre ; ce diamètre varie de $\frac{1}{400}$ à $\frac{1}{1000}$ de millimètre. Tous ces filaments viennent ordinairement adhérer par une de leurs extrémités à un centre, qui paraît formé d'un fragment de substance gélatiniforme ; l'autre extrémité est libre. D'après ces caractères, on voit que ces filaments, qui flottent au gré du courant de l'eau, sont une véritable substance confervoïde.

Cette conferve, d'une espèce nouvelle, à laquelle j'ai donné le nom de *sulfuraire* (sulfuraria) à cause de la qualité des eaux où elle se trouve, ne se montre jamais que dans les eaux sulfureuses ; mais elle ne se trouve pas dans toutes ces eaux.

La circonstance qui en favorise le développement, est comme j'ai pu m'en convaincre, par l'observation, un certain degré de température et le contact de l'air. Jamais on ne trouve cette substance dans les eaux qui atteignent $+ 60°$ cent. ou $+ 50°$ Réaumur, tant que ces eaux conservent cette température ; mais dès que, par une cause quelconque, soit par le refroidissement spontané, soit par le refroidissement produit par le mélange d'une eau froide, la température est ramenée au-dessous de $+ 45°$ cent. ou $+ 36°$ Réaumur, cette conferve peut se développer.

Je n'ai pas pu fixer le degré exact de la température, au-delà duquel elle ne peut exister ; mais je me suis assuré que celle qui lui convient le mieux est celle de $+ 7°$ à $+ 40°$ cent. ou de $+ 5°$ à $+ 32°$ Réaumur. Aussi en trouve-t-on beaucoup à Saint-Sauveur, aux Eaux-Bonnes et aux Eaux-Chaudes, qui sont entre $+ 10°$ et $+ 36°$ cent. ; on en trouve aussi à Barèges dans les autres sources que la grande douche.

On en voyait beaucoup à Luchon, à l'Ancienne-Blanche qui avait de $+ 22°$ à $+ 27°$ cent. suivant les saisons, et on en trouve beaucoup aujourd'hui dans la source Nouvelle-Richard qui marque $+ 38°$ à $+ 50°$ cent.

On en voit aussi dans les infiltrations de la source de l'Étuve et dans les fuites de la Reine, quand le suintement se fait goutte à goutte, de manière à ce que l'eau puisse se refroidir ou quand la fuite se mêle avec une échappée de la froide.

J'attache la plus grande importance à la distinction de la sulfuraire et de la barégine, d'abord parce que, dans le temps, on avait pensé que les eaux de Luchon ne contenaient pas de barégine, parce qu'on n'y voyait pas de sulfuraire; et ensuite, parce que la sulfuraire contribuant, par son mélange avec l'alcali des eaux, à donner cette onctuosité si douce et qui plaît tant au baigneur, lorsqu'il passe la main sur une traînée de cette substance, il est facile de satisfaire son désir, *en la produisant en abondance, par l'écoulement continu à l'air libre, d'un ou plusieurs filets d'eau ramenés par des mélanges d'eau froide, à la température qui lui convient le mieux, c'est-à-dire, entre* $+ 10°$ *et* $+ 40°$ *cent.*

Cette perte d'eau serait peu considérable, et serait plus que compensée par la faveur que l'abondance de cette substance ferait obtenir aux eaux de Luchon.

J'ai oublié de faire remarquer, en parlant du silicate et du carbonate de soude, que c'est à ces deux substances qu'est due l'alcalinité de l'eau; c'est cet alcali qui, en se combinant avec la sécrétion de la peau, produit cette onctuosité générale qu'on observe d'une manière si marquée dans certaines sources, et notamment à Saint-Sauveur; les sources tièdes sont plus douces que les chaudes.

Cette onctuosité si agréable, qui se produit quand on est dans le bain, sur toute la surface du corps, ne doit pas être confondue avec celle, toute locale, qu'on éprouve en passant la main sur un corps qui contient de la sulfuraire; celle-ci est plus prononcée, parce que la combinaison de la sulfuraire avec l'alcali est plus intime que celle des sécrétions de la peau avec ce même alcali; et parce que cette substance se trouve en plus grande quantité dans un plus petit espace.

Il ne faut pas confondre les substances azotées des eaux sulfureuses avec celles qui se trouvent dans les eaux salines, comme à Bigorre, à Ussat, à Néris, à Vichy, etc.; celles-ci sont, ou des *conferves conjuguées* comme la zignema, ou des *oscillaires;* j'en ai observé de cinq espèces différentes; mais elles n'ont aucun rapport avec celles des eaux sulfureuses, et ne doivent, par conséquent, jamais être considérées comme identiques. Sous ce rapport, tous les auteurs se sont trompés.

12° Quand les sources sulfureuses sont bien disposées, elles émettent toutes du gaz. Ce gaz, étudié avec soin, a été reconnu être de l'azote pur.

Quand on fait bouillir ces eaux dans leur état naturel, elles émettent aussi toutes de l'azote pur; mais si, avant leur ébullition, on a la précaution de détruire le principe sulfureux par un sel de plomb, d'argent ou de cuivre, ce n'est plus du gaz azoté pur qui se dégage par l'ébullition, mais un mélange de gaz azote et d'oxygène.

Les circonstances dans lesquelles les sources sulfureuses dégagent spontanément de l'azote méritent d'être étudiées avec soin; elles sont de la plus grande importance pour la recherche des sources mères.

En examinant les sources qui dégagent du gaz azote, on

voit qu'elles viennent de bas en haut, et que c'est à cette circonstance qu'est dû ce dégagement. L'eau, dans l'intérieur de la terre, absorbe de l'air atmosphérique; peu à peu l'oxygène en est séparé par l'action qu'il exerce sur le principe sulfureux, pour le faire passer à l'état d'hyposulfite et de sulfate; et lorsque l'azote se trouve en plus grande quantité que l'eau ne peut en dissoudre, soit à cause de la diminution de pression que la source éprouve en montant à la surface du sol, soit par toute autre cause, il se dégage, parce que sa pesanteur spécifique est plus faible que celle de l'eau; on le voit monter de bas en haut, par grosses bulles qui suivent un cours beaucoup plus rapide que celui de l'eau même. Tant que la source monte verticalement de bas et haut, le dégagement a lieu; mais dès qu'elle coule horizontalement (comme en général les canaux souterrains que les sources parcourent sont d'un diamètre plus considérable que le volume de la source), le gaz se dégage par la partie supérieure et échapppe aux regards de l'observateur.

Si le canal par lequel passe une source au moment de sa sortie est assez large pour contenir à la fois le gaz et l'eau; ce gaz s'échappe sans bruit, mais s'il existe un étranglement du canal, au point d'émergence de la source, il se fait un bruit semblable à un gargouillement. C'est ce que l'on observe à Luchon, au point d'émergence de la Reine-Nouvelle, la seule qui maintenant laisse dégager des bulles de gaz azote (en 1837).

Lorsque des sources viennent de bas en haut, et qu'elles n'ont pas un écoulement libre, on voit par-ci par-là dans le sol où elles surgissent de petits suintements de liquides accompagnés de temps à autre de bulles plus ou moins grosses de gaz azote, on peut affirmer d'une manière presque certaine qu'en creusant dans ce point, on obtiendra de l'eau en plus grande abondance, et qu'on pourra même parvenir en suivant ce dégagement gazeux au griffon de la source.

13° Il est admis aujourd'hui que les sources minérales thermales puisent leur chaleur dans le centre de la terre et qu'elles montent ensuite de bas en haut à la manière des puits artésiens, avec une force d'ascension, qui peut varier à l'époque de grands changements, comme des tremblements de terre, des éruptions de volcans; mais qui en général *se conserve la même, si la source jaillit dans la roche en place.*

Cependant, si la source, au lieu de surgir dans le roc, sort dans un terrain de transport ou d'atterrissement, comme à Bagnères-de-Luchon, il arrive qu'elle change de niveau, à mesure que le terrain devient plus perméable, ou qu'on pratique dans des lieux inférieurs des excavations plus ou moins considérables (1); dans ce cas, le meilleur moyen de recouvrer l'ancien niveau consiste à combler les excavations inférieures avec des terrains imperméables comme de la glaise, et ensuite à aller à la recherche des griffons en suivant les traces que le passage de cette eau a laissées. *Les traces laissées par le passage d'une eau sulfureuse, à travers les terres, ont une couleur grise noirâtre* que prennent les terres mouillées par les eaux sulfureuses; *cette couleur vient de la formation du sulfure de fer qui est noirâtre* par suite de la décomposition *du sulfure de sodium, de l'eau et de l'oxyde de fer des terres. Il convient de suivre ces traces jusqu'au roc en place, où l'on ne doit plus craindre de déplacement.*

Une source thermale quelconque, à moins qu'il ne survienne quelque cataclysme, comme ceux dont nous avons

(1) Comme les puisards de l'établissement Soulerat.

parlé, ne peut jamais se perdre; mais elle peut se déplacer.

Il faut être bien convaincu de cette vérité pour entreprendre les travaux nécessaires à l'amélioration d'un établissement et n'être pas arrêté par une crainte chimérique, qui pourrait nuire au succès de l'entreprise.

14° En considérant les sources thermales des Pyrénées, nous voyons que les établissements dont la réputation est le mieux établie, sont ceux dont la température des sources est constante, et à un degré plus ou moins rapproché de la température du corps.

Dans chaque établissement, même, c'est la source qui se rapproche le plus de cette température qui est la plus suivie. Qui ne connaît, en effet, la réputation européenne de Barèges et de Saint-Sauveur, et qui ne sait combien à Bagnères-de-Bigorre, les sources de Salut et du Foulon l'emportent sur les autres ?

(*Le bain de Salut ne se prend qu'à* + 32° *cent.*, *et seulement* 3/4 *d'heure c'est trop froid et souvent trop court.* A Barèges, les eaux des bains ont, depuis + 32° à + 41° cent., ou depuis + 24° à + 33° Réaumur. Saint-Sauveur, à de + 32° à + 34°, 50 cent., ou de + 26° à + 28° Réaumur. A Bigorre, le Foulon, à + 34°, 50 cent., ou + 28° Réaumur. Salut, + 32° à + 33°, 50 cent., ou + 26° à + 27° Réaumur. Les bains d'Ussat, eux-mêmes, doivent en grande partie leur réputation à leur température qui est de + 30° à + 39° cent., ou + 25° à + 29°, 50 Réaumur.)

15° Mais ce n'est pas à la température, au point d'émergence, qu'est due cette réputation, c'est à la *température du bain* et à la *permanence* de cette température.

Or, le seul moyen d'établir la permanence de cette température, c'est de laisser à l'eau dans la baignoire, un écoulement continu ; c'est en effet, ce qui existe dans tous les établissements que j'ai cités.

Les malades sont plongés dans un milieu qui se renouvelle sans cesse ; de nouvelles molécules médicamenteuses viennent constamment remplacer celles qui ont perdu leur propriété, et l'effet se trouve d'autant plus augmenté que le renouvellement est plus rapide.

Cette manière de donner les bains, dépense, il est vrai, une plus grande quantité d'eau ; mais, qu'importe la dépense, quand il s'agit d'une chose utile? L'on peut, du reste, ménager l'eau de manière à concilier l'intérêt des malades et la prospérité de l'établissement.

16° Les eaux s'administrent en bains isolés, ou en bains communs ; ces derniers portent le nom de piscines.

DES PISCINES.

Un préjugé bien mal placé, selon moi, empêche quelques malades de se baigner dans ces derniers bains. Comme des raisons différentes guident quelques praticiens distingués pour les proscrire, je crois devoir examiner les motifs qui me les feraient désirer, et je discuterai ceux qui peuvent les faire rejeter (1).

La durée des bains dans nos établissements des Pyrénées est déterminée, il faut le dire, d'une manière tout à fait arbitraire. Quand un malade va prendre les eaux, quelque soient son âge, son sexe, son tempérament, ou sa maladie, on lui prescrit de prendre un bain d'une heure pendant trois semaines ou un mois, sans faire attention si la durée de ce bain sera trop longue ou trop courte pour

(1) M. le docteur Viguerie, Président de la Commission, ne voulait pas de piscine ; je fus obligé de combattre son opinion.

ce malade. Il est cependant des individus faibles ou jeunes, pour qui un bain de cinq à dix minutes suffit; d'autres peuvent et doivent se contenter d'un quart-d'heure, d'une demi-heure; mais ce n'est pas pour ceux-là que les piscines sont utiles; il est des malades qui ont besoin de rester plus de deux heures dans le bain; il en est qui doivent rester dans l'eau plusieurs heures le matin, et plusieurs heures le soir, pour obtenir les effets qu'ils désirent.

Il existe en Suisse, dans un petit bourg, appelé Leuch ou Louech, un établissement thermal dans lequel on obtient des effets très remarquables avec une eau bien inférieure à celle de Luchon. Mais la baignée commence par une heure et est portée jusqu'à huit heures par jour. Des médecins qui nous ont laissé d'excellentes observations, ont porté la durée des bains jusqu'à douze et dix-huit heures sur vingt-quatre.

Il me paraît bien difficile, avec les bains isolés, d'obtenir cet avantage : à Louech, il n'existe que des piscines.

La température de l'atmosphère diffère essentiellement dans les piscines et dans les cabinets de bains isolés. Lorsque dans ceux-ci elle n'est qu'à la température atmosphérique, ou à peu près, elle est dans les piscines de Barèges, à + 28° cent. et même au-delà. Dans cette circonstance, les malades sont dans un état de transpiration constant : il se fait chez eux un échange actif du liquide médicamenteux et des sécrétions morbides. Aussi, est-ce dans les piscines, à Barèges, que s'opèrent les cures les plus remarquables; et ce n'est pas, parce que, comme l'a dit un médecin distingué, dans les piscines se baignent les malades pauvres chez lesquels les médicaments ont le plus d'efficacité; mais parce que réellement les piscines

20

ont plus d'action que les bains isolés ; en effet , à Barèges,
les militaires de tout grade, se baignent dans les piscines,
de préférence aux bains isolés ; et ces militaires, aussi
bien que les pauvres, en obtiennent d'excellents résultats.

La vaste étendue d'eau dans laquelle se trouve le
malade , lui permet de changer de place, pour renouveler
souvent la surface du liquide qui baigne son corps ; elle
lui permet aussi d'exercer de grands mouvemens qui facilitent la guérison de ces fausses ankyloses et de ces rétractions des tendons , quand ils sont exercés dans le milieu
même qui sert à amollir ces parties ; et les malades en
commun , éprouvent moins d'ennui.

Il existe aussi une grande économie d'eau et de temps,
dans l'adoption des piscines, car on peut employer l'eau
qui sort des baignoires et des douches, comme on le fait à
Barèges, sauf à entretenir la température au moyen d'un
filet d'eau venant directement de la source ; et le bain se
trouvant toujours prêt, on n'a pas besoin d'un quart-d'heure
pour renouveler l'eau, comme on est forcé de le faire pour
les baignoires. Enfin l'air étant moins renouvelé, le principe sulfureux est moins facilement détruit. Il éprouve, dans
ces piscines qui sont comme de vastes réservoirs, la modification qui rend l'eau jaune verdâtre et change la nature
de ce principe. Peut-être aussi cette modification rend-elle
l'eau plus active ? Il faut recueillir des observations sur ces
données.

Quant aux inconvénients qu'on peut signaler, je sais
qu'ils se réduisent aux suivants : la pudeur est blessée du
mélange des sexes ?..... On peut remédier à cet inconvénient, en les séparant. Cependant à Louech, hommes et
femmes sont tous ensemble, et la pudeur n'est pas blessée:
on couvre le corps d'une longue robe de laine qui ne des-

sine pas les formes, et les épaules et le cou au moyen d'un large collet de même étoffe.

L'aspect des infirmités dégoûtantes? Mais si l'on couvre les infirmités, on ne peut pas les voir; on pourrait d'un autre côté assigner des heures diverses aux rhumatisants et aux dartreux, etc. On pourrait faire même des piscines diverses pour ces différentes affections.

L'aspect des pauvres misérables, qui se baignent dans la même eau que les riches, et qui affecte douloureusement ceux-ci? Il n'est pas difficile de donner des heures diverses aux riches et aux indigents, et de faire même des piscines séparées; mais est-ce un si grand mal que lorsque la souffrance rapproche les hommes et les rend égaux, comme le malheur, les riches se rappellent quelquefois qu'il est d'autres maux que ceux qu'ils éprouvent et qu'ils doivent savoir y compâtir?

SECTION DEUXIÈME.

EAUX DE LUCHON.

Après avoir passé en revue les principaux phénomènes qui s'observent dans les eaux sulfureuses, et avoir recherché les causes de ces phénomènes, je vais m'occuper spécialement des eaux de Luchon, et pour mieux les étudier, rappeler sommairement les divers changements que ces sources ont éprouvés depuis qu'elles ont été utilisées.

Les Romains firent usage de ces eaux. Les autels votifs que l'on trouva lors des fouilles, que fit faire Bayen, et les restes des piscines qui pouvaient encore se voir au sud de l'établissement actuel, témoignent assez de ce fait; mais on ne peut savoir quelles sources existaient alors;

quelle était leur température, et comment ils opéraient le refroidissement de l'eau : toute tradition est perdue à ce sujet.

Il ne nous reste non plus aucune tradition sur ce que devinrent les sources pendant l'invasion des barbares.

Vers le milieu du dernier siècle, M. d'Étigny fit réparer l'établissement que depuis un certain temps les malades venaient visiter ; mais nous n'avons aucune connaissance de l'état des sources jusqu'en 1766, époque à laquelle Bayen fit l'analyse des eaux qui existaient alors à Luchon.

Le travail de ce célèbre chimiste est un des plus remarquables qui ait jamais été fait en ce genre, et si aujourd'hui, on peut y ajouter quelque chose, c'est au progrès de la chimie qu'on en est redevable.

A cette époque il existait six sources à Bagnères :

1° La Grotte, marquant + 52° Réaumur ou + 65° cent. Cette source est celle qu'on désigne aujourd'hui sous le nom de Grotte supérieure (1).

2° La Reine marquant + 39° Réaumur ou + 48°,75 cent. Cette source est la Reine-Ancienne.

3° La source aux Yeux, très petite puisqu'elle ne fournissait qu'une ligne et demie d'eau, marquant + 50° Réaumur, équivalant à + 62°,50 cent.

4° La Blanche, marquant de + 30° ou + 33°,75 du thermomètre cent., et qui était la même qui portait ce nom, il y a un an, avant qu'elle ne cessât de couler (2).

5° La Froide marquant de + 17 à + 21° Réaumur correspondant à + 21°,25 ou + 26°,25 cent.

6° La source de Lassale, marquant, à l'arrivée de Bayen,

----

(1) Qui plus tard est devenue Bayen.
(2) Elle a repris depuis.

à Bagnères dans le réservoir où elle se rassemblait, de +
31° à + 35° Réaumur, correspondant à + 38°,75 cent.
et + 43°,75 cent. Mais peu de temps après son arrivée,
Bayen fit poursuivre les suintements de cette source, et
parvint, après huit jours de travail, à obtenir un filet qui
marquait au point d'émergence, une température constante de + 41° Réaumur, qui correspond à + 51°,25
cent. Cette source est celle qu'on nomme aujourd'hui
Richard-Ancienne.

En récapitulant, nous trouvons :

Grotte	+ 52° R.	+ 65°, »	cent.
Reine	+ 39° R.	+ 48°,75	cent.
Yeux	+ 38° R.	+ 62°,30	cent.
Blanche	+ 27° R.	+ 33°,75	cent.
Froide	+ 21° R.	+ 26°,26	cent.
Lassale	+ 41° R.	+ 51°,25	cent.

La Grotte supérieure ni les sources Ferras n'existaient
point encore alors.

La Grotte supérieure fut restaurée, comme l'indique
l'inscription, qui est au-dessus, dix ans plus tard, en 1776,
sous le nom de source des Romains. Était-ce un ancien
suintement dont on suivit la trace? Était-ce une source
couverte qu'on déblaya? Je n'ai aucun renseignement
précis à cet égard.

Une chose qui me frappa, après mes premières expériences sur les eaux de Luchon, ce fut le mode d'administration suivi par tous les médecins.

Tous faisaient commencer les bains à leurs malades par
la source Richard ancienne et les faisaient passer ensuite
à la Reine, dans l'idée de les faire aller du faible au fort.
Les premiers étaient administrés pour préparer les malades
comme étant doux ; les seconds étaient donnés pour faire

la cure, et ce n'était qu'avec précaution qu'on les faisait aller à la source, *si forte*, de la Reine.

Cependant si nous comparons les résultats obtenus sur ces deux sources, nous voyons qu'il faudrait faire exactement le contraire. En effet :

La Reine, à sa source, n'avait que $0^{gr\cdot}$, 0099 de soufre, correspondant à $0^{gr\cdot}$, 0245 de sulfhydrate de sulfure de sodium. Nous avons vu qu'elle perdait les trois cinquièmes de ce principe, en passant dans le réservoir, et qu'enfin il ne lui restait plus que le cinquième de ce qu'elle avait à sa source quand elle était dans le bain.

Richard ancienne avait au contraire à sa source $0^{gr\cdot}$, 0204 de soufre, correspondant à $0^{gr\cdot}$, 0500 de sulfure de sodium, c'est-à-dire environ le double; encore le principe sulfureux de Richard ne fut-il pas pris à la source que je ne pus faire découvrir, mais au robinet de la cour, c'est-à-dire à plus de six mètres de la source; d'un autre côté, je ne pus prendre que l'eau accumulée, et non l'eau du griffon, parce que je ne pouvais interrompre le service des bains.

Mais Richard ne perd rien de son principe, en arrivant dans la baignoire, ou du moins presque rien; par conséquent il ne faut déduire du principe sulfureux que ce qui en est enlevé par le mélange de l'eau froide, et qui s'élève à $\frac{4}{10}$, ce qui réduirait le principe sulfureux dans le bain à $0^{gr\cdot}$, 0143 de soufre correspondant à $0^{gr\cdot}$,0350 de sulfhydrate de sulfure de sodium; mais la Reine n'avait dans le bain que $0^{gr\cdot}$, de soufre, correspondant à $0^{gr\cdot}$, 0049 de bi-sulfure de sodium, c'est-à-dire sept fois moins que Richard. L'alcali actif sensible au sirop de violette prédomine aussi dans Richard. Quand on se demande donc qu'elle est la force qui fait préférer la Reine à Richard, on ne peut pas s'empêcher de dire que c'est *la force du préjugé*. La grotte inférieure se perdait presque toute sans emploi; elle ne servait que pour réchauffer les baignoires, on la craignait comme trop forte; cependant elle était analogue à peu près à Richard, par laquelle on commençait.

C'est le 23 juillet 1835, par une température de $+ 22°$ cent.; que commencèrent mes expériences, sur les sources de Luchon. Voici celles qui existaient alors, avec leur degré de température :

1° La Grotte supérieure, à la sortie de la grotte.	$+ 60°,50$
2° Grotte inférieure, au robinet du n° 17. . . .	$+ 55°,00$
3° Reine (ancienne), au point d'émergence de. .	$+ 41°,15$ à $44°,10$
4° Source aux yeux.	$+ 42°,20$
5° Blanche	$+ 20°,20$
6° Froide.	$+ 19°,08$
7° Richard (ancienne).	$+ 43°,20$ à $47,$ »
8° Ferras (bains)	$+ 35°,08$
9° Ferras, buvette.	$+$ », »
10° Faible Soulerat, ou Petit-Puits	$+ 32°,50$
11° Forte Soulerat, Grand-Puits $+ 34°$ et . .	$+ 36°,00$

Il est facile de voir que ces sources avaient éprouvé, depuis l'époque où Bayen les visita, un refroidissement considérable. La différence est :

Pour la Grotte, de	10° cent.
Pour la Reine, de	20° cent.
Pour les Yeux, de	20° cent.
Pour la Blanche, de	13° cent.
Pour la Froide, de	7° cent.
Pour Lassale ou Richard, de	8° cent.

Tous ces divers changements me semblèrent dus à des mélanges d'eau froide; il me sembla aussi que les fouilles nouvelles pourraient ramener les choses à un état meilleur, et je les proposai au maire et au conseil municipal.

Je pris exactement la quantité de principe sulfureux, que contenait chaque source et j'obtins les résultats suivants (1) :

LOCALITÉS.	SOUFRE.	SULFURE SODIQUE.
	gr.	gr.
Grotte supérieure.	0,0244	0,0601
Grotte inférieure	0,0206	0,0501
Reine ancienne.	0,0099	0,0243
Yeux, à peu près comme la Reine	» »	» »
Blanche , à peine appréciable.	» »	» »
Froide , moins encore	» »	» »
Richard (ancienne)	0,0204	0,0500
Ferras , pas de soufre.	» »	» »
Soulerat , forte Grand-Puits	0,0148	0,0364
Soulerat faible Petit-Puits	0,0005	0,0012

Cette quantité de principe sulfureux pour la Grotte supérieure, la Grotte inférieure, Richard et même la source forte Soulerat était remarquable ; mais je fus frappé de la petite quantité que la Reine, qui était regardée comme la principale source de Luchon en contenait ; il était urgent de recouvrer l'ancienne source, avec sa température et sa qualité de principe sulfureux.

Des indications furent données au Maire en présence de quelques membres du Conseil municipal, par M. Nérée-Boubée et moi. Ces fouilles furent effectuées dans le

(1) Voir plus bas, le tableau des sources de Luchon dans l'état actuel 1853.

courant de l'hiver 1836. L'on creusa quatre galeries, en forme de galerie de mineur, en partant de derrière l'établissement vers le flanc de la montagne, pour aller à la recherche de la roche en place, où l'on pensait que les eaux devaient être à l'abri des influences extérieures; mais on s'arrêta pour cette fois avant de l'avoir rencontrée, ou du moins avant de l'avoir reconnue, parce que les débris qu'on en trouva, étaient tout à fait altérés par le passage des eaux.

Ces recherches, faites sur mes indications avec prudence, je dirais presque avec crainte, sous la direction de M. Azemar, produisirent les résultats suivants :

1° Dans la première galerie, en allant du nord au sud, on trouva, après être pénétré à 22 mètres de profondeur dans la montagne, une source qui coule horizontalement de la partie inférieure du plancher de la galerie, dans sa partie la plus reculée. Cette source, d'une température de + 38°,50 cent. ne donne point de gaz à son point d'émergence. A cinq ou six mètres du fond de cette galerie, a été commencé un embranchement, dirigé vers le sud, mais qui n'a rien produit. Vers le milieu de cette même galerie, existent plusieurs suintements qui partent du plancher et qui ont de + 41° à + 43° cent. de température; ces suintements peu abondants laissent dégager par temps des bulles de gaz azote, ce qui indique d'une manière non équivoque qu'en pénétrant plus profondément dans le plancher de cette galerie, on trouverait un filet d'eau plus abondant, dont une portion se perd au-dessous du sol.

Il se fait encore au fond de cette galerie, des suintements de haut en bas en forme de stilicide; ce qui dénote que des filets d'une source coulent au-dessus et qu'une perte s'opère pour produire ces suintements. Il faudrait aussi poursuivre ces gouttelettes d'eau qui sont d'une nature sulfureuse, et dont chacune produit un stalactite de barégine, comme nous l'avons indiqué plus haut. Il faudrait cependant respecter, s'il était possible, la petite source, qui coule au fond de cette voûte, à cause de sa température qui a été invariable pendant un an, et qui est à un degré convenable pour le corps : $+ 38°,90$ cent.

Cette source, à cause de sa température, permet à une grande quantité de la *conferve* que j'ai nommée la *sulfuraire*, de végéter sur son trajet.

Lorsqu'elle a séjourné dans la galerie, cette eau qui est incolore, quand elle est à son point d'émergence, prend une teinte jaune verdâtre qui dénote le passage du sulfhydrate de soude à celui de polysulfure de sodium, et quand elle tombe dans la baignoire, elle blanchit spontanément sans le mélange d'aucune autre source.

Lorsqu'on ajoute à cette eau blanchie une certaine quantité d'eau de Richard-Ancienne, la transparence de l'eau est rétablie ; mais la teinte du liquide conserve un peu la couleur jaune verdâtre ; cette disparition du trouble de la liqueur est le résultat de la dissolution du soufre, précipité par le sulfhydrate de sulfure de sodium, qui contient l'eau de Richard-Ancienne.

Cette source contient, sous la voûte, lorsqu'elle est réunie aux autres suintements, et qu'elle marque ainsi en masse $+ 38°,50$ cent., comme à son point d'émergence, $0^{gr},0082$ de soufre ; ce qui correspond à $0^{gr},0202$ de bisulfure de sodium.

La deuxième galerie, en allant toujours du nord au sud, est percée un peu plus bas que la précédente, vis à vis le chauffoir dont elle a pris le nom ; elle a environ 14 mètres de profondeur.

En faisant cette galerie, l'on avait trouvé un volume d'eau plus considérable, mais qui diminua beaucoup lorsqu'on eut percé la galerie suivante. Telle qu'elle est en 1836, elle a en masse une température de $+ 46°,70$ cent.

Son principe sulfureux était à peu près comparable à celui de la Reine-Ancienne, prise en 1835 ; mais comme elle ne coule que par un suintement latéral, je ne jugeai pas à propos de prendre exactement son principe sulfureux. Ce sont de nouvelles recherches à faire.

Cette source doit être poursuivie, jusqu'à ce qu'on trouve tout le filet qui s'échappe de la Nouvelle-Reine; car elle paraît n'être qu'une échappée de cette source ; et ce qui le démontre jusqu'à l'évidence, c'est que lorsque la Nouvelle-Reine eut un écoulement libre, cette source diminua subitement de plus de moitié, ce qui indiquait que la Nouvelle-Reine, étant gênée dans sa sortie de la montagne, s'infiltrait de ce côté ; mais que dès qu'elle a eu un cours plus libre, les échappées ont cessé en grande partie, sans que pour cela elles aient disparu complètement. Je ferai observer *que ces échappées, quand elles ont lieu par suintement, perdent de leur calorique et de leur sulfuration.*

Ce point est important à noter, il nous servira de guide dans les nouvelles recherches que nous aurons à proposer.

La troisième galerie, en poursuivant toujours la même direction, est située à peu près vis-à-vis les réservoirs de l'Ancienne-Reine, creusée dans un point plus élevé que les précédentes, elle a fourni les résultats les plus avantageux.

Cette galerie n'avait d'abord produit que des filets peu importants, mais dès qu'on arriva à près de 14 mètres de profondeur, on obtint un griffon considérable, qui donnait, le 9 octobre 1836, 4,260 litres d'eau par heure, ou 101,624 litres en vingt-quatre heures.

Cette eau avait au griffon de la source $+ 52°$, 20 du thermomètre cent.

Le griffon de cette source sort obliquement de bas en haut, et dégage du gaz azote, en produisant un bruit semblable à un gargouillement qui n'est pas continu, mais qui se répète plusieurs fois dans une minute ; ce bruit dénote que la source éprouve dans ce point, un étranglement, et que toute son eau ne passe pas par cette ouverture ; ce que nous avons dit de la source du chauffoir le démontre suffisamment.

Le principe sulfureux de cette source au griffon est de 0^{gr},0186 de soufre, correspondant à 0^{gr},0455 de sulfhydrate de sulfure de sodium. Cette quantité du principe sulfureux est presque double de celui de l'Ancienne-Reine, au moment où j'en fis l'analyse en 1835, puisque celle-ci n'avait que 0^{gr},0099 de soufre, correspondant à 0^{gr},0243 de sulfhydrate de sulfure de sodium.

Ce seul résultat ferait plus que justifier l'avantage des fouilles qui ont été faites ; mais là, ne s'est pas borné le succès : la source nouvelle est beaucoup plus abondante et mieux située que n'était l'ancienne, puisqu'elle jaillit vis-à-vis le milieu de l'établissement, tandis que l'autre en était éloignée de 30 pieds.

Il est vrai que l'Ancienne-Reine a disparu, mais elle n'a pas été détruite. C'est un simple déplacement qui la rapproche de son point de départ, et du lieu où elle doit être utilisée.

Cette source, après être passée dans le réservoir de l'Ancienne-Reine, blanchit comme elle, toujours par les causes dont nous avons déjà parlé, c'est-à-dire par une précipitation du principe sulfureux qui avait déjà éprouvé une modification.

Il semble presque imprudent de proposer de toucher à cette source pour continuer des recherches ; cependant, si j'ai pu prouver que l'on n'a pas encore toute l'eau qu'elle peut fournir ; si j'ai pu démontrer qu'il est impossible qu'elle se perde, quand même il surviendrait encore un nouveau déplacement, je crois qu'on pourrait sans danger chercher à dégager la fissure par laquelle elle s'échappe au dehors, pour éviter les pertes que le resserrement de son ouverture lui fait éprouver, et pousser jusqu'à la roche en place, qui ne doit pas être très éloignée : dans tous les cas, on pourrait toujours, en la captant bien à son point d'émergence, la ramener au point où elle est aujourd'hui ; au moyen de tuyaux, on pourrait même l'élever d'avantage ; car, par sa disposition actuelle, on voit qu'elle a une tendance à monter à un niveau supérieur, et je ne serais pas étonné qu'on pût, s'il le fallait, la ramener au même niveau qu'avait l'Ancienne-Reine.

Il se passa, trois mois après qu'on eut trouvé cette source, un phénomène qui faillit mettre en révolution toute la population de Bagnères-de-Luchon : cette source perdit peu à peu sa transparence, elle devint noirâtre, en entraînant, en suspension, une matière pulvérulente d'un brun très foncé.

Cependant, rien n'est plus simple que ce qui arriva dans cette circonstance.

Cette source coule dans un terrain de transport ou d'atterrissement, composé de schistes ferrugineux carbonatés. Ces schistes éprouvent, soit par l'effet du temps, soit par l'effet du passage prolongé d'une source sulfureuse, une altération qui les noircit beaucoup et les rend très friables. On peut encore voir de ce terrain au-dessus du demi-cercle où coulent les anciennes sources. Il se forme ainsi par le contact de l'eau sulfureuse et du fer, du sulfure de fer noir.

L'ancienne Reine, changeant de cours quand on donna un libre passage à la nouvelle qui avait, quoique gênée, un écoulement plus facile, il se forma des éboulements de cette terre noire, qui colora l'eau de la nouvelle Reine.

M. Boileau, notre honorable collègue à la Commission, comprit bientôt la vérité et chercha à rassurer la foule épouvantée, en prouvant que l'eau contenait du fer en assez grande quantité à l'état de sulfure. Dans l'été de 1836, environ neuf mois après cette fouille, l'eau, quoique éclaircie, contenait encore plus de fer que les autres sources, comme je m'en convainquis par l'expérience.

Si ce phénomène se présente dans de nouvelles fouilles, loin d'effrayer, il doit, pour ainsi dire, être regardé comme de bon augure, puisqu'il montre qu'on a trouvé un griffon qui avant s'étendait en nappe, parce qu'il était gêné dans son cours.

J'ai fait des expériences pour savoir si l'hydrogène sulfuré attaquait le fer et j'ai vu que la solution de ce gaz dans l'eau, mise en contact avec du fer dans un grand état de division, devenait noire, comme était devenue celle de la Reine, en passant sur les schistes ferrugineux.

La quatrième galerie, qui est la dernière en allant vers le sud, n'a été pour ainsi dire que commencée ; elle n'a que 5 à 6 mètres de profondeur ; elle n'a encore produit que des suintements, qui viennent de haut en bas, le long de la paroi qui forme le fond de la galerie ; elle doit être poursuivie dans la direction de l'est à l'ouest pour retrouver, s'il est possible, l'ancienne Grotte supérieure qui est perdue, car le filet d'eau qui coule dans le lieu où était l'ancienne Grotte, n'avait en 1836, que $\div$ 47° cent., tandis que la Grotte supérieure avait en 1835, + 60° 50 cent., d'où l'on voit que les fouilles ont fait perdre à cette source, 13 degrés environ de température. Le filet qui coule dans le point où sortait l'ancienne Grotte, offre encore, en 1837, dans le mois de décembre, + 47° cent.

Après que les fouilles furent terminées, il s'opéra dans les anciennes sources des changements considérables ; nous aurions dû les prévoir, si nous n'avions pensé qu'elles coulaient dans la roche en place, comme l'opinion en était établie. Il était du reste facile de se tromper, parce que les diverses sources situées dans le fer à cheval, sortaient d'une roche granitique, à fissures parallèles obliques, qui lui donnaient l'aspect de la roche en place.

Ces changements se manifestèrent non-seulement dans la température, mais aussi dans le volume des sources. Il y eut déplacement des sources chaudes.

Les températures anciennes se trouvèrent presque toutes diminuées, deux seules furent augmentées.

1° La Grotte supérieure passa de. . . — 60°,58 à — 47°.
2° La Reine-Ancienne de. . . . . . — 45°,10 à — 25°.
3° La source aux Yeux de. . . . . . — 43°,50 à — 23°.
4° La Blanche de. . . . . + 20°,40 a disparu.
5° La Froide de. . . . . + 19°,00 à + 17.
6° La grotte Inférieure de. . . . . + 55°, à + 56°,30.
7° Richard-Ancienne de. . . . . . — 43°,25 à — 54°,88.

Le principe sulfureux diminue de près de moitié dans la Grotte, il existait à peine dans la Reine, et avait disparu complètement de la source froide, qui ne semblait le tenir que de son mélange avec la blanche; quant à celle-ci elle avait complètement cessé de couler.

Doit-on se féliciter ou se plaindre de ce nouvel état de

choses ? En un mot les anciennes sources, telles qu'elles étaient en 1835, valaient-elles mieux que celles qu'on obtint en 1836.

J'aborde, comme on le voit, franchement la question; je vais tâcher de la résoudre.

Toutes les analyses que j'ai faites, soit à Luchon ou ailleurs m'ont prouvé que, dans chaque localité, toutes les sources avaient la même composition; qu'elles ne différaient entre elles que par la proportion des principes qu'elles contenaient; que cette proportion, sauf quelques exceptions, était en rapport direct avec la température, et quand ce rapport n'existait pas, il était facile d'en saisir la cause.

A Barèges, où l'on distingue huit sources, il n'y en a réellement qu'une : La grande Douche, dont toutes les autres ne sont que des dérivées, combinées avec plus ou moins d'eau froide, ou refroidies par les terres, en s'éloignant de la source principale.

Le principe sulfureux, qui sert d'étalon dans les sources de cette espèce, est de 0^{gr},0157 de soufre ; la température de $+ 44°,60$ cent. dans la grande Douche. Bains de l'entrée, 0^{gr},0089 de soufre; température $+ 40°,80$ cent. Polard, 0^{gr},0071 de soufre; Température, $+ 37°,45$ cent. Les autres vont ainsi en diminuant symétriquement dans les mêmes proportions de sulfuration et de température, à mesure qu'elles s'éloignent.

A Saint-Sauveur, il y avait trois à quatre sources qui différaient un peu de température et qui portaient divers noms. On a jugé à propos, dans le nouvel établissement, et avec raison, de n'en faire qu'une seule, en les réunissant dans un réservoir commun.

Il en est de même aux Eaux-Chaudes et aux Eaux-Bonnes.

Enfin, la même loi s'étend à Luchon.

La source mère en 1835 était la Grotte supérieure; toutes les autres n'en étaient que des diverticulums ou des dépendances.

Les différents noms qu'on leur avait donnés de Reine, de Dauphin n'en changeaient pas la nature.

Le principe sulfureux de ces sources m'a offert le tableau suivant en 1835 et 1836.

LOCALITÉ S.	TEMPÉRATURE		SULFURATION	
	1835.	1836.	1835.	1836.
	cent.	cent.	gr	gr.
Grotte Supérieure	+61°,50	+47°,00	0,0601	0,0463
Grotte Inférieure.	+55°,00	+56°,30	0,0506	0,0506
Reine ancienne.	+45°,00	+25°,00	0,0243	0,0037
Yeux.	+43°,50	+23°,00	0,0245	» »
Blanche.	+20°,00	» »	sensible.	détruite.
Froide..	+19°,00	+17°,00	à peine.	pas.
Richard ancienne.	+43°,25	+54°,00	0,0500	0,0527
Richard nouvelle.	» »	+38°,50	» »	0,0455
Chauffoir.	» »	+46°,90	» »	0,0245
Faible Soulerat (Petit-Puits). . .	+32°,50	+32°,50	0,0012	0,0012
Forte Soulerat (Grand-Puits). . .	+34°,00	+30°,00	0,0364	0,0360
Reine nouvelle.	» »	+52°,00	» »	0,0445
Total.	353°,75	422°,20	0,2471	0,3050
Moyenne . . .	39°,30	47°,00	0,0274	0,0338

Si nous examinons les sommes et les moyennes de tous ces nombres, nous trouverons que toutes les températures ont augmenté en totalité, aussi bien que les sulfurations : ainsi la somme en température en 1835 était de 353°,75 cent., en 1836 de 422°,20 cent., et donc augmentation de 68,45 ou $\frac{1}{6}$ environ.

La somme de sulfuration en 1835 était de 0^{gr},2471; en 1836 de 0$^{gr.}$ 3050 : Il y a donc aussi une augmentation de 579 ou environ $\frac{1}{5}$.

L'augmentation en volume est aussi remarquable. L'on sait que dans l'ancien état de choses l'eau manquait quelquefois et que l'on était obligé de renvoyer des baigneurs à la dernière ronde, vers quatre à cinq heures et qu'après cette heure, on ne donnait plus de bains.

Le réservoir de la Reine commençait à se remplir à sept heures du soir, et n'était pas plein à trois heures du matin, m'a-t-on dit. Mais les anciennes sources n'ont pas été jaugées en 1835, pour comparer exactement le résultat.

Les nouvelles et quelques anciennes ont été mesurées par moi l'an dernier, les 9, 10 et 11 octobre 1836, en présence de MM. Azemar, maire, et Barrau, adjoint, ainsi que de plusieurs baigneurs et ouvriers qui me servaient d'aides.

Je laissais vider le trop plein des sources, et quand elles étaient réduites à leurs simples griffons, filets ou suintements, je conduisais l'eau dans une mesure, au moyen d'une gouttière en fer blanc. Je comptais le temps nécessaire, pour remplir la mesure, au moyen d'une montre à secondes, dont je pouvais apprécier facilement les demi-secondes.

J'avertissais, en comptant jusqu'à trois, du moment où l'on devait placer la mesure sous le filet de la source, et j'étais averti par un des aides qui tenaient la mesure, du moment où elle était pleine et où je devais cesser de compter. Je répétais trois fois l'opération, et j'arrivais toujours exactement au même nombre de secondes, à une demi-seconde près.

Je calculais le temps qu'il fallait par heure et par jour ; ce qui m'a donné les résultats suivants, malgré quelques légères pertes d'eau, sans jamais pouvoir trouver une erreur en plus ; car j'avais eu soin de ne recevoir exactement que l'eau qui s'écoulait spontanément de la source :

1° La Reine-Nouvelle, mesurée avant son entrée dans le réservoir, donnait 19 litres 1/4 d'eau en 16 secondes = 71 litres par minute ; = 4,260 par heure ; = 101,624 en 24 heures. Cette eau n'a que + 48° cent. quand elle arrive dans la baignoire. On a besoin pour composer un bain de 220 litres, tels qu'ils se donnent aujourd'hui à + 36° cent. ou + 28° 3/4 Réaumur de 88 d'eau froide sur 132 d'eau de la Reine ; on peut donc donner 770 bains avec cette source, dans 24 heures, à 250 litres par bain.

2° La Grotte Inférieure, après avoir bien laissé écouler toute l'eau en réserve, en ouvrant tous les robinets, donne :

A droite,	A gauche,
N° 15. 19 litres en 4 minutes.	N° 17. 19 litres en 72 secondes.
» 235 par heure.	» 950 par heure.
» 5,658 par 24 heures.	» 21,800 par 24 heures.

Total des deux côtés, 27,458 litres, en 24 heures.

Il faut pour un bain 107 litres de la Grotte, sur 113 de la Froide.

Cette source pourra donner 256 bains par jour.

3° La Richard Ancienne, mesurée aux deux robinets

du n° 1 , après avoir laissé écouler toute l'eau , donne au premier robinet :

> 19 litres en 2 minutes 15 secondes.
> 350 litres par heure.
> 1,418 litres par 24 heures.

Le second robinet à droite a donné :

> 19 litres en 2 minutes 40 secondes.
> 427 litres par heure.
> 10,248 litres en 24 heures.

Les deux robinets donnent un total de 18,668 litres par jour.

Il faut donc un bain de 108 litres de cette source, sur 111 d'eau froide.

Cette source donne 181 bains par jour.

4° La source du Chauffoir, mesurée au trop plein du barrage, fait dans l'intérieur de la galerie, donne :

> 19 litres en 66 secondes.
> 1,036 par heure.
> 24,870 par 24 heures.

Cette source fournirait, en mettant 188 litres de cette eau et 82 d'eau froide, 180 bains par jour.

5° La source Richard-Nouvelle donne 20,020 litres en 24 heures, et comme elle est à la température nécessaire pour le corps, il ne faut pas y mêler d'eau froide. Cette source peut donner 91 bains par jour.

6° La Grotte supérieure n'a pas été mesurée en 1836; nous n'avons non plus mesuré ni la Froide, ni l'ancienne Reine, ni la source aux Yeux.

En récapitulant ce mesurage et les calculs que nous avons déduits, nous voyons que ces sources peuvent donner :

La Reine-Nouvelle à. . . . . . . 132 litres par bain.	770 bains.
La Grotte Inférieure à. . . . . . 107 —	257 id.
Le Chauffoir à . . . . 130 —	181 id.
Nouvelle Richard à. . . . . 220 —	91 id.
Richard ancienne à. . . . . 108 —	181 id.

Total des bains par jour : 1,480 bains.

Voilà ce que l'on pourrait donner si les réservoirs étaient bien faits, et si l'on ne devait mettre dans les bains que 220 litres d'eau.

Mais il n'en est pas ainsi maintenant, et ce n'est pas avec une si petite quantité d'eau, qu'on peut faire de bons bains ; il faut évaluer à 400 litres environ la quantité d'eau qu'il faut dans chaque baignoire, si l'on voulait donner un courant à l'eau, laissant un trop plein ; j'ai prouvé plus haut que cette mesure était indispensable si l'on voulait laisser à l'eau toute son efficacité.

Les bains d'eau courante pourraient, du reste, se payer plus cher que ceux à l'eau morte et à raison de la dépense d'eau.

En évaluant donc à 400 litres chaque bain, le nombre de ceux que l'on pourrait donner chaque jour à Luchon s'élève à 814 (1).

La Grotte supérieure est à une excellente température maintenant pour donner les douches, et son filet est assez fort pour former une bonne douche. Toutes les personnes même ne pourraient peut être pas supporter cette température de + 47° cent.

En ôtant les 100 bains, que pourrait fournir la douche du Chauffoir, qui est déjà employée en douches, il reste

(1) Ou, à raison de 300 litres par bain, à 1050.

encore 700 bains à donner, à raison de 400 litres par bain, à + 36° cent. ou + 28° 1/2 Réaumur, en moyenne.

A l'époque où, en 1836, il se trouvait jusqu'à 1,700 étrangers à Bagnères, on ne donnait que 550 à 600 bains par jour. Il semble donc que cette quantité d'eau devrait suffire à toutes les exigences; mais je ne pense pas ainsi :

Bagnères de Luchon, par la nature de ses eaux, par la beauté de son site, par la douceur du climat et sa hauteur moyenne, est appelée à *un avenir immense* (1). Peu connues jusqu'à ce jour, parce que peu de personnes en ont parlé, ses eaux joueront bientôt, je l'espère, un grand rôle dans la thérapeutique.

Il est une question qui n'a jamais été abordée d'une manière complète, et que je ne peux qu'énoncer ici, c'est l'imitation des eaux naturelles par des eaux naturelles; l'imitation des eaux d'une contrée par celles d'une autre contrée, des eaux d'une localité par celles d'une autre localité.

Il ne serait pas facile, dans chaque localité, d'imiter les sources des autres localités; mais Luchon, sous ce rapport, est la contrée la plus favorisée par la nature; aucune localité ne réunit autant d'avantages : ici la chaleur manque; là c'est la chute; ailleurs c'est l'alcalinité; presque partout c'est le principe sulfureux.

Luchon est au contraire favorisée sous tous ces rapports.

Ses eaux sont les plus sulfureuses des Pyrénées; ce sont les plus chaudes, après celles d'Ax, qui par malheur ont

(1) J'avais prévu tout l'avenir de Luchon et je m'étais consacré à son développement. Pour mieux y réussir, j'avais refusé la place d'inspecteur de Barèges, qui m'était officiellement offerte par M. Sart, Préfet des Hautes-Pyrénées, au nom du gouvernement et des administrateurs des bains; et quoique je n'aie pas toujours été secondé dans mes projets à Luchon, cette localité se développe cependant peu à peu et réalise, quoique plus lentement que je ne l'eusse voulu, mes espérances et mes prévisions.

un grand excès de température ; ce sont les plus alcalines et la chute pour les douches, est plus que triple de celle de Barèges, et leur volume est le plus considérable.

Le tableau suivant mettra en rapport les principales eaux des Pyrénées pour prouver ce que j'avance.

LOCALITÉS.	SOURCES.	TEMPÉRATURE.	SOUFRE.	Sulfhydrate de sulfure de sodium.	ALCALINITÉ active relative.	CHUTE.	ANNÉES.
			gr.			mètres.	
Luchon. . . .	Grotte supérieure . .	+60°,50	0,0244	0,0601	1,000	de 5 à 11	1836
Luchon. . . .	Richard ancienne . .	+54°,80	0,0215	0,0527	»	» »	1836
Luchon. . . .	Grotte inférieure . .	+55°,00	0,0206	8,0506	666	» »	1835
Luchon. . . .	Richard ancienne. .	+43°,47	0,0204	0,0505	575	» »	1835
Luchon. . . .	Reine nouvelle . . .	+52°,00	0,0186	0,0455	»	3, 50	1836
Barèges. . . .	Grande douche. . .	+44°,60	0,0157	0,0384	400	1, 25	1835
Luchon. . . .	Bains Soulerat. . .	+34 à 36	0,0148	0,0364	570	» »	1835
Luchon. . . .	Reine ancienne. . .	+41 à 45	0,0099	0,0243	285	» »	1835
Barèges. . . .	Bains de l'entrée . .	+40°,80	0,0089	0,0218	»	» »	1835
Cauterets. . .	Les Espagnols en bas.	+45°,25	0,0084	0,0205	»	à volonté.	1835
Luchon. . . .	Richard nouvelle. .	+38°,50	0,0082	0,0202	»	» »	1836
Cauterets. . .	César en haut. . .	+48°,05	0,0078	0,0192	»	à volonté.	1835
Saint-Sauveur.	No 19	+34°,50	0,0081	0,0199	280	2 »	1835
Barèges . . .	Polard	+37°,45	0,0071	0,0173	»	» »	1835
Ax.	Breil Source-Fontan.	+59°,50	0,0062	0,0152	400	1 à 2	1835
Ax.	Les Canons.	+75°,50	0,0054	0,0132	250	1 »	1835
Eaux-Chaudes.	Le Rey	+33°,50	0,0024	0,0060	143	1, 50	1835
Luchon. . . .	Bains Soulerat . . .	+32°,50	0,0005	1,0012	288	» »	1835

L'on peut voir, dans ce tableau, tous les avantages de Luchon sur la plupart des autres localités. Je donnerai ailleurs quelques analyses, complètes comparatives, pour finir d'établir cette vérité.

Après avoir payé aux eaux de Luchon le juste tribut d'éloges qu'elles méritent, je dois signaler les inconvénients qu'elles présentent dans l'état actuel.

Nous avons fait déjà remarquer que les sources qui, dans les Pyrénées, ont le plus de réputation (et cette réputation pour la plupart est justement établie), la devaient en partie à leur température constante et approchée de celle du corps ; et j'ai cité à ce sujet Baréges, St-Sauveur, Salut et Le Foulon de Bigorre, Ussat, etc., etc.

Luchon ne possède pas cet avantage ; toutes ses sources sont ou trop froides ou trop chaudes ; une seule maintenant en jouit : c'est Richard-Nouvelle. Aussi voyons-nous qu'elle a acquis promptement une grande réputation, et que tous les malades se la disputent, quoiqu'elle ne contienne dans ses principes constituants, rien qui doive la faire préférer aux autres. Deux autres sources, si elles étaient bien aménagées, pourraient présenter aussi cet avantage ; ce sont les sources de l'établissement Soulerat(1).

Mais si nous examinons, dans les autres établissements, à quelles circonstances les sources doivent leur bonne température, nous verrons qu'à Luchon on pourra établir de pareilles dispositions.

En effet, il n'y a qu'à établir des réservoirs dans lesquels les mélanges d'eau chaude et froide seront effectués par une personne exercée, et l'on pourra alors laisser à ces eaux toutes leurs qualités.

L'on pourra aussi, sans mélange d'eau froide, et au

_____

(1) Depuis cette époque leur température et leur sulfuration se sont modifiées, par suite des fouilles.

moyen de serpentins, refroidir les plus sulfureuses, en leur laissant tout leur soufre, et l'on aura alors à Luchon des sources très utiles, dans quelques cas rebelles de certaines affections dartreuses, syphilitiques, etc., et qui ne pourront être imitées dans aucune localité; et pour éviter toute perte de principe sulfureux, il faudra établir, ce que j'ai proposé, il y a trois ans, des conduits qui amènent l'eau dans les baignoires, par la partie inférieure, au lieu de la verser par-dessus, pour éviter toute espèce de chute, qui enlève toujours beaucoup de soufre, en introduisant, comme par une trompe, une grande quantité d'air.

Il faudra établir dans les réservoirs, des couverts ou plafonds mobiles qui, formés de planches légères et à pans coupés, flotteraient toujours à la surface de l'eau, pour empêcher le contact de l'air. Ce moyen que j'ai proposé aussi, il y a trois ans, est déjà adopté d'après mes conseils, mais d'une manière encore imparfaite, dans l'établissement Soulerat.

Il faudra éviter toute chute d'eau quelconque, surtout dans les réservoirs. J'ai prouvé, en 1835, que la Reine-Ancienne, en tombant dans son réservoir, et par le séjour qu'elle y faisait, perdait les $\frac{2}{5}$ de son principe sulfureux, et disposait l'eau à perdre le reste, quand elle était tombée dans la baignoire, en blanchissant.

C'est ici le moment de parler avec quelque détail de ce phénomène du blanchîment de l'eau de la Reine et de Richard-Nouvelle, que je n'ai fait qu'indiquer plus haut, et qui a valu une si grande réputation, dans le temps, à l'eau blanche, aux yeux de certains malades.

Bayen, le premier, signala ce phénomène, et reconnut que les eaux, quand elles avaient blanchi, et qu'elles s'étaient de nouveau éclaircies, déposaient une matière composée de soufre et d'une espèce de substance grasse et terreuse.

Mais il attribue le blanchîment au mélange de la source Blanche ou Froide avec l'eau de la Reine. Le mélange des deux sources était, d'après lui, une nécessité.

D'autres auteurs ont attribué ce phénomène aussi au mélange de la Froide et de la Reine, et sans s'informer de de la nature du précipité, ils ont décidé que l'une des sources contenait un sel de chaux soluble, et l'autre un carbonate alcalin, aussi soluble, qui, par le mélange, devenait insoluble, et formait un précipité de carbonate calcaire.

M. Bourdon, membre de l'Académie Impériale de médecine, et membre aussi de la commission des eaux minérales de France, adopte une opinion différente, dans son manuel sur les eaux minérales.

M. Patissier, dans son traité sur les eaux minérales de France, attribue ce blanchîment au mélange des eaux froides et des eaux chaudes.

M. Leon Marchand de Bordeaux, dans son traité des eaux minérales des Pyrénées, l'attribue à l'électricité, produite dans un temps d'orage.

M. Longchamp avait compris qu'il se passait quelques phénomènes dans le précipité sulfureux, mais n'en avait pas rendu tout à fait un compte exact.

Anglada l'attribue aussi à la double décomposition d'un sel calcaire et d'un sel alcalin, et à la précipitation du carbonate calcaire.

Au milieu de ce conflit d'opinions, je pensai que l'observation et l'expérience pourraient éclairer la question, et j'eus le courage de m'y consacrer.

Il est deux manières d'étudier les sciences : l'une qui consiste à parcourir en imagination le vaste champ de

l'hypothèse ; de donner son opinion sur tout et de ne prouver rien ; l'autre plus lente, mais plus sûre, qui consiste
à étudier les faits, à les coordonner et à en déduire quelques lois inébranlables, qui seules peuvent faire progresser
la science. C'est la seconde que j'ai suivie ; serai-je assez
heureux pour en avoir obtenu quelques résultats utiles ?

Si le mélange des eaux des deux sources est la véritable
cause du blanchîment, je dois l'obtenir, pensais-je, dans
quelque point que je prenne des eaux.

Je pris, *à la source,* de l'eau de l'ancienne Reine et de la
Blanche, d'une part ; de l'eau de l'ancienne Reine et de la
Froide, d'autre part ; j'en fis des mélanges en diverses proportions, et je n'obtins même, après plus de vingt-quatre
heures, aucun trouble dans la liqueur. L'eau resta parfaitement limpide et incolore.

Je pris de l'eau des mêmes sources, dans le moment
où elles tombaient dans la baignoire, et la couleur blanche
survint bientôt, quelles que fussent les différentes proportions dans lesquelles s'opéraient les mélanges.

Je fus déjà convaincu qu'il était nécessaire à l'eau de
parcourir un certain trajet pour acquérir la propriété de
blanchir. S'il se forme un carbonate de chaux qui se précipite, et qui donne à l'eau la couleur blanche, je dois,
me dis-je, faire disparaître cette couleur, et rétablir la
transparence de la liqueur, en la traitant par un acide,
qui forme avec la chaux un sel soluble. J'ajoutai de l'acide
chlorhydrique, de l'acide nitrique, etc. ; mais la lactescence
de l'eau était augmentée par l'action des acides et persistait plusieurs jours.

Je fus convaincu alors que ce n'était pas un carbonate
qui se formait, mais je ne vis pas encore la vérité.

Je voulus voir quelle influence l'orage avait sur le blanchîment de l'eau, et j'observai régulièrement tous les jours, et plusieurs fois, l'eau dans les baignoires, et je vis ce phénomène tous les jours, qu'il fît orage ou que le temps fût serein; qu'il plût ou qu'il neigeât. Je remarquai seulement que l'action était plus lente ou plus active; mais elle était constante, et arrivait de dix minutes à trois-quarts d'heures après l'arrivée de l'eau dans la baignoire; l'agitation et le brassage hâtaient d'une manière notable le phénomène.

Quand on fit les fouilles, on découvrit une source qui, sans mélange d'aucune eau froide, blanchissait quelques instants après qu'elle était arrivée dans la baignoire. Cette spontanéité de blanchîment me frappa; je voulus voir si la Reine-Nouvelle qui blanchissait comme l'ancienne par son mélange avec l'eau froide, et qui reprenait sa transparence par un mélange consécutif avec l'eau de la Grotte inférieure, blanchirait sans addition d'eau froide. Je vis en effet que cette eau, prise à sa sortie du réservoir, blanchissait dans le bain, comme si on l'eût mêlée à de l'eau froide, et je fus convaincu que ce mélange n'était pas nécessaire; et pour être bien certain que ce n'était pas à une double décomposition que la couleur blanche était due, je voulus essayer de fermer hermétiquement les flacons dans lesquels je faisais les mélanges; étant certain que le le précipité aurait lieu à l'abri du contact de l'air, comme à l'air libre, et je fis parallellement ces expériences. Mais je ne fus pas peu surpris de voir que l'eau avait blanchi seulement dans les flacons ouverts, tandis qu'elle était limpide dans ceux qui étaient hermétiquement fermés. Je vis alors que l'air jouait un rôle important dans ce phénomène.

Pour mieux l'étudier, je voulus suivre pas à pas le phénomène dans toutes ses phases, et je me plaçai en observation devant plusieurs carafes contenant, soit de l'eau de la source Richard-Nouvelle, soit de la Reine-Nouvelle, prise au sortir des réservoirs, soit des mélanges de la source de la Reine-Nouvelle et de la source froide, et je remplis ces carafes à divers niveaux, de sorte qu'elles offraient à l'air des surfaces de diverses grandeurs.

Je vis que l'eau qui offrait une plus grande surface à l'air, blanchissait plus vite que celle qui offrait une plus petite surface et que la rapidité était en raison de cette surface. Je vis de plus que l'action se passait à la surface même du liquide; que dans le point de contact de l'air et de l'eau, il se formait une petite couche blanche; qui peu à peu descendait en colonne irrégulière vers le fond de la carafe, et qu'il se faisait un double courant de l'eau centrale blanchie, qui descendait, et de l'eau limpide de la périphérie qui montait à la surface, jusqu'à ce que toute la masse fût complètement blanche.

Mais un autre fait important, qu'une observation attentive me fit découvrir, c'est que l'eau des carafes avait une *teinte jaune verdâtre* avant de blanchir.

Cette teinte, que j'avais vue, mais que j'avais plutôt attribuée à une impureté de l'eau qu'à un caractère spécial, me frappa vivement et me donna subitement la clef de cette couleur blanche si souvent et si mal expliquée.

J'allai de nouveau puiser de l'eau des différentes sources, dans divers points de leur trajet; je vis que toutes étaient limpides et incolores à la source, et que, dans cet état, elles ne précipitaient nullement par l'action d'un acide, qui se bornait à rendre plus vive l'odeur sulfhydrique.

Je vis que quelques-unes d'entre elles, et notamment la Reine et Richard-Nouvelle devenaient jaunes verdâtres, après être passées dans leurs réservoirs, et que, dans cet état, elles précipitaient par l'addition d'un acide qui leur donnait la couleur blanche qu'elles prenaient spontanément, mais plus lentement à l'air.

Il ne me fut pas difficile de conclure que le principe sulfureux était modifié par le passage de l'eau dans certains réservoirs, et que d'un monosulfure ou mieux d'un sulfhydrate de sulfure de sodium, il passait à l'état d'un polysulfure, et qu'ensuite l'action de l'air par l'oxygène, par son acide carbonique le faisait passer à l'état d'hyposulfite, et enfin de sulfate et de carbonate de soude, et qu'il se précipitait un atome de soufre.

En effet, le sulfhydrate de sulfure de sodium est formé de $Na\ S + H^2\ S$; c'est un sulfo-sel de Berzelius. Quand l'eau qui le contient est dans un espace limité, l'oxygène s'empare de son hydrogène, avec lequel il a plus d'affinité qu'avec le soufre et le sodium, pour former de l'eau, et il se forme un polysulfure; aussi l'eau, d'incolore qu'elle était, se colore en jaune verdâtre, et l'on a $Na\ SS + Na\ O, C^2\ O^2$; ensuite lorsque l'eau passe dans les baignoires, et qu'elle a le contact libre de l'air, l'oxygène agit sur tous les éléments à la fois; il oxyde tout le sodium pour former de la soude, et une partie du soufre pour former de l'acide hyposulfurique. La soude se divise: une partie se combine avec l'acide carbonique de l'air, et forme du carbonate de soude, et l'acide hypo-sulfurique se combine avec l'autre portion de la soude pour former d'abord de l'hyposulfite, et ensuite du sulfate de soude, et l'on obtient $Na\ O, C^2\ O^2 + Na$ $O, S\ O^3 + S$; mais nous avons vu que dans le polysulfure, l'atome de sodium était combiné avec deux atomes de soufre; mais dans le sulfate de soude, il n'y a qu'un atome de soufre pour un atome de base; donc il reste un atome de soufre, et c'est le soufre qui étant à l'état de poudre très ténue, se précipite, en donnant à l'eau cette couleur blanche et laiteuse, observée par tous les chimistes qui ont visité les eaux de Luchon.

Mais dans les eaux sulfureuses, toutes les fois qu'il se forme un précipité, ce précipité entraîne une faible portion de la substance organique dissoute dans les eaux : aussi en trouve-t-on de légères traces avec le soufre qu'on ramasse quand l'eau est éclaircie, et que le dépôt s'est formé ; le soufre entraîne aussi une faible portion de silice, dissoute.

Pour bien m'assurer que le précipité était en grande partie formé de soufre, j'ai traité le dépôt par le nitrate de potasse, en soutenant quelque temps l'ébullition ; j'ai obtenu la solution presque complète du précipité, et la liqueur précipitant abondamment par le chlorure de baryum, le précipité obtenu était *du sulfate de baryte* avec tous ses caractères.

La très petite portion du résidu qui n'avait pas été dissoute par le nitrate de potasse, ne pouvait être attaquée par aucun acide à chaud ni à froid.

Il est facile d'expliquer aussi l'action de l'eau de la Grotte inférieure, sur l'eau de la Reine blanchie, ou celle de l'ancienne Richard sur la nouvelle Richard, aussi blanchie.

La Grotte inférieure et Richard ancienne, qui contiennent un sulfhydrate de sulfure de sodium non altéré, quand elles arrivent dans le bain, parce que les réservoirs étant hermétiquement fermés, ne communiquent point avec l'air extérieur, et que l'eau est seulement en rapport avec l'azote qu'elles dégagent, dissolvent le soufre, récemment précipité, comme le font tous les sulfhydrates ; mais en dégageant une partie de leur acide sulfhydrique.

Lorsque l'eau est entièrement blanche, elle ne contient

plus aucune trace de principe sulfureux, et ni le plomb, ni l'argent ne peuvent y en démontrer la présence.

Lorsque l'eau blanchie a recouvré sa limpidité, par le dépôt du précipité sulfureux, etc., qu'elle tenait en suspen- sion, elle a repris toute sa transparence, et elle est complè- tement incolore, comme si on la prend à la source, quelque foncée que soit sa couleur jaune verdâtre, avant qu'elle ne blanchisse.

Ce phénomène du blanchîment de l'eau qui n'avait été jusqu'ici remarqué qu'à Bagnères-de-Luchon, se retrouve cependant dans d'autres localités, et n'est pas un fait isolé, comme on l'avait pensé.

Je l'ai observé à Ax, à Barèges, à Cadéac, où il est très marqué, et Anglada l'a vu lui-même à Molitg, sans le reconnaître, comme je peux le démontrer.

Il existe dans la petite ville d'Ax, département de l'Ariège, une source dite *source bleue*, à cause d'un phéno- mène curieux qui s'y fait remarquer; l'eau de cette source, amenée dans son réservoir, prend une teinte bleu de ciel assez prononcée. Cette teinte s'observe surtout quand le ciel est bien serein ; elle est à peine marquée quand il y a des nuages, et disparaît presque quand il existe du brouil- lard, disent les baigneurs.

M. Magnes, qui a observé ces phénomènes, cherche à en donner l'explication, en disant que cette teinte était due à du schiste ferrugineux, qui se dissolvait ou se suspendait dans l'eau ; mais cette explication n'est pas heureuse.

A mon arrivée dans cette ville, je voulus voir ce phéno- mène, et un examen attentif m'en fit bientôt connaître la cause.

Au premier aspect, l'eau me parut bleue, mais en la sortant des carafes elle me parut blanche, comme l'eau blanchie de la Reine ou de Richard-Nouvelle de Luchon ; c'est à la disposition des lieux que la couleur bleue est due.

Le réservoir dans lequel se rassemble cette eau est percé de deux ouvertures situées sur les parois latérales ; l'une donne dans l'intérieur de l'établissement, l'autre donne dans une cour. Elle est pratiquée pour laisser refroidir l'eau ; les rayons lumineux pénètrent par cette dernière ouverture et viennent frapper, en se réfléchissant sur l'eau blanchâtre, les yeux du spectateur placé à l'ouverture intérieure ; et, suivant que le ciel est serein ou nuageux, l'eau est bleue ou blanchâtre. On peut très bien imiter ce phénomène, en faisant une légère solution de savon blanc, en remplissant à moitié un ballon de quelques litres, et le plaçant entre ses jambes, devant une croisée, par un temps serein ; l'eau dans le centre du ballon paraît d'un beau bleu ; au contraire, en plaçant le ballon entre son œil et la lumière, l'eau paraît blanche.

A Barèges, c'est dans les piscines que l'eau prend la teinte jaune verdâtre, et qu'elle acquiert la propriété de précipiter par un acide, propriété peu marquée dans ce lieu, parce que la majeure partie de l'eau des piscines a déjà passé dans les baignoires et qu'elle a perdu la plus grande partie de son principe sulfureux, mais cependant appréciable, et qui serait plus intense, si on remplissait les piscines avec de l'eau sortant des sources.

A Cadéac, petit village situé dans la vallée d'Aure, il existe une source qui sort de terre par un canal plusieurs fois plus grand que son volume ne le comporte, cette eau est d'un jaune-verdâtre très prononcé, tandis que les sources voisines sont complètement incolores. Aussi celles-ci ne précipitent nullement par les acides, et ne blanchis-

22

sent pas par leur séjour à l'air, tandis que la première prend une teinte laiteuse, par l'addition d'un acide et devient laiteuse dans la baignoire.

Voilà comment s'exprime Anglada sur une source de Molitg. Cette source coule par un jet assez fort et tombe dans le réservoir par une chute assez considérable. Elle blanchit bientôt après qu'elle est dans la baignoire.

Ce phénomène lui a paru très simple; il l'attribue à la dissolution d'un peu de graisse dont on avait oint les robinets des réservoirs et quelques fissures par où s'opéraient des fuites, par l'eau chaude qui la tient en dissolution tant qu'elle conserve sa température; mais qui la laisse précipiter en se refroidissant; ce qui le confirme, dit-il, dans son opinion, c'est qu'ayant traité cette eau louche par de l'ammoniaque, elle s'est bientôt éclaircie par la dissolution de la graisse.

Je crois qu'Anglada a été induit en erreur dans cette circonstance. D'abord, une eau qui tient de la graisse en dissolution, s'éclaircit plutôt qu'elle ne se trouble par le refroidissement, et ensuite, l'ammoniaque n'a aucune action sur l'eau qui contient de la graisse en suspension; car elle ne dissout pas la graisse.

D'un autre côté, quand j'ai essayé les divers réactifs sur les eaux blanchies par le soufre en suspension, j'ai vu que l'ammoniaque était celui qui rétablissait le plus promptement la transparence de la liqueur, avec un léger dépôt.

SECTION TROISIÈME.

CONCLUSIONS.

Je crois avoir donné tous les développements nécessaires aux faits que j'ai observés, pour vous signaler d'une manière satisfaisante, toute la valeur et l'importance des eaux de Luchon ; je crois avoir démontré leurs avantages et fait ressortir assez les inconvénients qui résultent de l'état actuel des choses pour vous engager à faire les améliorations dont l'établissement est susceptible, et qui doivent l'élever au premier rang des établissements thermaux sulfureux des Pyrénées, de la France, et peut-être de l'Europe.

Mais pour parvenir à lui donner toute sa valeur, je crois devoir proposer les changements suivants :

1° Je pense qu'avant d'entreprendre aucune nouvelle construction dans l'ancien établissement, il faut tenter de nouvelle fouilles pour obtenir toute l'eau que ces sources sont susceptibles de donner ; car je ne pense pas qu'on veuille laisser perdre toute celle qui s'infiltre *sous terre,* soit dans l'établissement même, *soit à droite, soit à gauche.*

Puisque l'on a obtenu des résultats si satisfaisants, lorsqu'on n'était guidé pour ainsi dire que par le hasard (1) que ne doit-on pas attendre des recherches faites sous la direction habile de notre collègue M. François (2) ; et s'il m'était permis, en sa présence, d'émettre mon avis sur un objet qui est bien plus de sa compétence que de la mienne,

---

(1) M. Azémar qui exécutait les fouilles, n'était pas géologue et ne savait pas se servir de la boussole.

(2) Je ne connaissais pas M. François quand j'ai écrit ceci.

je proposerais de commencer par continuer la fouille de la quatrième galerie, dite de la Grotte; de poursuivre la source de la Grotte supérieure pour tâcher de retrouver sa haute température qui sera utile pour des bains de vapeur et des étuves mieux dirigées que celle qui existe, et de continuer cette recherche jusqu'à la roche même s'il est possible; et tout fait penser qu'elle n'est pas aussi éloignée qn'on pourrait le croire (1).

De poursuivre aussi les autres galeries, surtout les excavations dans le plancher de la Nouvelle-Richard; pour tâcher de trouver le griffon de ces petits suintements qui ont été indiqués plus haut.

De percer de nouvelles galeries au sud et au nord de l'établissement, pour trouver de nouvelles sources, s'il est possible; soit sulfureuses, soit sulfureuses dégénérées, comme l'étaient celles de Ferras; sources qui sont très utiles dans beaucoup de cas.

Il est important de faire des embranchements latéraux, d'une galerie à l'autre, pour ne laisser aucun cours d'eau perdu, et pour avoir plus de chances de trouver les griffons, en longeant la roche.

Une source qui existe dans le *pré Ferras*, à + 22° cent. de température, entourée de terre noire grisâtre comme le sont toutes les sources sulfureuses, fait présumer *que là aussi* les recherches ne seraient pas *stériles.*

Il faudrait aussi les diriger derrière les bains Soulerat: les sources que les propriétaires ont trouvées, font penser qu'en cherchant plus avant dans la montagne, on pourra trouver d'autres sources plus chaudes, et peut être plus abondantes que les leurs.

(1) On a trouvé la roche en place, intacte, à un mètre au-delà.

velle, qui est étranglé ; mais ce n'est que plus tard, et lorsqu'on voudra capter cette source que le travail sera nécessaire.

Il faut creuser les bains de la Grotte inférieure et de Richard-Ancienne, et les agrandir de façon à trouver le griffon ou à augmenter les suintements, même les réunir.

Il est important de faire des recherches pour séparer les sources froides des sources chaudes, afin d'éviter les refroidissements, qui arrivaient tous les printemps à l'Ancienne-Reine, car dans un mois et demi, je l'ai vue augmenter de $+ 15°$ de température cent.

Il semble qu'il y ait un combat à Luchon entre la source froide et les sources chaudes ; car la nature n'a jamais pu les accorder de manière à en tirer des mélanges à une bonne température ; ce que la nature n'a pas fait, l'art doit le faire, puisque les résultats sont les mêmes, je conseille donc :

2° Après avoir séparé la source froide de la source chaude, de faire des réservoirs différents dans lesquels on opérera les mélanges à des températures différentes pour chaque maladie ; et pour choisir ces indications, nous suivrons celles que nous a tracées la nature dans les autres localités.

A Barèges, la source Polard, la plus recherchée par tous les malades, marque au robinet du bain $+ 37°$ 45 cent. ou $+ 29°$, 96 Réaumur, et comme en tombant dans le bain, l'eau perd un demi-degré, la température exacte est de $+ 37°$ cent. ou $+ 29°$, 60 Réaumur.

Le bain neuf, très recherché aussi, marque au robinet $+ 37°$, 15 cent., ou $+ 29°$, 72 Réaumur ; elle marque au bain $+ 36°$, 65 ou $+ 29°$, 32 Réaumur.

Le bain du fond $+ 36°$ cent. ou $+ 28°$, 80 Réaumur.

Il faut dégager le griffon de la source de la Reine-Nou-

La piscine marque + 36° 20 cent. ou + 29° Réaumur.

Toutes ces températures sont employées avec succès dans les rhumatismes, les affections dartreuses, les rétractions de tendons, etc.

Les bains de l'entrée qui sont un peu trop chauds ; que tout le monde ne peut supporter, et que l'on ne prend jamais qu'en dernier lieu, marquent au robinet + 40°, 30 cent. ou + 32°, 25 Réaumur.

Au bain + 39° 70 cent. ou + 31°, 70 Réaumur.

La source des Eaux-Chaudes, le Clot, la plus utilement employée dans les rhumatismes, marque au robinet + 36° 15 cent. ou + 29° Réaumur (1).

On voit donc que la température la plus usitée et la plus utile des eaux sulfureuses est celle de + 36° à 37° cent. ou + 28°, 50 à 29°, 30 Réaumur.

Il faudrait donc établir un réservoir, le plus grand de tous, de manière à ramener la température de l'eau à + 37° cent., terme moyen, ou 29°, 50 Réaumur.

Un deuxième réservoir devrait être amené à environ + 34° 50 cent. ou + 27°, 60 Réaumur.

Ce sont les températures de St-Sauveur et de la source Dassieu, à Barèges, employées pour les personnes un peu irritables.

Il faudrait un troisième réservoir, à la température de + 32°, 50 cent. ou + 26° Réaumur, qui est très utile pour les personnes nerveuses ; c'est la température des bains de Salut, à Bigorre, de quelques-uns d'Ussat, et d'une baignoire qui ne désemplit pas, à St-Sauveur.

(1) Cette source, au grand désavantage des malades, a perdu, depuis qu'on l'a conduite dans le nouvel établissement, une partie de sa température et de sa sulfuration, et par conséquent de ses propriétés thérapeutiques dans les affections rhumatismales. Voilà ce que l'on gagne à faire courir les eaux en faisant des établissements nouveaux.

On pourrait en établir un quatrième à $+ 42°$ cent. ou $33°$, 60 Réaumur; ce serait pour les personnes lymphatiques, à tempérament mort, qui ont besoin d'un fort degré d'excitation.

Tous ces degrés seraient établis au moyen de mélanges d'eau froide et d'eau chaude.

On pourrait établir d'autres réservoirs, qui ne contiendraient que l'eau sulfureuse pure, refroidie, au moyen de tuyaux qui serpenteraient dans les réservoirs, et qui conduiraient de l'eau froide, qui ne communiquerait pas avec la chaude, et qui, comme nous l'avons dit, serait employée dans des cas rebelles; il faudrait les coordonner de $+ 33°$ cent. ou $+ 27°$ Réaumur à $+ 40°$ cent. ou $+ 32°$ Réaumur.

Tous ces réservoirs devraient être presque au niveau du sol, car la chute est tout-à-fait inutile pour les bains; il faut, en effet, supprimer toutes les grandes douches qui se donnent dans les baignoires, qui entravent le service, font employer, sans profit pour l'établissement, une grande quantité d'eau, et ne produisent pas les effets qu'on peut attendre d'une bonne douche.

Il faut aussi des réservoirs pour les douches, un à $+ 40°$ cent. ou $+ 32°$ Réaumur, un à $+ 44°$ ou $+ 45°$ cent. ou $+ 35$ à $+ 36°$ Réaumur, température de la douche si réputée de Barèges; et l'autre à $+ 48°$ cent. ou $+ 38$ Réaumur, etc.

Tous ces réservoirs devront être aussi élevés que possible, pour produire la chute la plus forte qu'on pourra avoir et le sol des cabinets des douches aussi abaissé qu'on le pourra, pour donner le plus de pression possible à l'eau, qui, par ces moyens, produit une espèce de massage très utile dans les douleurs, les fausses ankyloses et les rétractions des tendons.

L'eau doit être graduée dans les réservoirs, à l'aide de robinets portant 1/4 de cercle, et l'on étudiera par l'expérience, combien il faut de numéros de chaque source à tel degré de température, pour obtenir la chaleur que l'on désire.

La thermalité sera, en outre, déterminée au moyen de grands thermomètres fixes de très bonne construction et très sensibles.

Ce moyen d'obtenir une chaleur déterminée, est bien préférable à celui du mélange opéré dans la baignoire ; d'abord ce mélange est toujours mal fait, car l'eau chaude et l'eau froide ne se mêlent bien que lorsqu'elles ont séjourné quelque temps ensemble ; d'un autre côté, l'on n'est jamais bien certain du degré de température ; les garçons de bains, avec leurs mains calleuses, ne peuvent apprécier que difficilement le degré de température : le matin où il fait froid, ils donnent des bains trop froids ; quand il fait chaud, ils les donnent aussi trop chauds, ne pouvant bien apprécier la température du bain, à cause de celle de l'atmosphère. Je sais qu'on pourrait y remédier à l'aide de thermomètres portatifs ; mais on sait combien il est difficile d'obliger à s'en servir les garçons et les malades.

Pour bien opérer le mélange dans la baignoire, on brasse ordinairement le bain en promenant la main et le bras dans l'eau ; mais cet usage est un de ceux qui sont le plus nuisibles, puisqu'il opère une grande déperdition du principe sulfureux : il hâte considérablement, on le sait, le blanchîment de l'eau.

L'eau chaude devra être conduite dans les réservoirs par la partie inférieure, et la froide par la partie supérieure, la première tendant à monter et la seconde à descendre.

La chaude peut être introduite par un filet unique, mais la froide doit être projetée en arrosoir ; on peut la faire tomber sur le plancher mobile qui doit couvrir la surface de l'eau dans le réservoir.

Les réservoirs doivent être couverts en planches légères de peuplier, qui me paraît le bois le plus approprié par sa légèreté et son peu de matières étrangères solubles.

Un moyen facile de bien distribuer l'eau froide dans toute la surface de l'eau chaude, ce serait de perforer, de petits trous coniques à base supérieure, ces planchers mobiles. L'eau froide pourrait passer sans que l'air vînt frapper l'eau chaude.

On pourrait aussi faire pénétrer l'eau froide et l'eau chaude par un tuyau commun qu'elles parcourraient quelque temps ensemble ; ce qui leur permettrait de se mêler intérieurement déjà, avant de pénétrer dans le réservoir.

Les réservoirs doivent être hermétiquement fermés, et n'avoir que la capacité nécessaire pour l'eau qu'ils doivent contenir ; l'espace qui ne serait pas occupé par l'eau, se remplirait d'air qui attaquerait plus ou moins le principe sulfureux.

3° L'eau doit être conduite dans les baignoires *par la partie inférieure et latérale*, pour que d'abord il n'y ait pas de chute, et ensuite pour que, dès qu'il y aura un à deux pouces d'eau, il n'y ait pas de jet: ce qui arriverait si l'eau venait de bas en haut, ou de haut en bas.

Il est utile de couvrir les baignoires pour empêcher le contact de l'air.

Les tuyaux qui conduisent les eaux destinées aux douches, seront prolongés jusqu'à un pied de terre, et seront flexibles au moins dans leur moitié inférieure, pour pouvoir être dirigés sur toutes les parties avec facilité. La substance qui est préférée aujourd'hui est le cuir ou le caoutchouc en tuyaux. Les tuyaux conducteurs des eaux, doivent être calibrés, suivant la quantité d'eau à conduire; il ne doit jamais exister d'espace vide d'eau. Ils doivent cependant être assez grands pour laisser couler assez d'eau, pour que les baignoires se remplissent vite; il y a ainsi moins de perte de temps, et moins de cause de refroidissement de l'eau. Ces tuyaux devront aller, en diminuant de calibre, de la première à la dernière baignoire, dans la proportion de l'eau que chaque robinet débitera.

Ces tuyaux devront être d'une substance solide, inattaquable par les eaux sulfureuses. Après avoir bien réfléchi à cette question, je pense que de toutes les matières, celle que l'on doit préférer, si l'on peut ajuster les tubes solidement entre eux, c'est la porcelaine avec un revêtement de charbon et de chaux hydraulique.

Cette substance est presque réfractaire à tous les agents, c'est la plus employée, sous ce rapport, en chimie. La fabrication de ces tubes est facile, puisque nous avons près de nous une fabrique (à Valentine).

Cette substance est un mauvais conducteur du calorique; je le crois de beaucoup préférable au verre qui est plus fragile, plus facilement attaquable par les alcalis, et peut-être d'une fabrication moins facile pour nous.

Les métaux, et le plomb en particulier, ont l'inconvénient d'attaquer le principe sulfureux. Nous avons vu qu'en allant d'un bout du corridor à l'autre, il y avait perte d'un douzième. Mais un des plus grands inconvénients, c'est que dans le point des ajustages, soit des tubes entre eux, soit des robinets, il existe une action thermo-électrique qui attaque, par la différence des métaux, constamment les soudures. Il se fait sans cesse des ruptures

dans ces points ; et dans ce moment, il y a peut-être plus
de dix infiltrations dans ceux de l'établissement.

Le bois serait un des meilleurs, s'il n'était attaquable
par l'eau sulfureuse, et s'il n'était très difficile de perforer
sans fissures, des troncs d'une certaine longueur (1).

On pourrait cependant employer le bois, si l'on voulait, pour conduire les eaux de la source dans les réservoirs ; et la porcelaine pour les conduire dans les baignoires ; l'on pourrait pour placer les robinets, faire des dés
cubiques qui auraient trois ouvertures, une de chaque
côté pour recevoir les extrémités des tuyaux, et l'autre,
pour le robinet.

Les baignoires devront être munies de trop pleins, mais
non pas situés, comme ils le sont dans le département des
Hautes-Pyrénées, à la partie supérieure de la baignoire ;
mais à la partie inférieure, avec un syphon pour l'écoulement de l'eau.

Pour que ce soit seulement l'eau la plus froide qui
s'échappe, on pourrait le placer vers les pieds de la baignoire et le tube de remplissage vers le siége, pour qu'il
existât constamment un double courant d'eau chaude, qui
monterait, et d'eau froide qui se perdrait, afin de maintenir toujours le bain *à la même température; chose si importante en thérapeutique.*

4° Les réservoirs doivent être placés le plus près possible des sources, et les baignoires le plus près possible
des réservoirs. Le beau idéal en ce genre, ce serait d'avoir
*la source, jaillissante dans le réservoir et les cabinets des
bains, tous adossés au réservoir même.* Mais, quand cela est

----

(1) Le problème a été résolu à Luchon par un habile mécanicien,
M. Constant.

impraticable, *il faut se rapprocher, le plus possible, de cette indication.*

Il faut que l'eau, dans les réservoirs, ait de $\frac{1}{2}$ à $\frac{3}{4}$ de degré de plus que celle du bain qu'on veut donner, parce qu'en coulant dans le bain, elle perd $\frac{1}{4}$ à $\frac{3}{4}$ de degré, suivant que l'écoulement de l'eau est lent ou rapide. Quelquefois s'il est très lent, et que la baignoire soit froide, elle peut perdre de 1° à 1°,50 cent. Ces nombres sont le résultat de plus de cinquante observations faites dans les divers établissements des Pyrénées.

5° Il faut établir deux ou trois piscines, qui recevront le trop plein des bains particuliers et des douches, et qui auront chacun un filet vierge de : + 37° à 39° cent. 30° à 32° Réaumur.

Il en existe à Barèges, qui sont sur un plan excellent; on pourrait les prendre pour modèle. Il est essentiel que le plafond soit un peu bas, pour que la température se tienne élevée; il faut cependant que, dans la partie supérieure, il existe un ventilateur, pour que l'on puisse renouveler l'air.

L'eau des piscines peut ne se renouveler que deux fois par jour.

6° Il faut établir des douches de différentes espèces, soit descendantes, soit ascendantes, soit latérales. Il faut au moins huit à dix cabinets de douches, en supprimant celles des cabinets particuliers. Il faut donner un tuyau d'échappement de six à dix lignes de diamètre; on peut en faire de divers calibres, pour satisfaire aux divers besoins (1).

7° Il faut établir des bains de vapeur et des étuves. On

(1) Ceux qui existent actuellement à Luchon ont été fabriqués sur des modèles que j'avais fait à Vernet, établir en 1840.

pourrait artificiellement échauffer à $+$ 100° cent., une certaine quantité d'eau à vase clos, pour en projeter la vapeur dans une chambre dans laquelle on ferait des gradins circulaires, pour que les malades puissent monter plus ou moins haut, suivant qu'ils voudraient avoir plus ou moins chaud. On pourrait craindre qu'en chauffant l'eau sulfureuse, les vapeurs d'hydrogène sulfuré qu'elle répandrait dans l'air ne fussent dangereuses. On pourrait faire des essais sur les animaux à ce sujet. Cependant, si je considère ce que j'ai éprouvé en pénétrant dans les galeries, où l'eau séjournait depuis longtemps, et où l'air n'est pas souvent renouvelé, je ne pense pas qu'il y ait du danger pour l'homme à chauffer l'eau sulfureuse; ou pourrait du reste chauffer la froide, qui n'est pas sulfureuse.

Ces étuves doivent être faites de manière à couvrir tout le corps; les bains de fumigations laissent la tête libre.

Les cabinets des douches peuvent, s'ils sont bien faits, servir d'étuves; il ne faut pas pour cela trop élever leur plafond; il faut cependant que le réservoir soit très élevé, mais la douche conserve la même force, et en acquiert même en coulant dans des tubes, qui arrivent jusqu'auprès du point où on la reçoit. A Barèges, la meilleure étuve est le cabinet de la grande douche.

On peut faire des douches vaginales, qui ne doivent pas avoir le réservoir trop élevé, pour ne pas arriver sur l'organe de la reproduction avec trop de force; il suffit qu'il l'arrose sans le frapper. On pourrait, pour cette espèce, puiser l'eau dans le réservoir des bains mêmes (1).

8° Il faudrait établir un cabinet de bains russes, dans

_____

(1) L'expérience m'a appris qu'il fallait varier la température, la pression et le volume des douches et irrigations, je l'indiquerai ailleurs.

lesquels on administre alternativement de l'eau froide et de l'eau chaude, et dans lesquels on fait passer les malades d'une chambre de vapeur, sous un jet d'eau froide. Cette espèce de bains, joints au massage, sont quelquefois de la plus grande utilité.

9º Le massage est souvent d'un grand secours, pour donner de la souplesse et du ton au corps ; et je pense qu'il serait très utile d'avoir un ou deux baigneurs et baigneuses (1) qui seraient instruits de cette pratique.

10º Il serait bon d'avoir trois ou quatre cabinets garnis de lits et de divans pour recevoir les malades qui sortent de la douche ou de l'étuve, pour qu'ils pussent se tenir roulés dans des couvertures, prolonger la bienfaisante sueur que ces moyens procurent, et en retirer tout le fruit. Rien n'est plus dangereux que de s'aller exposer de suite à des courants d'air, en sortant d'une température aussi élevée.

11º Il faudrait aussi, dans l'établissement, une salle où les personnes iraient attendre leur bain, et où elles se rendraient après l'avoir pris.

Je crois avoir enuméré toutes les choses importantes qui doivent exister dans un établissement d'eaux minérales. Il me paraît bien difficile de les pratiquer dans l'établissement actuel.

Il faudrait de plus augmenter, au moins du double, le nombre des baignoires, pour ne pas forcer les malades à se baigner à des heures indues, qui peuvent être fort nuisibles à la santé.

Il me paraît donc indispensable de construire *un autre établissement* ; mais *seulement après qu'on aura trouvé de nou·*

----

(1) En termes du pays, garçons et filles de bains.

velles sources. Alors, *suivant la quantité d'eau que l'on trou-vera, on pourra déterminer sa grandeur et sa place* (**1**). Jus-que-là on ne peut rien décider. La seule chose qu'on puisse établir à l'avance, c'est que, si l'on déplace celui qui existe, il faut, au lieu de l'éloigner de la montagne, comme l'on en avait eu le projet, l'en rapprocher autant que possible, pour remplir l'indication, posée plus haut : *d'établir les' réservoirs le plus près des sources et les bains le plus près des réservoirs.*

La forme cubique me paraît la plus avantageuse pour les réservoirs, pour faciliter le jeu des couverts, et *pour pouvoir adosser les baignoires à ces réservoirs.*

12° Mais ce n'est pas là que s'arrêtent les besoins d'un établissement thermal complet : après que la thérapeutique a fourni son contingent, l'hygiène doit fournir le sien.

Les ressources de l'hygiène sont si importantes pour le rétablissement de la santé, que beaucoup d'auteurs ont nié l'influence des eaux et ont fait honneur du rétablissement des malades à l'air et à la distraction.

Cette assertion, pour être exagérée, ne manque pas cependant de quelque vérité.

Ce n'est pas tout pour les malades de prendre leur bain et leur eau; il faut encore qu'ils puissent oublier autant que possible leurs maux, et souvent les plus grands de tous, leurs inquiétudes.

Pour ceux qui sont encore ingambes, les belles prome-nades qu'on peut faire autour de Luchon, peuvent suffire (2); mais pour ceux qui, réellement impotents, ne peuvent pas

(1) Tous mes efforts ont été inutiles pour empêcher de poser les fonda-tions de l'établissement avant d'avoir achevé les fouilles; aussi aujourd'hui, une grande partie de l'eau est d'un côté quand l'établissement est de l'autre.

(2) Les beaux sites de ces promenades ont été admirablement dessinés par M. Paris.

s'éloigner beaucoup de leur domicile, il faudrait une localité rapprochée où ils pussent passer une partie de leur temps.

Il existe à Bagnères-de-Luchon, sous ce rapport, une localité qui pourrait se prêter à faire, sans beaucoup de frais et peut-être sans perte d'argent pour la ville, un des endroits les plus agréables des Pyrénées.

La partie de la plaine de Luchon qui existe entre l'allée de la Pique et le pont Saint-Mamet, offre aujourd'hui un aspect peu agréable, et produit un revenu peu considérable.

Si cette partie de terrain, au lieu d'être consacrée à des champs qui ne fournissent pas des aliments pour le quart des besoins de Bagnères, était réduite en prairies; qu'on y fît quelques plantations avec goût; qu'on y pratiquât un bassin assez spacieux pour avoir un batelet; qu'on y traçât quelques allées, et qu'on y établît une salle de bal d'été avec des jeux divers, un café et un cabinet littéraire, elle pourrait devenir un point de réunion des plus agréables et des plus utiles (1).

Comme intérêt, je pense que les prairies donneraient, bien arrosées, au moins autant que les terres; l'on pourrait, d'un autre côté, clore cet espace par des barrières en grillage, et en faire payer l'entrée, soit par abonnement, soit par jour; et l'on pourrait plus que se dédommager des sacrifices qu'on aurait faits pour établir ce parc et l'entretenir.

Le défaut d'unité des propriétaires rendra peut-être ce plan inexécutable ou du moins bien difficile.

Il faudrait que la ville pût engager les propriétaires à le

---

(1) J'ai fait tracer en 1838, le plan d'un jardin anglais, par mon beau-frère, homme plein de goût, et je le remis à la commission scientifique; il est aujourd'hui entre les mains de l'architecte.

lui affermer à bail emphithéotique pour quatre-vingt-dix-neuf ans, de manière à pouvoir jouir des dépenses qu'elle aurait faites ou acheter le terrain des allées.

Quel que soit le résultat de ma proposition, je l'ai crue utile et je l'ai faite ; que ceux qui en empêcheront l'exécution, soient responsables du tort qu'ils feront à la ville et à eux-mêmes (1).

Il faudrait aussi établir de grandes salles de réunion, comme il en existe dans les autres établissements thermaux des Pyrénées ; dans lesquels chacun se rend, soit pour lire les journaux, causer, travailler même ; enfin pour se distraire et pour s'amuser.

Ces établissements, que je n'ai considérés que sous le point de vue de l'hygiène, pourraient être envisagés sous le point de vue de l'intérêt des habitants : en procurant aux étrangers les moyens de se récréer, ceux-ci n'iraient pas chercher ailleurs un plaisir qu'ils rencontreraient ici (2).

Il ne faut pas oublier qu'il y a quelquefois jusqu'à douze, quinze et seize mille étrangers à la fois à Luchon ; que cinq à six cents seulement se baignent ; que les autres viennent pour chercher des plaisirs, et que, ne les trouvant pas, ils s'en vont ailleurs dans l'espoir de les rencontrer.

Il serait utile, aussi, de montrer aux yeux du public les marques de la reconnaissance des malades qui ont retrouvé la santé dans ces lieux. Une salle, celle d'attente, si l'on voulait, pourrait renfermer les dépôts faits par les malades : des béquilles, des écharpes, etc., et l'on devrait recouvrer tous les autels votifs qui ont été consacrés à ces sources par les Romains et qui sont disséminés dans diverses localités, et

(1) Voir le plan à la fin du volume.
(2) La ville ne se déplacerait pas et ce qui existe serait embelli.

23

notamment au musée d'Auch et de Toulouse; on pourrait laisser prendre l'empreinte de ces autels, dans l'intérêt de la science; mais on devrait les rapporter dans les lieux d'où ils ont été spoliés; les malades trouveraient une source d'espérance dans la reconnaissance de ceux qui les ont précédés.

Il faudrait placer dans une salle les bustes des hommes utiles à Bagnères. Là se trouveraient Richard, Bayen, Barrier l'ayeul, d'Etigny, La Chapelle, etc. Ces monuments seraient un témoignage de la reconnaissance des Luchonnais, et serviraient d'encouragement aux hommes de cœur qui voudraient consacrer leur temps et leur science à leur être utiles.

Il faudrait macadamiser l'allée d'Etigny pour éviter la boue et l'humidité, si nuisibles aux malades qui font usage des eaux, ainsi que les rues principales.

Bagnères-de-Luchon, le 24 octobre 1837.

Signé : A. FONTAN,

Interne des hôpitaux de Paris, étudiant en médecine.

———◦◦◦———

NOUVELLES OBSERVATIONS.
1839.

J'ai fait, depuis la lecture de ce Mémoire, quelques nouvelles observations que je crois utiles de signaler.

1° J'avais dit dans ce Mémoire, que la substance que j'ai nommée la sulfuraire, était blanche, tant qu'elle était à l'abri de la lumière directe, et qu'elle se colorait en brun verdâtre ou rougeâtre, lorsque cette substance se formait dans un lieu exposé aux rayons directs du soleil; le fait est vrai ; mais j'ai trouvé dans cette circonstance, que la sulfuraire n'était pas seule. En effet, lorsqu'un filet d'eau thermale sulfureuse coule dans un point exposé aux rayons du soleil, on y voit se développer une substance d'un brun verdâtre, qu'au premier aspect on prend pour de la sulfuraire; mais un examen plus attentif m'a fait voir que la sulfuraire n'était pas seule.

Quand on soumet cette substance brunâtre au foyer du microscope, on remarque quelques mouvements que la sulfuraire ne présente jamais; ces mouvements sont analogues à ceux de l'aiguille d'une montre, c'est-à-dire que la base du filament reste fixe et que ce filament se meut angulairement par sa portion libre. Ces filaments de 1/400ᵐᵉ de millimètre de diamètre et de 5 à 6 millimètres de longueur, sont d'une couleur verdâtre, offrant des segments transverses d'un diamètre égal au diamètre du tube, mais moins étendu dans le sens de sa longueur. C'est une véritable *oscillaire*, qu'à cause de ses habitudes et du lieu où on la trouve, j'ai nommée *oscillaria solaris ;* cette substance, en effet, ne se trouve qu'au soleil. Elle s'épanouit quand on la soumet à l'influence de ses rayons, et se rétracte quand on la met à l'ombre. Peut-être communique-t-elle sa couleur à la sulfuraire?

2° J'avais signalé la couleur noire, que prennent dans certaines circonstances les eaux sulfureuses, et j'avais rapporté cette couleur à la présence d'un sulfure de fer qui se trouverait en dissolution et en suspension dans ces eaux; mais je n'avais pas pu exactement en faire connaître le mécanisme; voici les observations que j'ai pu faire pendant les recherches de 1838 et 1839 :

Lorsque de l'eau froide, venant de la source froide; ou

des infiltrations d'eau pluviale ou de neige, s'opèrent à travers les schistes ferrugineux, il se forme dans certaines cavités des dépôts de sesqui-oxyde de fer hydraté, qui peut s'accumuler en assez grande quantité. Lorsqu'ensuite un filet d'eau sulfureuse, changeant de cours, vient à passer à travers ce dépôt ferrugineux, il se forme par la décompo-sition d'une partie du sulfhydrate de sulfure de sodium que contiennent les eaux, un sulfure de fer noir, qui est en partie entraîné par l'eau en suspension, et en partie en dissolution : car le sulfhydrate de sulfure de sodium a la propriété, d'après des expérience que j'ai faites, de dissou-dre une certaine proportion de sulfure de fer, et de dé-composer le sesquii-oxyde de fer hydraté.

Ce phénomène de coloration en noir, est quelquefois tellement intense, qu'il fait craindre que la source dans laquelle il est produit, n'ait subi véritablement une altéra-tion, qui la rendrait impropre à l'usage thérapeutique.

Cette circonstance a donné lieu, il y a trois ans, à Luchon, à un procès entre la commune et les fermiers des bains, qui prétendaient devoir obtenir une indemnité; puisqu'ayant affermé une source claire et limpide, ils ne devaient pas payer un bail pour une eau qui ressemblait à de l'*encre de la Chine*. Mais le procès fut bientôt vidé parce-que l'eau reprit sa transparance, après quelques jours; lorsque, sans doute, le dépôt ferrugineux fut complète-ment épuisé.

Nous avons vu ce phénomène se reproduire plusieurs fois, pendant les fouilles de 1838 et 1839 ; mais il n'a jamais été de longue durée; il se produit aussi avec l'alun ferrugineux.

3° Lorsque nous avons pu découvrir sous terre, *à l'abri du contact de l'air*, le point où s'opérait le mélange d'une eau très chaude et de l'eau froide, nous y avons trouvé une grande accumulation d'une substance douce, onctueuse autoucher : c'était un vrai dépôt de *barégine* mêlée de terre noirâtre.

4° Partout ou nous avons opéré les mélanges d'une eau très chaude et d'une eau très froide *au contact de l'air*, il s'est développé *de la sulfuraire*.

Un fait assez curieux, c'est que la sulfuraire ne se forme dans l'eau qu'aux températures où celle-ci peut être employée soit en bains frais, tièdes et chauds, soit en douches, c'est-à-dire qu'on n'en trouve pas dans les eaux qui ont plus de $+50°$ cent. qui est le dernier terme où l'on puisse employer l'eau sans changer, comme si la nature avait voulu donner un signe pour éviter ce danger.

J'ai eu deux malades qui ont voulu, malgré mes conseils, essayer de la douche à 55° cent., et tous deux ont été pris bientôt après d'un accès de rhumatisme aigu qui a débuté dans la partie où cette douche avait été reçue et qui de là a suivi toutes les articulations (1).

5° Les eaux sulfureuses ne perdent pas seulement leur principe sulfureux par leur séjour au contact de l'air ; elles le perdent aussi par leur passage à travers les terres ; le sulfhydrate de sulfure de sodium est décomposé par l'oxyde de fer de ces terres, pour former du sulfure de fer noirâtre. Or, les sources peuvent ainsi devenir sulfureuses dégénérées.

Ce fait s'observe très bien à Luchon, où l'on voit les sources du pré Ferras et la source du Puits de M. Nadau, situées à moins de 50 mètres des sources dont elles reçoi-

---

(1) Ainsi le chaud, comme le froid, quand le principe ou virus rhumatique existe dans le corps, peut réveiller le rhumatisme. J'ai observé depuis trois autres cas analogues.

vent les infiltrations, contenir tous les principes des eaux sulfureuses, sauf le principe sulfureux.

Ces espèces de sources dégénérées diffèrent de celles qui le deviennent au contact de l'air, en ce qu'elles contiennent moins de sulfate parce que le soufre du principe sulfureux a été retenu par le fer, tandis qu'à l'air, il n'est que modifié et passe à l'état de sulfate.

6° L'usage prolongé des bains sulfureux, même à une température tiède, finit par produire une excitation qui force le plus souvent les malades à quitter les eaux sans être guéris.

J'ai obtenu, dans ces cas, un excellent résultat de l'usage des bains émollients tièdes prolongés d'une à deux heures, et j'ai pu faire reprendre l'usage des eaux sulfureuses. C'est un préjugé que de croire que les bains émollients détruisent l'action des bains sulfureux; aussi ai-je demandé à Luchon, la formation d'un établissement de bains domestiques et émollients, appartenant à la ville.

On voit dans le tableau suivant, les preuves de l'accroissement rapide que Luchon a pris depuis quelques années.

DÉPARTEMENT
DE LA HAUTE-GARONNE

ARRONDISSEMENT
DE SAINT-GAUDENS.

COMMUNE
de Bagnères-de-Luchon.

ÉTAT SOMMAIRE *des Étrangers venus à Bagnères-de-Luchon, depuis le 1ᵉʳ janvier 1831, pour y faire usage des eaux thermales.*

ÉVALUATION *de la dépense supposée que chacun y a faite à raison de 6 fr. 80 c. par jour et par personne.*

ANNÉES.	NOMBRE des personnes arrivées.	JOURNÉES DE SÉJOUR par PERSONNE.	TOTAL GÉNÉRAL des JOURNÉES.	MONTANT DE LA DÉPENSE A 6 FR. 80 C. PAR JOUR et par personne.	OBSERVATIONS.
				fr. c.	
en 1831	1.865	25 1/4	47.091	320.218 80	
1832	2.624	25 1/2	69.524	472.763 20	
1833	3.167	27 »	85.782	583.307 60	
1834	3.283	26 3/4	88.003	598.420 40	
1835	2.730	26 1/2	72.538	493.258 40	
1836	3.563	27 3/4	99.116	673.988 80	
1837	3.043	25 1/4	76.922	523.477 60	
1838	4.134	28 1/2	118.012	802.481 60	
1839	4.454	27 1/2	122.583	833.564 40	
1840	4.349	26 1/4	108.248	736.086 40	
1841	5.017	28 3/4	144.296	981.212 80	
1842	5.135	25 3/4	132.725	902.530 »	
1843	4.839	26 3/4	129.593	881.232 40	
1844	5.832	25 1/2	148.716	1.011.268 80	
1845	5.123	24 1/2	124.233	844.784 40	
1846	5.482	27 3/4	152.125	1.034.450 »	
1847	6.124	26 3/4	163.817	1.113.955 60	
1848	3.262	25 1/2	83.131	332.724 ««	V. 1º.
1849	6.743	28 1/2	192.175 1/2	1.306.793 40	
1850	6.367	26 3/4	170.317	1.158.155 60	V. 2º. V. 3º.

1º Cette année-là, les événements politiques ayant empêché les personnes riches de venir à Luchon en aussi grand nombre que précédemment, ce fait a réduit la dépense à 4 fr. par jour et par personne.

2º Tout l'été ayant été pluvieux, le nombre des baigneurs a fort diminué et, par conséquent, la dépense l'a été aussi.

3º En 1852, 8,000 personnes au moins, sont venues à Luchon.

Certifié véritable, par nous, Marchand, Pierre, commissaire de police de la ville de Bagnères-de-Luchon, le 8 octobre 1850.

P. MARCHAND.

CHAPITRE II.

NOTES SUR LES MALADIES CHRONIQUES

ET SUR

LEUR THÉRAPEUTIQUE PAR LES EAUX THERMALES.

J'espérais pouvoir donner cette année la partie analytique et thérapeutique de mes travaux ; mais le temps me presse, et je dois y renoncer, quoique avec regret.

Je ne veux pas, cependant, clore ce volume sans formuler ma pensée sur l'action des eaux et sur la manière d'envisager la plupart des maladies chroniques qui sont curables par nos sources, et sans donner un spécimen de ma clinique des eaux de Luchon, en me réservant, pour l'an prochain, si je le peux, de donner les preuves à l'appui de ce que j'avance par la production ou l'analyse d'un grand nombre de faits (plus de dix mille) que j'ai observés et dont j'ai noté l'état, avant, pendant et après l'usage des eaux.

Il est très difficile, ou pour ainsi dire impossible, de connaître la manière intime dont les eaux agissent. Nous connaissons bien plus les résultats que le mode d'action.

Les eaux, comme tous les moyens héroïques ou spécifiques, comme le quinquina, le mercure, l'opium, etc., semblent se soustraire à toute espèce d'examen dans leur action intime ; nous ne savons pas plus pourquoi telle ou telle eau guérit telle ou telle maladie, que nous ne savons pourquoi le quinquina guérit la fièvre intermittente ; le mercure, la la syphilis ; et pourquoi l'opium fait dormir.

Mais ce que nous pouvons savoir, et ce que j'ai toujours cherché à découvrir, ce vers quoi doivent tendre les efforts de tous les médecins, c'est de savoir quelles maladies, quelle phase de la maladie guérit telle ou telle eau, et quels malades, indépendamment du genre de la maladie, se trouvent mieux de telle eau que de telle autre. En un mot, il faut faire un appel à l'expérience, et suivre la tradition quand elle est judicieuse.

Mais pour ne pas faire de l'expérience un aveugle empirisme, il faut se servir de l'analogie et de l'induction et établir la coordination des faits et leur subordination, de manière à les rapporter à quelques groupes qui permettent de les mieux apprécier et d'en rendre l'étude plus facile.

Alors on voit que l'on peut grouper sous quelques formes spéciales un grand nombre de maladies qui paraissaient divisées, et qui ne sont que des variétés, par leur forme ou par leur situation, de certaines affections plus générales, qui peuvent se réduire à quelques types peu nombreux qui expliquent jusqu'à un certain point pourquoi certaines eaux que l'on dit guérir un grand nombre de maladies, n'en guérissent que trois ou quatre, et quelquefois six ou huit, au plus.

Pour mieux faire sentir ma pensée, je vais exposer sous forme de proposition quelques notes qui me furent demandées, il y a quelques années, par le ministre du commerce pour la direction à donner aux élèves que l'on voulait envoyer aux établissements thermaux pour étudier les cas de leur administration et leur mode d'action.

SECTION PREMIÈRE.

Monsieur le Ministre,

Les jeunes gens qui doivent être appelés à aller assister aux cliniques des eaux minérales, étant l'élite des internes, il est inutile de leur indiquer la méthode d'observer les maladies qu'ils seraient appelés à examiner. Cependant, comme ce sont des malades atteints principalement d'affections chroniques qui seront soumis à leur observation, et l'étude de ces affections devant être faite à un autre point de vue que celui de l'inflammation simple, je me permettrai de porter leur attention sur quelques points qui méritent d'être examinés avec soin.

1° Il serait bon que les élèves, outre les connaissances pathologiques, eussent des notions exactes de physique, de chimie analytique, de géologie, d'histoire naturelle et de mathématique, ainsi que d'hydrostatique, pour bien juger de l'influence de la nature de l'eau, de l'état de l'atmosphère et des phénomènes météorologiques qui ont une grande influence sur l'état des malades en traitement, et sur l'action des eaux elles-mêmes; pour l'examen des matières organisées ou organiques qui se trouvent dans les eaux; pour les volumes et les pressions des eaux ; pour connaître les rapports de la nature du terrain et de celle de l'eau, etc.

Toutes ces notions leur donneraient une plus grande facilité pour étudier l'action des eaux, qui est très souvent complexe, et leur permettraient de fournir quelques indications nouvelles, en même temps qu'elles les rendraient propres à diriger plus tard des établissements thermaux.

2° Ils ne devraient pas seulement se mettre en rapport

avec les inspecteurs des eaux, dont malheureusement le choix n'a pas toujours été dicté par le seul mérite des candidats; mais aussi avec les autres médecins qui ont su se créer, par le travail, par une conduite honorable et par des services rendus, une position quelquefois supérieure à celle des inspecteurs des eaux.

Ce serait les priver d'un grand secours que de les sevrer de ces rapports. Là, comme ailleurs, l'enseignement libre pourrait valoir autant et mieux, quelquefois, que l'enseignement officiel.

5° D'après mes observations, la plupart des maladies chroniques sont traitées avec avantage par les eaux minérales et peuvent se rapporter aux causes ou états suivants :

A. *Le rhumatisme* simple ou compliqué de goutte, qui peut exister à l'état latent, ou en action, se portant à l'extérieur sur les membres ou la colonne vertébrale, ou à l'intérieur sur les viscères, et pouvant produire dans le premier des tumeurs blanches, des hydarthroses, des arthrites, des paralysies, principalement des paraplégies, des névroses, ou des névalgies; quelques variétés de folie, s'il se porte sur les membranes internes du crâne, ou sur le cerveau lui-même; des gastralgies et des entérites chroniques; des métrites et des vaginites, qui se manifestent quelquefois subitement.

B. La goutte ou le *podagrisme* avec ou sans sécrétion dans les articulations, mais bien quelquefois avec des affections viscérales qui peuvent occasionner la mort.

C. *Le syphilisme*, qui peut être aussi à l'état latent, pendant une partie de la vie, ou se manifester à l'extérieur, par des syphilides, des ulcères, des tumeurs périostiques ou osseuses, ou à l'intérieur par des douleurs et, peut-être aussi, des ulcérations et des végétations. Les eaux thermales ont une action très salutaire sur le *syphilisme,* en le portant en dehors, en modifiant heureusement les ulcérations et les tumeurs *et en reproduisant des symtômes primitifs* qui permettent de le mieux traiter. Les eaux sulfureuses naturelles ont aussi un grand avantage, comme je l'ai démontré, c'est de guérir le ptyalisme mercuriel et d'en empêcher la reproduction pendant leur usage, même, en combinant à haute dose le traitement mercuriel et les iodures alcalins, le plus actif dans ces affections chroniques.

D. *L'herpétisme* pouvant aussi rester à l'état latent, ou se porter à la peau sous les diverses formes de maladies cutanées, ou à l'intérieur, le plus souvent sur les muqueuses, où il produit diverses affections chroniques qui souvent peuvent être rapportées à un même principe. Pour moi, il n'y a qu'un virus, ou principe herpétique, comme il n'y a qu'un virus ou principe syphilitique.

Dans ses migrations, il peut se porter :

a. Dans le conduit auditif, où il produit une sécrétion séreuse ou concrète et une hypertrophie des conduits avec déformation entraînant une variété de surdité très fréquente.

b. Dans les narines, où il produit des pustules avec ulcérations qui déterminent une variété d'ozène.

c. Aux yeux, où il détermine des blépharites, avec ou sans granulations, des tumeurs et, plus tard, quelques fistules lacrymales. Quoique nous verrons plus loin que l'herpétisme amène moins souvent la fistule que le lymphatisme, bien qu'il soit très souvent cause de tumeurs lacrymales qui se guérissent par les eaux sulfureuses naturelles.

d. Au voile du palais et à la gorge, où il produit ces granulations fatigantes qui succèdent quelquefois aux affections syphilitiques, sans être syphiliques, et qui surviennent comme une variété d'affection du larynx chez les personnes qui forcent la voix en chantant, comme les acteurs de l'Opéra, les crieurs publics, les personnes qui parlent longtemps par état, comme les avocats, les présidents de cours et tribunaux correctionnels et d'assises, etc.

e. Aux bronches, où il détermine ces rhumes fréquents et tenaces qui font le tourment du malade et des médecins; qui font croire, quelquefois, à des phthisies qui n'existent pas, malgré les apparences, et qui guérissent très bien sous l'influence des eaux sulfureuses les plus actives.

f. A l'estomac, où il produit des gastralgies et des gastrites chroniques et une variété de ces hypertrophies du pylore, prises quelquefois pour des cancers.

g. Aux intestins, où il produit des constipations opiniâtres, ou des diarrhées chroniques qui résistent à tout, sauf à l'action des eaux sulfureuses.

h. A l'anus, où il cause des hémorroïdes, les prurits et une variété de fissures et des contractions consécutives. Ces deux dernières affections amènent souvent l'hypochondrie, qui cesse au développement d'une éruption externe, qui annonce le déplacement du mal.

j. Au prépuce, où il entraîne ces herpes succédant aux affections vénériennes, mais qui n'ont rien de vénérien, et qui effraient beaucoup les malades.

k. Dans le canal de l'urètre, où il produit les blennorhagies chroniques et la blennorhée et le plus grand nombre de rétrécissements de l'urètre.

Dans la vessie, les cystites chroniques et la perte des urines, surtout chez les enfants, par excitation du col.

l. A la vulve, où il produit les divers prurits et les saillies papillaires qui augmentent et quelquefois anéantissent les sensations.

m. Au vagin, où il cause les leucorrhées séreuses et puriformes.

n. Au col de l'utérus, où il produit les granulations et les excoriations, la leucorrhée muqueuse et puis quelques hypertrophies ou engorgements et quelques dérivations, qui en sont la suite ; souvent la stérilité, et quelquefois l'avortement.

o. Peut-être aussi le principe herpétique se porte-t-il sur les membranes du cerveau et le cerveau, et y cause-il quelques folies ; sur la moelle, quelques paralysies.

p. Sur les nerfs, des névralgies.

q. Sur les muscles des rétractions musculaires et des tendons, et par suite les flexions des membres, les déviations, etc.

E. Le *lymphatisme* est, comme le syphilisme et l'herpétisme, une des principales causes des maladies chroniques. Je crois qu'il existe un principe ou virus produisant la scrofule et le tubercule, et toutes leurs suites, comme il existe un virus herpétique et syphilitique ; mais de nature peut-être différente du premier, et, surtout du second ; pouvant produire, cependant, comme lui, des exostoses, des ulcères, des caries, des nécroses, etc. Or, si l'on attribue tous ces résultats, dans un cas, à un virus syphilitique, pourquoi ne pas les attribuer dans l'autre à un virus scrofuleux ; puisque tous les deux ne semblent pouvoir être distingués quelquefois que par le traitement ?

F. Le *cancérisme* est aussi dû, à mes yeux, à un virus qui existe dans le corps, avant de se manifester par le cancer. Pour moi, la diathèse, que je distingue de la cachexie, précède la manifestation du cancer, bien qu'elle ne paraisse devenir manifeste qu'après. Toutes ces affections se transmettent, si ce n'est, toutes par contagion, du moins par hérédité, et j'ai pu voir à la fois, trois à quatre générations d'herpétiques, ou de cancéreux, ou de lymphatiques.

G. *Le traumatisme* et ses suites doivent être étudiés au point de vue de ces affections dans l'état chronique; chronicité qui ne se manifeste, le plus souvent, que parce les parties sont prises, consécutivement, d'une ou plusieurs de ces causes : soit rhumatisme, soit herpétisme ou lymphatisme, et qui seraient guéri assez promptement sans ces complications.

Cependant, les eaux sont aussi d'un grand secours dans les raideurs d'articulation ou indurations de cicatrice succédant à des plaies, à des fractures, à des luxations ou à l'immobilité nécessaire à certaines opérations.

H. Il y a souvent des complications de ces diverses causes qui forment des états mixtes très intéressants : ainsi l'herpétisme ou le lymphatisme s'ajoutent au syphilisme, et en modifient quelquefois la marche et l'aspect, comme ils doivent en modifier le traitement.

Il ne faut pas toujours se contenter de l'usage des eaux : les médecins ne doivent pas être comme des bornes-fontaines qui laissent agir et couler l'eau; ils ne doivent considérer les eaux que comme un moyen plus énergique et quelquefois adjuvant, pour le traitement des maladies; mais ce n'est qu'avec une grande prudence et beaucoup de circonspection qu'ils doivent agir.

Ils doivent toujours envisager le mal local et l'état général; quelquefois, en traitant le dernier, le premier disparaît, sans autre traitement; mais, le plus souvent, si le mal local a fait des progrès, le traitement général, seul, ne suffit plus; il faut aussi agir localement, si l'on veut obtenir un succès complet.

I. *Les hypertrophies* des organes, leur *atrophie* et la dilatation ou autres affections des vaisseaux peuvent être attribuées souvent, sinon toujours, quand elles sont spontanées, à ces vices de l'économie. C'est ainsi que l'hypertrophie du cœur tient souvent au rhumatisme, et que les dilatations des capillaires comme dans l'acnée rosacea, les hémorrhoïdes, peut être la dilatation des veines ou varices, qui, quand elles sont accompagnées d'ulcères, sont toujours herpétiques; et peut-être les anévrismes tiennent aux mêmes causes, aussi bien que certaines artérites avec gangrène (1).

6° Les malades doivent être examinés avec soin au point de vue de la cause du mal, soit par contagion, soit par hérédité, soit spontanément.

Pour moi, il y a des affections herpétiques qui se transmettent par contact et surtout par hérédité; il y a quelquefois plusieurs générations dans les familles qui ont eu la même affection interne ou externe : ainsi l'herpétisme alterne quelquefois avec les maladies chroniques, quelquefois avec des hypochondries et même des folies; il en est de même des rhumatismes; mais beaucoup d'affections herpétiques sont transmises par l'acarus de la gale : le sillon de l'acarus peut être considéré comme le chancre de l'herpétisme.

7° Il faut étudier aussi avec soin, dans le même individu, les rapports des maladies chroniques internes avec

(1) Sur quatre cas d'arthérite avec gangrène sénile, j'ai constamment rencontré une affection herpétique grave. N'était-ce qu'une simple coïncidence, y avait-il relation de cause à effet? Je l'ignore, et j'en appelle à l'expérience de mes confrères en chirurgie.

les affections externes; leur déplacement, leurs métastases qui peuvent avoir lieu plusieurs fois, et coïncider chaque fois avec une amélioration ou une aggravation de la maladie et influer ainsi sur la santé générale.

Tantôt ce sont les affections externes qui débutent, tantôt ce sont les affections internes. Elles peuvent quelquefois coïncider; mais rarement voit-on l'affection interne avoir toute son intensité, quand l'affection externe a tout son développement; ce qui prouve une relation, si ce n'est de cause à effet, du moins de rapport.

Tantôt l'affection interne se fait sentir avant que l'externe ait disparu; tantôt elle ne se fait sentir qu'après. Les affections générales aiguës, comme fièvres typhoïdes, fièvres éruptives et autres, diminuent toujours presque le mal local extérieur, surtout l'herpétisme; mais c'est pour le voir reparaître après; ce qui prouve que les deux virus peuvent coexister et que l'un devient latent, pendant que l'autre domine, pour reparaître ensuite. Si le mal herpétique eût été local seulement, l'affection aiguë en aurait débarrassé le malade en le faisant disparaître.

8° Il faut étudier les affections suivant l'âge, le sexe, certaines époques de la vie: ainsi, chez les femmes, les maladies identiques occupent de préférence des siéges différents que chez l'homme, soit à cause de leurs vêtements, soit à cause de leurs habitudes et de leurs époques; surtout à l'époque de la crise cataméniale ou de la ménopause.

Il faut bien tenir compte des tempéraments qui influent sur la fréquence et sur la ténacité des maladies.

9° Il faut noter avec soin la température et la durée des bains; s'ils sont entiers ou en demi-bains, ou si ce sont des bains locaux, chacun de ces bains agissant d'une manière différente.

10° Il faut noter si les bains sont pris isolément ou en piscines ; celles-ci ayant un mode d'action quelquefois plus actif, soit par une élévation plus grande de l'atmosphère, soit par une plus longue durée de la baignée, soit parce que l'eau se renouvelle et qu'on peut y exercer des mouvements plus étendus, etc.

11° Il faut tenir note du volume, de la pression, de la température et de la durée, de la division du jet des douches et des irrigations; toutes ces choses devront varier suivant les malades, la nature et l'époque de la maladie, comme je l'indiquerai.

12° Il faut étudier avec soin les phases diverses de la maladie sous l'action des eaux : sa recrudescence, son aggravation, son déplacement, son déclin, phases diverses qu'elle éprouve sous leur influence, quand elles sont bien administrées.

13° Étudier avec soin le moment où il faut agir avec les remèdes adjuvants ou les spécifiques ; il faut en général attendre que la maladie ait acquis tout son accroissement, et qu'elle ait bien reparu au dehors, si elle peut s'y porter; dans quelques cas, il faut attendre le moment de son déclin,

14° Les maladies sont en général améliorées aux eaux, quand le choix en a été bien fait ; mais la guérison complète arrive rarement pendant la durée de la baignée. Il faut suivre le malade, soit en correspondant avec lui-même, soit avec son médecin, pendant plusieurs mois et même des années, et le revoir s'il se peut.

15° L'action des eaux minérales naturelles dure plusieurs mois ou plusieurs années ; mais, quelquefois, elle s'arrête après plusieurs mois, ce qui prouve que leur action a été incomplète et qu'elle a besoin d'être complétée par une ou deux autres saisons.

16° La durée de la saison des bains ne doit pas être déterminée d'avance, au moins pour les établissements d'eaux sulfureuses. Il y a tel malade à qui quinze à vingt bains suffisent, tandis que d'autres en ont besoin pendant un mois, six semaines, deux et même trois mois, même plusieurs années.

17° Il existe pour les eaux comme pour d'autres médicaments, une *tolérance* qui est presque toujours en rapport avec le besoin que les malades ont de ces eaux; c'est à la sagacité du médecin qui dirige les malades de distinguer la vraie de la fausse saturation. C'est pour cela que j'ai établi à Bagnères de Luchon des bains émollients qui rendent les plus grands services, en calmant les excitations passagères que donnent les eaux ; et qui permettent d'en continuer l'emploi le temps nécessaire, ce qu'on ne pourrait pas faire sans leur secours.

18° Il faut bien distinguer la guérison du mal local de la destruction de la cause qui le produit: celle-ci demande quelquefois des années, quand le mal localisé ne demande que quelques semaines, sauf à reparaître d'autre fois si la cause existe encore. Quelquefois la cause dure autant que la vie, et le mal peut durer longtemps à l'état latent, sauf à se reproduire sous l'influence de causes morales, traumatiques ou autres, ou spontanément à certaines périodes de la vie, soit chez l'homme, soit chez la femme. J'ai vu des affections syphilitiques reparaître après vingt et quarante ans, par l'action des eaux, et guéries complètement ensuite.

19° Il faut tenir compte de l'usage antérieur d'autres

bains, soit naturels, soit artificiels ; noter leurs divers modes d'agir ; mais ne pas trop se hâter de conclure à la prééminence de ceux où l'on observe et que l'on administre, ce que l'on fait trop souvent ; mais juger, par des cas analogues, si ce ne serait pas parce que c'est l'action d'une seconde ou troisième saison que prend le malade, que l'on obtient la guérison. Ce qu'une première et même une deuxième saison des mêmes bains n'eussent pas fait.

20° Il est bon quelquefois de combiner ensemble deux ou plusieurs eaux minérales, soit dans la même année, soit dans des années différentes. Il faut bien étudier par laquelle il faut commencer ou finir. Quelquefois l'on combine avec avantage les bains de mer avec d'autres eaux ; il vaut, en général, mieux, finir par les bains de mer, que commencer par eux.

21° Quant aux bains de mer, il faut bien noter le temps de leur durée, qui quelquefois ne doit être que de quelques minutes ; rarement les bains de mer prolongés sont utiles, surtout à l'Océan. Il faut bien noter l'action de la température et la différence des effets des bains de la Méditerrannée, de ceux de l'Océan ; quelquefois les uns ou les autres sont préférables.

22° Il faut tenir compte de l'action des malades immédiatement après les bains et les douches ; les uns ont besoin de se coucher et de suer ; les autres de marcher et d'éviter les transpirations, qui les affaibliraient. Les rhumatiques, les syphylitiques sont en général dans le premier cas ; les nerveux, les scrofuleux dans le second, etc.

23° Il faut noter avec autant de soin les malades qui se trouvent mal des eaux, que ceux qui s'en trouvent bien ; non seulement dans l'intérêt des malades et de la vérité, mais aussi dans celui des établissements thermaux : un malade qui se trouve mal d'une eau fait plus de mal à un établissement, que dix qui sont guéris ne lui font de bien : la douleur crie, la reconnaissance se tait.

L'attention des médecins doit être portée à bien choisir l'établissement thermal et la source qui conviennent à tel malade et à telle maladie : les eaux peuvent faire le plus grand bien, quand elles sont administrées avec discernement et à propos.

24° Quoique les analyses chimiques soient très utiles pour constater l'état et la permanence des eaux, elles sont loin de fournir des indications précises et de donner le dernier mot de la science. Chaque analyse nouvelle fait vieillir les anciennes. Aussi, est-ce par l'*analyse chimique et*, si je peux ainsi parler, que l'on doit juger en dernier ressort; l'autre ne peut fournir que des analogies.

25° Il ne faut pas croire que, dans une eau naturelle, ce sont tels ou tels principes qui agissent principalement dans tel ou tel cas : les eaux minérales sont un tout indivisible, *une thériaque formée par la nature*, qu'on ne peut séparer, même par la pensée. Aussi faut-il noter non seulement l'état de l'eau à la source; mais surtout dans la baignoire; et suivre, là, sa transformation pendant la durée du bain. Pour moi j'estime d'autant plus les eaux dans le bain qu'elles ressemblent d'avantage à ce qu'elles sont à la source, et je vois avec crainte et regret tout ce qui peut leur faire perdre de leur valeur, soit par un séjour prolongé dans des réservoirs, soit par un long parcours, même dans des tuyaux hermétiques : car les eaux sulfureuses entraînent toujours avec elles une certaine quantité d'oxygène, qui use le principe sulfureux dans un long parcours; puis les longs tuyaux sont-ils bien toujours hermétiquement fermés, et ne sont-ils pas toujours une source de détérioration et de dérangement dans le bon ordre d'un établissement thermal.

L'établissement le plus mauvais est celui qui en a le plus ; le meilleur serait celui qui n'en aurait pas, si l'on pouvait s'en passer ; mais celui qui est préférable est celui, toutes choses égales d'ailleurs, qui en a le moins.

Il est très important de ne jamais faire usage des bains thermaux quand il existe un état aigu dans l'économie. Souvent le voyage et la saison estivale déterminent des irritations intestinales qui doivent être guéries avant de commencer l'usage des bains ; comme leur usage doit être suspendu si un état aigu se manifeste par leur action.

Quelquefois des malades, venant pour guérir une affection syphilitique chronique, prennent en route une blennorrhagie qui entrave le traitement de la première affection et fait perdre tout le fruit de la saison thermale.

Voilà. Monsieur le ministre, les principales observations que je crois devoir faire, et les principes fondamentaux d'une bonne observation dans la thérapeutique et la clinique des eaux minérales ; je serais heureux si, après avoir eu la pensée de former des jeunes gens pour l'étude des eaux minérales, je pouvais leur fournir quelques renseignements utiles pour s'y livrer avec succès.

Je suis avec un profond respect,

Monsieur le Ministre,

Votre très humble et très obéissant serviteur,

A. FONTAN.

Paris, ce 15 février 1850.

SECTION DEUXIÈME.

QUELQUES FAITS CLINIQUES DE LUCHON.

Messieurs,

Dans plusieurs communications que j'ai eu l'honneur de faire, soit à cette Académie, soit à l'Académie des sciences, j'ai traité quelques questions sur la nature chimique et physique des eaux minérales sulfureuses ou autres des Pyrénées, de l'Allemagne, de la Belgique, de la Suisse et de la Savoie ; j'ai cherché à pénétrer la nature intime de ces eaux, et je les ai comparées entre elles. J'ai pu conclure de mes observations que les eaux thermales sulfureuses naturelles des Pyrénées sont spéciales par leur nature physique et chimique ; que, jusqu'à présent, sur plus de trois cents sources que j'ai visitées dans diverses parties de l'Europe, je n'en avais pas rencontré une seule qui fût analogue ; et que toutes les eaux qui, dans les autres localités, ont plus ou moins de ressemblance avec elles, ne doivent cette fausse analogie qu'à la désoxygénation d'un sulfate, quelquefois alcalin, mais le plus souvent calcaire ou magnésien, par des matières organiques en décomposition : tantôt par de la tourbe, comme à Enghien et à Schinsnach ; tantôt par des lignites, comme à Weilbach, et tantôt par des prairies marécageuses et des terrains coquilliers, produisant de l'acide crénique, comme à Aix-la-Chapelle, Borcette et Aix en Savoie. Mes observations ont reçu la sanction de l'Académie des sciences et d'un grand nombre de savants. Je regrette de ne pas me trouver d'accord avec quelques membres de l'Académie ; mais je ne veux pas aujourd'hui m'occuper de cette question. J'y reviendrai plus tard.

Je viens faire part dans ce moment, à l'Académie, de quelques observations cliniques de ma pratique de Bagnères-de-Luchon. Mais, avant de commencer cette étude de l'action des eaux minérales par un empirisme aveugle, comme on le fait trop souvent, j'ai voulu connaître d'avance la nature et la force relative de chaque source que je devais administrer, et j'ai cherché à raisonner, si je peux m'exprimer ainsi, mes observations.

Je ne me suis pas contenté d'administrer les eaux ; j'ai dû chercher surtout à les rendre le plus efficaces et le plus utiles possible aux malades qui se confiaient à mes soins, me rappelant que je suis médecin et non pas expérimentateur, et que le but de tous mes efforts est la santé de mes malades.

Parmi plus de 12,000 malades que j'ai soignés aux eaux depuis le commencement de ma pratique médicale, j'ai eu à observer des cas très intéressants, et qui démontrent d'une manière irrévocable l'action puissante des eaux thermales sulfureuses naturelles, lorsque tout autre moyen avait échoué ; car si l'on a pu dire avec raison qu'après l'impuissance des médicaments, le fer et le feu guérissaient beaucoup de malades, l'on peut affirmer avec autant de vérité que là où le fer et le feu allaient être employés, et quelquefois après leur usage, les eaux minérales sulfureuses ont eu des succès. Il est douloureux de voir des moyens aussi efficaces presque dédaignés par certains praticiens, et trop peu étudiés par le plus grand nombre, ne pas recevoir les utiles applications dont ils sont susceptibles. Que de fois le fer tomberait des mains des chirurgiens, s'ils étaient pénétrés, comme moi, de l'idée qu'ils peuvent conserver à leur malade les membres qu'ils s'apprêtent à amputer, et qu'ils peuvent rendre le libre exercice de toutes leurs fonctions à ceux qu'ils vont mutiler !

Les maladies pour lesquelles les eaux de Luchon m'ont le mieux réussi, sont, outre les bronchites chroniques simples ou liées aux affections cutanées :

1° Les affections cutanées ; et, parmi celles-ci, les eczéma chroniques rebelles, locaux ou généraux ; les lichens, les prurigo, les impétigo et même l'éléphantiasis des Grecs, ou la lèpre tuberculeuse au premier et au deuxième degré.

2° Les blépharites herpétiques qui avaient résisté à toute espèce de traitement, et les blépharites et ophthalmies scrofuleuses.

3° Les ganglionites scrofuleuses avec ou sans ulcérations, soit que les tumeurs eussent le volume d'une noisette ou celui du poing.

4° Les caries scrofuleuses des doigts ou des orteils, du carpe ou du tarse, bornées et profondes, superficielles et étendues.

5° Les nécroses du cubitus ou du péroné, du radius ou du tibia. J'ai vu des séquestres se détacher dans moins d'un mois, qui étaient comme encastrés dans les chairs depuis plus d'une année.

6° Les affections syphilitiques au 2e et 3e degré. Comme adjuvant du traitement mercuriel ou ioduré, les eaux minérales sulfureuses sont appelées à rendre des services éminents à la thérapeutique, quand ces moyens seuls ont échoué, surtout aux malades chez lesquels cette affection se complique de lymphatisme ou d'herpétisme. Je proteste de toutes mes forces contre la sentence de Bordeu, qui voulait que Vénus ne fût pas de moitié dans les blessures que Mars aurait produites, pour que les eaux sulfureuses eussent toute leur efficacité.

Je rappellerai aussi un fait de la plus haute importance, que j'ai observé, il y a plus de sept ans, dès la première année de ma pratique, et que j'ai signalé, il y a six ans, à l'Académie dans un mémoire que j'ai eu l'honneur de lui présenter, mais qui est passé inaperçu, sans doute parce que ce n'est pas un médecin qui a fait le rapport de ce mémoire : c'est que les malades ne salivent jamais, quand ils suivent un traitement mercuriel, en faisant usage des eaux sulfureuses de Luchon en boissons et en bains, et que les malades qui salivent, en arrivant, à la suite d'un traitement mercuriel, sont bientôt guéris par l'usage de nos eaux, et qu'ils peuvent, après quelques jours, reprendre ce traitement sans que l'accident se reproduise.

Je pense que cette action importante et si utile se passe dans les autres établissements thermaux, mais peut-être avec moins d'énergie.

L'on voit aussi chez des malades, ayant eu une ancienne affection syphilitique, guéris en apparence des symptômes primitifs, mais toujours restés maladifs depuis, ces symptômes se reproduire par l'action des eaux, et guérir ensuite complètement avec le retour à une santé parfaite par un traitement antisyphilitique bien fait pendant et après l'usage des eaux thermales.

Les cystites chroniques, herpétiques ou autres, suites d'affections blénorrhagiques, en éprouvent de bons effets.

7° Les affections rhumatismales chroniques avec engorgement des tissus blancs qui entourent les articulations (et après avoir résolu, s'il en existe, les hydropisies au moyen des médicaments spéciaux comme les vins ou teintures de colchique et les applications de vésicatoires, ou mieux les sachets dégageant de l'ammoniaque au moyen du chlorhydrate d'ammoniaque et la chaux, au milieu de poudres aromatiques), ainsi que les fausses ankyloses et les rétractions musculaires qui en résultent. J'ai fait quitter des béquilles et des jambes de bois à des personnes qui s'en servaient depuis bien des années, et qui aujour-- d'hui marchent même sans se servir d'une canne ou d'un bâton.

J'ai guéri aussi de fausses ankyloses ou tumeurs blanches rhumatismales du cou qui avaient dévié la face en déformant le cou, et avaient produit une espèce de torti-colis qui ressemblait à celui produit par les rétractions des sterno-mastoïdiens, mais qui cessaient très bien sans la section de ces muscles, à l'aide des bains et des douches de Luchon.

8° La résolution de tumeurs abdominales mésentériques de plusieurs décimètres de long, sur plus d'un décimètre d'épaisseur.

9° Les entérites chroniques, avec diarrhée non tuberculeuse, rebelles, résistant à tout remède, ont été guéries à Luchon, après plusieurs mois et plusieurs années de durée.

10° Des vomissements rebelles durant depuis plusieurs années, avec ou sans lésion organique appréciable.

11° Des métrites chroniques avec sub-inflammation et engorgement chronique, après que les ulcérations, s'il en existait, avaient été cautérisées; car avant la guérison des ulcérations, ces eaux sont trop irritantes. J'ai vu, après la guérison de ces affections, des femmes, qui étaient stériles depuis un jusqu'à dix ans, devenir mères de deux à six mois après leur retour dans leur famille; mais, en général, du deuxième au quatrième mois.

12° Des névralgies rebelles, surtout les névralgies faciales et sciatiques, pouvant être liées à quelque affection syphilitique, rhumatismale ou herpétique, ont été soulagées ou guéries, notamment après les émissions sanguines locales abondantes, avec les ventouses ou les sangsues, et l'usage des bains émollients, même au cœur de l'hiver, avec plusieurs pieds de neige.

13° Les paralysies, et surtout les paraplégies liées à des affections rhumatiques portées sur la colonne vertébrale ou sur les enveloppes de la moelle, obtiennent d'excellents résultats à Luchon. J'y ai même guéri plusieurs paraplégies résultant de caries vertébrales qui ont été complètement arrêtées par l'usage des eaux.

Je ne peux pas donner à l'Académie connaissance de tous ces faits. Je me réserve d'en faire connaître un grand nombre à la suite d'une deuxième édition de mes travaux sur les eaux des Pyrénées. Mais je vais lui soumettre des observations sur quelques cas pris au hasard, et je sollicite autant ses conseils pour l'avenir, que je désire actuellement ses suffrages.

§ 1er.

DU SYPHILISME.

N° 1. 1838. — SYPHILIS CONSTITUTIONNELLE.

Madame ***, âgée de quarante-deux ans, mariée à un militaire, qui lui communiqua une affection syphilitique, qui se manifesta d'abord par des ulcérations aux organes génitaux, avec un écoulement muco-purulent. La malade fut traitée par des moyens adoucissants et antiphlogistiques, et paraissait guérie, lorsque cinq à six mois après, elle fut prise de douleurs de gorge qui ne cédèrent pas à des gargarismes émollients, etc.; elle fut prise en même temps de douleurs au front et à la partie antérieure de la jambe droite; bientôt après, les points où elle avait senti les dou-leurs, se tuméfièrent et présentèrent des tumeurs plus ou moins saillantes, qui, offrant d'abord de l'empâtement, fini-rent par s'ulcérer; elle offrait aussi à la surface des mem-bres, plusieurs ulcérations arrondies, d'un aspect violacé, qui étaient venues peu à peu.

La malade fut soumise à un traitement dont elle ne peut bien rendre compte; elle sait qu'on lui toucha plusieurs fois la gorge avec une pierre qui brûlait, dit-elle; qu'on lui fit faire des gargarismes avec des solutions diverses; qu'on lui pansa les ulcères du front, de la jambe et des membres avec un onguent grisâtre; et qu'on lui fit prendre pendant plusieurs mois des pilules et des sirops; mais tout cela sans succès. Peu à peu sa santé générale s'altéra; elle devint très faible et très maigre; elle perdit complètement l'appétit, et fut réduite à garder le lit pendant près d'un an; elle salivait presque continuellement.

Elle fut envoyée, en désespoir de cause, à Bagnères-de-Luchon, où elle arriva dans l'état suivant :

Sa faiblesse est si considérable et sa jambe si doulou-reuse qu'elle ne peut se soutenir; on est obligé de la porter à son logement; elle est dans un état d'amaigrissement considérable; elle porte sur le front trois tumeurs gom-meuses, dont une au centre, largement ulcérée, à bords durs; une tumeur gommeuse à la jambe droite ulcérée, et laissant suinter un pus ichoreux. Tous les membres sont remplis d'ulcères phagédéniques; le voile du palais et les amygdales sont largement ulcérés; ces ulcères sont arron-dis, à bords taillés à pic; l'inappétence est complète. Je prescrivis des bains de Richard-Nouvelle à 27° 1/2 R.;

boissons de Richard-Nouvelle, un à trois verres le matin à jeun, graduellement. Injections dans les sinus des tumeurs gommeuses avec l'eau de Richard-Nouvelle, plusieurs fois le jour. Pansement avec le cérat opiacé.

Après quatre bains, la malade se trouva un peu moins faible, les ulcérations prirent un meilleur aspect, l'appétit revint un peu, mais il survint une légère constipation; lavements émollients.

Après le huitième bain, la malade éprouva des malaises, de la céphalalgie, des douleurs vagues parcourant les membres. Le pouls devint plus plein et plus vif; suspension du bain; boissons délayantes, diète; la nuit fut agitée, la soif devint vive; le lendemain tous les symptômes s'étant exaspérés, le pouls était vibrant; diète, boisson délayante. Le troisième jour, même état, saignée du bras de 12 onces, le soir, calme, moins de fièvre, soif moins vive; le lendemain, quatrième jour, mieux marqué, le cinquième jour, reprise des bains. Le bain est bien supporté, la malade se trouve mieux qu'avant la fièvre; l'appétit revient, on continue le bain jusqu'au sixième, alors malaise, excitation, pouls vif. Je ne voulus pas revenir à la saignée, je prescrivis un bain émollient pendant une heure et demie à + 26° 1/2 Réaumur. Ce bain calma la malade, qui put reprendre le lendemain son bain minéral; depuis, je ne la saignai plus; mais lorsque, après une série de cinq ou six bains, il survenait de l'excitation, je lui faisais prendre un bain émollient prolongé qui la calmait parfaitement.

Sous l'influence des bains, les ulcérations avaient pris un bon aspect, le pus des tumeurs gommeuses avait été modifié; il existait une amélioration marquée, mais les eaux seules ne paraissaient pas pouvoir guérir la malade. Je prescrivis des pilules de proto-iodure de mercure de un demi-grain, je touchai les ulcérations soit des amygdales, soit du voile du palais avec une solution de nitrate acide de mercure étendu de six parties d'eau, et je fis ajouter parties égales d'onguent napolitain au cérat opiacé; je fis faire en même temps des frictions avec une pommade composée de parties égales d'onguent napolitain et d'axonge, et de un dixième d'extrait de belladone sur les tumeurs gommeuses. Sous l'influence de ce traitement, les ulcérations des membres se fermèrent ainsi que deux tumeurs gommeuses du front; la tumeur gommeuse moyenne du front et la tumeur de la jambe diminuèrent considérablement. Je fis prendre à la malade la boisson de la Reine, et les bains de la Reine et de la Froide; l'amélioration de la santé générale devint manifeste, la malade reprit de l'embonpoint; ses forces lui permirent de faire quelques promenades en voiture, et après la troisième promenade, la malade put se promener dans le jardin, puis sur l'allée des bains. Je fis prendre quelques douches sur les tumeurs gommeuses de la jambe et du front; les tumeurs s'affaissèrent, et celle du front se ferma en laissant une dépression centrale elliptique que la malade cachait très bien à l'aide d'une féronnière. Cette malade partit après trois mois de traitement, ayant pris près de 80 bains.

Elle revint l'année suivante pour conduire sa fille, dont elle semblait la sœur aînée. Elle m'apprit que l'ulcère de la jambe s'était fermé deux mois après son retour, et que depuis elle n'avait rien éprouvé (1).

---

(1) J'ai reçu, huit ans après le traitement, des nouvelles de cette malade; elle est dans un état parfait de santé.

RÉFLEXIONS.

Cette observation est très intéressante ; elle nous montre une malade arrivée par une affection vénérienne et par l'abus du traitement mercuriel à un état très grave ; car, et j'avais oublié de le dire, la malade se trouvait elle-même si mal, qu'elle avait pris ses dispositions en arrivant pour faire transférer son corps dans son pays, croyant mourir avant peu.

Sous l'influence des eaux de Luchon, l'aspect des plaies se modifie heureusement ; l'embonpoint revient, la salivation cesse et ne revient pas, malgré l'usage des mercuriaux à l'extérieur et à l'intérieur ; les bains émollients, qui, depuis, m'ont rendu de si grands services chez une foule de malades, arrêtaient, comme par enchantement, l'excitation qui se manifestait, et qui eût dû faire suspendre les bains.

Nous pouvons conclure que les eaux sulfureuses de Luchon sont un des meilleurs adjuvants pour la cure radicale de la syphilis constitutionnelle.

Quel est le mode d'action des eaux dans les affections syphilitiques chroniques et dans le traitement mercuriel pour empêcher la salivation ?

Quant à la première question, je crois que c'est à une excitabilité générale qui provoque une réaction de toute l'économie, et qui tend à expulser au dehors par les diverses sécrétions un principe morbide retenu dans le corps pendant un temps plus ou moins long, soit d'une manière apparente, soit d'une manière cachée.

Quant à la seconde, je pense, comme je l'ai dit, il y a trois ans, à l'Académie de médecine de Paris, que c'est à la neutralisation de l'excès du principe mercuriel par le principe sulfureux qui en forme un sulfure de mercure qui est insoluble, et par suite inerte. Ce principe pourrait aussi être expulsé en sortant par les urines, les sueurs, ou autres sécrétions.

N° 2. 1840. — AFFECTION SYPHILITIQUE, SYPHILIDE.

M.***, âgé de vingt ans, avait été atteint, dans le courant de 1839, d'une maladie syphilitique qui s'était manifestée par des chancres, qu'on avait traitée par les antiphlogistiques d'abord, puis par les mercuriaux. L'affection primitive avait cédé après quelques semaines ; le malade se croyait guéri lorsqu'il éprouva du mal à la gorge et à la langue, qui résista aux collutoires, gargarismes, soit émollients, soit astringents. Bientôt une affection croûteuse du cuir chevelu se joignit à ces premiers symptômes, et résista, ainsi que le mal de la gorge et de la langue, à tous les moyens, soit bains sulfureux artificiels, soit traitement mercuriel, interne et externe, qui furent employés.

La constitution du malade s'était altérée soit par l'effet du mal, soit par l'abus des mercuriaux, soit par une salivation abondante qui avait suivi le traitement mercuriel. Quand il arriva à Luchon, le malade présentait les symptômes suivants :

Plaques squammeuses syphilitiques répandues sur plusieurs points de la surface du cuir chevelu ; langue très large et très épaisse, rugueuse à la surface moyenne et postérieure, présentant des tubercules syphilitiques dont la plupart étaient ulcérés ; ulcérations sur les côtés et sur divers points de la langue entre les tubercules ; salivation prononcée, malaise, faiblesse générale et dégoût des ali-

25

ments; dégoût pour la distraction; tristesse et ennui presque continuels; trace de cicatrice ancienne de chancres entre le gland et le prépuce.

Je prescrivis au malade les bains Richard-Nouvelle à + 28° Réaumur, boisson de Richard-Nouvelle, deux à cinq verres; gargarisme d'eau Richard-Nouvelle plusieurs fois le jour; lotions sur la tête avec l'eau du bain pendant toute sa durée.

Après six à huit jours de ce traitement, le malade se trouva dans un état assez satisfaisant; l'appétit était revenu, il avait moins de tristesse et d'ennui, les ulcérations de la langue avaient pris un meilleur aspect; la langue était moins épaisse, les squammes du cuir chevelu étaient en partie tombées, et il restait à leur place de petits ulcères superficiels d'un bon aspect. Les forces étaient revenues assez pour que le malade fît quelques promenades; la salivation avait cessé presque complètement,

Après quinze jours de l'usage de ces eaux, je fis passer le malade aux bains de la Reine; boisson de la Reine, gargarisme de la Reine; après huit jours d'usage des bains et de la boisson de la Reine, le malade sentit des cuissons derrière le gland, à l'endroit où s'étaient manifestés les chancres primitifs, et deux jours après, ces chancres s'étaient rouverts et étaient en suppuration. Je laissai la suppuration s'établir, et je jugeai à propos de commencer l'usage des mercuriaux.

Je donnai au malade des pilules de proto-iodure de mercure de un grain chaque; je touchai la langue, les amygdales et le voile du palais avec un pinceau imbibé d'une solution étendue de nitrate acide de mercure; je lui fis prendre en même temps de une à deux cuillerées de sirop de salsepareille, contenant 8 grains de bichlorure de mercure, et 8 grains d'opium pour un demi-litre de sirop, et je continuai les bains et les boissons.

Une amélioration rapide se manifesta dans la langue, le voile du palais et l'affection du cuir chevelu. *Il ne survint aucune salivation.* Je pansai les chancres avec de l'onguent mercuriel, et après deux mois d'usage des pilules de proto-iodure de mercure et de sirop au sublimé, je fis prendre 6 grains de muriate d'or et de soude, en commençant par un seizième de grain et terminant par un dixième. Le malade guérit complètement, sans qu'il se manifestât aucune trace de récidive ni d'accident.

J'ai revu ce malade deux ans après : sa constitution était forte ; l'affection syphilitique avait été complètement guérie (1).

No 3. 1839. — ULCÈRES SYPHILITIQUES.

Madame ***, âgée de soixante ans, portait depuis plusieurs années un ulcère au côté gauche de la figure. Cet ulcère, de nature serpigineuse, s'était d'abord manifesté vers l'aile du nez, par des tubercules qui s'étaient ulcérés à leur surface, et qui, en se développant de proche en proche, avaient envahi presque la totalité de la joue gauche. On avait employé les topiques de tout genre, et des remèdes internes de toute nature, pendant plusieurs années, et sans succès.

Quand la malade vint à Luchon en 1839, son ulcère avait un aspect fongueux, irrégulier, à bords taillés à pic, le fond était brunâtre, présentant sur les bords des tubercules, les uns ulcérés, les autres encore intacts. Il

(1) J'ai revu ce malade sept ans après, et sa guérison s'est bien maintenue, et les symptômes syphilitiques n'ont pas reparu, quoiqu'il ait pris de nouveau, pour une autre affection, les bains et boissons de Luchon.

était assez difficile au premier aspect de reconnaître la nature de l'affection ; on aurait pu soupçonner un carcinôme, mais les tubercules du pourtour me portaient plutôt à penser que l'affection était ou de nature du lupus de Biett, ou estiomène d'Alibert, ou de nature syphilitique. Avec quelque soin et quelque persévérance que j'interrogeasse la malade, je ne pouvais obtenir d'elle aucun éclaircissement sur la nature syphilitique de son mal. Elle niait avoir eu des symptômes vers les organes génitaux ; elle finit cependant par avouer qu'elle pensait que son mari n'avait pas toujours été sage ; mais c'est tout ce que je pus alors obtenir d'elle. La forme des tubercules et la couleur de l'ulcère me firent pencher pour l'opinion que j'avais à combattre un ulcère syphilitique, et j'agis en conséquence.

Je prescrivis les bains + 28° R. et douches + 33° R. de Richard-Nouvelle, et la boisson de la même source, avec des lotions pendant le jour de la même eau. Après huit jours de ce traitement, la plaie prit un meilleur aspect, elle se détergea, les bords s'affaissèrent ; mais il survint un peu d'irritation. Bain émollient tous les quatre jours de une heure et demie à + 27° R. L'ulcère se détergeait toujours davantage, mais ne semblait pas perdre de son étendue ; je donnai alors des pilules de proto-iodure de mercure de 1/2 grain, en augmentant d'une à trois par jour. Je touchai la surface de l'ulcère avec le nitrate acide de mercure, étendu de 6 p. d'eau distillée, et les tubercules avec le nitrate acide pur en solution concentrée. Il survint un gonflement considérable et une très vive douleur que je calmai par les bains locaux et généraux émollients, opiacés ; puis, pansement avec l'onguent napolitain opiacé. Cinq jours après la cautérisation et l'usage des mercuriaux, l'ulcération avait déjà notablement changé

vermeil; les tubercules touchés par le nitrate étaient plus affaissés; les bords, moins épais et moins arrondis, s'étaient rapprochés. La malade fut vivement frappée de cette amélioration, et me pria, malgré les douleurs que lui avaient fait éprouver les cautérisations, de persévérer dans le traitement; elle me fit alors des aveux qui confirmèrent mon diagnostic. Je la cautérisai plusieurs fois, je fis prendre les bains et les boissons de la Reine; je continuai le traitement mercuriel pendant deux mois, et la malade fut complètement guérie; j'ai revu cette malade plusieurs années après, la cicatrice n'avait pas bougé, elle était plate, régulière, et la malade était peu défigurée (1).

§ II.

DU RHUMATISME.

N° 4. 1838. — RHUMATISME CHRONIQUE.

Mademoiselle ***, âgée de dix-huit ans, était atteinte depuis deux ans de douleurs rhumatismales chroniques avec un engorgement considérable cellulaire et ligamenteux des articulations des genoux et tibio-tarsiennes. La station était presque impossible et la progression l'était complètement. Elle avait été soignée par les médecins les plus distingués de Bordeaux, et tout avait échoué; elle avait fait usage, notamment, sans succès, de *bains et douches sulfureux artificiels, de toute composition et de toute température, dont elle avait pris plus de quarante inutilement.* Cette malade me fut adressée par MM. Gintrac et Puydebat, qui lui avaient dernièrement donné leurs soins.

Je lui prescrivis les bains Richard-Nouvelle à + 28°

_____

(1) Je possède plus de deux cents observations d'affections syphilitiques très graves, qui ont été radicalement guéries aux eaux de Luchon, après avoir résisté à des traitements mercuriels et iodurés, dont la plupart avaient été très bien faits.

d'aspect; le fond de l'ulcère était moins profond, plus Réaumur, pendant 25 à 45 minutes graduellement, et des douches de Richard-Nouvelle (à partir du 4ᵉ bain) sur les genoux et les articulations tibio-tarsiennes, à + 29° ou + 36° R. léger, accroissent les douleurs pendant deux jours.

Après le 6ᵉ bain, la malade put marcher dans sa chambre; le gonflement des articulations avait notablement diminué, leurs mouvements étaient moins douloureux et moins gênés. Après le 9ᵉ bain, la malade, logée à plus de deux cents pas de l'établissement thermal, put s'y rendre à pied; après le 12ᵉ bain, elle put faire à pied le tour des allées de la Pique (1/2 heure de marche environ); après le 15ᵉ bain, les articulations avaient repris presque leur mouvement naturel; la malade put faire des courses dans la montagne; elle repartit complètement guérie, après un mois de séjour : il ne restait aucune trace de douleurs, ni de gonflement, ni de gêne des mouvements.

J'ai su, plusieurs années après, par son médecin, des nouvelles de cette malade; elle n'a plus souffert; sa santé était tout-à-fait rétablie; elle s'est mariée et a eu des enfants, sans éprouver aucun accident nouveau.

Cette observation est digne d'intérêt sous plus d'un rapport; elle montre combien l'action des eaux est utile dans certains cas, et combien cette action est rapide quand les sujets sont jeunes et que les eaux sont bien indiquées.

Elles montrent, en outre, combien l'action des eaux naturelles est plus efficace que celle des eaux artificielles, bien que la quantité de principes constituants soit infiniment moindre que dans les eaux artificielles; en effet, les bains de la source Richard-Nouvelle contenaient alors par litre 8ᵍʳ·, 02460 environ de principe sulfureux; les bains faits artificellement contiennent 64 grammes de sulfure de sodium pour 250 litres d'eau, ce qui fait environ par litre 0,25600, c'est-à-dire dix fois plus. Cependant l'action de celui-ci avait été nulle, tandis que celle des eaux naturelles fut très rapide et très marquée.

Nº 5. 1839-40. — RHUMATISMES CHRONIQUES.

M. ***, âgé de trente ans, qui avait fait des voyages sur mer, et avait été exposé à toutes les influences atmosphériques; comme presque tous les jeunes gens de sa ville natale, s'était adonné, dès ses premiers pas dans le monde, aux excès de tout genre, soit en femmes, soit en liqueurs, qui aggravent les maladies.

Pendant l'année 1837, il fut pris de douleurs rhumatismales générales qui parcoururent toutes les articulations du corps, et qui ne purent être guéries complètement, malgré les soins assidus des médecins les plus distingués, par les eaux sulfureuses artificielles.

Il se rendit à Luchon, l'année 1839, dans l'état suivant: les principales articulations des membres inférieurs, les genoux, les hanches et les pieds, étaient très douloureux, et ne pouvaient exécuter leurs mouvements normaux; les lombes étaient très courbées et très douloureuses. Le malade ne pouvait marcher, il se tenait courbé, et les genoux demi-fléchis, quand il était placé sur ses pieds, et encore ne pouvait-il prendre cette position que lorsqu'il était soutenu sous les aisselles. Il y avait peu d'appétence, de l'abattement et presque du dégoût de la vie, tant le malade était affecté.

Je fis prendre au malade des bains de Richard-Nouvelle à + 27° 1/2 R., pendant 25 à 50 minutes graduellement; puis des douches de Richard-Nouvelle à + 29° R., en arrosoir d'abord, puis en jet plein sur les articulations et le dos. Sous l'influence de ce traitement, le malade reprit un peu de forces et put bientôt se tenir sur ses pieds, sans trop de douleurs ; peu à peu les articulations se redressèrent et devinrent plus mobiles ; le dos fut moins voûté.

Je fis passer après quinze jours le malade aux bains de la Reine, puis je lui fis prendre des douches de la Reine à + 33° R., et, après un mois de traitement, le malade marchait appuyé sur une canne.

L'hiver suivant, je vis le malade dans sa ville, et je le vis danser.

Les années suivantes, le malade est revenu à Luchon pour consolider sa santé, et il a été un des plus intrépides coureurs de montagnes que nous ayons vus.

Je l'ai revu quelques années après, sa guérison s'est très bien soutenue.

N. 6. 1838 à 1843. — RHUMATISME CHRONIQUE INVÉTÉRÉ.

M. ***, âgé de soixante ans, avait été très dissolu dans sa jeunesse; il s'entretenait même, dans ses vieux ans, et au milieu de ses souffrances, de ses prouesses passées ; et l'on pouvait juger, par la vivacité des souvenirs et des regrets, de la verdeur de ses premiers goûts.

Depuis plusieurs années, M. *** était tourmenté de douleurs des plus vives, dans les articulations, soit des membres supérieurs, soit des membres inférieurs, soit de la colonne vertébrale. Toutes les articulations étaient très volumineuses, et ne pouvaient produire le moindre mouvement spontané ; ses pieds, aussi larges et aussi gros que longs, ressemblaient à des pieds d'éléphant ; aussi ne pouvait-on les chausser ni de souliers ni de pantoufles, et on les couvrait, quand on levait le malade, d'espèces de petits sacs, qui se moulaient plus ou moins bien sur ces masses informes. Le malade, ne pouvant exécuter du tronc ni des membres inférieurs aucun mouvement volontaire, poussait des cris aigus lorsqu'on était forcé de le lever ou de le coucher, pour le porter au bain et pour l'en rapporter, tant étaient vives les douleurs que provoquaient les moindres mouvements qu'on faisait exécuter à ses membres ou à son tronc.

M. *** fit usage des bains de la Reine. Dès le début, ils augmentèrent beaucoup les douleurs ; après quelques jours de leur usage, le malade fut saigné, et l'on appliqua des ventouses scarifiées sur le trajet des muscles dorsaux et lombaires. Sous l'influence de cette double saignée, les douleurs devenaient moins vives, et le malade put reprendre ses bains ; peu à peu, les mouvements devinrent moins douloureux et moins difficiles. Cependant le malade quitta Luchon sans pouvoir marcher.

Mais l'effet des eaux minérales est loin de se faire sentir au moment où l'on en fait usage. Il est, en général, bien plus manifeste après quelques mois. Je vis, en effet, le malade trois mois après son départ : il se tenait bien sur ses pieds, qui étaient un peu moins gros et moins difformes ; il se promenait dans sa chambre. Les douleurs vives avaient disparu, quoiqu'il n'eût pas fait d'autre traitement.

L'année suivante, M. *** reprit l'usage des eaux de Luchon en bains et douches. Il acquit rapidement la faculté de marcher sur l'allée d'Étigny pour faire quelques centaines de pas. Ses pieds se dégorgèrent encore un peu, et l'amélioration continua encore après son départ des eaux.

La troisième année, le malade pouvait chausser des pantoufles un peu moins grandes. Il allait visiter dans la ville les personnes de sa connaissance, faisait la partie même à une heure assez avancée. Il avait repris toute sa gaieté naturelle, qui l'avait en grande partie abandonné pendant ses fortes douleurs.

Le malade revint chaque année prendre les eaux de Luchon. Il y trouva de nouvelles forces, et chaque saison semble le rajeunir.

Nous voyons ici un bel exemple de l'action des eaux sulfureuses, et de la persévérance du malade à user d'un moyen qui a agi lentement chez lui, à cause de son grand âge et de la ténacité de sa maladie, mais dont l'action a été constante et soutenue.

§ III.

DU LYMPHATISME.

N° 7. 1838-39. — GANGLION LYMPHATIQUE.

M. ***, âgé de seize ans, portait au col une tumeur du volume d'une orange ordinaire, couverte d'une peau violacée, percée au centre de deux ou trois ouvertures de 2 à 6 lignes de diamètre, à bords très amincis et décollés, résultant d'un ganglion engorgé qui avait augmenté peu à peu, et contre lequel avaient échoué, entre les mains du docteur Viguerie, qui me l'adressa, les traitements tonique et ioduré ; plusieurs autres tumeurs moins volumineuses se remarquaient au pourtour de la principale.

Quand le malade est arrivé à Luchon, il était souffrant depuis plus d'une année ; sa santé générale était détériorée ; il avait peu d'appétit, et ses forces n'étaient pas en rapport avec son âge.

Je lui prescrivis la boisson de la source Richard-Nouvelle, additionnée d'une cuillerée de sirop de gentiane, et les bains de la même source, de + 28 à + 29° R. graduellement, du houblon additionné de sirop de gentiane en boisson dans la journée, et coupé d'un cinquième de vin de Bordeaux aux repas. Je le fis nourrir de mouton et de bœuf grillé et rôti aux repas. Je fis faire des injections plusieurs fois le jour d'eau Richard-Nouvelle dans les points fistuleux de la tumeur, et j'ordonnai quelques douches en arrosoir de Richard-Nouvelle sur la tumeur, de + 28 à + 29° R.

Peu à peu la tumeur diminua de volume ; je prescrivis des frictions avec l'onguent napolitain et l'iodure de potassium pour hâter la résolution ; tantôt je faisais appliquer des cataplasmes émollients, lorsqu'il survenait de l'irritation, et tantôt je faisais pratiquer la compression avec des rondelles d'agaric, maintenues au moyen d'une bande de flanelle, quand l'irritation était passée. Après deux mois de séjour, la guérison de M. *** était presque complète, et elle se termina chez lui sous l'influence des moyens prescrits.

L'année suivante, M. *** avait une cicatrice un peu saillante ; je lui fis prendre des douches et des bains de la Reine ; je fis reprendre la compression et les frictions résolutives, qui n'ont laissé subsister qu'une cicatrice linéaire, qu'on aperçoit à peine en regardant avec attention, mais dont personne ne se doute dans le monde, dont M. *** est un des élégants aujourd'hui (1).

§ IV.

LYMPHATISME ET HERPÉTISME.

N° 8. 1840. — AMYGDALITE CHRONIQUE ET GRANULATION A LA GORGE.

Mademoiselle ***, âgée de quinze ans, était sujette, depuis plusieurs années, à des amygdalites qui se répétaient

---

(1) J'ai observé plus de cinq cents cas de ganglionites ulcérées ou non, qui ont été toutes guéries quand il n'existait pas de tubercules dans les poumons.

plusieurs fois pendant l'hiver ; à chaque nouvelle atteinte de cette affection, le volume des amygdales augmentait, et cet accroissement, dans la dernière année, avait été si grand et si rapide, qu'on avait, après avoir essayé tous les moyens résolutifs et astringents, proposé la résection des amygdales. Mais, avant d'en venir à cette extrémité, la famille de cette jeune personne voulut essayer l'action des eaux minérales, d'autant que la malade avait des dispo- sitions pour le chant, et qu'on craignait que cette opéra- tion ne détruisît la voix ou n'en modifiât désagréablement le timbre. Quand mademoiselle D*** arriva à Luchon, elle était dans l'état suivant :

Les amygdales sont très volumineuses des deux côtés ; elles laissent à peine une ou deux lignes d'intervalle entre elles ; elles ont un aspect violacé ; le voile du palais paraît un peu rugueux et épaissi à sa base, et est parcouru par des veines dilatées. La respiration est gênée, surtout quand la malade dort ; elle ronfle même parfois ; la voix est nasillarde, et quand la personne veut chanter, cette dispo- sition est encore plus marquée. La jeune personne n'est pas bien réglée.

Je prescrivis à la malade des gargarismes nombreux avec l'eau de Richard - Nouvelle ; des demi-bains d'eau Richard-Nouvelle pendant vingt-cinq minutes de + 28 à + 29° R., suivis d'un bain de pieds pendant huit à dix minutes à + 34° R., et à la fin une douche de dix minutes sur les côtés du cou ; tisane de houblon et sirop de gentiane. L'amélio- ration ne tarda pas à se faire sentir, et les règles, qui n'avaient pas paru depuis trois mois, se montrèrent assez abondamment après dix jours de l'usage des bains. Après vingt-cinq bains Richard, je fis prendre les demi-bains et la boisson de la Reine, je prescrivis quelques promenades à cheval. A la fin du deuxième mois, la malade était guérie, malgré une chute sur le genou qui la retint plusieurs jours au lit. J'ai revu la malade deux ans après son voyage à Luchon ; elle était complètement guérie de ses amygdales, qui avaient repris leur volume normal ; ses périodes avaient repris leur régularité, et sa voix, une des plus douces et des plus fraîches que j'aie connues, est admirée aujourd'hui comme une des plus belles et des plus pures qui se font entendre à Paris.

§ V.

DE L'HERPÉTISME.

N° 9. ECZÉMA CHRONIQUE DATANT DE DEUX ANS, TRÈS REBELLE.

M.***, âgé de vingt-quatre ans, était affecté depuis plus de deux ans d'une éruption au col et à la face, qui avait présenté les caractères suivants :

Au début, de petites vésicules d'abord isolées, puis groupées, sur une surface rosée, s'étaient manifestées derrière les oreilles. Ces vésicules transparentes s'étaient rompues et avaient laissé suinter un liquide séreux qui avait coulé quelque temps et auquel avaient fait place de petites squammes argentines. Malgré les soins donnés au malade par les médecins les plus distingués de Paris, l'affection s'accrut rapidement, gagna le cuir chevelu, descendit au cou, pénétra dans le conduit auditif qu'il obstrua presque complètement par le gonflement qui survint dans la peau qui le tapisse.

On mit toutes sortes de pommades en usage, on fit un emploi long et répété des eaux sulfureuses artificielles en bains et en douches, puis bains d'Enghien de toute espèce sans le moindre succès. Après deux années perdues en soins inutiles, le malade me fut adressé à Luchon, par le

fils d'un de mes vénérables maîtres, M. Philippe Boyer.
A son arrivée, le malade présentait l'état suivant :

Les oreilles derrière le pavillon, principalement dans
les conduits auditifs, étaient rouges et tuméfiées, couvertes
de petites squammes argentines demi-opaques, légèrement
humectées d'un côté; l'affection étant remontée à la tête
dans toute la fosse temporale, était descendue au cou jusque près de la clavicule; toutes les parties de la tête qui
étaient frappées présentaient une alopécie presque complète. De vives démangeaisons se faisaient sentir dans
toutes les parties et faisaient place à de vives cuissons,
après que le malade s'était gratté, ce dont il ne pouvait
s'empêcher, malgré sa raison et les suites qu'il prévoyait.
Sa vie était empoisonnée: il avait été obligé de renoncer
momentanément à aller dans le monde, où sa position
sociale et sa bonne éducation l'attiraient. Je lui fis prendre
des bains émollients et lui appliquai des cataplasmes pour calmer la surexcitation produite par le voyage; je lui donnai
ensuite les bains Richard-Nouvelle à + 27° Réaumur,
de vingt à soixante minutes graduellement. Je fis prendre
à la fin du bain un bain de pieds à + 34° Réaumur, pour
porter une congestion vers les membres inférieurs; (c'est
une précaution utile toutes les fois que les malades portent
des affections vers la tête ou le thorax); je fis intercaler
un bain émollient à + 27° Réaumur, toutes les fois que
l'excitation et les démangeaisons le nécessitaient, ce qui
était tous les trois à quatre jours; je fis continuer les
cataplasmes de fécule de pomme de terre recouverts de
taffetas gommé, toutes les nuits, et la boisson Richard-
Nouvelle avec sirop de saponaire.

Après le cinquième bain Richard, je fis commencer les
douches Richard-Nouvelle en arrosoir avec une pression de

1 pied à + 29° R., de cinq à douze minutes graduellement : je fis prendre un purgatif salin tous les huit jours.

L'amélioration se manifesta rapidement; les tissus, qui d'abord avaient rougi davantage, pâlirent bientôt, la tuméfaction diminua; les conduits auditifs, dans lesquels je fis faire des injections au moyen d'une seringue, avec l'eau de Richard à + 29° R., commencèrent à reprendre leur forme arrondie, tandis qu'ils s'étaient comme aplatis par le mal. Après quinze jours, je le fis passer à la Reine.

Je prescrivis alors les bains de la Reine à + 28° R., les douches en arrosoir de + 30 à + 32° R., graduellement, de 5 à 6 pieds de pression, ce qui se pratique facilement en ouvrant plus ou moins les robinets. Je fis boire les eaux de la Reine, continuant les bains de pieds, les cataplasmes, les bains émollients, mais en les éloignant, et les purgatifs; et j'ajoutai vers la fin l'usage des frictions avec une pommade à la belladone et au calomel. Sous l'influence de ce traitement, la guérison fut complète après six semaines, les cheveux commencèrent à repousser, et depuis, rien n'a reparu; ce jeune homme rentra dans le monde et put reprendre toutes ses occupations (1).

J'ai appris cette année que ce jeune homme intéressant avait péri par suite d'un accident malheureux.

N° 10. 1843.–1844. ECZÉMA CHRONIQUE GÉNÉRAL DATANT DE CINQ ANS, TRÈS REBELLE.

Mademoiselle ***, âgée de cinq ans, née de parents jeunes et sains, qui n'avaient jamais eu aucune affection herpétique, était venue au monde dans les circonstances suivantes :

(1) Je possède plus de cinq cents cas analogues, guéris en une ou deux saisons.

Sa mère eut une première grossesse, qui se termina par des couches très malheureuses. Son enfant naquit mort-né, après des douleurs de parturition très prolongées, qui faillirent lui coûter la vie. Quand elle redevint enceinte de l'enfant qui fait le sujet de cette observation, elle fut d'une inquiétude mortelle, pendant toute sa grossesse, sur l'issue de ses nouvelles couches qui, cependant, eurent lieu heureusement.

Cette enfant naquit très chétive; elle fut nourrie par sa mère, qui eut toujours un bon lait.

Cependant, vers l'âge d'un mois et demi, cette enfant fut prise d'une légère éruption, d'abord caractérisée par de petites vésicules très nombreuses et demi-transparentes, sur un fond légèrement rougeâtre, qui commença par la face. Ces vésicules, après quelques jours, se rompaient; il suintait un liquide séreux, qui était suivi de petites écailles furfuracées; l'affection resta bornée environ un mois et demi à la face; mais, à la suite de l'application d'un vésicatoire au bras gauche, l'affection se porta autour du vésicatoire, sans cependant quitter la figure.

Dès que l'éruption fut en pleine activité, la santé de l'enfant parut s'améliorer, et son développement fit de rapides progrès. Mais l'éruption s'étendit aussi de la face au cou, du cou aux épaules, et, plus tard, elle s'étendit à la tête et à tout le corps, qui finit par ne former qu'une vaste plaie.

On lui donna des bains d'eau douce, des bains d'eau de mer, et un grand nombre de bains *sulfureux artificiels sans aucun avantage.*

Un médecin prescrivit alors une pommade sur tout le corps, et, sous l'influence de ces frictions, l'affection diminua, et sembla pour ainsi dire rentrer tout-à-fait, mais aux dépens de la santé générale, car la poitrine se prit d'un râle gras, qui embarrassait la respiration, et qui faillit faire suffoquer la malade, qui avait alors quinze mois.

On lui donna dans cet état le remède purgatif en poudre, de Leroy, pendant soixante-dix jours consécutifs. Ce remède était formé du n° 2 mêlé au n° 4; elle eut des selles nombreuses, mais elle n'éprouva aucune irritation d'entrailles; et, sous l'influence du purgatif, l'éruption vésiculaire reparut, et la malade se trouva très soulagée. Mais en reparaissant, l'affection se généralisa davantage, et se montra avec plus d'intensité.

On essaya de nouveau les bains d'eau douce et *les bains sulfureux artificiels, mais sans le moindre succès*; la maladie semblait même s'exaspérer. L'enfant éprouvait des démangeaisons très vives, qui la forçaient à se gratter fortement. De vives cuissons et un écoulement séro-sanguinolent succédaient à cette action. Les cheveux étaient agglomérés par mèches et recouverts d'écailles argentines, qui se détachaient par le frottement. Après l'usage de toute espèce de moyens, soit dépuratifs intérieurs, soit externes, pommades, bains, etc., les parents livrèrent l'affection à la nature, mais sans plus de succès. Elle passa ainsi plusieurs années, suspendant et reprenant les remèdes, sans que son état fût avantageusement changé.

Elle était, quand elle arriva à Luchon, dans l'état suivant :

La tête et tout son corps, sans en excepter la plus petite place, offraient une surface rouge couverte de squammes sèches dans un point, humides dans d'autres, sanguinolentes, et presque partout portant l'empreinte des ongles. Le sommeil était interrompu depuis quatre mois, l'appétit

26

avait diminué, et l'enfant était dans un mouvement perpétuel pour se frotter et se gratter.

Je lui fis prendre d'abord des bains émollients pour calmer l'irritation, que le voyage avait augmentée.

Je commençai ensuite les bains du petit puits Soulerat, la source la moins sulfureuse de Bagnères-de-Luchon, car elle ne contient que $0^{gr},0016$ par litre de sulfhydrate sodique. Cependant, au troisième bain, une excitation considérable se montra. Je fis alterner tous les trois bains minéraux avec un bain émollient de $+26$ à $+27^\circ$ cent. Pendant une heure et demie, j'appliquai de larges cataplasmes de fécule de pommes de terre bouillie, recouverts de gaz du côté de la peau, et de taffetas gommé du côté opposé. Ces bains et ces cataplasmes calmèrent la cuisson dans les points où ceux-ci étaient appliqués. Alors, voyant les bons effets des cataplasmes émollients, je fis envelopper nuit et jour la malade dans un cataplasme; et, pour cela, je fis faire des caleçons et un gilet en gaz doublés de taffetas gommé, et remplis entre deux de cataplasmes de fécule. Ce moyen fut si efficace, que la première nuit la malade, qui depuis quatre mois n'avait pas fermé l'œil, dormit quatre heures de suite sans se réveiller, et puis elle dormit toutes les nuits d'un seul somme.

Après six jours de l'usage des bains Soulerat, je la fis passer à la source de Richard-Nouvelle, qui contient $0^{gr},0230$ de sulfhydrate sodique; ces bains, comme ceux de Soulerat, étaient à $+27^\circ$ R., et je fis aussi donner des douches en arrosoir très fin de deux pieds de chute de $+28$ à $+30^\circ$ R. graduellement. Je fis boire de la source Richard-Nouvelle avec du sirop de saponaire, et je donnai un purgatif salin tous les huit jours. Enfin, après trois semaines d'usage des bains Richard, je fis passer la malade aux bains de la Reine à + 28° R. Cette eau a dans la baignoire environ 0^{gr},0350 de sulfhydrate sodique. Je fis aussi donner des douches en arrosoir très fin à pression de 3 à 4 pieds de + 30 à + 32° R., en continuant toujours l'usage alterné de bains émollients tous les quatre à cinq jours, l'usage des cataplasmes généraux, les purgatifs tous les huit jours, la boisson de la source de l'Enceinte, qui contient à + 42° cent. 0^{gr},0560 de suflhydrate sodique, avec le sirop de saponaire.

Après sept semaines de traitement total que la malade supporta très bien à l'aide de cataplasmes et de bains émollients, l'affection, soit de la tête, soit du corps, était très bien guérie; la peau avait repris son aspect normal, il n'y avait ni vésicules, ni squammes, ni rougeurs, et toute démangeaison avait cessé. L'appétit était très satisfaisant, et la malade avait engraissé d'une manière marquée.

Je vis son père huit mois après; il me dit que sa fille était toujours très bien rétablie, que seulement il y avait vers la ceinture, au point où se serrent les vêtements, deux ou trois petites squammes comme l'ongle.

L'année suivante, la malade est revenue; elle a repris son traitement en commençant par les bains Richard-Nouvelle, car il n'y avait plus ni cuisson ni démangeaison; elle est partie parfaitement rétablie, et j'ai su depuis que rien n'avait reparu (1).

Cette malade offre un bel exemple de l'action spéciale des eaux sulfureuses naturelles sur certaines affections

---

(1) A l'époque de la menstruation, cette jeune personne a été reprise légèrement de son eczéma à la tête et aux oreilles. Deux saisons de Luchon l'ont complètement guérie.

cutanées ; nous avons vu toute espèce de remèdes employés sans succès, et notamment les eaux sulfureuses artificielles, qui ont toujours échoué. Nous voyons aussi la différence d'action des eaux avec certaines pommades qui faisaient disparaître momentanément l'affection, ne la masquant que pour la porter sur les organes intérieurs, comme la toux et la suffocation de la malade le faisaient voir (1), tandis que sous l'influence des eaux l'affection disparaît sans se répercuter, et la santé générale se trouve aussi améliorée que l'affection spéciale. J'ai de nombreux exemples de cette différence d'action, et notamment après les bains de mer, qui agissaient souvent en répercutant l'affection, surtout s'ils sont pris d'une manière inconsidérée.

L'on ne peut mieux faire, pour se guider dans l'usage des bains de mer, que de suivre les indications formulées dans le beau travail de mon ami, M. le docteur Gaudet, inspecteur des eaux de Dieppe.

No 11. 1840. — STÉRILITÉ. — CATARRHE UTÉRIN. — GRANULATIONS DU COL.

Madame ***, âgée de vingt-deux ans, d'une bonne constitution, aussi distinguée par ses formes que par ses manières, était mariée depuis quatre ans à M. ***, qui était très bien constitué, et qui n'avait eu aucune affection qui fût capable de porter atteinte à aucune de ses fonctions. Malgré l'affection continuelle des deux époux, il ne s'était jamais manifesté aucun signe de grossesse, et tous les deux étaient désolés de cette stérilité.

Il vinrent chercher à Luchon un remède contre leur chagrin, bien plus confiants dans la distraction pour l'a-

_____

(1) Les asthmes sont dus en partie à l'herpétisme ; l'emphysème qui survient est consécutif.

doucir que dans les eaux pour en tarir la source. Cependant ils se confièrent à mes soins, quoique découragés par tous les remèdes qu'ils avaient faits inutilement l'un et l'autre. Jusqu'alors, madame *** était sujette, après ses époques, bien que celles-ci fussent régulières et assez abondantes, à un léger écoulement blanc, qui durait quatre à cinq jours. Du reste, toutes ses fonctions se faisaient parfaitement.

M. *** se portait bien aussi, mais il avait cru remarquer que son linge, quand il lui survenait des pollutions ou après le coït, n'avait pas, après être séché, la raideur ordinaire dans les parties maculées.

Je fis prendre à madame *** des demi-bains de Richard-Nouvelle, pendant une demi-heure; des douches de Richard-Nouvelle sur les reins; des injections avec l'eau du bain pendant dix minutes, et la boisson de deux verres d'eau Richard-Nouvelle.

Je fis prendre à M. *** des bains de la Reine, des douches de la Reine sur les reins et le périnée; la boisson de la Reine et de la tisane de houblon avec du sirop de gentiane; je fis coucher séparément les époux pendant un mois et demi. J'ordonnai des courses dans les montagnes.

M. et madame *** exécutèrent à la lettre le traitement prescrit, et j'appris l'année suivante, par la mère de la jeune dame, que, trois mois après le retour des eaux, sa fille était devenue enceinte, et qu'elle allait accoucher.

J'ai su depuis qu'elle était accouchée heureusement.

Je possède plus de cent observations analogues sur la même affection. Sur les cent malades, celle dont le mariage était le plus récent était d'une année, et celle dont il était le plus ancien était de dix années, sans qu'il y eût jamais eu signe de grossesse (moyenne quatre à cinq ans).

Les malades sont devenues enceintes dans les premiers six mois après l'usage des eaux, jamais avant un ou deux mois ; le plus souvent vers le milieu du troisième mois.

Toutes les malades portaient une affection utérine, ou engorgement de l'utérus, ou ulcération du col, ou catarrhe de la membrane interne du col avec écoulement de mucus épais caractéristique avec ou sans déviations ou flexions ; quelques-unes avaient des affections eczémateuses qui pénétraient vers les organes génitaux. Toutes les malades qui avaient des ulcérations étaient cautérisées avant de prendre les eaux et pendant leur usage. Sans cela les eaux leur faisaient plus de mal que de bien.

J'ai soigné d'autres personnes stériles, chez lesquelles il n'y avait pas d'affection appréciable, et chez lesquelles la stérilité n'a pas cessé ; ce qui démontre que les eaux ne guérissent la stérilité qu'à la condition de guérir l'affection utérine qui la cause. Mais ce moyen est souvent utile.

§ VI.

DÉPLACEMENTS ET HYPERTROPHIES.

No 12. — CHUTE DE L'UTÉRUS DEPUIS QUATRE ANS. — ULCÉRATIONS PROFONDES. — HYPERTROPHIE.

La femme ***, âgée de vingt-cinq ans, mariée depuis plusieurs années, fut prise de douleurs vives, plus violentes qu'elles ne le sont en général au moment des couches ; elles continuèrent assez longtemps sans résultat, puis tout-à-coup, dit la malade, l'accouchement se fit, et quand elle fut relevée de couches, elle sentit entre ses cuisses une tumeur plus grosse que les deux poings qui partait de la vulve, et qu'elle ne put faire rentrer.

Par une fausse honte, elle n'osa parler de son mal à aucun médecin, et elle garda son affection, malgré les vives douleurs que cette tumeur lui fit éprouver, pendant quatre années, en la soutenant tant bien que mal avec des mouchoirs ployés en cravate, et attachés après être passés sous la tumeur à une espèce de ceinture qu'elle avait fabriquée avec des bandes.

Les douleurs augmentaient toutes les fois qu'elle urinait par la cuisson que l'urine causait sur les ulcères qui s'étaient formés à la surface de cette tumeur.

Elle se présenta à moi en 1838; et nous la vîmes de concert avec notre honorable confrère le docteur Barrau.

Quand la malade se présenta à notre observation, elle était dans l'état suivant :

Elle offrait au milieu des cuisses, une tumeur allongée partant de la vulve, plus grosse en bas, où elle avait environ le volume de deux poings, qu'en haut, près des grandes lèvres.

Cette tumeur, d'un aspect grisâtre, était couverte, dans toute sa surface antérieure et inférieure, de larges ulcérations irrégulières, de plusieurs centimètres d'étendue, à bords taillés à pic et saillants de plusieurs millimètres, avec des points isolés comme des îlots; tous les ulcères baignés et recouverts d'un pus gris et jaunâtre, fétide, à l'odeur duquel se mêlait une odeur urineuse que la malade répandait, du reste, dans ses vêtements.

Ces ulcères étaient entretenus par l'écoulement de l'urine qui venait baigner leur surface, en exaspérant la cuisson à chaque miction.

Cette tumeur était formée par le vagin, renversé en entier, dans sa partie supérieure, et par l'utérus à demi renversé, dans sa partie inférieure. L'utérus n'était pas renversé complètement; le col, très hypertrophié, était entr'ouvert et presque effacé, et le bas-fond de l'utérus venait faire une hernie de quelques lignes à travers le côl entr'ouvert, de la largeur d'un écu de 5 francs environ.

On distinguait très bien les divers tissus dont était composée cette tumeur.

La partie supérieure, près de la vulve, offrait l'aspect de la peau; le caractère muqueux avait presque complètement disparu. On voyait bien encore quelques traces des replis transverses de la muqueuse du vagin, ce qui lui donnait une certaine apparence d'un palais de bœuf un peu desséché; on soulevait facilement des plaques d'épithélium à sa surface. Le col de l'utérus avait un aspect moins rugueux, et le bas-fond qui faisait hernie à travers le col était encore plus lisse et comme tapissé par une séreuse un peu desséchée, ou mieux, comme la muqueuse des lèvres gercées.

Cette tumeur était dure, rénitente; on voyait que les tissus étaient hypertrophiés et à l'état morbide; on la déprimait cependant un peu en la serrant.

Le ventre au-dessus du pubis était aplati et comme déprimé.

Cette femme voyait ses règles quelquefois qui venaient humecter la surface du bas-fond de la matrice, et le sang se mêler au pus et à l'urine pendant les époques menstruelles.

Elle était très amaigrie et très faible par suite de ses souffrances et par la longue et abondante suppuration de la surface de la tumeur.

La malade ne vaquait que péniblement aux soins intérieurs de son ménage, et comme toutes les femmes dans sa position, elle éprouvait un vif chagrin de ne pouvoir plus accomplir les devoirs de son état d'épouse, et par suite de ne pouvoir plus être mère.

La position de cette malheureuse m'intéressa vivement, et je résolus de faire tout ce qui dépendrait de moi, sinon pour la guérir, du moins pour adoucir son sort.

Je lui fis d'abord prendre quelques bains tièdes émollients pour nettoyer cette tumeur et pour calmer la vive irritation des ulcérations.

Après ces bains, je touchai légèrement les ulcérations avec une solution étendue d'abord au dixième, puis au sixième de nitrate acide de mercure; et après avoir couvert quelque temps la tumeur, après les cautérisations, avec des compresses imbibées d'eau froide, je fis des pansements avec du cérat opiacé, et je recouvris la tumeur de cataplasmes émollients recouverts de taffetas gommé.

Sous l'influence de ce traitement, la malade devint moins souffrante; les ulcères, soustraits au contact de l'urine, prirent un meilleur aspect, mais la tumeur conserva sa grosseur et sa dureté.

Je fis alors, environ huit jours après l'arrivée de la malade, commencer les bains de la source Richard-Nouvelle à + 27° Réaumur. Cette source contenait $0^{gr},0246$ de principe sulfureux.

Après huit bains, les ulcérations étaient diminuées de moitié, les bords s'étaient effacés, la tumeur était bien moins grosse et plus ramollie, la muqueuse vaginale avait un aspect plus lisse, et elle commençait à être lubréfiée.

Je commençai alors, outre les bains, l'usage des douches légères en arrosoir de + 29° à + 30° Réaumur pendant deux à dix minutes graduellement, à deux pieds de pression.

Alors commença d'une manière rapide la diminution de la tumeur et le retour des parties à l'état normal.

Après un mois, je pus faire rentrer les parties après les

avoir légèrement malaxées pour les diminuer autant que possible.

Je les maintins à l'aide d'un sachet en gaze un peu forte, de forme allongée, rempli d'une éponge imbibée dans une décoction de vin aromatique dans lequel on avait fait bouillir de l'écorce de chêne, et saupoudré de poudre de noix de galle très finement pulvérisée. J'avais en vue, si je puis m'exprimer ainsi, de tanner le vagin pour lui donner assez de raideur pour empêcher l'utérus de retomber.

Après quelques jours de l'usage continu de ce tampon, je le fis ôter pour reprendre les bains de la Reine et faire quelques injections avec l'eau du bain, afin de finir de résoudre le col ; la malade le replaçait après le bain.

Après deux mois de traitement, la malade quitta Luchon dans un état satisfaisant, avec la recommandation de continuer l'usage du vin aromatisé, de l'éponge et du tannin pendant plusieurs mois, puis de porter l'éponge ou un autre pessaire.

Mais après quelques mois, la malade, se trouvant mieux, voulut se livrer à ses devoirs conjugaux, elle négligea de mettre l'éponge et finit par devenir enceinte. Elle accoucha heureusement sans que son accident se renouvelât, et aujourd'hui elle est complètement guérie.

J'ai su des nouvelles de la malade dans l'année 1844, elle allait toujours très bien ; je l'ai revue et examinée moi-même huit ans après, elle est complètement guérie.

RÉFLEXIONS.

Si l'on considère combien était grave l'état de cette malade, et combien peu il y avait à espérer d'obtenir une guérison complète, on doit être émerveillé du résultat obtenu, surtout si l'on compare ce résultat à ceux obtenus par les autres moyens dans des circonstances analogues.

Des praticiens distingués ont proposé et exécuté, sans accident, la suture de l'orifice du vagin, mais sans succès. Des chirurgiens plus hardis ont enlevé l'utérus, et la mort des malades en a été la suite.

Le seul résultat satisfaisant que je connaisse est celui obtenu par mon ami, M. le docteur Chaumet, chirurgien distingué de Bordeaux, qui a rétréci le vagin par une excision latérale et longitudinale, et qui a joint, pour rendre l'utérus moins pesant, la section du col. Mais reste à savoir si sa malade pourra se livrer aux devoirs de son état et concevoir, et surtout accoucher avec ce rétrécissement du vagin.

TERMINAISON.

Ces faits, quoique peu nombreux, n'en sont pas moins dignes d'intérêt, puisqu'ils confirment l'action puissante des eaux sulfureuses naturelles dans des affections diverses, lorsque d'autres médicaments, et notamment les eaux sulfureuses artificielles, n'avaient eu aucun résultat, malgré leur usage prolongé et quelquefois repris à diverses époques, pendant la durée de la maladie.

Je suis loin de penser que ces faits soient particuliers aux eaux de Luchon; d'autres sources des Pyrénées doivent les produire, mais peut-être avec moins d'activité, car les eaux de Luchon sont les plus sulfureuses et les plus alcalines des eaux thermales sulfureuses naturelles des Pyrénées, dans leurs sources les plus actives, quoiqu'elles soient aussi des plus variées. La température s'élève de $+17°$ cent. à $+67°$ cent., et la sulfuration de $0^{gr}, 0017$ à $0, 0808$ de sulfhydrate sodique.

Je dirai à ce sujet un mot d'une question que j'avais posée dans mon travail sur l'établissement et les fouilles de Luchon. Peut-on imiter une source d'une localité par une autre source naturelle d'une autre localité ramenée à la même température et au même degré de sulfuration ?

Voici ce que je me demandais en théorie ; voici ce que je réponds en pratique : *Non,* il n'est pas possible d'imiter complètement, surtout au point de vue thérapeutique, une source d'une localité par une source d'une autre localité; principalement pour celles qui ont une action spéciale sur certains organes ; ainsi, il existe deux sources : la vieille des Eaux-Bonnes et Laraillère de Cauterets, que l'on ne peut reproduire dans aucune localité des Pyrénées, pour l'action qu'ont ces deux sources sur les affections tuberculeuses de poitrine et notamment sur l'état de tuberculisation au premier degré, avant le ramollissement (1). J'ai voulu tenter quelques essais à Luchon, où il est facile de reproduire les sulfurations et les températures des autres localités; et j'ai vu que les maladies sur les quelles je n'avais aucune prise et que j'exaspérais, pour ainsi dire, obtenaient d'excellents résultats à Cauterets ou à Bonnes. A Cauterets, chez les personnes un peu pléthoriques, à Bonnes, chez les lymphatiques, car les eaux de Laraillère de Cauterets sont bien moins actives et moins excitantes que les eaux Bonnes.

Non, on ne peut pas imiter les sources de Barèges pour les vieilles plaies fistuleuses d'armes à feu ; à Luchon, elles sont trop alcalines et trop excitantes ; *ailleurs, elles le sont*

---

(1) Les autres eaux sulfureuses des Pyrénées, et notamment les eaux de Luchon, sont excellentes dans les autres affections de poitrine et de larynx, notamment dans les bronchites et laryngites granulées, les anciennes pneumonies et pleurésies.

trop peu ; et c'est avec regret que je vois qu'on veut transporter, dit-on, à Arles l'établissement militaire de Barèges.

Je concevrais qu'on fît à Arles et mieux à Ax un second établissement militaire pour d'autres maladies que celles qui sont si heureusement traitées à Barèges ; mais je regarderais comme un acte de lèse-humanité qu'on supprimât l'établissement militaire de Barèges, pour le transporter ailleurs.

Il est des cas, cependant, moins spéciaux, où certaines sources peuvent être, jusqu'à un certain point, les succédanées d'autres sources qui ont plus au moins d'analogie avec elles, quoique je n'aie jamais rencontré deux sources qui fussent identiques.

Ainsi, pour certaines affections cutanées, Luchon et Barèges, Ax et Cauterets, Moligt et Vernet, peuvent être utiles, et tous ces établissements ont à signaler des cas importants de guérison ; mais dans les cas rebelles, l'action sera d'autant plus marquée que les eaux seront plus énergiques et plus appropriées.

Certaines affections syphilitiques, rhumatismales ou lymphatiques pourront trouver soulagement ou guérison dans toutes ces localités ; mais, pour les vieilles affections syphilitiques ou rhumatismales invétérées, j'aimerais mieux Luchon ou Barèges, et pour les légères, Cauterets, source du Bois, Ax Bainfort, Vernet, Petit-Saint-Sauveur, suffiraient ; tandis que pour certains rhumatismes nerveux et pour certaines affections subinflammatoires de l'utérus, j'aimerais mieux Saint-Sauveur ou les Eaux-Chaudes, les bains Soulerat de Luchon, ou le Petit-Saint-Sauveur de Cauterets, ou la source Eliza de Vernet ; enfin Ussat ou Bigorre, s'il y avait trop d'irritation ; car ces eaux réussissent quelquefois là où les eaux sulfureuses ont échoué, et c'est en général par elles qu'il faut débuter et quelquefois terminer, s'il existe de la surexcitation.

Sans doute une pratique intelligente finira par spécifier les affections et les malades qui se trouveront mieux de telle ou telle source ; mais cette étude est encore à faire ; et si jamais un homme construit avec intelligence et bonne foi ce monument de la thérapeutique des eaux, je m'efforcerai d'apporter, pour ma part, quelques matériaux à l'édifice.

Nous devons être convaincus, par l'impossibilité où nous sommes d'imiter une eau des Pyrénées, d'une localité, par une autre eau des Pyrénées d'une localité différente, qui contient tous les mêmes principes, et les principaux avec les mêmes proportions, combien plus il est difficile de reproduire artificiellement ces mêmes eaux, dont on ne peut bien imiter quelques-uns de leurs principes, et dont on ne peut dans aucun cas reproduire les principaux.

Depuis bien des années, les fabricants d'eaux minérales artificielles prétendent imiter parfaitement les eaux naturelles ; cependant, déjà la théorie de l'imitation a changé plusieurs fois, et c'est toujours, disent-ils, la dernière qui est la meilleure. Je crois, moi, que la dernière ne vaut pas mieux que les premières, et que les eaux artificielles sont un leurre dont on berce les malades, et sur lesquelles les médecins ont en général de très fausses idées. Que de fois j'ai entendu dire à des médecins : Pourquoi enverrions-nous des malades à Barèges ou ailleurs dans les Pyrénées, tandis que nous avons donné ici des bains de Barèges ou autres sans aucun résultat ? Pourquoi, messieurs ? Parce que les bains de Barèges ou autres des Pyrénées guérissent les malades, et que vos eaux artificielles ne leur font rien ou presque rien.

Vous avez entendu les observations que j'ai lues ;

j'en ai un grand nombre de pareilles, et chaque médecin des Pyrénées doit en avoir aussi, dans lesquelles,
les eaux artificielles n'ayant rien produit, nos eaux ont eu
les plus heureux résultats. Si la conviction de tous les
médecins n'est pas à ce sujet aussi profonde que la mienne,
c'est qu'ils se sont moins occupés de cet objet ; mais je
vois avec satisfaction une réaction se produire, et je m'estimerai heureux d'avoir pu contribuer, par mes efforts,
à dessiller les yeux des malades et des médecins. Il y a
des vérités qui n'arrivent que lentement, mais leur succès
est d'autant plus assuré qu'il se fait avec moins d'éclat. Si
mes collègues des Pyrénées notent avec soin, comme je le
fais, les insuccès des eaux artificielles et des eaux accidentelles qui ne sont en réalité que » des eaux artificielles
frelatées par la nature, » suivant la spirituelle observation
de mon ami M. Michel Chevalier, et qu'ils mettent en
parallèle les succès obtenus par les eaux sulfureuses naturelles, nous aurons bientôt une masse de faits qui impo-
seront des convictions aux plus incrédules ; je les adjure,
au nom de la vérité, de l'intérêt des malades et de l'avenir
des Pyrénées, de répondre à mon appel, et j'ai l'espoir,
messieurs, que si vous vous joignez à moi, cet appel sera
entendu.

Dans ma thèse sur les eaux des Pyrénées, j'avais signalé
et étudié certains phénomènes, notamment le bleuissement
des eaux d'Ax, le blanchîment des eaux de Luchon, la
couleur jaune verdâtre, et la précipitation par les acides
d'une source de Cadéac, et j'avais émis l'opinion que ces
phénomènes s'expliqueraient plus facilement si l'on admettait un sulfhydrate de sulfure de sodium pour principe
minéralisateur des eaux sulfureuses naturelles des Pyrénées.

Cette opinion étant nouvelle, je l'avais admise, malgré sa probabilité, avec la plus grande réserve, car je m'étais exprimé ainsi : « Ne pourrait-on pas mieux expliquer ces » phénomènes (le blanchîment des eaux de Luchon, le » bleuissement des eaux d'Ax, la couleur jaune verdâtre » des eaux de Cadéac), en admettant un sulfhydrate de » sulfure de sodium au lieu d'un sulfure de sodium, ou, » suivant l'expression d'Anglada, d'un hydrosulfate de » soude? » Cependant, avant d'émettre cette hypothèse, je m'étais éclairé de l'avis de MM. Gay-Lussac, Thénard, Dumas, Pelouze, Orfila et Barruel, qui tous la considéraient comme probable, et je m'étais appuyé de passages des auteurs les plus recommandables et d'une grande autorité, tels que Berzelius et Thénard, auxquels je puis joindre Rose.

Ces opinions furent admises dans un premier rapport, de MM. Richard, Pelouze et Thénard, sur mon travail des Pyrénées, en 1838 (1); et dans un deuxième rapport des mêmes auteurs, sur mon travail relatif aux eaux d'Allemagne, en 1840 (2); elle fut aussi longtemps approuvée par M. O. Henry dans ses conversations, et par M. Orfila, dans ses leçons.

Mais elle fut attaquée dès le début par M. Félix Boudet, qui établit qu'on obtenait un sulfure et non un sulfhydrate, en *saturant* une solution concentrée de soude par l'hydrogène sulfuré, et par M. Boulay, qui établit de son côté qu'on produit un sulfure et non un sulfhydrate en *ne saturant pas;* ce qui prouve que si ces habiles chimistes sont d'accord pour attaquer mes opinions, ils ne le sont

(1) Voir le Rapport à la fin du volume.
(2) Voir le Rapport à la fin du volume.

pas pour la manière de procéder. Depuis, même, cette opinion émise par M. Boulay, j'ai lu une lettre qu'il écrivait à M. Ganderax, ancien inspecteur des eaux minérales de Bagnères-de-Bigorre, dans laquelle il lui disait qu'il se rangeait à mon opinion. Je rappelle ces faits pour démontrer que la question n'est pas facile, et qu'elle est très sujette à controverse, jusqu'à nouvelle démonstration.

Les choses en étaient là, quand, il y a deux ans, pendant mon absence et quatre ans après la publication de mon dernier travail, nos honorables confrères, MM. Boulay et O. Henry, ont repris la question, et à la suite d'expériences faites dans leur laboratoire, ils lurent à l'Académie un mémoire pour infirmer mon opinion, et rétablir celle d'Anglada et de M. Longchamp qu'ils avaient adoptée.

Ces honorables confrères, parmi quelques preuves plus ou moins secondaires, pour étayer leur opinion, en présentèrent quelques-unes qui dominent la question; ils admirent :

1° Que l'on ne peut obtenir qu'un *sel cristallisé* quand on traite une solution concentrée de soude par l'hydrogène sulfuré ; que ce sel est un *sulfure de sodium* Na S, *et qu'on n'obtient pas un sulfhydrate cristallisé par ce procédé.*

2° Qu'on peut expliquer le blanchîment de l'eau de Luchon par le moyen de ce sel aussi bien que par le sulfhydrate.

3° *Que le sulfhydrate sodique ne cristallise pas*, car ils n'ont pu l'obtenir cristallisé, pas plus qu'Anglada, malgré de nombreux essais.

4° Qu'ils ont obtenu ce sulfhydrate non cristallisé en traitant une solution titrée de bi-oxalate de potasse par une solution de sulfure de baryum, ou en traitant une solution

de bisulfate de soude titrée par le sulfure de baryum, etc.;
mais que ce sel, qu'ils n'ont pu faire cristalliser et qu'ils
nomment tantôt bisulfhydrate de soude, tantôt sulfhydrate de sulfure de sodium (comme si ces dénominations,
dans l'état actuel de la science, pouvaient s'appliquer à
un même corps), se décompose avant de cristalliser.

5° *Que le sulfhydrate se décompose par l'ébullition,* tandis
que le principe sulfureux des eaux des Pyrénées ne se décompose pas par l'ébullition, ce qui établit leur différence.

Ils terminent en concluant que la question est aujour-
d'hui jugée, que leur manière de voir doit être définitivement adoptée, et que mon opinion, qui, du reste, disent-
ils, n'était qu'une hypothèse, purement personnelle et
hasardée, doit être complètement rejetée, d'après leur
travail.

Je suis peiné de ne pas m'être trouvé à Paris quand
ces honorables collègues ont fait cette lecture, j'aurais
discuté avec eux mes opinions, et le doute peut-être
serait-il sorti de nos débats, surtout si j'avais cité les noms
respectables et les autorités sur lesquelles je m'étais étayé.
Ils m'ont placé dans la position de ne pouvoir aujourd'hui
réfuter leur mémoire dans cette enceinte, puisque le leur
a passé sans réclamation. Je suis forcé de reporter le débat
devant l'Académie des sciences. Je veux seulement, dans
cette note, avertir mes honorables collègues que je crains
qu'ils ne se soient trop hâtés de conclure, d'après leurs
expériences, et que les preuves qu'ils ont fournies à l'appui
de leur opinion ne soient erronées; en effet, je démontrerai, et j'en ai ici les preuves :

1° Que si le premier sel qu'on obtient quand on traite
une solution concentrée de soude par l'hydrogène sulfuré

est un sulfure de sodium Na S+ Aq. 8, le deuxième sel cristallisé qu'on obtient est un sulfhydrate sodique, avec tous les caractères assignés par les auteurs Na S + H² S + Aq. 4.

2° Que le premier sel dissous dans l'eau à la manière et à la dose de concentration des eaux de Luchon ou de Cadéac, etc., ne blanchit pas l'eau dans le temps où l'eau blanchit à Luchon, une à quatre heures, ni même après plusieurs jours.

3° Que j'ai obtenu en traitant une dissolution de soude par hydrogène sulfuré, comme l'indique Berzelius, du sulfhydrate de sulfure sodique cristallisé en beaux prismes ; que ce sulfhydrate a pour formule Na S+ H²S, comme ce savant l'avait indiqué, et que, dans aucun cas, il ne peut s'appeler bisulfhydrate de soude, dont la formule serait, si ce corps existait, SH² + SH² + NaO.

4° Que le sulfhydrate *ne se décompose pas par l'ébullition*, car je l'ai obtenu à l'aide de l'ébullition qui a été soutenue plus de quatre heures ; qu'il ne se décompose, comme l'a dit Berzelius, que près de la chaleur rouge.

5° Que ce sulfhydrate dissous dans l'eau au degré de concentration de ces eaux, à $0^{gr\cdot},0600$ environ par litre, se comporte comme ces eaux, et qu'il blanchit en prenant auparavant la couleur jaune verdâtre que prennent ces eaux avant de blanchir.

Qu'il y a trois procédés connus pour obtenir ce corps, et que les procédés qu'ont employés nos honorables confrères ne pouvaient pas le produire ; ils ne pouvaient obtenir qu'un mélange.

Après tous ces faits, non seulement je persiste dans mes opinions, mais le mémoire même de mes honorables collègues ne peut qu'ajouter à mes convictions, puisqu'ils n'ont apporté pour les ébranler que des faits que je crois erronés, et tout au moins dépourvus de preuves suffisantes pour me faire changer d'avis.

Il existe entre eux et moi cette différence, c'est qu'ils ont donné comme démontrés des faits hypothétiques et douteux, tandis que j'avais admis comme simple hypothèse, rendant mieux compte des phénomènes observés, une opinion qui peut être vraie, mais qui n'aura toute la rigueur de la démonstration que lorsqu'on aura extrait le principe sulfureux à l'état cristallisé, ou qu'on aura pu assez le concentrer, sans contact de l'air, pour voir si alors le principe sulfureux se comporte comme le sulfhydrate ou comme le sulfure sodique; ce que je n'ai pu faire encore, et ce que MM. Anglada et Lonchamp et encore moins MM. Henry et Boulay n'ont pas fait plus que moi.

P. S. Je noterai en passant que, dans ce même mémoire, MM. Boulay et Henry ont évalué à un dixième au-dessus le principe sulfureux de l'eau de Barzun, parce qu'ils n'ont pas tenu compte de la température à laquelle on a opéré avec l'iode, par la remarquable méthode de M. le docteur Dupasquier, de Lyon.

J'ai observé que l'on pouvait avoir des erreurs d'un cinquième à la température de $+75°$ cent., comme à Ax et à Thuez, et je me fais un plaisir d'en avertir les expérimentateurs. Il faut au-dessus de $+20°$ cent., laisser refroidir l'eau à vase clos pour opérer sur l'eau refroidie, ou, si l'on expérimente à chaud, opérer par le calcul une réduction à l'aide d'une table que je donnerai dans mon ouvrage, ou qu'on peut facilement faire soi-même par l'expérimentation sur les sulfures ou les sulfhydrates.

Paris, ce 15 avril 1845.

FIN.

APPENDICE.

1° PROCÈS-VERBAUX DE LA COMMISSION SCIENTIFIQUE.

2° RAPPORT DE MM, RICHARD ET PELOUZE.

3° RAPPORT DE M. DUMAS.

4° NUMÉROS DE *L'ÉCHO DU MONDE SAVANT* DE L'ANNÉE 1836,
SUR LES FOUILLES DE LUCHON.

PROCÈS-VERBAUX

DE LA COMMISSION SCIENTIFIQUE.

1837.

PREMIÈRE SÉANCE.

L'an mil huit cent trente-sept le vingt-quatre du mois d'octobre, à deux heures après midi, la commission, nommée par arrêté de M. le préfet de la Haute-Garonne du 27 septembre 1837, pour résoudre plusieurs questions organiques, relatives au développement de l'établissement thermal de Bagnères-de-Luchon, s'est réunie audit établissement, sous la présidence de M. Viguerie, chirurgien en chef de l'hôpital de Toulouse.

Sont présens, MM.

Barrié, médecin inspecteur des eaux.
François, ingénieur des mines.   } Membres
Fontan, médecin.   } de la commission.
Artigala, architecte.

Soulerat, docteur, faisant les fonctions de maire de Luchon.

Azemar, ancien maire.   }
Paul Boileau, pharmac.   { Délégués par le conseil municipal pour
Ferras, notaire.   { assister la commission.
Soulerat, juge.   }

La séance est ouverte à deux heures.

M. Viguerie, président, après avoir communiqué une

lettre de M. Abadie, par laquelle ce dernier s'excuse de ne pouvoir se rendre à Luchon, donne lecture de l'arrêté de M. le préfet qui constitue la commission.

M. François donne lecture d'un rapport adressé au conseil municipal de Luchon, en date du 22 octobre 1837, il y établit :

1° Quelques données sur la position de l'établissement thermal ;

2° L'état de la consistance des eaux en ..... 1766, de 1800 à fin..... 1835, après les fouilles de 1836, enfin en ..... 1837 ;

3° Il en conclut à l'établissement d'un système général de recherches combinées, qu'il croit propre à mettre à découvert toutes les eaux thermales dont peut et doit un jour disposer l'établissement de Luchon.

4° Il y indique les mesures générales à adopter pour la conduite des fouilles qui lui paraît la plus sûre et la plus convenable. Il appuie sur la mise à exécution d'un système d'observations quotidiennes.

1° Sur la dépense des sources ;

2° Sur leur température ;

3° Sur les principales circonstances météorologiques. Selon lui, ces données sont indispensables à un aménagement bien entendu des eaux et à une bonne conduite des recherches.

Il indique succinctement le mode d'observation, qui lui paraît le plus pratiquable. (Le rapport reste annexé au présent.)

M. Fontan, pour répondre aux questions adressées par M. le préfet, dit qu'il ne peut mieux faire que de donner l'extrait d'un travail, commencé il y a trois ans, et qu'il destine à sa thèse pour le doctorat ; mais comme ce travail est encore inédit, il demande qu'on lui en réserve la propriété littéraire.

Pour mieux faire sentir tout ce qui se rapporte aux eaux de Luchon, il donne des idées générales sur les eaux thermales sulfureuses et sur celles des Pyrénées en particulier, et fait à mesure des applications à celles de Luchon.

Il annonce que les eaux de Luchon sont minéralisées par un sulfhydrate de sulfure de sodium, sel dans lequel le soufre joue le rôle d'oxygène dans les sels amphides, et se joint à l'hydrogène par une proportion, pour former de l'acide sulfhydrique, et par une autre proportion au sodium pour former du sulfure de sodium, et que ces deux corps se combinent pour former le sulfhydrate de sulfure de sodium.

Il démontre que le sel en dissolution dans l'eau, ne la colore pas tant qu'il est pur ; mais que par le passage de l'eau dans les réservoirs le principe sulfureux éprouve des modifications : l'oxygène de l'air s'empare de l'hydrogène pour former de l'eau, et la proportion de soufre, qui était combinée avec cet hydrogène, se portant sur le sulfure de sodium pour former un poly-sulfure, qui est un véritable bi-sulfure, l'eau se colore en jaune verdâtre. Quand cette eau, dont le principe sulfureux a été modifié par son séjour dans les réservoirs, passe au contact d'un air libre, une proportion de soufre se combine avec l'oxygène, et passe à l'état d'acide hypo-sulfureux ; le sodium se combine avec une autre proportion d'oxygène pour former de la soude. Ces deux nouveaux corps se combinent pour produire un hypo-sulfite, qui devient bientôt sulfite et enfin sulfate de soude, mais l'autre proportion de soufre se trouvant libre, devient solide, et reste en suspension dans l'eau sous forme de poudre blanche ; ce qui donne à l'eau cette teinte louche qu'on nomme blanchîment de l'eau.

Ce phénomène a lieu soit avec l'eau pure, soit avec l'eau mêlée d'eau froide, bien que ce mélange ne soit pour rien dans le phénomène, l'action de l'air d'abord concentré, puis libre, étant la seule condition nécessaire.

Dans les réservoirs, l'acide carbonique que l'air contient ne reste pas inactif; il se porte sur une proportion de la soude pour former du carbonate de soude, il déplace l'hydrogène sulfuré, qui se dégage, et se porte vers la voûte des réservoirs; l'oxygène de l'air s'empare de son hydrogène pour former de l'eau, et le soufre solide se dépose et s'accumule sous forme de poudre jaune ou fleur de soufre, etc.

2° Les eaux contiennent du sulfate de soude;

3° Du chlorure de sodium;

4° Du carbonate de soude, dont la proportion varie suivant que les eaux sont restées plus ou moins exposées au contact de l'air;

5° Du carbonate de chaux en petite quantité;

6° Des traces d'alumine et de magnésie;

7° Des traces à peine pondérables de fer;

8° De la silice à l'état de silicate de soude;

9° Un peu de potasse;

10° Une substance azotée en dissolution, que M. Delongchamps a nommé barégine, qui se dépose quelquefois dans des réservoirs sous l'apparence d'une gelée amorphe et sans la moindre trace d'organisation;

11° Une substance azotée aussi, blanche tant qu'elle est à l'abri du contact de la lumière directe, et qu'elle n'est pas en décomposition; elle est formée de filaments très ténus de $\frac{1}{400}$ à $\frac{1}{1000}$ de milimètre de diamètre, variant en longueur depuis un millimètre jusqu'à huit et dix centimètres ; ces filaments, examinés au microscope, présentent un tube transparent, rempli d'ovules ou globules arrondis, qui en remplissent tout le calibre ; libres par une de leurs extrémités, ces filaments adhèrent par l'autre à une substance qui a toute l'apparence de la substance gélatineuse appelée barégine. Les filaments se rangent autour de cette substance, en prenant diverses formes, telles que celle d'un plumet, d'une houppe, de peluche, etc.

Ces filaments, auxquels M. Fontan croit devoir donner le nom de sulfuraire, à cause des eaux dans lesquelles ce nouveau corps se trouve, ne se rencontrent qu'à une température, qui ne dépasse pas + 50° cent.

La sulfuraire produit ces traînées blanches, onctueuses qu'on observe sous le stylicide des robinets, et qui donnent la sensation du savon humide. Il ne faut pas confondre cette onctuosité avec celle qu'on éprouve dans le bain sur toute la surface du corps ; celle-ci tient à la combinaison de la matière sébacée, qui suinte de la peau et se combine avec l'alcali de l'eau.

M. Fontan fait observer que toutes les eaux thermales, quand elles sont à leur griffon, viennent de bas en haut, et que ce griffon se manifeste par un dégagement de gaz qui pour les eaux sulfureuses est du gaz azote ; il fait observer qu'à Bagnères-de-Luchon, la Reine-Nouvelle seule présente ce phénomène ; il remarque que toutes les eaux de Luchon ont une température trop haute ou trop basse pour donner les bains, et que tous les établissements qui ont une grande réputation la doivent en partie à la constance de leur température très rapprochée de celle du corps. Il démontre par les expériences que ces eaux sont amenées à cette température par les mélanges d'une eau chaude avec l'eau froide, mélange qui s'opère dans ces lieux au sein même de la terre ; que par conséquent on peut faire jouir Luchon de cet avantage en opérant dans des réservoirs communs, des mélanges appropriés aux divers besoins thérapeutiques. Il fait observer que, pour maintenir dans le bain une température constante, il faut établir des trop pleins dans les baignoires, avec un écoulement continu, comme à Barèges, à Saint-Sauveur, à Ussat, au Foulon, à Salut à Bigorre, mais qu'au lieu de placer ces trop pleins à la partie supérieure de la baignoire, il fallait les mettre à la partie inférieure pour qu'ils n'enlevassent que l'eau refroidie qui tend constamment à descendre.

M. Fontan fait sentir les avantages des piscines, qui, en employant peu d'eau, puisqu'elles utilisent le trop plein des bains, n'exigent qu'un filet vierge pour entretenir une température constante. Ce mode de bains a cependant l'avantage d'admettre un grand nombre de malades et de pouvoir régler la durée du bain, suivant l'exigence du cas ; il fait observer aussi que la haute température de l'atmosphère, qui règne dans les piscines, les rend très salutaires aux malades ; enfin l'expérience a démontré que les bains dans les piscines, étaient plus avantageux que dans les cabinets.

Il démontre la nécessité dans laquelle on s'est trouvé, en 1835, de faire des fouilles pour retrouver la Reine qui s'était perdue en grande partie, puisqu'elle avait 10° centigrades de moins que ne l'indiquaient les précédentes observations, et près de la moitié de son principe sulfureux. Il constate les résultats avantageux des fouilles, qui en augmentant le volume de la Reine, mais en déviant son cours, lui ont fait acquérir sa température primitive et tout son principe sulfureux.

Il explique le phénomène du blanchîment, et démontre à la commission, avec les expériences à l'appui, que dans ce changement de l'eau, celle-ci perd presque tout son principe sulfureux ; qu'il faut par conséquent éviter cette altération, et que le meilleur moyen d'y parvenir consiste à éloigner tout contact de l'air extérieur.

Les analyses que M. Fontan a soumises à la commission, font voir que les eaux de Luchon sont les plus sulfureuses des Pyrénées, et qu'elles sont dignes de tout l'intérêt de l'administration.

D'après ces observations, il conclut :

1° A ce qu'avant tout autre travail, on continue les fouilles ; à ce que ces fouilles soient continuées, s'il est possible, jusqu'à la roche en place, où l'on trouve presque toujours les griffons et où l'on n'est plus exposé à les perdre ; à poursuivre les galeries, dites de la Grotte-Supérieure, de Richard-Nouvelle et du Chauffoir, et à les approfondir, s'il est nécessaire ; à lier les galeries les unes aux autres par des embranchements latéraux ; à faire de nouvelles fouilles derrière l'établissement Soulerat et dans le pré Ferras ; à faire enfin une séparation aussi exacte que possible des eaux froides avec les eaux chaudes.

2° A ce qu'on fasse des réservoirs proportionnés à la quantité d'eau réduite à la température du corps, et non pas seulement à la quantité d'eau chaude. Il demande que ces réservoirs aient une forme qui se rapproche le plus possible de la cubique ; à ce qu'ils soient placés le plus près possible des sources ; il pense qu'il est avantageux de placer dans ces réservoirs un plancher mobile, percé de petits trous, en forme de cônes renversés, pour empêcher le contact de l'air et pour mieux distribuer l'eau froide dans la masse de l'eau chaude ; il demande que les cabinets des bains soient adossés aux réservoirs mêmes.

Il pense qu'il faut établir au moins quatre réservoirs dans lesquels on refroidira l'eau au moyen de mélange d'eau froide, et de deux autres réservoirs dans lesquels on laissera à l'eau chaude toute son énergie, en la refroidissant au moyen de serpentins, placés dans les réservoirs, dans lesquels circulerait de l'eau froide ; celle-ci ayant l'avantage de pouvoir servir pour des bains domestiques.

Il propose, pour la conduite des eaux, des tuyaux en porcelaine, garnis d'un revêtement extérieur qui puisse empêcher le refroidissement de l'eau et prévenir les infiltrations. M. Fontan demande que l'eau arrive dans les réservoirs par la partie inférieure, et l'eau froide par la la partie supérieure; la première par un seul jet, la seconde en arrosoir. Il demande que l'eau arrive dans les baignoires par la partie inférieure et latérale pour éviter toute espèce de chute.

Il pense qu'il est utile de munir les baignoires de couvercles fixés et à charnière.

M. Fontan propose d'établir des conduits pour les douches, de faire ces conduits en porcelaine dans leur partie supérieure, et en une substance élastique telle que le caoutchouc, dans leur partie inférieure, afin de diriger ces tubes suivant les exigences du service.

Il croit qu'il faut établir quatre piscines sur le modèle de celles de Barèges, qu'il faut établir des étuves à gradins circulaires; qu'il serait utile d'avoir un cabinet de bains russes avec deux chambres garnies de lits et de divans, pour faire reposer les malades à la sortie de ces bains, des douches et des étuves; il croit que, pour rendre ce service complet, il faudrait des garçons de bains exercés au massage, pratique si utile dans certaines maladies.

Les douches devront être descendantes, ascendantes et vaginales. Les premières devront fournir de l'eau à + 44°, 46° et 48° cent. Elles devront avoir les réservoirs aussi élevés que possible. Les secondes fourniront l'eau à + 35° cent., et devront aussi avoir les réservoirs très élevés; les uns et les autres se donneront dans des cabinets *ad hoc*; les troisièmes qui n'ont pas besoin de pression, pourront s'administrer dans les baignoires, par un ajustage à ce destiné.

Il croit qu'il faut augmenter le nombre des baignoires, dans le cas même où de nouvelles fouilles ne feraient pas trouver une plus grande quantité d'eau.

Une salle d'attente, dans laquelle on placerait les bustes des hommes qui ont été utiles à Bagnères, comme tribut de reconnaissance, lui semble convenable.

M. Fontan pense que, dans l'état actuel des choses, et jusqu'à ce qu'on se soit assuré par de nouvelles fouilles de la quantité d'eau qu'on pourra obtenir, on ne doit prendre aucune détermination définitive sur un nouvel établissement; mais que, si l'on venait à découvrir une plus grande quantité d'eau, il lui semble indispensable de faire un établissement nouveau; et, dans ce cas, loin de l'éloigner de la montagne, il désire qu'on l'en rapproche, autant qu'on le pourra.

Il serait utile, dans l'intérêt des malades convalescents, de transformer la partie de la plaine de Bagnères, située entre l'allée de la Pique et le pont de Saint-Mamet, en un vaste jardin anglais, dans lequel on pourrait réunir tous les objets utiles et agréables aux malades.

Il demande que l'on fasse rentrer les autels votifs,

consacrés par les Romains aux thermes de Luchon, et qu'on les place dans l'établissement.

M. Barrié donne lecture d'une note (jointe au présent) dans laquelle il fait sentir l'urgence d'établir, soit dans l'aménagement et la conduite des eaux, soit dans les moyens thérapeutiques, les améliorations reconnues indispensables et qu'il énumère succinctement.

La séance est close à sept heures et demie du soir.

DEUXIÈME SÉANCE.

La séance a été reprise le 25 octobre, à huit heures du matin.

Sont présents, les membres de la commission; M. Soulerat, juge, seul absent.

La séance est consacrée à la visite des sources et à la vérification, sur place, des principaux phénomènes chimiques développés par M. Fontan, notamment sur l'altération des eaux thermales, par leur exposition à l'air extérieur.

La séance est close à dix heures et demie du matin, et renvoyée à une heure de relevée.

Sont présents :

MM. Viguerie, président.   Barrié.
    François.   Fontan.
    Artigala.   Soulerat, docteur.
    Azemar.   Ferras.
    Paul Boileau.

M. Viguerie, président, considérant que la commission paraît suffisamment éclairée par les rapports de MM. Barrié, François et Fontan.

1° Sur la position géologique des eaux thermales de Luchon;

2° Sur leur état et leur consistance de 1776 à l'époque actuelle;

3° Sur les variations par elles éprouvées, soit dans leur thermalité, soit dans leur volume, à diverses époques jusqu'à ce jour, notamment après les fouilles de 1836;

Ouvre la discussion générale sur la question qui suit :

Faut-il faire des recherches d'eaux thermales à l'établissement de Luchon?

La commission considérant :

1° Qu'il est urgent d'assurer à l'établissement des ressources qui permettent (ce qui n'existe pas aujourd'hui) un service régulier et complet en douches, en bains et en piscines;

2° Que les ressources actuelles sont insuffisantes pour un tel service; qu'elles s'opposent à tout développement et amélioration, reconnus indispensables;

3° Que dans l'état actuel des choses, la plupart des sources n'ont pas dans leur thermalité une permanence telle que l'exigent les applications thérapeutiques; qu'il importe, en conséquence, de leur assurer plus de fixité par des travaux d'aménagement bien entendus;

4° Qu'il est constant que la dépense des eaux a notablement diminué; qu'il est, en conséquence, nécessaire de leur donner plus d'invariabilité;

5° Que les eaux de la Grotte supérieure ont perdu une partie de leur thermalité; qu'il est urgent pour le service des douches, de la ramener s'il est possible, à son état antérieur;

6° Que par tous renseignements donnés, inductions, déduites, soit de la pratique générale (voir les principes

généraux énumérés au rapport de M. François), soit aussi
de l'état des eaux de Luchon à diverses époques, notamment pendant et après les fouilles de 1836, il résulte
qu'un approfondissement bien entendu de recherches, loin
de perdre (ce qui est démontré impossible), d'altérer, de
troubler le régime des sources, ne peut que lui assurer
dans leur dépense et leur thermalité plus de permanence
et de fixité ;

La commission décide, à l'unanimité, qu'il faut faire
des fouilles pour la recherche d'eaux thermales à l'établissement de Luchon.

M. Soulerat, docteur, et Paul Boileau se sont appuyés
sur la nécessité de ramener la Grotte supérieure à un état
meilleur et plus invariable.

M. le président ouvre la discussion générale sur la question qui suit :

Les recherches s'exécuteront-elles d'après un système
général de fouilles combinées, ou bien fera-t-on des
recherches partielles ?

M. François développe les avantages de recherches
combinées ; un système général convenablement conduit,
comprend tous les moyens de maintenir et de ramener les
sources à leur niveau antérieur, même à un niveau supérieur ; de tirer immédiatement parti des déplacements, s'il
y a lieu, pour jeter les eaux loin des infiltrations pluviales ;
enfin, d'isoler lesdites infiltrations et d'empêcher leur
réaction et le creusement de fuites à travers les eaux thermales.

D'un autre côté des fouilles partielles peuvent provoquer
le mal, sans pouvoir rencontrer et apporter le remède.

M. Soulerat docteur, appuie sur la nécessité qu'il y a,
selon lui, à éviter les pertes et déplacements.

La Commission, par suite des observations qui précèdent, considérant d'ailleurs qu'il importe à l'intérêt général d'adopter la marche à la fois la plus large, la plus prudente et la plus rationnelle, décide à l'unanimité que les recherches et travaux d'aménagement seront conduits d'après un système général de travaux combinés.

Les bases d'un système général, indiquées au mémoire de M. François sont adoptées à l'unanimité dans leur ensemble par la Commission.

Quant aux mesures d'exécution, celles adoptées sont les suivantes :

1° Abaisser d'un mètre le sol de la nouvelle Richard pour suivre cette galerie.

2° Laisser le chauffoir dans son état actuel, si d'ailleurs les faits manifestés par les fouilles n'en rendent nécessaires l'approfondissement.

3° Ne pas approfondir la Reine-Nouvelle; dégager l'orifice d'émergence de son griffon.

4° Approfondir indéfiniment et au niveau de la Nouvelle Reine, sur l'emplacement actuel de la Grotte supérieure, un percement destiné à l'évacuation des eaux pluviales, et à la recherche des eaux thermales dans la profondeur.

Pour ce qui concerne la Grotte inférieure et l'ancienne Richard, la Commission ajourne toute disposition jusqu'à visite et jaugeage de ces sources; elle adopte à l'unanimité le système de jaugeage quotidien, d'observation de température des sources et d'observations météorologiques, ainsi qu'il a été proposé par M. François (*Voir le rapport du* 22 *octobre* 1837).

La Commission se transporte sur l'emplacement des réservoirs de l'ancienne Richard et de la Grotte supérieure; après l'examen des réservoirs, elle procède au jaugeage de

la Reine, de Richard, de l'ancienne Richard et de la
Grotte supérieure.

La séance est levée à sept heures du soir et renvoyée au
lendemain à huit heures du matin.

TROISIÈME SÉANCE.

La séance est reprise le 26 octobre 1837, à 8 heures 1/2
du matin.

Sont présents tous les membres de la commission;
M. Soulerat, juge, seul absent.

Lecture est faite du procès-verbal des séances du
25 octobre 1837. Le procès-verbal est adopté.

Les chiffres de jaugeages faits par la commission sont
communiqués; ils sont les suivants :

Nouvelle-Reine.	91,944 litres.
Nouvelle-Richard.	12,403 —
Grotte inférieure.	26,950 —
Ancienne-Richard	17,568 —

Ces chiffres confirment les pertes mentionnées précédemment pour les nouvelles sources; ils indiquent que ces
pertes n'ont aucunement profité aux sources inférieures.

La commission décide que jusqu'à de nouvelles constructions, il ne sera pas touché auxdites sources inférieures; néanmoins, si cela se peut, on aménagera convenablement l'état des réservoirs.

M. Viguerie, président, ouvre la discussion sur la conduite et l'aménagement des eaux.

En premier lieu se présente la conduite des eaux de la
source aux réservoirs.

La commission décide à l'unanimité les dispositions qui
suivent: les conduits seraient établis, de la source aux
réservoirs, en porcelaine convenablement lutée, recou-

verte d'un beton charbonneux. La source ou le griffon sera capté à son origine par un conduit convenablement calibré. Un robinet destiné à l'examen analytique des eaux, sera établi près du point de captage. En deçà de l'origine des eaux, sera établie une cloison hermétique pouvant s'ouvrir au besoin. Enfin, au dehors de cette cloison sera établi sur la conduite, l'appareil de jaugeage ; toutes les infiltrations seront recueillies avec soin pour le service des piscines, l'eau arrivera aux réservoirs par la partie inférieure et latérale desdits réservoirs.

SERVICE DES BAINS.

M. Viguerie, président, amène la discussion sur la forme, la construction et la position des réservoirs pour bains.

La commission, considérant qu'il importe :

1° D'éviter tout contact d'air extérieur, toute cause de refroidissement des eaux thermales ; que partant, il serait convenable de rapprocher les cuvettes des réservoirs, et d'éviter ainsi tout développement de conduite d'eau ;

2° Qu'il convient d'approprier la capacité des réservoirs au débit de chaque source, et surtout aux exigences du mode d'administration des bains ;

Décide à l'unanimité :

Les réservoirs seront de forme rectangulaire. Ils seront construits en pierre de taille, avec un revêtement et un mastic intérieur, reconnu inattaquable pour les eaux sulfureuses. Les réservoirs seront établis de manière à ce que les baignoires, réunies par double travée, pourront être groupées sur les parois latérales et longitudinales des réservoirs de deux en deux baignoires. Lesdites parois

longitudinales creusées de rainures verticales, correspon-
dantes, destinées à recevoir des pièces de bois jointives.
Les pièces de bois composeraient dans leur ensemble une
cloison transversale mobile, dont la position varierait suivant le débit des sources, et suivant les besoins du service.

La commission est amenée à discuter sur la distribution
d'eau dans les cuvettes des baignoires, afin d'éviter toute
altération des eaux thermales ; elle décide à l'unanimité
que l'admission dans lesdites cuvettes, se fera, *par descensum*,
à la partie inférieure et latérale, au moyen d'un conduit
percé d'un robinet à clef.

Considérant que sous le point de vue médical, et sous
le rapport d'économie d'eau thermale, il est convenable
de tenir les bains à une température déterminée et constante, la commission décide, à l'unanimité, qu'un filet
d'eau, d'un débit déterminé d'avance, entretiendra une
température constante. Un trop plein en syphon évacuera
les eaux et les jettera dans une conduite rectangulaire,
placée sous le sol des cabinets, et contre la partie inférieure et latérale des baignoires, qu'il pourra ainsi
réchauffer et entretenir à une température modérée et
constante.

La commission décide à l'unanimité que les baignoires
seront enfouies au sol de 0^m· 10 de profondeur ; les cabinets
auront 2^m· 25 de longueur et 2^m· 80 de hauteur. Ils seront
convenablement aérés par le haut, qui sera voûté en arc
de cloître.

M. Viguerie, président, ouvre la discussion générale
sur le mode d'administration des bains par mélange préalable dans les réservoirs, à une température déterminée
et constante.

La commission, considérant que ce mode d'administration

résume en lui-même toutes conditions de bon aménagement et d'économie des eaux thermales ; qu'il paraît se prêter à toutes les exigences des moyens thérapeutiques bien entendus ; que sous ce rapport, il coïncide avec les bains de haute réputation, administrés à température déterminée et constante, tels que Barèges, St-Sauveur, Eaux-Bonnes, Eaux-Chaudes, le Foulon, Salut (Bigorre), Ussat, etc. ; considérant d'ailleurs que, sous le point de vue médical, il est plus rationnel de prendre pour base des exigences de la thérapeutique, plutôt que les désirs des baigneurs, la commission décide à l'unanimité que le mélange préalable des eaux thermales à des températures déterminées et constantes, sera opéré dans les réservoirs. Pour cela, les eaux thermales seront admises par des robinets, à cadran gradué, par descensum, et l'eau froide devra tomber en arrosoir sur un flotteur en bois blanc mobile, à la surface desdits réservoirs, et percé de petites ouvertures coniques renversées.

La température sera fixée dans les réservoirs par des thermomètres à demeure, convenablement placés à différens niveaux.

Toutefois la majorité de la commission municipale désire que ce mélange soit facultatif. M. Ferras craint que ce mélange préalable ne satisfasse pas les désirs des baigneurs. MM. Soulerat, docteur, et Paul Boileau, craignent qu'ils ne satisfasse pas aux besoins et aux désirs des baigneurs ; enfin, MM. Ferras, Soulerat et Boileau craignent que les intérêts matériels du pays n'en souffrent.

La séance est reprise à deux heures de relevée.

Présents tous les membres, M. Soulerat, juge, seul absent.

Sur la proposition de M. Fontan, appuyée d'observations

pratiques de M. Paul Boileau, que des bains de la Grotte-Inférieure peuvent être donnés en nature, la commission décide, à l'unanimité, qu'un réservoir spécial recevra de l'eau de la Grotte-Inférieure, qui sera refroidie par un courant d'eau froide, circulant dans les serpentins. L'eau froide échauffée, pourra servir à des bains domestiques.

La commission décide, à l'unanimité, que les cuvettes seront munies de couvercles brisés, en bois, à double charnière, fixés par une charnière, aux pieds de la cuvette.

ADMINISTRATION DES DOUCHES.

M. Viguerie, président, ouvre la discussion générale sur l'administration des douches.

La commission, considérant qu'il est nécessaire d'avoir à la fois des douches ascendantes à $+ 35°$; des douches vaginales à la température des bains, et des douches descendantes à $+ 44°$, $47°$ et $49°$. cent., etc.

Que les douches vaginales peuvent se prendre à la température et sous la pression des bains;

Décide à l'unanimité qu'il y aura 10 cabinets de douches; deux de ces cabinets, destinés aux douches ascendantes, seront alimentés par un réservoir commun, rempli par la source de la Reine, à la température de $+ 35°$ cent.

Les dix cabinets seront alimentés par quatre réservoirs, remplis les uns par la source de la Reine; les autres par la Grotte supérieure, aux températures respectives de $+ 44°$, $47°$ et $48°$ cent.

Pour les injections vaginales, elles seront prises dans les cabinets des bains, à la température des bains et sous la pression des réservoirs des bains, au moyen d'un tube mobile que l'on pourra fixer à la conduite des eaux.

Chaque cabinet de douches sera muni d'appareils complets, et de conduits en porcelaine et en caoutchouc, destinés à porter dans tous les sens la veine liquide sur les parties malades.

BAINS DE VAPEUR.

La commission reconnaît nécessaire l'établissement de deux cabinets de bains de vapeur, entourés de plusieurs cabinets garnis de lits et de divans, pour recevoir les malades à la sortie des bains de vapeur.

Ces derniers cabinets serviront pour le massage.

La commission exprime le vœu que la ville de Luchon forme un jour des élèves masseurs, en les envoyant sur les lieux, où ils pourront être instruits dans cette pratique, afin de pouvoir, au besoin, administrer des bains russes; on disposera l'arrivage d'un filet d'eau froide dans deux cabinets de douches.

M. Viguerie, président, ouvre la discussion sur l'établissement des piscines.

La commission considérant :

1° Que dans les piscines, la durée des bains est indéfinie et facultative d'après les besoins du traitement;

2° Que dans les piscines, la température de l'atmosphère, le renouvellement continuel des eaux, favorisent l'action des principes actifs et multiplient les cures;

3° Que l'alimentation des piscines se fait en grande partie par le trop plein des baignoires;

4° Que dans les piscines, pourront être utilisées toutes filtrations et les eaux reconnues à l'ancienne piscine romaine.

Décide à l'unanimité qu'il sera établi des piscines. Elles seront alimentées par toutes filtrations thermales; par les restes de la piscine romaine ; par des filets d'eau vierge, et au besoin par les eaux des douches et par le trop plein des baignoires. Les piscines seront au nombre de quatre, pour les besoins de tout sexe et de toutes conditions.

La discussion est ouverte sur l'établissement des buvettes.

La commission, se fondant sur les besoins des baigneurs, sur la nécessité de conserver de la constance à la température des buvettes par un écoulement continu.

Décide à l'unanimité l'établissement de quatre buvettes, à l'écoulement continu , deux à température naturelle, deux à température de $+34$ à 38° cent.

Relativement aux sources Ferras , la commission décide qu'il y sera statué, quand la galerie de la Grotte supérieure, aura été successivement approfondie.

La discussion générale est ouverte sur les agrandisse-ments de l'établissement actuel et sur les constructions nouvelles.

La commission , après de longs débats sur ces questions, considérant :

1° Que l'établissement actuel ne répond nullement aux besoins d'un service commode et régulier ;

2° Qu'il serait difficile , pour ne pas dire impossible, de l'approprier à ces besoins, en s'imposant d'y introduire toutes améliorations reconnues indispensables , soit dans l'aménagement , et dans la conduite des eaux, soit dans l'administration bien entendue des douches et des bains ;

3° Que l'établissement actuel , fût-il convenablement restauré et approprié , nécessiterait tôt ou tard de nou-velles constructions probablement très vicieuses et incom-plètes et sans nul doute très dispendieuses , si un jour les fouilles mettaient à découvert des ressources en eaux ther-males ;

4° Que tout projet d'établissement nouveau, quelque complet qu'il soit présenté, sous le double rapport de l'aménagement des eaux et de la bonne application des moyens thérapeutiques, ne peut pas *à priori* être conçu d'après les ressources qu'un jour les fouilles mettront à découvert :

5° Que d'ailleurs les eaux découvertes peuvent, par leur position respective, s'opposer à toute restauration et appropriation à l'ancien établissement, comme aussi à la fixation définitive du *développement et de l'emplacement* de toute nouvelle construction.

6° Que toutes les dispositions résolues *à priori*, avant le résultat bien connu, bien apprécié des recherches demandées, peuvent un jour entraîner la ville de Luchon *dans de graves embarras et des dépenses inutiles;*

Par tous ces motifs, la commission décide à l'unanimité ;

1° Que la restauration de l'ancien établissement et son appropriation à toutes améliorations reconnues dans l'aménagement et l'administration des eaux, ne sont pas praticables ;

2° Que dans tout état de cause un nouvel établissement doit être construit ;

3° *Qu'il y a impossibilité morale et physique d'établir à priori les bases de ce nouvel établissement, avant d'avoir reconnu et apprécié le résultat des fouilles, sans exposer l'avenir et les intérêts matériels de Luchon;*

4° Qu'en conséquence *elle se trouve dans la nécessité d'ajourner toute décision à cet égard jusqu'à exécution des fouilles;*

La Commission décide à l'unanimité que l'établissement,

quel qu'il soit, doit être établi le plus près possible de la montagne des bains; elle demande que la ville de Luchon se mette en mesure d'éclairer au plus tôt cette question, en exécutant les fouilles avec activité.

Sur la proposition de M. François, la Commission considérant :

1° Que pour tous principes, à établir sur le régime des eaux thermales de Luchon, dans les terrains d'attérissement du bosquet, il est indispensable qu'aucune tranchée, qu'aucune recherche en puits ou galerie ne soit établie dans le voisinage des bains à un niveau inférieur à celui des fouilles exécutées et à exécuter ;

2° Que déjà les bains Soulerat, situés à quelques mètres au nord de l'établissement, renferment des recherches en puits et galerie fort inférieures aux fouilles exécutées par la ville de Luchon ;

3° Que toute tentative de recherches nouvelles auxdits bains Soulerat, peut compromettre le régime des eaux de l'établissement thermal de Luchon ;

La Commission décide à une forte majorité que M. le Préfet de la Haute-Garonne, afin de créer à Luchon des droits légaux et des moyens de faire respecter les sources thermales, sera invité à vouloir bien solliciter du gouvernement une ordonnance, par laquelle l'établissement thermal soit reconnu et déclaré établissement d'utilité publique.

La Commission reconnaît l'utilité des bains domestiques hors et dans le voisinage de l'établissement.

Une piscine pour les chevaux lui paraît devoir être établie sur le conduit de vidange. Cette piscine serait alimentée par les eaux de l'établissement, reçues dans un abreuvoir et de là déversées dans un bassin rendu étanche par un pavé en mortier hydraulique; la conduite en serait également tenue étanche et hors du contact de l'air. Cette piscine devrait être placée loin des promenades.

Sur la proposition de M. Paul Boileau, la Commission reconnaissant la nécessité d'un hospice à Luchon, émet le vœu que le gouvernement facilite à cette ville les moyens d'en fonder un, comme complément indispensable à son établissement thermal.

Elle invite la ville de Luchon à se procurer tous moyens de convertir un jour les champs qui avoisinent la ville et les bains en un vaste parc, coupé de prairies bien entretenues; on y établirait des lieux de réunion, des jeux de toute espèce, destinés à l'agrément et à la distraction des baigneurs. Ces dispositions tout hygiéniques, peu onéreuses à la ville, peuvent un jour augmenter de beaucoup le revenu actuel de l'espace converti en prairies.

Comme mesure hygiénique, indispensable, elle demande que la ville de Luchon macadamise les contre-allées de l'avenue d'Etigny, et que le gouvernement étende ce système à l'allée principale.

Désirant reconnaître les services immenses rendus à la ville de Luchon, par l'intendant d'Etigny, elle émet le vœu que la statue en pied de ce grand administrateur soit érigée au centre du rond-point de l'avenue qu'il a établie et qui déjà porte son nom.

QUATRIÈME SÉANCE.

La séance est reprise le 27 octobre, à 9 heures du matin;

Sont présents les membres de la commission; M. Soulerat, juge, est absent;

Lecture est faite du procès-verbal de la séance du 26 octobre 1837. Le procès-verbal est adopté;

Lecture est faite ensuite de l'ensemble des procès-verbaux. L'ensemble des procès-verbaux est adopté;

La séance est close à 10 heures 1/2, le 27 octobre de l'année 1837.

DÉLIBÉRATION RELATIVE A LA CONTINUATION DES FOUILLES.

L'an mil huit cent trente-huit et le sept mai, le conseil municipal de la commune de Bagnères-de-Luchon, assemblé au lieu ordinaire de ses séances, pour la tenue de la deuxième session annuelle.

Présents : MM. Azemar, maire, Barreau, Soulerat, docteur, Ferras, Soulerat, juge-de-paix, Gascon, Paul Boileau, Salles, Maurette, Lafont, Sarthe-Sarrivatet, Mondon, Cazat et Bonnemaison;

Absents : MM. Tron et Trescase, démissionnaires.

Attendu que M. le Préfet, dans le but de faciliter la solution des difficultés nombreuses qui se présentaient sur la question de la restauration des bains, a nommé une commission composée d'hommes recommandables dans diverses spécialités;

Que cette commission, dans un rapport fort remarquable, a décidé que l'opération des fouilles, déjà si heureusement commencée, devait être continuée et achevée, vu le devis dressé par M. François, ingénieur des mines de l'Ariége. Vn date du 20 février 1838;

Considérant que les sources thermales, ce dépôt inappréciable confié par la nature à cette localité, pour le bien de l'humanité souffrante, sont la fortune du pays; que chacun comprend l'urgence de leur ériger un établissement en rapport avec leur haute valeur et les progrès de l'art médical ;

Mais qu'avant de construire, il faut connaître ses richesses, quant au volume des eaux, la quantité d'eau possédée ; car c'est d'après cette notion préliminaire qu'on pourra établir avec certitude la disposition des constructions et leur étendue ; de là, nécessité de continuer les fouilles ou recherches qu'il s'agira de terminer le plus promptement possible, afin que les projets déjà entrepris par M. Artigala, architecte, puissent être définitivement arrêtés ;

Que la caisse municipale étant épuisée dans ce moment ; et ces fouilles étant la première opération de la restauration de l'établissement des bains, afin de ne pas la retarder, il est juste d'en puiser la dépense sur la subvention de 20,000 francs, accordée par le département en 1835 ;

Que, les deux tiers de cette somme étant déja échus, il convient d'en réclamer l'encaissement de suite, afin de ne pas laisser annuler ce crédit ;

Par ces motifs : le Conseil municipal, à une forte majorité, a délibéré que les fouilles seraient continuées le plus tôt possible, sous la direction de M. François, ingénieur des mines.

Qu'il vote à cet effet un nouveau crédit de 1,500 francs qui, réuni à celui de 1,000 francs alloué au budget de 1838; de l'établissement thermal, formera un total de 2,500 fr.;

Réclame vivement de la bonté de M. le Préfet, que cette somme soit puisée sur les fonds subventionnels accordés par le Conseil général en faveur de cet établissement;

Exprime le vœu que les deux tiers échus soient incessamment versés dans la caisse municipale;

Enfin propose que les travaux dont s'agit étant d'une exécution spéciale et hors des règles ordinaires, où il peut survenir beaucoup de cas imprévus, soient exécutés par voie de régie. A cet effet, désigne pour tenir un registre d'avancement des travaux le sieur Trescase, officier retraité, auquel il sera accordé une somme de   , à titre d'honoraires.

Fait à Bagnères-de-Luchon, les jour, mois et an que dessus.

CINQUIÈME SÉANCE.

L'an mil huit cent trente-huit, le vingt du mois de septembre, à onze heures et demie du matin, la commission nommée par arrêté de M. le Préfet de la Haute-Garonne, du 27 septembre 1837, pour résoudre les questions organiques, relatives au développement de l'établissement thermal de Luchon, s'est réunie audit établissement.

Sont présents :

MM. Barrié, médecin, inspecteur des eaux.
Abadie, ingénieur hydraulique.
François, ingénieur des mines.
Fontan, médecin.
Artigala, architecte.
Azemar, maire de Bagnères-de-Luchon.

Paul Boileau.
Ferras.
Soulerat, juge.
Soulerat, docteur.
Barreau.
Bergasse, sous-inspecteur des eaux.

M. Azemar, maire de Bagnères-de-Luchon, expose que M. le Préfet, actuellement à Luchon, est retenu par une grave indisposition, que malgré lui, il ne peut présider la commission; que désirant s'éclairer de nouveau sur l'état actuel et l'avenir de l'établissement thermal, M. le Préfet l'a chargé de convoquer et de réunir les membres ci-dessus nommés, tant pour avoir à donner leur avis sur les voies et moyens de bonne exécution des fouilles, que pour faire l'examen et la critique raisonnée du projet de l'établissement thermal, présenté par M. Artigala, et élaboré sur les conclusions prises par la commission ci-dessus citée, dans ses séances des 24, 25, 26 et 27 octobre 1837.

En l'absence de M. Viguerie, président, la commission procède à l'élection d'un président ; sur le refus de MM. Abadie et Artigala, elle porte par voie de scrutin son choix sur M. Barrié, inspecteur des eaux.

M. François est nommé secrétaire de la commission ; ce dernier donne lecture de l'ensemble des procès-verbaux des séances de la commission des 24, 25, 26 et 27 octobre 1837.

M. Barrau, membre du conseil municipal, appelé à la diligence de M. le Maire, déclare n'assister que pour renseignements.

M. le Président ouvre la discussion sur la question des fouilles.

M. François donne lecture des préliminaires d'un état estimatif des travaux d'aménagement et de recherche des eaux thermales, présenté par lui, le 20 février 1838 ; il démontre que la marche qu'il se propose de suivre, ne peut en rien compromettre les eaux actuelles, soit dans leur volume, soit dans leur thermalité. Sur ses observations, tous les membres présents reconnaissent que les fouilles à entreprendre ne peuvent avoir un résultat fâcheux ; ils émettent le vœu que lesdites fouilles se fassent dans le plus bref délai.

La commission, sur la proposition de M. Azemar émet le vœu, pour la conduite la plus rationnelle des fouilles, que la commission, nommée par arrêté du 27 septembre 1837, soit permanente pendant la durée desdites fouilles, et que, s'il y a lieu, on puisse appeler à Luchon les membres absents pour se concerter avec eux (1).

La commission, sauf MM. Soulerat, qui se sont abstenus, rappelle le vœu, par elle formé dans ses séances du 26 octobre 1837, que l'établissement thermal de Luchon soit reconnu d'utilité publique, afin de lui ménager toutes voies et tous moyens légaux d'assurer la conservation de ses eaux, en les mettant à l'abri de toute exploration, faite par les propriétés voisines.

Elle demande que des mesures soient prises pour que désormais aucune fouille ne soit approfondie aux bains Soulerat, en contre-bas du niveau des sources de l'établissement thermal de la ville de Bagnères-de-Luchon.

M. le président, ouvre la discussion sur l'examen et la critique raisonnée du plan présenté par M. Artigala. Sur l'observation de M. Barreau que l'examen dudit plan ne devait pas entraîner l'adoption définitive, et proscrire la voie de concours pour un plan du nouvel établissement thermal, la commission, après avoir reconnu dans M. Artigala une spécialité fort respectable, en construction des thermes, déclare que son rôle se borne à l'examen d'un plan, présenté par M. Artigala; que ce plan n'est pour elle que le programme formulé d'un établissement thermal, qui, sous le double rapport architectonique et médicinal, doit répondre à toutes les conclusions de la commission, dans ses séances des 24, 25, 26 et 27 octobre 1837.

La commission approuve le mode de disposition des réservoirs longitudinaux au nombre de quatre, formant l'axe de quatre travées composées chacune d'une double ligne de douze baignoires.

(1) M. le docteur Fontan est désigné pour représenter la commission et pour a surveillance des fouilles et des travaux.

Cette disposition lui paraît répondre à toutes les exigences d'une bonne administration des bains avec la moindre perte, soit de chaleur, soit de principes sulfureux.

L'administration des bains à température déterminée et constante, avec un filet alimentaire sans robinet à la disposition des baigneurs, lui paraît, sous le point de vue thérapeutique, le plus convenable; mais bien qu'elle ait déjà reconnu qu'il faut moins se préoccuper des exigences souvent capricieuses des malades que des conditions de bon traitement; considérant que le mode de bains par mélange d'eau et à température constante, peut dans le principe, et avant que son efficacité ne soit généralement reconnue, soulever quelques répugnances, la commission est d'avis que les huit premières baignoires des têtes de travée soient munies de robinets, apportant les eaux vierges, au moyen d'embranchements, sur les conduits principaux longeant les voûtes des réservoirs. Elle réclame aux parois latérales des réservoirs et par chaque intervalle de baignoire, des rainures maçonnées pour loger des cloisons mobiles. De la sorte il sera possible de multiplier les réservoirs de différentes températures, et d'en faire varier le volume, suivant les besoins du service.

La commission demande que les deux travées latérales des baignoires soient dans leur longueur et vers le vestibule de principale entrée, augmentées d'une baignoire; sur cette longueur se trouveraient établis et aménagés quatre salons destinés soit aux consultations, soit aux réceptions extraordinaires. Ils serviraient pour salon d'administration, pour bureaux des bains. On pourrait y recevoir les personnes accidentellement indisposées; enfin on aurait des salons d'attente que, pendant la saison avancée et même pendant l'hiver, on pourrait entretenir à une température convenable.

Sur la proposition de M. Azemar, la commission croit devoir appeler l'attention de qui de droit sur la disposition des chauffoirs. Elle pense qu'ils pourraient être mis plus à a portée de chacune des travées.

———•◦•— · ·

SIXIÈME SÉANCE.

La séance est reprise le 21 septembre, à 8 heures et demie du matin.

Sont présents MM. les membres de la commission, M. Ferras seul est absent.

Lecture est donnée du procès-verbal de la séance du 20 septembre 1838. Le procès-verbal est adopté.

M. Azemar, maire, réclame l'attention de la commission sur le mode de chauffage du linge pour bains. Il désirerait que le mode de chauffage fût aménagé dans l'intérieur de chaque cabinet au moyen de calorifères à air chaud ; l'air serait chauffé soit par la vapeur, soit par tout autre moyen.

M. Azemar, Maire, désire que la question d'opportunité d'un second étage, élevé sur les premières lignes d'arceau, avec retrait sur la colonade, soit ultérieurement examinée par qui de droit.

La discussion est ouverte sur la question des voies et moyens d'exécution, soit d'un établissement thermal, soit de tous établissements et travaux d'hygiène et d'amusements. Sur cette question, la Commission décline son incompétence, néanmoins elle émet le vœu que la sollicitude du gouvernement et du département soit vivement excitée, pour que les voies et moyens d'exécution soient au plutôt conçus sur l'échelle la plus large et la plus riche d'avenir.

Lecture est donnée de l'ensemble des procès verbaux des séances des 20 et 21 septembre 1838. L'ensemble des procès-verbaux est adopté.

La séance est close le 21 septembre 1838, à dix heures du matin.

SEPTIÈME SÉANCE.

L'an mil huit cent trente-neuf, le dix du mois de janvier, la Commission des eaux thermales de Bagnères-de-Luchon, nommée par arrêté de M. le Préfet, du 27 septembre 1837, s'est réunie à la diligence et sous la présidence de M. le Maire de Luchon, pour examiner et critiquer des plans présentés par M. Artigala, architecte.

Sont présents :

MM. Artigala.
   Fontan.
   François.
   Azemar, maire.
   Gascon, adjoint.

Soulerat, juge.
Soulerat, docteur.
Ferras.
Paul Boileau.

M. Barrié, inspecteur des eaux, absent pour cause de maladie.

M. François, secrétaire, donne lecture du procès-verbal
de la séance du 20 septembre 1837.

La commission, après avoir examiné les plans présentés
par M. Artigala, s'arrête à la critique raisonnée du plan
à cinq travées de dix-huit baignoires chacune (en tout 90
baignoires), comprenant en outre neuf cabinets de douches, deux bains à vapeur et quatre piscines.

La commission, considérant que le nombre des baignoires lui paraît pouvoir être réduit, pense convenable
de supprimer l'une des travées;

Considérant que M. Artigala n'a pas compris dans ce
plan les salons demandés à l'extrémité des deux travées latérales, elle réclame les dispositions nécessaires pour y comprendre lesdits salons destinés à des salons d'attente,
cabinet d'administration, cabinet de chimie et d'histoire
naturelle.

Elle demande que la piscine et la douche des pauvres
soient placées à l'enfoncement de la face latérale, regardant le sud, et que, dans les parages de cette piscine,
quatre baignoires soient aménagées dans un espace spécialement affecté à cette destination.

La commission croit devoir réduire à trois le nombre
des piscines, dont une pour les pauvres. Par suite, l'enfoncement de la partie latérale, regardant le nord, reste-
rait libre et pourrait être destinée à un salon de chimie et
d'histoire naturelle.

La commission prend en considération la proposition
faite par M. François, de chauffer les linges au moyen de
caisses portatives en tôle, revêtues à l'extérieur en bois.
Ces caisses ont deux compartiments; l'un intérieur, destiné à recevoir du sable et des *boulets chauds;* l'autre supérieur

recevant le linge à chauffer. Les sables et boulets seraient
chauffés dans des calorifères spéciaux. Ces caisses peuvent
être portées dans les cabinets , sans en affecter la températuture.

Elle demande que des réservoirs trop pleins soient aménagés et qu'il soit examiné, par qui de droit, si les réservoirs des douches et des étuves peuvent servir à cette destination.

La commission, à l'unanimité, n'osant se prononcer sur
l'ensemble desdits plans, reconnaissant, d'ailleurs, la
nécessité de les soumettre à l'appréciation d'hommes compétents, soit en applications thérapeutiques, soit sur les
détails de dispositions architectoniques , pense qu'il serait
convenable que les académies de médecine et des sciences
fussent successivement appelées à examiner les plans proposés , sous le rapport de l'aménagement, de la distribution et de l'application des eaux minérales. M. Amédée
Fontan, docteur-médecin, l'un des membres présents,
qui, depuis plusieurs années , s'est occupé d'une manière
toute spéciale de l'étude des eaux minérales et de leur bon
aménagement , serait appelé à discuter et à soutenir les
dispositions les plus convenables. D'un autre côté,
M. Artigala, architecte , serait invité à soutenir, près de
la commission des bâtiments civils, les plans sous le rapport architectonique. La commission pense que l'admission
d'une telle marche , dejà proposée par M. de Breville,
ancien préfet de la Haute-Garonne , offre toutes les garanties pour une critique rationnelle des mesures proposées ,
et pour l'élaboration des dispositions les plus convenables
sous tous les rapports.

Les membres de la commission ont l'honneur de prier

M. le préfet de la Haute-Garonne et le Conseil municipal, de vouloir bien examiner cette question, qu'ils considèrent comme des plus organiques pour l'avenir de Luchon.

François, Artigala, Fontan, Gascon, adjoint, Soulerat, juge, Soulerat, docteur, Paul Boileau et Azemar, signés au registre.

Pour copie conforme :

Le Maire,

Signé : AZEMAR (1).

---

(1) Il y a eu plusieurs autres délibérations de la commission scientifique, dans lesquelles les questions les plus importantes ont été résolues : 1° une délibération, approuvée par le conseil municipal et par M. le Préfet de la Haute-Garonne, me charge des travaux d'analyse et de l'aménagement des sources de Luchon ; 2° une autre avec mission de représenter la commission scientifique pour la surveillance des travaux des fouilles et des travaux de constructions des bains ; 3° une troisième pour fixer les honoraires de M. l'ingénieur François, pour les fouilles faites et à faire, à raison de 6,000 fr. et 12 fr. par jour de séjour pour l'avenir ; 4° une autre, pour fixer les honoraires de l'architecte à 15,000 fr. (approuvé par le conseil municipal et le préfet, etc.) ; 5° une autre, pour déterminer la forme et l'indication du siége que pouvait avoir l'établissement de Luchon, etc., etc. Mais je ne peux les donner : le registre qui les contient ayant été soustrait ou égaré, bien qu'il soit une pièce des plus importantes, pour les archives de Luchon.

J'ai demandé vainement plusieurs fois la réunion de la commission scientifique ; je n'ai pu l'obtenir, quoique sa présence eût été indispensable pour déterminer la place que devaient occuper les thermes après l'achèvement complet des fouilles.

On a préféré s'en rapporter, pour l'approbation du plan de l'architecte, et pour la fixation de la place de l'établissement thermal, au Conseil municipal complètement incompétent dans ces matières.

RAPPORT

SUR UN MÉMOIRE DE M. FONTAN, AYANT POUR TITRE :

RECHERCHES SUR LES EAUX MINÉRALES

DES PYRÉNÉES.

Par MM. THÉNARD, DUMAS, RICHARD et PELOUZE.

(LU A L'ACADÉMIE DES SCIENCES, LE 3 SEPTEMBRE 1838),

MM. RICHARD et PELOUZE, rapporteurs.

Ce Mémoire est divisé en deux parties distinctes, l'une qui traite de l'examen chimique des eaux des Pyrénées, l'autre de l'étude microscopique des productions végétales qui s'y développent.

RAPPORT SUR LA PARTIE QUI TRAITE DES SUBSTANCES AZOTÉES ORGANISÉES OU ORGANIQUES CONTENUES DANS CES EAUX.

(M. RICHARD, RAPPORTEUR.)

« La plupart des eaux minérales froides ou thermales contiennent des espèces variées de végétaux confervoïdes qui s'y développent naturellement, et qui souvent ne peuvent vivre ailleurs que dans ces eaux. Parmi ces végétaux plusieurs se trouvent à la fois dans des sources de nature différente; d'autres, au contraire, appartiennent exclusivement à l'une de ces eaux et ne se montrent que dans celles qui ont la même composition chimique. Il y a plus, quelques-unes de ces plantes ont besoin d'un certain degré de température au-dessus ou au-dessous duquel elles cessent de se montrer. C'est ainsi, pour n'en citer qu'un exemple, que la *sulfuraire*, espèce d'oscillariée nouvelle que M. Fontan nous fait si bien connaître dans son Mémoire, ne se trouve que dans les eaux sulfureuses, et a besoin, pour s'y développer et y vivre, d'une température qui ne soit pas supérieure à + 50° ni inférieure à + 5° cent.

» I. M. le Dr Fontan a étudié les végétaux confervoïdes qui existent dans les eaux *sulfureuses*, dans les eaux *salines*, et enfin dans les eaux *salées* des Pyrénées, et comme ces végétaux ne sont pas les mêmes dans ces trois espèces d'eaux, nous allons, en suivant l'auteur, les examiner ici successivement.

» Les eaux minérales sulfureuses des Pyrénées contiennent en dissolution une matière azotée et visqueuse qui leur communique une certaine onctuosité. Dans le plus grand nombre des cas, cette matière existe en très faible proportion, et cette proportion, variable dans les diverses sources, ne peut être rigoureusement déterminée. L'eau qui a séjourné pendant quelque temps dans les bassins ou les canaux de conduite, y dépose sur leurs parois un enduit quelquefois assez épais d'une matière visqueuse semblable à du blanc d'œuf, et qui est évidemment produite par le dépôt de la matière gélatiniforme que ces eaux tiennent en dissolution. C'est cette matière que M. Longchamp a fait connaître sous le nom de *barégine*, dans un Mémoire lu à l'Académie des sciences, le 12 août 1833. C'est la même substance que M. Anglada avait nommée *glairine*, à cause de son aspect et de sa grande viscosité.

» La barégine se montre quelquefois mélangée de filaments extrêmement grêles et blancs, qui s'allongent sous la forme de longues houppes soyeuses , et flottent soit à la surface des eaux , soit sur les parois des bassins où elles ont séjourné.

» Notre honorable collègue , M. Robiquet (séance du 17 mars 1835), ayant observé dans les eaux de Néris une matière onctueuse se réunissant en masses irrégulières et verdâtres , flottant à la surface des eaux , ou tapissant les bassins , crut qu'elle était la même que celle trouvée par M. Longchamp dans les eaux sulfureuses de Barèges. Mais cependant il signala entre ces deux matières des différences de composition chimique assez notables, et infirma plusieurs des opinions émises par M. Longchamp sur l'origine et la nature de cette production. Selon notre collègue , par exemple, la matière glaireuse produite par les eaux thermales (la barégine) n'existe pas en dissolution dans l'eau à l'état où elle se manifeste à nos sens.

» M. Dutrochet (séance du 26 octobre 1835) ayant soumis à l'examen microscopique la barégine recueillie à Néris par M. Robiquet, reconnut qu'elle était formée de deux plantes confervoïdes mélangées appartenant au grand genre des oscillaires (les *anabaina monticulosa* , et *a. thermalis*) de M. Bory de Saint-Vincent. Selon M. Dutrochet, le nom barégine devrait être banni de la science , puisqu'il s'applique à deux productions végétales déjà connues.

» Mais M. Turpin , dans un mémoire lu à l'Académie dans la séance du 4 janvier 1836 , vint jeter un jour tout nouveau sur cette question. Ayant fait un examen comparatif des deux matières recueillies, l'une par M. Longchamp dans les eaux sulfureuses des Pyrénées , l'autre dans les eaux alcalines de Néris par M. Robiquet, et que l'on avait à tort désignées sous le nom commun de *barégine* ,

démontra que ces deux matières étaient entièrement différentes. La première (la barégine de M. Longchamp) se
compose de deux substances, 1° une matière muqueuse
dans laquelle le microscope ne montre aucune organisation
appréciable; 2° des *sporules* globuleuses ou ovoïdes, enve-
loppées dans ce mucus et formant des filaments blancs, simples, non cloisonnés, début d'une végétation confervoïde.

» La barégine de Néris au contraire se compose de
membranes minces et transparentes, formées d'un grand
nombre de filaments très ténus, entrelacés et agglutinés
les uns avec les autres, et de nombreux individus filamen-
teux moniliformes creux et contenant de la matière verte,
de laquelle seule dépend la couleur des masses vues à l'œil
nu. Cette production n'est, selon M. Turpin, que le *nostoch termalis* des auteurs. Il résulte de cette étude microscopique, 1° que la barégine de M. Longchamp, la seule qui
doive retenir ce nom, est une matière amorphe, gélatineuse, transparente et presque incolore; 2° que la prétendue barégine des eaux de Néris est un végétal d'une
organisation très appréciable, connu depuis longtemps
sous le nom de *nostoch thermalis*. On voit que l'opinion de
M. Turpin sur cette dernière matière est différente de celle
de M. Dutrochet.

» Tel était l'état de la question sur la barégine, lorsque
M. le Dʳ Fontan présenta à l'Académie, dans la séance du
27 mai 1837, un extrait de son grand travail sur les eaux
sulfureuses des Pyrénées. Lorsque la barégine, c'est-à-dire
le dépôt gélatineux de la matière azotée dissoute dans les
eaux sulfureuses, est exposée à l'action de l'air et à une
température moyenne qui varie de $+5°$ à $+50°$ cent., on
voit se développer à sa surface une matière composée de

longs filaments blancs, simples et d'une excessive ténuité, s'étendant tantôt sous la forme de queue ou de crinière, tantôt de houppes, ou enfin avec la forme rayonnante d'une actinie ou d'une fleur radiée. Cette matière blanche et filamenteuse avait été vue par MM. Longchamp, Turpin, et quelques autres observateurs, qui tous l'avaient confondue avec la barégine. M. le Dr Fontan l'en distingue avec juste raison, et lui donne le nom de *sulfuraire*. La barégine est une substance anorganique amorphe, gélatiniforme, tenue en dissolution dans l'eau minérale et se décomposant sous l'aspect d'une gelée. La sulfuraire est un être organisé et vivant, un végétal confervoïde, dont l'organisation est très distincte : examinée au microscope, la sulfuraire se montre composée de filaments d'une ténuité extrême, d'un 400ᵉ à un 1,200ᵉ de millimètre de diamètre. Ces filaments sont autant de tubes cylindriques, incolores, simples, non cloisonnés intérieurement et contenant des corpuscules globuleux demi-opaques, tous à peu près de même diamètre, communément placés les uns à la suite des autres dans les individus frais et encore jeunes, ou séparés et plus ou moins écartés vers les extrémités des tubes, dans des individus plus près du terme de leur végétation.

Ces caractères que vos commissaires ont vérifiés un grand nombre de fois sur les matières qui leur ont été remises par M. Fontan, indiquent de très grands rapports entre la sulfuraire et le genre *anabaina* de M. Bory de Saint-Vincent, genre formé aux dépens des oscillaires de Vaucher. Peut-être même pourrait-on la considérer comme devant y être réunie, à moins qu'on ne regarde la forme cylindrique et non étranglée et moniliforme des tubes et l'égalité de grosseur des globules qui y sont contenus comme des caractères suffisants pour faire de la sulfuraire un genre distinct des autres oscillariées.

» D'ailleurs la barégine est toujours en proportion de la quantité des principes sulfureux des sources. Il n'en est pas de même de la sulfuraire, qui, au contraire, ne se développe que sous l'influence d'une température donnée. Les sources sulfureuses trop chaudes ou celles dont la température est trop basse, n'en contiennent jamais. Mais si les premières se refroidissent, soit en s'écoulant à l'air libre, soit en se mêlant à des eaux froides, la sulfuraire se montre aussitôt. Pour cela il ne faut qu'une température moyenne de $+5°$ à $+50°$ cent. Ainsi à Ax, toutes les sources dont la température est de $+60°$ à $+75°$ n'en contiennent aucune trace; celles au contraire dont la température est inférieure à $+45°$ cent. en présentent constamment. Dans l'établissement du Tech, la source de l'Étuve offrant une température de $+70°,50$ cent., ne présente pas de sulfuraire. L'eau de cette source se rend dans un canal qui la perd dans une petite rivière d'eau froide, l'un des affluents de l'Ariége. Au point de contact des deux eaux, la température se trouve subitement abaissée et l'on voit des plaques de sulfuraire couvrir les pierres du lit de la rivière. Ainsi la sulfuraire a besoin d'une température moyenne pour se développer et vivre, et ce n'est que là où elle la trouve qu'on la voit se former en s'attachant constamment à quelques amas de barégine qui lui sert de point de départ et de terrain pour végéter. En effet, l'une des extrémités des tubes de la sulfuraire s'enfonce constamment dans la masse gélatiniforme, sans que l'auteur ait pu discerner avec une netteté convenable le mode précis de séparation entre ces deux substances.

» Tant que la sulfuraire reste soustraite à l'action directe de la lumière solaire, elle conserve sa belle couleur blanche et nacrée. Mais si la quantité de liquide qui la recouvre vient à diminuer, et surtout si les filaments sont exposés à la lumière directe du soleil, on les voit se colorer en brun, en rouge, ou en vert plus ou moins foncé. C'est ce que M. Fontan a observé à Cauterets, dans le canal de vidange de la source de César. L'auteur s'est assuré par un grand nombre d'observations précises que telle était la cause de la coloration de la sulfuraire, et que c'était à tort que M. Lonchamp l'avait attribuée au mélange de l'eau sulfureuse avec les eaux froides.

» Dans cet état de coloration accidentelle, la sulfuraire semble avoir déjà subi un commencement de décomposition, et ses filaments sont mélangés, comme nous l'avons reconnu, d'autres productions confervoïdes qui demandent à être étudiées avec soin.

» Ainsi, le travail de M. Fontan établit de la manière la plus positive que la barégine, telle qu'elle avait été observée à Barèges et dans les autres sources sulfureuses des Pyrénées, se compose de deux substances différentes : 1° la *barégine* proprement dite, matière organique azotée et gélatiniforme ; 2° la *sulfuraire*, végétal confervoïde qui vient prendre sa place auprès du genre *anabaina*, dans la tribu des oscillariées, et qui paraît être le seul que renferment les eaux sulfureuses des Pyrénées. Néanmoins nous croyons pouvoir ajouter, d'après les observations que nous avons été à même de faire avec les matériaux que l'auteur a mis à notre disposition, que quand la sulfuraire se colore par suite de son exposition à la lumière directe, il se développe dans les masses filamenteuses qu'elle forme quelques autres plantes confervoïdes non encore déterminées et sur lesquelles nous appellerons l'attention de M. Fontan lui-même (1).

» C'est ainsi que nous avons vu : 1° des filaments tubuleux simples d'une belle teinte verte, sans aucune apparence de granulations ni de cloisons intérieures ; 2° des tubes assez gros, simples, tantôt incolores, tantôt verts ou bruns, sans articulations, couverts de petits tubercules et de filaments transparents, très ténus et incolores, qui en naissent comme d'une tige commune. Le temps et le manque de matériaux convenables ne nous ont pas permis de préciser davantage la nature de ces productions végétales ; mais nous ne doutons pas que M. Fontan, qui va se fixer dans les Pyrénées, n'y poursuive ses intéressantes recherches et n'éclaircisse bientôt tous nos doutes sur ce point.

» II. Les eaux salines des Pyrénées contiennent en général des plaques d'une matière onctueuse et verdâtre, que la plupart des auteurs qui les ont examinées superficiellement considèrent comme de la barégine altérée. Mais M. le docteur Fontan, en s'aidant dans ses recherches de l'analyse microscopique, a reconnu jusqu'à six végétaux différents dans cette prétendue barégine altérée. Parmi eux, nous citerons : 1° les *oscillaria major* et *oscillaria nigra*; 2° les *zygnema genuflexum* et *zygnema quininum* de Lyngbye, genre si remarquable par l'espèce d'accouplement que présentent ses tubes au moment où les organes reproducteurs acquièrent leur dernier degré de développement.

» III. Enfin, c'est dans les *eaux salées* ou *chlorurées* de

_____

(1) J'avais vu avant le rapport de M. Richard que la matière colorée est formée d'oscillaires très ténus, de 1/400 de millimètre environ de diamètre, auxquels se mêle de la sulfuraire qui me paraît colorée par ce mélange.

la même chaîne, que M. le docteur Fontan a découvert une
fort belle espèce du genre *scytosiphon* de Lyngbye, qu'il
considère comme nouvelle, et qu'il nomme *scytosiphon fusiforme*. Ce sont des tubes simples d'environ un dixième de
millimètre de diamètre, sans cloisons intérieures, offrant
dans l'épaisseur même de leurs parois incolores et transparentes, des plaques irrégulièrement quadrilatères remplies de granulations vertes et disposées en séries longitudinales. Toutes les autres espèces, de ce genre, croissent
attachées sur les rochers baignés par les eaux de la mer.
Aussi, M. le docteur Fontan n'a-t-il observé son *scytosiphon fusiforme* que dans les eaux de *Salies*, arrondissement
de Saint-Gaudens, eaux qui contiennent une proportion
très notable de sel marin. »

RAPPORT SUR LA PARTIE QUI TRAITE DE L'EXAMEN CHIMIQUE DES EAUX.

(M. PELOUZE, rapporteur.)

» Les sources que M. Fontan a visitées, au nombre de
cent vingt, sont situées dans vingt-deux communes appartenant aux quatre départements de l'Ariége, de la Haute-
Garonne, des Hautes et Basses-Pyrénées.

» M. Fontan partage ces sources en quatre grandes
séries :

» 1° Les sources sulfureuses;

» 2° Les sources ferrugineuses ;

» 3° Les sources salines ;

» 4° Les sources salées ou chlorurées.

» Aucune ne contient, suivant l'auteur, assez d'acide
carbonique libre pour devoir être considérée comme

30

gazeuse, et c'est par méprise que l'on avait compris dans cette classe les eaux de Bagnères et d'Audinat, car les neuf dixièmes du gaz, d'ailleurs peu abondant, qui s'en dégage, soit spontanément, soit par l'ébullition, sont de l'azote.

» Les sources sulfureuses sont les plus nombreuses et les plus importantes. Ce sont aussi celles que M. Fontan a examinées avec le plus de soin; elles appartiennent à deux groupes bien distincts. Tantôt, et c'est le cas le plus fréquent, elles présentent le principe sulfureux dans tous les points de leur cours; tantôt elles n'acquièrent ce caractère que par leur passage à travers des matières organiques en décomposition. Les premières sont les eaux sulfureuses *naturelles*, les secondes sont *accidentelles*.

» Elles diffèrent d'ailleurs par beaucoup de points.

» Les eaux sulfureuses naturelles des Pyrénées naissent toutes dans le terrain primitif ou sur les limites de ce terrain et du terrain de transition.

Les eaux sulfureuses accidentelles prennent toujours naissance dans les terrains secondaire et tertiaire.

» Leur composition chimique est toujours très différente.

» Les eaux sulfureuses accidentelles sont, en général, froides, ou si elles sont chaudes, on trouve à coté la source saline chaude qui décèle leur origine.

» M. Fontan cite plusieurs exemples remarquables de la rapidité avec laquelle une eau primitivement saline peut se transformer en une eau sulfureuse accidentelle. Il démontre qu'il suffit pour cela qu'elle soit en contact quelques heures avec de la tourbe ou de la sciure de bois altérée. Il proscrit avec raison de la thérapeutique ces eaux bourbeuses et infectes, ces infusions de vase dont maint docteur abreuve impitoyablement ses malades.

» Lorsque M. Fontan visita, en 1836, les sources de Bagnères-de-Bigorre, on venait de découvrir une nouvelle source sulfureuse au bord de l'Adour, dans le voisinage d'une papeterie. Déjà les vertus miraculeuses de cette eau avaient été proclamées au loin, les médecins du lieu en ordonnaient en boisson à leurs malades, et pour prêcher d'exemple, en faisaient eux-mêmes d'abondantes libations.

» La ville voulait acheter cette source au propriétaire, et l'on parlait d'y construire un grand établissement. M. Fontan examina avec attention le terrain que traversait cette eau, y reconnut un banc de tourbe, le fit enlever, et au bout de quelques heures la source sulfureuse avait disparu.

» Mais ce qu'il y a de véritablement neuf et d'original dans la partie chimique du mémoire de M. Fontan, se rapporte à la nature du principe sulfureux des eaux naturelles des Pyrénées, et à quelques phénomènes jusqu'ici mal connus qu'elles présentent.

» Des analyses nombreuses lui ont appris que les sources les plus riches en principe sulfureux sont situées auprès des vallées les plus longues et des montagnes les plus élevées. Il a joint à son Mémoire un tableau comparatif de la hauteur des montagnes primitives en face desquelles se trouvent les sources et de la quantité du soufre en combinaison dans ces eaux.

» Toutes les personnes qui ont visité les sources des Pyrénées ont pu remarquer combien les propriétés physiques de leurs eaux sont susceptibles de variation. Celles de Bagnères-de-Luchon blanchissent, celles d'Ax deviennent bleuâtres, celles de Cadéac lactescentes; les eaux de Molitg louchissent. Beaucoup de chimistes, et particulièrement Bayen , en 1766 , ont vainement cherché la véritable cause de ces phénomènes.

» M. Fontan a été assez heureux pour la trouver , nous le croyons au moins, car ses expériences paraissent avoir été conduites avec beaucoup de soin , et les conséquences qu'il en a tirées sont toutes naturelles.

» L'eau de la Reine, à Bagnères-de-Luchon , de transparente et d'incolore qu'elle est à sa source , devient jaunâtre sans perdre sa transparence , pure, blanche et opaque, pour redevenir encore une fois incolore et transparente.

» Cette eau contient de l'hydrosulfate de sulfure de sodium, et tant que ce sel n'est pas altéré , l'eau reste incolore. Devient-elle jaunâtre , elle doit cette couleur au polysulfure de sodium résultant de l'action sur l'hydrosulfate de sulfure ; et jusque-là pas de trouble.

« L'air affluant de nouveau, plus librement et en plus grande quantité , le polysulfure de sodium se détruit, une partie du soufre qu'il renfermait devient libre , se sépare, et de là vient le blanchîment des eaux de Bagnères-de-Luchon. Peu à peu le soufre se dépose et comme il était la seule cause du trouble de l'eau, celle-ci redevient transparente ; elle redevient également incolore, car elle ne contient plus de polysulfure de sodium.

» Les phénomènes de coloration ou de précipitation offerts par les autres eaux des Pyrénées sont dus à des causes semblables. Nous en dirons autant de certaines réactions résultant du mélange de quelques-unes des eaux des Pyrénées.

» Lorsque l'eau de la source de la Reine est devenue blanche, elle reprend sa transparence par l'addition de l'eau de la Grotte, et leur mélange conserve une couleur jaune verdâtre. Dans ce cas, l'hydrosulfate de sulfure de sodium de l'eau de la Grotte dissout, dans l'eau de la Reine, le soufre qui s'était précipité ; et il se forme une certaine quantité de polysulfure auquel le nouveau mélange doit sa coloration.

» L'auteur déduit de ces altérations diverses du principe sulfureux des eaux des Pyrénées des conséquences qu'il considère comme importantes dans l'application de ces eaux à l'art de guérir. Il est certain que si c'est au soufre tenu en dissolution qu'il faut rapporter les propriétés médicales de ces eaux, il est fort utile de le suivre partout, comme l'a fait le docteur Fontan, et aujourd'hui, grâce à ses expériences, la chose est devenue plus facile.

» M. Fontan a signalé dans la fontaine dite d'Angoulême, à Bagnères-de-Bigorre, une substance qui avait échappé aux nombreux chimistes qui avaient fait avant lui l'analyse de l'eau de cette source. Cette substance est l'*acide crénique*. C'est à sa présence qu'est due la dissolution de fer qu'on rencontre en quantité considérable dans la source d'Angoulême. Cette observation est d'autant plus intéressante, qu'on ne savait jusque-là à quelle circonstance attribuer la solubilité de l'oxyde de fer de la source d'Angoulême.

» M. Fontan appuie sur l'importance de tenir un grand compte de la température dans l'action des bains d'eau thermale, action qui, dans quelques cas, doit avoir, selon lui, tous les honneurs de la cure ; il signale des sources qui produisent des résultats analogues dans certaines maladies, parce qu'elles ont une même température, quoique leur composition chimique soit tout-à-fait différente, tandis que les eaux dont la composition est la même produisent des effets qui varient avec leur température. Les observations thermométriques de l'auteur sont nombreuses et faites avec beaucoup de soin.

» En résumé, le Mémoire de M. Fontan renferme un grand nombre d'observations diverses faites avec persévérance et précision. Nous le croyons digne de l'approbation de l'Académie. Nous avons l'honneur de lui proposer d'engager M. Fontan à poursuivre ses recherches sur tout ce qui peut éclairer l'histoire des eaux minérales des Pyrénées, en suivant toujours, comme il l'a fait jusqu'à présent, la voie de l'observation et de l'analyse. »

Les conclusions de ce rapport sont adoptées.

RAPPORT

SUR UN MÉMOIRE DE M. FONTAN,

Relatif à la composition des Eaux minérales

DE L'ALLEMAGNE, DE LA BELGIQUE, DE LA SUISSE

ET DE LA SAVOIE.

Commissaires : MM. THÉNARD, ÉLIE DE BEAUMONT ;
PELOUZE, **DUMAS**, Rapporteurs.

Extrait des *Comptes-rendus des séances de l'Académie des Sciences* (séance du 24 mai 1841.)

» L'Académie nous a chargés, MM. Thénard, Elie de Beaumont, Pelouze et moi, d'examiner le mémoire de M. Fontan dont nous venons de rappeler le titre et de lui en rendre compte ; c'est un devoir que nous venons remplir.

» L'auteur, voué par position et par goût à l'étude des eaux minérales, est déjà connu du monde savant par un travail général sur les eaux minérales des Pyrénées, dont il a éclairé la composition à divers égards. Mais tandis que dans l'étude des eaux des Pyrénées, il n'avait affaire qu'à des eaux sulfureuses plus ou moins modifiées, son nouveau travail embrasse une grande variété de produits.

» Pour faciliter l'étude et la distinction des diverses sources que M. Fontan a observées soit en Belgique, soit en Allemagne, soit en Suisse, soit en Savoie, il les a classées en plusieurs divisions, savoir :

Eaux ferrugineuses, gazeuses ou crénatées,
— chloro-natreuses,
— natro-gazeuses,
— gypseuses,
— iodurées et bromurées,
— salines.

» Il a reconnu que toutes ces sources, dans des circonstances particulières, étaient susceptibles de devenir sulfureuses, mais dans des proportions extrêmement variables.
Tantôt elles ne renferment que des traces à peine perceptibles de principes sulfureux, tantôt elles en sont chargées
en proportions assez considérables pour rivaliser avec des
sources naturelles très riches ; mais le plus souvent elles
contiennent le soufre dans des proportions moyennes qui
n'avaient pas toujours été justement appréciées et qui en
général étaient fort exagérées, à les estimer par le goût
ou l'odorat.

. Dans le but de mieux distinguer les sources sulfureuses entre elles, M. Fontan les a séparées en deux grandes
catégories : les *eaux sulfureuses naturelles* et les *eaux sulfureuses accidentelles*.

» *Les eaux sulfureuses naturelles* sont celles qui sortent vrai-
ment sulfureuses des *roches primitives*, et probablement telles
aujourd'hui qu'elles étaient le jour où se sont produites les
chaînes de montagnes d'où elles naissent ; soustraites aux
causes extérieures d'altération, elles présentent une température constante et une invariabilité absolue dans les
proportions de leur principe sulfureux.

» Les *eaux sulfureuses accidentelles* sont celles qui acquièrent cette qualité par la décomposition d'un de leurs
principes sous l'influence de matières organiques en décomposition, et qui, par conséquent, varient avec les circonstances qui amènent ou éloignent ces matières. Celles-ci ne
sortent jamais des roches primitives.

» Presque toujours c'est le sulfate de chaux qui joue ici
le rôle essentiel ; décomposé par la matière organique, il
se convertit peu à peu en sulfure de calcium, qui à son
tour donne naissance à du carbonate de chaux et à de l'hy-

drogène sulfuré quand le liquide vient à se mettre en rapport avec l'acide carbonique.

» Toutes les eaux étudiées antérieurement par M. Fontan, dans les Pyrénénées, étaient, à deux ou trois exceptions près, *des sources sulfureuses naturelles.*

» Toutes celles qu'il a étudiées soit en Allemagne, soit en Belgique, soit en Suisse, soit en Savoie, semblent être *des sources sulfureuses accidentelles*, et il n'hésite pas à affirmer qu'il en sera toujours ainsi des sources qui ne sortent pas de la roche primitive.

» Voici par quels caractères se distinguent les *sources sulfureuses naturelles* des *sources sulfureuses accidentelles.*

« 1° les eaux sulfureuses naturelles naissent toutes dans le terrain primitif, ou sur les limites de ce terrain et du terrain de transition ; si, par accident, on les voyait sortir d'un terrain récent, il serait facile d'en retrouver l'origine dans le terrain primitif situé au dessous;

» Les eaux sulfureuses accidentelles naissent dans le terrain secondaire ou tertiaire.

» Bien entendu qu'on n'entend pas trancher ici une question dont la solution serait prématurée. Ce que l'auteur nomme eaux *sulfureuses accidentelles* consiste manifestement eaux chargées de sulfates qui ont été convertis en sulfures par une matière organique.

» Celles qu'il appelle *eaux sulfureuses naturelles* renferment aussi des sulfates, des sulfures et des matières organiques. Ainsi la même réaction pourrait s'y être passée ; les sulfures pourraient dériver des sulfates réduits par la matière organique, et l'eau des mers serait peut-être l'état primordial des eaux de cette sorte (1).

_____

(1) Voir l'introduction.

» Mais tandis que dans les eaux sulfurées accidentelles nous connaissons l'état de ces eaux antérieur à leur sulfuration, quand il s'agit des eaux sulfurées naturelles, cet état primordial serait une pure hypothèse, que nous ne pouvons pas vérifier.

» 2° Les eaux sulfureuses naturelles naissent seules, éloignées de toutes autres sources, et contiennent une très petite proportion de substance saline autre que le principe sulfureux; et toujours, dans les Pyrénées, les substances salines des eaux sulfureuses naturelles sont du sulfate de soude, du chlorure de sodium, du silicate de soude, sans sulfate ni chlorhydrate de chaux, ni magnésie.

» Les eaux sulfureuses accidentelles contiennent, en général, une forte proportion de substances salines, de sulfate de chaux et de magnésie, avec des chlorhydrates de ces bases, et quelquefois d'autres substances. Ces sources sourdent, le plus souvent, près de sources salines qui ont la même composition qu'elles et dont elles dérivent, et souvent elles se trouvent dans le voisinage de sources ferrugineuses crénatées.

» Toutes ces circonstances se rattachent au même point de vue, qui reconnaîtrait dans la production des sources sulfurées accidentelles un phénomène superficiel, consistant essentiellement dans la réduction des sulfates terreux, tandis que, dans les sources naturelles, les phénomènes, en les supposant les mêmes, se passent plus profondément et s'exercent sur des sulfates alcalins.

» 3° Les sources sulfureuses naturelles naissent le plus souvent chaudes, et dans *chaque localité*, s'il existe plusieurs sources, c'est la *plus chaude* qui est la plus sulfureuse, et qui devient d'autant plus sulfureuse qu'on la cherche plus profondément.

» Les sources sulfureuses accidentelles naissent le plus souvent froides, et si elles sont chaudes, elles deviennent d'autant plus sulfureuses qu'elles se refroidissent davantage dans chaque localité ; et plus on se rapproche des sources principales, moins elles sont sulfureuses.

» Voici du reste un tableau qui résume, rapportées à une unité commune, les quantités de soufre à l'état de sulfure ou d'hydrogène sulfuré existant dans les principales sources tant des Pyrénées que des localités plus récemment étudiées par l'auteur. Il s'est servi dans ces dosages de l'excellent procédé de M. Dupasquier.

LOCALITÉS.	SOURCES.	TEMPÉRA-TURE.	IODE.	SULFURE de SODIUM.
			gr.	gr.]
Luchon.	Bayen	66°,50	0,23040	0,0690
Luchon.	Bain	57°,20	0,15040	0,0460
Barèges	Grande douche . . .	44°,25	0,13200	0,0410
Barèges.	B. l'entrée	39°,50	0,10000	0,0311
Saint-Sauveur. . . .	La Chapelle	30°,00	0,05400	0,0167
Saint-Sauveur. . . .	Douches	34°,55	0,07600	0,0236
Luchon.	Bain N° 6	33°,90	0,07400	0,0229
Luchon.	Blanche.	36,00	0,07000	0,0217
Luchon.	Finas.	33°,00	0,06500	0,0195
Eaux-Chaudes. . . .	Froides	16°,00	0,00000	. . . .
Eaux-Chaudes. . . .	Chat	36°,00	0,03800	0,0117
Eaux-Chaudes. . . .	Epuisette	33°,50	0,03200	. . . .
Aix en Savoie. . . .	Eaux de soufre . .	40°,50	0,03400	0,0105
Aix en Savoie. . . .	Eau d'Alun	42°,50	0,00800	0,0024
Eaux-Bonnes	Saint-Vialle	33°,00	0,07500	0,0235

» Toutes ces circonstances sont faciles à expliquer. La source de Louesch, par exemple, qui n'est pas sulfureuse, mais qui renferme du sulfate de chaux, devient sulfureuse lorsque les baigneurs y demeurent plongés, comme ils le font, pendant cinq ou six heures de suite. Ils fournissent eux-mêmes la matière organique qui réduit le sulfate de chaux en sulfure.

» Ainsi, les sources sulfureuses accidentelles ont besoin de rencontrer la matière organique; elles l'empruntent au sol dans leur trajet, et deviennent, en s'éloignant de l'origine, de plus en plus froides et sulfureuses.

» Mille exemples confirment et expliquent cette conversion facile du sulfate de chaux en sulfure de calcium, du sulfure de calcium en carbonate de chaux et hydrogène sulfuré.

» Ainsi, quand on met de l'eau chargée de sulfate de chaux en contact avec du bois, il s'y développe du sulfure : c'est ce qui arrive en mer, pour les eaux douces embarquées dans des tonneaux ;

» Ainsi, quand des plâtres se trouvent en contact avec des matières organiques, il s'en dégage de l'hydrogène sulfuré, il s'y forme des dépôts de soufre.

» L'association des sulfates et du soufre est donc très facile à comprendre, soit dans les phénomènes naturels, soit dans les produits des arts.

» 4° Le gaz qui se dégage spontanément des sources sulfureuses naturelles est de l'azote pur; celui qui se dégage par l'ébullition est de l'azote mêlé de traces d'hydrogène sulfuré ;

» Le gaz qui se dégage des sources sulfureuses accidentelles spontanément est un mélange d'acide carbonique, d'hydrogène sulfuré et d'azote; celui qui se dégage par l'ébullition est aussi un mélange de ces trois gaz.

» L'intervention à peu près constante de l'acide carbonique dans les gaz dégagés des sources accidentellement
sulfureuses, explique comment il se fait que ces sources
renferment de l'hydrogène sulfuré libre.

» Les chimistes savent que les sulfures solubles sont
décomposés par l'acide carbonique, et qu'il en résulte des
carbonates et de l'hydrogène sulfuré. Il n'est donc pas surprenant que les eaux acidulées par l'acide carbonique ren
ferment toujours de l'hydrogène sulfuré indépendamment
des sulfures.

» 5° Les sources sulfureuses naturelles contiennent, en
dissolution, une quantité notable d'une substance azotée
qui se dépose quelquefois sous forme de gelée et qu'on a
désignée sous le nom de *barégine.*

» Les sources sulfureuses accidentelles ne contiennent
pas de barégine; quand elles contiennent une matière
organique, cette substance est de l'acide crénique.

» Ainsi, par exemple, les eaux des Pyrénées déposent à
l'abri de l'air et de la lumière une matière en gelée : c'est
la barégine. A l'air il s'en développe une autre en filaments, que l'auteur a nommée *sulfuraire.*

» Les eaux d'Aix en Savoie, que l'auteur regarde
comme accidentelles, et qui ont été étudiées avec tant
d'habileté par M. Bonjean, à qui l'on en doit une analyse
complète, n'offrent point de barégine. Il s'y trouve bien,
dans les parties exposées à l'air, une substance en membranes granulaires mêlée avec des fibres de sulfuraire, mais
pas de barégine proprement dite (1).

(1) M. Fontan a trouvé dans toutes les eaux sulfureuses accidentelles
dont la température était au-dessous de 50°, de la sulfuraire blanche quand
cette eau coulait à l'ombre et au contact de l'air, tandis que si elle coulait
dans des points frappés par les rayons solaires, cette sulfuraire n'avait pas

» Indépendamment de ces caractères, bien suffisants pour établir une ligne de démarcation entre les eaux sulfureuses naturelles et les eaux sulfureuses accidentelles, l'auteur a remarqué encore que les premières sont, en général, très sulfureuses, tandis que les secondes le sont fort peu ; et que, lorsqu'elles le sont d'une manière notable, comme à Schinznach et à Enghien, c'est toujours du sulfure de calcium qu'elles renferment et qui est joint à une grande quantité de sulfate de chaux.

» Ces caractères nouveaux ou déjà connus, mais mieux groupés ; ces divers faits confirment et complètent d'une manière concluante toutes les données établies précédemment par l'auteur dans ses recherches *sur les eaux des Pyrénées,* et celles qui reposent sur les recherches que M. Henry fils a si bien exécutées près de nous sur les eaux d'Enghien. Elles reposent sur une suite d'observations recueillies par l'auteur avec un zèle extrême, car il a été lui-même étudier toutes ces eaux minérales sur place.

» Nous venons vous proposer d'encourager l'auteur à poursuivre cette comparaison des eaux minérales, qui peut être si profitable aux études géologiques et médicales, et de décider que le Mémoire dont nous venons de vous rendre compte sera admis à faire partie du *Recueil des Savants étrangers.* •

Les conclusions de ce Rapport ont été adoptées.

toujours la couleur blanche et n'était pas pure : elle était mêlée d'oscillaires d'une extrême ténuité et d'une couleur brunâtre. Il a trouvé également dans les sources salines, salées ou natreuses, diverses espèces de conferves, d'oscilllaires et d'autres animalcules variant suivant la constitution chimique de l'eau et suivant la température. Il ne faut pas confondre tous ces produits organiques consécutifs avec la barégine, qui en est bien distincte.

ÉCHO DU MONDE SAVANT

1836.

NOUVELLES SOURCES DÉCOUVERTES A BAGNÈRES-DE-LUCHON.

Les célèbres eaux thermales de Bagnères-de-Luchon se montraient chaque année plus insuffisantes, pour le nombre toujours croissant de malades et de visiteurs de montagnes, qui se réunissent dans ce beau centre des Pyrénées ; les nouveaux bains du docteur Soulerat, alimentés par de très bonnes sources découvertes par lui, étaient encore loin de suffire au besoins de la saison des eaux ; la ville s'est donc vue forcée d'entreprendre de nouvelles fouilles. Une galerie horizontale a été ouverte et dirigée perpendiculairement à l'axe de la même montagne granitique d'où jaillissent les précieuses sources si anciennement connues ; cette galerie n'a encore que 7 mètres de profondeur, et elle a déjà produit une source dont la température est de $+ 50°$ cent. et qui devra donner 60 bains par jour. Elle sort, sans direction déterminée, mais comme par suintement, d'un dépôt d'argile bleue parsemée de taches verdâtres et jaunâtres. Cette argile a 1 mètre et demi de puissance, et elle est recouverte par un dépôt sableux ocracé très dur, lequel est lui-même recouvert par l'amas bréchiforme de débris alluvionnaires qui règne généralement sur les flancs et au pied de toutes les montagnes. En nous donnant ces renseignements précieux, M. Azémar, maire de Luchon, nous annonce que la galerie doit être poussée plus avant. Dès lors, nous devons présumer qu'après avoir entièrement percé le dépôt argileux dans lequel on vient de découvrir les nouvelles eaux, dépôt qui n'est sans doute que le résultat de la décomposition lente et superficielle des roches feldspathiques qui constituent la montagne, on atteindra la roche vive d'où l'eau thermale jaillira avec une direction déterminée et très probablement ascendante.

Quoi qu'il en soit, nous apprenons avec d'autant plus d'intérêt le succès de ces fouilles que nous en étions en quelque sorte responsables, ayant avec M. le docteur Fontan, pendant notre dernier séjour à Bagnères, contribué notablement à fixer la détermination du conseil municipal sur le point où ces recherches devaient être faites, et ayant proposé de substituer, comme moins dispendieuses, des galeries de mineur à des excavations à ciel ouvert. En outre, ce succès vient confirmer l'opinion que nous avons émise (*Itinéraire en France*, promenade de Bagnères au lac d'Oo, page 5), et qui résulte pour nous d'un grand nombre d'observations, que, par des fouilles semblables, on trouverait des eaux thermales dans les Pyrénées et dans presque toutes les chaînes de montagnes, partout où la superposition d'un terrain quelconque sur le terrain granitique, ou même sur le terrain primitif stratifié, coïncide avec l'existence d'une vallée profonde.

N. B.

(*Echo du Monde Savant*, n° 5, du dimanche 31 janvier 1836,)

NOUVELLES SOURCES THERMALES A BAGNÈRES-DE-LUCHON.

Les fouilles entreprises à Bagnères-de-Luchon pour la recherche de nouvelles eaux minérales, et dont nous avons annoncé les premiers résultats (V. *Echo*, n° 100), ont été poursuivies sans relâche toujours avec la même habileté et toujours avec le même bonheur. Dès ce moment, nous écrit-on, Bagnères a plus que doublé ses richesses thermales, et il n'est question de rien moins, sur l'heureuse idée de M. Azémar, maire de la ville, que de détourner les anciennes sources de l'établissement actuel, auquel elles n'arrivent qu'après un long trajet dans des tuyaux, pour les affecter à de nouveaux thermes qui seraient immédiatement édifiés à l'extrémité de la grande allée des bains. — Les baignoires actuelles seraient servies par de nouvelles sources non moins chaudes, non moins chargées de matière minérale, et qui jaillissent précisément sous les murs de l'établissement même.

Nous devons dire que cette grave détermination a été principalement établie sur les résultats obtenus par M. le docteur Fontan dans l'étude approfondie qu'il a faite l'été dernier de tous les éléments de la question, d'abord à Bagnères-de-Luchon, et ensuite comparativement dans tous les autres établissements thermaux des Pyrénées. Nous donnerons, dans le prochain numéro, l'analyse d'un mémoire que nous avons présenté à cette occasion à l'Académie des sciences, lundi dernier.

(Écho du Monde Savant, n° 23, du dimanche 5 juin 1836.)

<hr>

NOTICE SUR LES FOUILLES ENTREPRISES A BAGNÈRES-DE-LUCHON

POUR LA RECHERCHE D'EAUX THERMALES.

(SUITE).

La montagne d'où jaillissent les eaux de Luchon est granitique à sa base, et formée, dans toute sa partie supérieure, de gneis et de micaschistes assez facilement altérables. Il résulte des indications qui m'ont été transmises par M. Azémar, que, dans toutes les fouilles, on a eu à traverser :

1° Un amas bréchiforme de débris éboulés et alluvionnaires qui règne généralement sur les flancs et au pied de toutes les montagnes ;

2° Un dépôt sableux ocracé très dur ;

3° Enfin une masse argileuse bleue tendre, parsemée de taches vertes et jaunâtres, dans laquelle naissent les eaux et qui paraît être très puissante.

L'eau s'échappe de toutes les fissures de cette masse argileuse, qui paraît en être imprégnée comme le serait un tampon de matière poreuse qu'on emploierait à boucher le conduit d'un jet d'eau.

Cette masse argileuse n'est sans doute rien autre chose que le résultat de la décomposition lente des roches feldspathiques de la montagne. Cette décomposition lente et séculaire, dont les progrès sont plus ou moins rapides selon la nature de la roche et selon les circonstances particulières à chaque lieu, détruit chaque jour, comme on sait, et d'une manière très-inégale, les roches feldspathiques soumises à l'action de l'air et des infiltrations. Dans le Limousin, où les roches granitiques sont également pour la plupart facilement altérables, cette décomposition a déjà gagné la roche jusqu'à 6 pieds de profondeur dans les diverses vallées, selon les remarques de M. Becquerel, qui même a cherché dans ce fait un moyen d'évaluer le temps écoulé depuis la formation de ces vallées. On peut donc admettre qu'au milieu des infiltrations abondantes d'une eau très chaude et chargée de matières minérales, comme le sont celles de Luchon, cette décomposition doive être beaucoup plus rapide et qu'elle ait déjà atteint la roche feldspathique jusqu'à une profondeur beaucoup plus grande. On ne saurait même apprécier jusqu'à quelle profondeur se sera déjà étendue cette décomposition lorsque l'une de ses principales causes a précisément son siége au cœur même de la montagne. Ainsi, lors même qu'on n'atteindrait pas la roche vive dans les fouilles de Luchon et qu'on ne pourrait pas s'assurer directement si ces abondantes eaux arrivent des entrailles de la terre avec une direction ascendante, on ne devra nullement tenir pour un fait contraire à cette théorie si rationnelle et admise comme une conséquence nécessaire des principes actuels de la géologie, l'irrégularité que l'on observe dans la manière dont apparaissent les eaux découvertes à Luchon. Et je crois au contraire, 1° pouvoir produire les pièces de ces fouilles à l'appui de l'opinion théorique que j'ai depuis longtemps émise (*Itinéraire en France*, promenade de Bagnères au lac d'Oo, page 5), qu'on trouverait des eaux thermales dans les Pyrénées et dans presque toutes les chaînes de montagnes, partout où la superposition d'un terrain quelconque sur le terrain granitique coïncide avec l'existence d'une vallée profonde ; et telle est bien celle de Luchon, dominée par les montagnes les plus élevées de la chaîne.

2° Les circonstances locales que ces fouilles ont si bien fait connaître me paraissent donner une explication très simple et définitive d'un fait observé fréquemment, soit à Luchon, soit en beaucoup d'autres lieux, et qui cependant est encore fréquemment discuté dans la question des sources thermales. Quelques sources augmentent considérablement de volume après les longues et les grandes pluies, et leur température, subit alors un abaissement de plusieurs degrés. En 1835, après les pluies du mois de juin, l'eau de la Reine à Luchon, dont la température ordi-

naire est de $+ 51°$ 46 cent., descendit tout-à-coup à $+ 38°$
cent., et devint si abondante, qu'elle débordait et que les
tuyaux des bains ne pouvaient la contenir. Parmi les cinq
autres sources, trois seulement éprouvèrent en même temps
des variations analogues, mais beaucoup moins marquées;
les autres restèrent invariables. On voit que c'est simplement
par le mélange accidentel d'infiltrations pluviales que se
doivent expliquer ces changements qui paraissent d'abord
problématiques, à cause de leur défaut d'uniformité, mais
qui se trouvent expliqués par la nature du sol et de ses
divers accidents.

3° M. le docteur Fontan avait pu déduire de ses nombreuses analyses que toutes les eaux de Luchon, bien
qu'elles offrent des températures et des propriétés physiques dissemblables, ont toutes néanmoins une nature
identique et une seule et même origine. C'est, disait-il, à
de simples mélanges d'eau commune froide, en proportions
diverses, qu'il faut attribuer les différences qui caractérisent chaque source. Ayant ensuite étudié les autres lieux
thermaux des Pyrénées sous le même point de vue, Ax,
Baréges, Cauterets, etc., il avait reconnu que partout il
en est de même, et avait établi en principe que dans
chacun de ces lieux il n'existe réellement qu'une source,
laquelle, modifiée par des mélanges d'eau commune en
proportion variable ou par une exposition plus ou moins
notable au contact de l'air, offre des températures et des
propriétés différentes, et que dans chacun de ces lieux de
nouvelles fouilles faites au voisinage des anciennes eaux
produiraient de nouvelles sources affectant également des
propriétés dissemblables... On voit que le résultat des
fouilles de Luchon confirme parfaitement cette observation; car il paraît incontestable que c'est d'une seule et

abondante éruption thermale que se répand, au milieu du
massif argileux précédemment décrit, toute l'eau minérale
dont il est imprégné, et que subissant au milieu de cette
argile, selon les accidents de la surface du sol, le mélange
des eaux communes de la montagne, l'eau primitive se
trouve modifiée diversement sur chaque point en raison de
la quantité d'eau commune et d'air qui pénètre dans les
diverses parties ou fissures du massif argileux... Autant
devaient donc paraître hardies les idées émises par
M. Fontan, lorsque nulle observation directe ne pouvait
être citée à l'appui, autant elles gagnent aujourd'hui d'importance et de *généralibilité* par les documents géologiques
si précieux que fournissent les galeries de Luchon.

4° Enfin, il faut, je crois, en conclure que si par une
fouille victorieusement poursuivie jusqu'à la rencontre de
la roche primordiale, on tombait, par hasard, sur la
bouche de ce volcan d'eau souterrain qui fournit les
thermes de Luchon, cette eau, trouvant dès lors une issue
commode et facile, cesserait de se répandre dans le massif
argileux, et manquerait à la fois à toutes les sources
actuellement exploitées. Il sera donc prudent, pour l'économie des lieux, de ne pas chercher à poursuivre les galeries d'exploration jusqu'à la roche vive, et de s'arrêter
toujours à la première rencontre de l'eau thermale, dans
ce massif argileux, si heureusement chargé par la nature
de distribuer ces précieuses eaux à de nombreux établissements, et d'en multiplier les vertus selon les besoins et
les maux que notre civilisation a su nous créer.

N. BOUBÉE.

(*Echo du Monde Savant*, du dimanche 19 juin 1836).

OBSERVATIONS

ET

RAPPORT AU CONSEIL MUNICIPAL

SUR UNE NOTE DE M. NÉRÉE-BOUBÉE,

PAR M. LE DOCTEUR FONTAN.

MESSIEURS,

Dans une note importante adressée, par M. Nérée-Boubée, à M. le maire de Luchon, on vous propose d'adopter certaines modifications dans le cahier des charges, relativement à la nature des matériaux à employer dans l'établissement thermal dont vous avez voté la construction.

M. Boubée fait observer qu'il croit que les calcaires devraient être complètement exclus comme solubles par les eaux ou par les vapeurs qui se dégagent de ces eaux. Il voudrait, surtout, que les baignoires et les ornements, ainsi que les matériaux qui devraient servir aux fondations, fussent faits de granit ou d'eurite, etc.

Il pense que les altérations que les eaux font éprouver au calcaire dont on bâtit l'établissement thermal de Bagnères-de-Bigorre devraient à plus forte raison, arriver au calcaire qui serait baigné par nos eaux.

M. Boubée fait, en outre, observer que les sables qui doivent être employés pour la confection du mortier doivent être siliceux autant que possible, et qu'il faut les prendre dans le lit de la Pique plutôt que dans celui de la Neste du Larboust.

Il ajoute que la chaux du pont de Trébons est la meilleure dont nous puissions faire usage, parce qu'elle est hydraulique à cause de la silice qu'elle contient, ce qui la rend préférable.

Nous devons nous empresser de remercier M. Boubée pour l'intérêt qu'il veut bien prendre à la construction de notre établissement, et d adopter les vues utiles que sa note contient; mais, pour mieux en établir la valeur, nous allons les reprendre une à une, et nous nous permettrons, cependant, quelques objections que des études spéciales sur ce sujet nous ont fournies.

Il est vrai que les eaux de Bagnères-de-Bigorre altèrent le calcaire employé à la construction de l'établissement thermal de cette ville, et la raison en est facilement appréciée : ces eaux, qui ne sont en rien analogues à celles de Luchon, contiennent de l'acide carbonique libre qui se combine peu à peu avec le calcaire, et forme, par cette combinaison, un bicarbonate de chaux qui est soluble dans l'eau, tandis que le protocarbonate de chaux qui forme le calcaire ne l'était pas.

Cette crainte ne doit pas exister pour l'établissement de Luchon, car les eaux de cette ville sont alcalines et ne contiennent pas de traces d'acide carbonique libre, comme je l'ai démontré par mes analyses. Il est vrai que les baignoires de Luchon sont en calcaire et sont rugueuses à l'intérieur par l'altération d'une partie de la substance dont elles sont formées, mais c'est parce que ce calcaire est mêlé de schiste qu'elles sont attaquées ; tout le mica et la partie feldspathique sont dissous par l'action des eaux minérales qui forment des silicates basiques qui deviennent solubles dans l'eau. Ainsi, loin que ce soit le calcaire qui soit détruit dans les baignoires, c'est lui qui résiste et le micaschiste qui est détruit.

En employant, pour les baignoires, un calcaire cristallin, homogène, tel que celui de Saint-Béat, nous n'avons rien à craindre pour leur altération, et si, par hasard, quelque parcelle était à la longue dissoute par l'eau, cette action se ferait d'une manière uniforme qui n'altérerait presque en rien le poli du marbre, qu'il serait facile de rétablir. Ce que la théorie indique, l'expérience le confirme. Nous avons, depuis plusieurs années, à Luchon des baignoires en marbre blanc de Saint-Béat qui ne sont nullement altérées dans leur poli; et quand on a démoli les anciens thermes pour reconstruire ceux qui existent, on a trouvé des piscines faites par les Romains, il y a plus de quinze siècles, qui étaient toujours polies quoique construites en marbre blanc de Saint-Béat.

Quant à l'influence des vapeurs et gaz émanés des eaux, il y a une distinction importante à faire suivant que les vapeurs agissent dans un espace limité ou à l'air libre et suivant que ces vapeurs sont abondantes et qu'elles se condensent, ou suivant qu'elles sont peu abondantes et qu'elles restent à l'état gazeux, en ne faisant qu'effleurer les corps sur lesquels elles touchent.

J'ai démontré, le premier, à Luchon que, dans un espace limité, telles qu'étaient les anciennes galeries de Luchon, quand elles servaient de réservoir, l'action de l'acide carbonique de l'air, se portait sur la soude du sulfure sodique, en dégageait l'hydrogène sulfuré qui, à son tour, était frappé par l'oxygène de l'air et se combinait avec lui pour former de l'eau et du soufre, si le renouvellement de l'air était très borné; et de l'eau et de l'acide sulfurique, s'il était un peu moins borné; et qu'alors cet acide sulfurique pouvait attaquer le calcaire des voûtes et parois, pour former du sulfate de chaux friable, en se combinant avec la chaux du calcaire. Mais à l'air libre, les vapeurs d'eau sont trop peu abondantes pour que l'acide sulfurique puisse se condenser et, par conséquent, agir sur le calcaire. L'expérience encore me vient à l'appui de ces opinions, car les calcaires de l'établissement actuel formant les décorations ne sont pas altérés: ainsi pour tout ce qui est extérieur de l'établissement, le calcaire peut être très bien employé; mais pour ce qui est de l'intérieur des douches, des étuves, etc. , il vaut mieux se servir des schistes employés journellement à Luchon, sauf à les enduire d'un stuc formé d'un silicate, même calcaire, tels que ceux que M. Kulmann, de Strasbourg, a proposés, il y a deux ans, à l'académie des sciences. Les eaux minérales pourront servir, d'ailleurs, merveilleusement pour la confection de ce stuc. Mais la substance qui serait préférable, c'est la porcelaine que j'ai déjà fait adopter pour les tuyaux de conduite, et qui ne sont nullement altérés.

Depuis 1835, j'ai mis de la porcelaine en contact plusieurs années avec les eaux et les vapeurs acides, et c'est ce qui résiste le mieux; elle est donc préférable à tout, si son prix permet d'en faire usage. (1)

M. Boubée s'occupe aussi des sables, et préfère, avec raison, ceux qui sont siliceux à ceux qui sont calcaires ou schisteux; mais nous avons peu à nous préoccuper de cette

(1) J'ai été consulé, il y a plus de dix ans, pour savoir quelle serait la meilleure matière pour faire les tuyaux de conduite et les baignoires de Vichy, et j'ai répondu que je pensais que d'après mes expériences, la meilleure substance pour Vichy serait la porcelaine. Je suis allé à différentes reprises à Sèvres et à Limoges pour m'occuper de cet objet, et il m'a été répondu

question à Luchon, car les sables schisteux que nous avons, avec la chaux qui se trouve dans le pays, forment des mortiers qui sont si bons que ceux qui servirent à construire le commencement de l'établissement que M. l'intendant Lachappelle avait fait commencer à l'extrémité de l'allée d'Étigny, à Luchon, avant la révolution, étaient si résistants et si tenaces, qu'on ne put démolir les murs qu'à l'aide de la mine.

Nous apprécions à toute sa valeur la chaux hydraulique du pont de Trébons, et nous l'emploierons avec avantage dans toutes nos constructions.

Telles sont, Messieurs, les observations que j'avais à vous soumettre sur la note précieuse de M. Boubée, et quoiqu'elles diffèrent en quelques points de ses opinions, nous n'en devons pas moins de reconnaissance à ce savant géologue, et j'engage le conseil à lui en exprimer nos remercîments.

A. FONTAN, Dr.

Luchon, le 9 février 1843.

que les baignoires d'une seule pièce seraient très difficiles à faire et très coûteuses; mais que si on voulait les faire fabriquer de plusieurs pièces on pourrait les faire facilement et à un prix qui n'excèderait pas 1,000 francs. Déjà à Luchon j'ai fait adopter la porcelaine pour les tuyaux de conduite qui ont été fabriqués avec succès à Valentine par M. Fouquet 10 ans d'usage ne les ont nullement altérés.

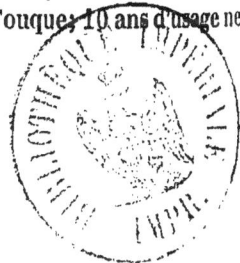

EXPLICATION DES TABLEAUX [1].

TABLEAU N° 1. — Principales sources des Pyrénées en 1835 et 1836, indiquant leur nom, leur température et leur situation.

TABLEAU N° 2. — Sources sulfureuses naturelles des Pyrénées en 1835 et 1836, rangées suivant la quantité du principe sulfureux évalué à l'aide du nitrate d'argent ammoniacal.

TABLEAU N° 3. — Indiquant la source la plus sulfureuse de chaque localité, suivant la situation des lieux ; la plus sulfureuse étant au centre des Pyrénées, et les moins sulfureuses aux extrémités ; quelques-unes se relevant dans leurs principes sulfureux en face des montagnes primitives plus élevées.

TABLEAU N° 4. — Sources sulfureuses naturelles des Pyrénées, rangées par groupes. Le principe sulfureux pris à l'aide de la teinture d'iode contenant $0^{gr}01$ cent. par centimètre cube d'alcool (l'iode et le sulfure calculés d'après la dernière édition de M. Thénard. La plupart des nombres de ce tableau sont un peu exagérés , n'ayant pas fait la réduction qu'exige la chaleur des sources qui dépassent $+ 20°$ cent. de température ; chaque centigramme d'iode représente un degré du sulfuromètre).

TABLEAU N° 5. — De quelques sources sulfureuses accidentelles avec la source saline d'où elles tirent leur origine , avec indication des sources ferrugineuses crénatées qui les accompagnent.

[1] Voir les tableaux au verso de la page.

TABLEAU DES SOURCES (1835 ET 1836).

Sources sulfureuses.

Localités.	Nomb. de sources.	SOURCES.	TEMPÉRATURE. Deg.	Prise.	Tempér. de l'air.	MOIS et JOURS.	ANNÉE.	TEMPÉRATURE. Deg.	Prise.	Tempér. de l'air.	MOIS et JOURS.	ANNÉE.
Ax, Place du Breil. Coulenbret. Bains sicre. Bains du Teich.	28	Les Canons.	75,70	À la canelle.	1re			75,62	Par Pilhes.	0e		
		Les Rossignols.	74,60	À la source.				78,26	Par Pilhes.			
		Source de l'Étuve.	68 »	À la source.				70 »	Par Pilhes.			
		Bains forts.	43,50	Au robinet.				48,75	Par Pilhes.			
		Source N° 4.	50,75	Au robinet.		11 oct.	1835	57,05	Par Pilhes.			1837
		Source Fontan.	99,30	À la source.				»				
		Source N° 7.	32,30	Au robinet.				»				
		Pyramides.	62,50	À la source.				»				
		Source de l'Étuve.	70,50	À la source.				70 »				
Bagnères de Luchon.	12	Grotte supérieure.	60,60	À la source.				47 »	À la source.			
		Grotte inférieure.	55 »	Au rob. N° 17.				56,50	Au réservoir.			
		Richard-ancienne.	47 »	Rob. de la cour.				54,50	Rob. de la cour.			
		Reine-ancienne.	41,20	À la source.				Disp.				
		Soulérat gr. puits.	34 »	Au puits.		27 juill.	1835	30 »	Au puits.		5 oct.	1835
		Soulérat pet. puits.	32,50	Au puits.				32,30	Au puits.			
		Blanche.	20,20	À la source.				Disp.				
		Froide.	19 »	À la source.				17 »	À la source.			
		Bains Ferras.	35 »	À la source.				»				
		Reine-nouvelle.	32,50	À la source.				53 »	À la source.			
		Richard-nouvelle.	58,50	À la source.		7 oct.	1836	58,50	À la source.			
		Étuve.	»					»				
		Soulérat froide.	»	Au réservoir.				»				
Cadéac. Gripp. Labassère.	5 2 1	Sources du bain.	12-15	À la source.		16 sept.	1837	»				
		Gripp.	15 »	À la source.		17 sept.	1837	»				
		Labassère.	12 »	À la source.		oct.	1836	»				
Barèges.	7	Grande douche.	44,75	Au robinet.				44,75	Au robinet.			
		Bains de l'entrée.	40,80	Au robinet.				40,40	Au robinet.			
		Source nouvelle.	37,15	Au robinet.				36,90	Au robinet.			
		Polard.	37,50	Au robinet.				38,55	Au robinet.			
		Bains du fond.	36 »	Au robinet.		15 sept.	1835	36,50	Au robinet.		17 sept.	1835
		Dessieux.	34,50	Au robinet.				33 »	Au robinet.			
		La Chapelle.	34,80	Au robinet.				31,75	Au robinet.			
		Piscine militaire.	36,90	Au robinet.				36,50	Au robinet.			
		Son atmosphère.	30,52					30 »	Au robinet.			
St-Sauveur.	1	Douche.	34,50	Au robinet.				34,50	Au robinet.			
		Bains N° 9.	34,55	Au robinet.		18 sept.	1835	34,50	Au robinet.		18 sept.	1835
		Bains N° 1.	33,80	Au robinet.				33,70	Au robinet.			
Cauterets.	13	Les Œufs.	o. p. i. gav.					»				
		César.	48,05	Au robinet.				»				
		Les Espagnols.	45,25	À la buvette.				»				
		Mahourat.	49,65	À la source.				50 »	À la source.		19 sept.	1835
		Le Pré.	47,15	À la buvette.				»				
		Pause neuf.	46,60	À la douche.				»				
		Pause vieux.	45 »	À la source.		21 sept.	1835	»				
		Bruzaut.	44,70	À la source.				»				
		Bruzaut.	37,40	À la buvette.				»				
		Le Bois.	42,45	À la douche.				»				
		Petit St-Sauveur.	33 »	À la source.				»				
		Rieumiset.	25,25	Au robinet.				»				
		La Raillère.	30,35	Au réservoir.				59 »	À la buvette.		19 sept.	1835

(suite — partie droite)

Localités.	Nomb. de sources.	SOURCES.	TEMPÉRATURE. Deg.	Prise.	Tempér. de l'air.	MOIS et JOURS.	ANNÉE.	TEMPÉRATURE. Deg.	Prise.	Tempér. de l'air.	MOIS et JOURS.	ANNÉE.
Ent- Bonnes.	4	Source vieille.	33,35	À la buvette.				33,32	À la buvette.	0e		
		Source du bois.	12,80	À la buvette.		3 oct.	1835	13 »	À la buvette.		22 sept.	1837
		Le Clot.	6,15	À la buvette.				36 »	À la buvette.			
		Le Rey.	35,65	Au robinet.				34 »	À la source.			
Eaux Chaudes.	6	Lesquirette.	32 »	À la buvette.				32,60	À la buvette.		22 sept.	1837
		Baudot.	27,25	À la buvette.		29 sept.	1835	32,10	À la buvette.			
		Larresse.	25,10	À la buvette.				25,10	À la buvette.			
		Mainvielle.	»					11,25	À la buvette.			
Bains d'Arge.	1 5	Source sulfureuse.	22,50	P. M. Salagnac	»			»				
		Source sulfureuse.	23,10	À la source.	»		1835	30,25	À la source.	»	17 oct.	1836

Sources ferrugineuses.

Localités.	Nomb. de sources.	SOURCES.	TEMPÉRATURE. Deg.	Prise.	Tempér. de l'air.	MOIS et JOURS.	ANNÉE.	TEMPÉRATURE. Deg.	Prise.	Tempér. de l'air.	MOIS et JOURS.	ANNÉE.
Barèces. Orze-d'Arz.	1 3	Ste-Quitterie.	14,20	À la source.		22 sept.	1836	»				
		Sources ferrugin.	»					»				
	2	Près du lac.	»					»				
Ax.		De la cabane.	»					»				
Méyras.		Source ferrugin.	»					»				
Ax.	2	Hounicaoude.	»					»				
Vals.		Source du chemin.	»					»				
Guidas.		Près Sarrieux.	»					»				
Bagnères de l'gore.	2	D'Angoulème.	10 »	À la source.		oct.	1836	15,20	À la source.		26 sept.	1835
Barzom.		Carrère.	»					»				
		Du ravin.	»					»				

Sources salines.

Localités.	Nomb. de sources.	SOURCES.	TEMPÉRATURE. Deg.	Prise.	Tempér. de l'air.	MOIS et JOURS.	ANNÉE.	TEMPÉRATURE. Deg.	Prise.	Tempér. de l'air.	MOIS et JOURS.	ANNÉE.
Ax.	6	N° 3, 12, 16.	35,50	À la baignoire.				»				
		N° 4, 5, 10, 13, 14.	34,20	À la baignoire.		21 sept.	1836	»				
		N° 11, 17, 18, 14, 15.	33,70	À la baignoire.				»				
		N° 6, 7, 8, 20.	31,20	À la baignoire.				»				
Luchot.	2	Puits.	21 »	À la source.		29 sept.	1836	»				
		Cannelle.	20,25	À la connelle.				»				
Gréas.	2	Chaton.	»					»				
		Lac.	»					»				
Saletie.	2	Thébé.	»					»				
		Du jardin.	15 »			6	oct.	1837	»			
Cuers.	3	Puits.	»					»				
Orlezan.		Bois.	»					»				
		Buvette.	»					»				
Saint-Marie.	2	Source du bain.	23,23	À la cascade.				»				
Roy-Ferro.		Salins.	51,80	À la source.				51,10	À la source.			
		Caraux.	»					51,30	À la pompe.			
		Dauphin.	30 »	À la source.				48,30	À la source.			
		Reine.	46,60	À la source.				46,50	À la source.			
Bagnères de Lizarre.	28	Feulon.	35,30	Au robinet.		30 oct.	1836	54,50	Au bain.		26 sept.	1837
		Les Yeux.	33,20	Au robinet.				52 »	Au robinet.			
		Salut N° 1.	33,70	Au robinet.				32,30	Au robinet.			
		Grand Prè N° 1.	»					34,15	Au robinet.			
		Versaille N° 1.	»					34,30	Au robinet.			
		Petit-Prieur N° 2.	»					35,35	Au robinet.			
		Frascati.	»					38,60	Au robinet.			

Sources salées.

Localités.	Nomb. de sources.	SOURCES.	TEMPÉRATURE. Deg.	Prise.	Tempér. de l'air.	MOIS et JOURS.	ANNÉE.	TEMPÉRATURE. Deg.	Prise.	Tempér. de l'air.	MOIS et JOURS.	ANNÉE.
Mas.	»	Puits salé	»		»	»	»	»	»	»	»	»

NUMÉROS.	LOCALITÉS.	SOURCES.	SOU- FRE.	Sulfure de sodium.	TEMPÉ- RATURE	AU- TEURS.
			gr.	gr.		
1	Luchon.	Grotte supér.	0,0244	0,0601	60,50	Fontan.
2	Luchon.	Grotte inférieure.	0,0206	0,0506	55, »	id.
3	Luchon.	Richard, anc.	0,0205	0,0505	54, »	id.
4	Luchon.	Reine.	0,0173	0,0423	52,10	id.
5	Labassère.	Griffon.	0,0186	0,0455	12, »	id.
6	Barèges.	Grande douche.	0,0157	0,0384	44,60	id.
7	Luchon, b. Soulerat.	Grand puits.	0,0148	0,0364	34, »	id.
8	Barèges.	Bains de l'entrée.	0,0089	0,0218	40,80	id.
9	Cauterets	Les Espagnols.	0,0084	0,0205	45,25	id.
10	Luchon.	Richard, nouv.	0,0082	0,0202	28,50	id.
11	Saint–Sauveur.	Douche.	0,0081	0,0200	34,55	ld.
12	Eaux-Bonnes.	Source vieille.	0,0081	0,0200	33,35	id.
12 bis	Vernet.	Source N° 1.	0,0081	0,0199	52,50	Anglada.
13	Cauterets.	César.	0,0078	0,0192	48,05	Fontan.
14	Barèges	Polard.	0,0071	0,0173	37,45	id.
15	Cauterets.	Pause neuf.	0,0066	0,0162	43,70	id.
16	Cauterets.	Pause vieux.	0,0064	0,0157	45, »	id.
17	Ax, Bains du Breil.	Fontan.	0,0062	0,0152	59,50	id.
18	Lès.	Source du Pré.	0,0062	0,0152	19,50	id.
19	Cauterets.	Laraillère.	0,0059	0,0144	39,25	id.
19 bis	Molitg.	Source N° 1.	0,0059	0,0144	37,75	Anglada.
20	Ax pl. du Breil.	Les Canons.	0,0054	0,0132	75,50	Fontan.
20 bis	Arles.	Source N° 1.	0,0054	0,0132	61,25	Anglada.
21	Ax.	Source de l'étuve	0,0046	0,0114	70,50	Fontan.
21 bis	Escaldas.	Grande source.	0,0045	0,0112	42,50	Anglada.
22	Ax.	S. Pyramide.	0,0044	0,0109	60, »	Fontan.
23	Cauterets.	Bain du Pré.	0,0042	0,0103	47,15	id.
24	Lès.	Source chaude.	0,0036	0,0089	30,25	id.
24 bis	Vinça.	Source N° 1.	0,0035	0,0086	23,50	Anglada.
25	Cauterets.	Le Bois.	0,0033	0,0081	42,45	Fontan.
26	Ax.	Source de l'étuve.	0,0032	0,0080	66, »	id.
27	Eaux-Chaudes.	Rey.	0,0024	0,0060	33,65	id.
28	Eaux-Chaudes.	Le Clot.	0,0022	0,0054	36,15	id.
29	Eaux-Chaudes.	L'Esquirette.	0,0021	0,0053	32,60	id.
30	Eaux-Chaudes.	L'Arressec.	0,0021	0,0052	25,10	id.
30 bis	Lapreste.	Source N° 1.	0,0017	0,0042	44, »	Anglada.
31	Eaux-Chaudes.	Mainvieille.	0,0011	0,0029	11,25	Fontan.
32	Luchon, b. Soulerat.	Petits puits,	0,0006	0,0013	32,50	id.

TABLEAU de la quantité de sulfure de sodium, par M. Longchamp.

La grotte inf. (Luc).	0,0868	Pause (Cauterets).	0,0303	Mahourat (Caut.).	0,0124
Richard (id.).	0,0720	Bain du fond (Bar.)	0,0270	Petit St-Sauv. (id.)	0,0121
La grotte sup. (id.).	0,0717	Polard (id.).	0,0270	L'Esquir. (Eaux C.)	0,0090
La Reine. (id.).	0,0631	Saint–Sauveur.	0,0253	L'Arressecq (id.).	0,0090
La g. douc. (Bar.).	0,0498	La Buv. (Eaux-b.).	0,0251	Baudot (id.).	0,0086
La Buvette (id.).	0,0421	La Douche (id.).	0,0251	Le Clot (id.).	0,0063
Bain de l'ent. (id.).	0,0393	S. tempérée (Bar.)	0,0245	Le Rey (id.).	0,0063
Bruzaut (Cauter.).	0,0385	La Raillère (Caut.)	0,0194	Source bl. (Luch.).	0,0023
Les Espagnols (id.).	0,0334	Le pré (id.).	0,0159	Mainvieille (E. Ch.)	0,0007
César (id.).	0,0303	Le Bois (id.).	0,0140		

TABLEAU COMPARATIF

Du principe sulfureux des principales sources des Pyrénées qui est en rapport direct avec la hauteur des montagnes primitives en face desquelles les sources sont situées, et en rapport inverse de leur distance du centre de la chaîne.

MÉDITERRANÉE.

Vinça, source No 1, sulfure de sodium,	0gr,0086.	
Arles, source No 1, sulfure de sodium,	0gr,0132.	
Vernet, Source No 1, sulfure de sodium,	0gr,0199.	CANIGOU 1430. t.
Lapreste, source No 1, sulfure de sodium,	0gr,0042.	
Escaldas, grande source, sulfure de sodium,	0gr,0112.	
Ax, bains du Breil, canons, sulfure de sodium,	0gr,0152.	PIC PEDROUS 1490. t.
Lès (val d'Aran), source du Pré, sulfure de sodium, (Augmentera après captation.)	0gr,0152.	
Bagnères-de-Luchon, Bayen, sulfure de sodium,	0gr,0808.	MALADETTA 1787. t.
Cadéac, source du bain, rive gauche,	0gr,0768.	
Barèges, grande douche, sulfure de sodium,	0gr,0384.	NEOUVIELLE 1616. t.
St-Sauveur, douch. et bains, Nos 9 et 10, sulf. de sod.,	0gr,0200.	
Cauterets, les Espagnols (au village), sulfure de sodium,	0gr,0205.	VIGNEMALE 1721. t.
Eaux-Bonnes, source vieille, Buv., sulfure de sod.,	0gr,0200.	
Eaux-Chaudes, le Rey, sulfure de sodium,	0gr,0060.	

OCÉAN.

SULFUROMÉTRIE.

TABLEAU des Sources sulfureuses naturelles des **Pyrénées** rangées par groupes symétriques (**1840**).

GROUPES.			SOURCES.	TEMPÉ-RATURE	IODE PAR LITRE.	SULFURE DE SODIUM.
					gr.	gr.
CAMBO.			Source sulfureuse (douteuse). . . .	22,	0,010	0,00310
EAUX-CHAUDES.	demi-groupe	DU CLOT.	Fouill. à faire pour trouver un 1/2 gr.			
			Le Clot	36,40	0,038	0,01181
			L'Esquirette.	33,70	0,033	0,01026
			Le Rey.	33,30	0,029	0,00901
			Baudot.	26,90	0,033	0,01026
			L'Arressec, n° 1.	24,75	0,031	0,00964
			L'Arressec, n° 2.	24,35	0,030	0,00945
			Mainvielle	11,50	0,016	0,00497
EAUX-BONNES.			Ortech.	22,90	0,074	0,02301
			Source vieille.	32,92	0,076	0,02363
			Source du bois.	12,65	0,064	0,02091
CAUTERETS.	GROUPE DE L'EST	OU DE CÉSAR.	Sources à trouver par les fouilles.			
			Pause-Vieux	44,	0,082	0,02555
			Bruzaut à la Grotte	43,52	0,084	0,02612
			Espagnols	45,80	0,088	0,02692
			César	48,	0,090	0,02799
			Pause-Neuf.	46,35	0,086	0,02674
			Filets mal captés à rechercher.			
			Rieumizet, petit filet.	25,35	0,002	0,00060
			Rieumizet, grand filet	24,	0,000	0,00000
	GROUPE de l'Ouest ou de la Raillère.		Tempérée droite.	31,50	0,048	0,01492
			La Raillère.	38,80	0,074	0,02301
			Tempérée gauche.	30,80	0,042	0,01321
	GROUPE DU SUD	OU DES ŒUFS.	Petit-Saint-Sauveur	33,75	0,040	0,01543
			Le Pré.	47,70	0,070	0,02239
			Mahourat	49,30	0,064	0,01990
			Les Œufs, grande source	55,60	0,074	0,02301
			Les Œufs, filet supérieur	53,	0,064	0,01990
			Le Bois, source chaude	44,10	0,052	0,01617
			Le Bois, source tempérée	29,50	0,028	0,00870
SAINT-SAUVEUR.			Source à capter.			
			N° 1	32,85	0,073	0,02270
			Douche	34,55	0,077	0,02394
			N° 16.	33,70	0,074	0,02294
BARÈGE.	GROUPE du	TAMBOUR.	Sources de l'anc. Barège à chercher.			
			Source Barzun	29,60	0,096	0,02988
			Lachapelle.	31,90	0,073	0,02278
			Bain-Neuf	34,90	0,096	0,'2985
			L'Entrée.	39,50	0,100	0,03110
			Tambour	44,25	0,132	0,04152
			Polard	37,70	0,084	0,02612
			Bain du Fond.	36,26	0,075	0,02402
			Dassieux.	34,55	0,074	0,02189
			Filets à capter			
			Sources de l'hôtel Vergès à capter.			

GROUPES.	SOURCES.	TEMPÉRATURE	IODE PAR LITRE.	SULFURE DE SODIUM.
			gr.	gr.
LABASSÈRE	Source de Labassère	12,30	0,140	0,04354
CADÉAC RIVE DROITE.	Buvette chauffée.	16, »		0,06870
	Source polysulfureuse	12, »		0,02250
RIVE GAUCHE.	Source de la pompe	13,40		0,07680
	Source principale	13,50		0,07680
GROUPE VIGUERIE ou DU PRÉ FERRAS.	Galerie du Saule.	30, »		
	Pré nº 4.	37, »	0,120	0,03116
	Pré nº 2.	45,10	0,204	0,06344
	Pré nº 3.	53,50	troub. par	du sulf. de fer.
	Viguerie (Pré nº 1.).	61,20	0,248	0,07712
	Bordeu nº 3.	50, »	0,206	0,06406
	Bordeu nº 2.	43,20	0,196	0,06095
	Bordeu nº 1.	38, »	0,086	0,02674
GROUPE SENGÈS.	Sengès nº 4	30, »	0,016	0,00497
	Sengès nº 3	29,70	0,012	0,00373
	Sengès nº 2	40, »	0,216	0,06717
	Sengès nº 1	33, »	0,152	0,04727
	Bosquet nº 1.	43,30	0,160	0,04976
	Bosquet nº 2.	42, »	0,136	0,04229
GROUPE LA-CHAPELLE	Bosquet nº 3.	47,70	0,096	0,02363
	Lachapelle	38,20	0,188	0,05846
	D'Étigny.	44,90	0,148	0,04602
	Source froide.	19, »	mal captée	mêl. d'eau ch.
GROUPE de l'Enceinte (a. Dauph.)	Nouvelle-Ferras.	38,30	0,084	0,02612
	Enceinte (ancien Dauphin) . . .	47,80	0,208	0,06468
	Ancien-Ferras.	31,80	0,052	0,01617
GROUPE SUPÉRIEUR DE BAYEN ou du Bosquet des bains	Blanche , 1er regard.	47, »	0,120	0,03733
	Blanche , 2e regard.	47,70	0,120	0,03733
	Grotte supérieure	59,20	0,160	0,04976
	Bayen.	67,50	0,266	0,08086
	Reine.	59, »	0,184	0,05722
	Azemar (chauffoir).	54,80	0,168	0,05224
	Richard-Nouvelle	48, »	0,160	0,04976
	Richard-Tempérée.	32, »	0,042	0,01306
	Soulerat, Petit-Puits.	26, »	0,032	0,00995
GROUPE Antérieur de la Grotte inférieure.	Soulerat, Grand-Puits.	30, »	0,108	0,03358
	Ferras nº 2 (inférieure)	30,10	0,144	0,04478
	Ferras nº 1 (inférieure)	33,10	0,176	0,05478
	Grotte inférieure	58, »	0,208	0,06468
	Source des Romains.	48,80	0,188	0,05846
	Richard-Ancienne	40, »	0,084	0,02612
LÈS (Val d'Aran).	Sources à trouver.			
	Sources chaudes	30,25	0,029	0,00890
	Groupes à trouver.			
	Sources du pré	19,50	0,039	0,01520
	Groupes à trouver.			

Left margin label: SOURCES DE BAGNÈRES-DE-LUCHON (Décembre 1852).

GROUPES.	SOURCES.	TEMPÉ-RATURE	IODE PAR LITRE.	SULFURE DE SODIUM.
COULOU-BRET.	Buvette , n° 4.	34,30	0,016	0,00497
	Buvette	44,20	0,040	0,01244
	Bain fort.	49,50	0,056	0,01741
	Source, n° 4.	41, »	0,044	0,01368
	Source, n° 1	22, »	0,008	0,00248
BAINS DU BREIL , CHEZ SICRE	Source à trouver.	» »	» »	» » »
	Buvette	46, »	0,068	0,02114
	Source–Fontan	60, »	0,080	0,02488
	Douche	48,60	0,052	0,01617
	Source , n° 6	49,60	0,038	0,01181
	Sources, n°s 4 et 5.	43,50	0,028	0,00870
	Source, n° 3	39,60	0,024	0,00746
	Source, n° 1	35,40	0,020	0,00622
GROUPE des CANONS.	Source du Coustou.	38, »	0,040	0,01240
	Le Rossignol	70, »	0,100	0,03110
	Les Canons.	76, »	0,120	0,03720
	L'Étuve	64,50	0,080	0,02448
	Source dans la rivière.	» »	» »	» » »
S. GROUPE de la PYRAMIDE.	Buvette sous Saint-Roch	54, »	0,068	0,02114
	Source du Sud, nouvelle	55,10	0,072	0,02239
	Pyramide	66 »	0,088	0,02736
	Buvette Saint-Roch, à droite. . . .	45,50	0,064	0,01990
	Buvette Saint-Roch, à gauche. . .	38,»»	0,032	0,00993
	Source de la Pompe.	31,»»	0,014	0,00435
S. GROUPE N° 14.	Source n° 4.	43,60	0,032	0,00955
	Source n° 14.	48,70	0,040	0,01244
	Source Laffont-Gouzy.	33,50	0,022	0,00684
S. GROUPE de L'ÉTUVE.	Buvette n° 5	45,30	0,064	0,01994
	Source n° 15.	60,10	0,062	0,01928
	Etuve.	72,00	0,096	0,02985
	Source du Jardin	63, »	0,080	0,02736
ESCALDAS. DEMI-GROUPE.	Sources à trouver	» »	» »	» »
	Grande source	42,15	0,060	0,01860
	Source Merlat.	33,10	0,050	0,01550
	Fontaine Julie.	17,15	0,040	0,01240
LAPRESTE.	Source du Vaporarium	44, »	0,043	0,01360
	Source de la Montagne	43, »	0,042	0,01300
VERNET. BAINS MERCADÈRE. Source Mère.	Source de la Parnousse.	25, »	0,028	0,00870
	Source du Torrent.	38,60	0,052	0,01617
	Filet C.	49,60	0,068	0,02114
	Filet B.	57,40	0,092	0,02861
	Filet A.	57,20	0,084	0,02612

AX (Ariège). — GROUPES DU BAIN DU TEICH.

Sources sulfureuses naturelles des Pyrénées, etc., (suite).

GROUPES.			SOURCES.	TEMPÉ-RATURE	IODE PAR LITRE.	SULFURE DE SODIUM.
					gr.	gr.
VERNET.	BAIN des	COMMANDANTS.	Source Élisa	33,44	0,038	0,01181
			Source chaude Elisa	42,20	0.048	0,01492
			Source nº 1.	53,55	0,076	0,02363
			Source nº 2	56, »	0,084	0,02612
			Source du Jardin, supérieure. . . .	45,20	0,072	0,02239
			Source du Jardin, inférieure. . . .	51,30	0,056	0,01741
			Source de la Remise	41, »	0,060	0,01866
			Source de la douche ascendante. . .	37, »	0,038	0,01181
MOLIGT.	BAINS LUPIA.		Source Barré.	24, »	», »	» »
			Source nº 2	33,60	0,052	0,01617
			Source nº 1	38, ¤	0,072	0,02239
	BAINS MAMET.		Grande source nº 1	37,15	0,068	0,02114
			Source nº 2.	36,40	0,062	0,01928
ARLES. (AMÉLIE-LES-BAINS)	GROUPE du petit Escaldadou ancien étab.		Source Manjolet.	31,20	0,018	0,00559
			Petit Escadadou.	63,45	0,072	0,02239
			Gros Escaldadou.	60,55	0,068	0,02114
			Source Comes	58,20	0,056	0,01741
	GROUPE Villeseque, Etablissement PUJADE.		Source du Ravin.	34,90	0,024	0,00746
			Source Noguères.	47,40	0,048	0,01492
			Source Villeseque.	61,60	0, 72	0,02239
			Source de la Piscine	58,00	0,056	0,01740
			Source Jumelle	55,25	0,052	0,01610
			Source Bouis.	47,25	0,018	0,00550
VINÇA.			Source principale	23,50	0,028	0,00880
			Source nº 2 , moins chaude et moins sulfureuse.			

TABLEAU

De quelques Sources sulfureuses accidentelles.

GROUPES.	SOURCES.	SULFURE.
DAX AUX BAIGNOTS.	Source saline. . . . . Source sulfureuse.	+35o, » +21, » 0,00024 calcaire.
TERCIS.	Source sulfureuse.	+38,40 0,00075 calcaire.
CAMBO.	Source sulfureuse. . . . . . . Il existe aussi une bonne source fer- rugineuse crénatée.	+21, » 0,00049 calcaire.
ST-CHRISTAU.	Source douce. . . . . Source des Pêcheurs	+20,85 0,00018 +13, » 0,00053 calcaire.
CASTERA- VERDUZAN.	Source sulfureuse. . . . . . . Il existe une très bonne source fer- rugineuse crénatée.	+23,10 0,00062 calcaire.
BAGNÈRES DE BIGORRE.	Source saline Coma . . . . . . Source sulfureuse Coma . . . . . Il existe deux sources ferrugineuses crénatées. . . . . Source Pinac.	+15,50 +14, » très sulf{se} calcaire. +peu sulfureuse calcaire.
ENGHIEN.	Sources salines de la Coquille . . . Source sulfureuse	+15 environ. +12 envir., très sulf. calre,
SCHINZNACH.	Source sulfureuse.	+très sulfureuse calcaire.
AIX-LA-CHAPELLE ET BORCETTE.	Sources salines. . . . . Source de la Rose. . . . . . . Source des Buveurs. . . . . . . Source Pochenbrunnen. . . . . . Il existe une source ferrugineuse crénatée. . . . . Source de l'empereur. . . . . . Source des Roses. . . . . Il existe une source ferrugineuse crénatée.	+66, » +64,» légt sulfse en été. ALCALIN +58,» touj. et peu sulfse +39,» touj.la plus sulfse +52,» moins sulfureuse. ALCALIN +45,» plus sulfureuse.
AIX EN SAVOIE.	Source d'Alun. . . . . Source de soufre. . . . . Il existe une source ferrugineuse crénatée.	+44, » 0,00240 calcaire. +42,30 0,01050 calcaire.

TABLE DES MATIÈRES.

PREMIÈRE PARTIE.

RECHERCHES SUR LES EAUX MINÉRALES DES PYRÉNÉES.

DEUXIÈME PARTIE.

RECHERCHES SUR LES EAUX MINÉRALES

DE L'ALLEMAGNE, DE LA BELGIQUE, DE LA SUISSE ET DE LA SAVOIE.

TROISIÈME PARTIE.

MÉMOIRE SUR LES EAUX THERMALES

DE BAGNÈRES-DE-LUCHON.

APPENDICE.

ÉCHO DU MONDE SAVANT 1836.

FIN DE LA TABLE DES MATIÈRES.

EXPLICATION DES PLANCHES.

PLANCHE A. — SUBSTANCES DES EAUX SULFUREUSES, ETC.

FIG. 1. *aa* Tubes de substance gélatineuse pendus au plafond de la galerie Richard-Nouvelle, à Bagnères-de-Luchon (grandeur naturelle).

    bb Gouttes d'eau qui tombent dans l'intérieur du tube (grandeur naturelle).

    c Goutte d'eau qui coule par la surface du tube (grandeur naturelle).

FIG. 2. Sulfuraire en forme de houppes.

    a Centre de substance gélatineuse.

    b Filaments rayonnants de la sulfuraire.

FIG. 3. Sulfuraire radiée (grandeur naturelle).

    a   *Id.*   vue de facc.

    bb   *Id.*   vue de profil.

FIG. 4. La même grossie vingt fois.

    a   *Id.*   vue de face.

    b   *Id.*   vue de profil.

    c Centre gélatineux en forme de pepins de pomme attaché par sa plus petite extrémité.

    d Filaments de la sulfuraire en forme de rayons.

    e Filaments de sulfuraire en forme de peluche attachés à la même pierre.

FIG. 5. Sulfuraire penniforme (grandeur naturelle).

    aa Centre gélatineux, qui forme la côte de la plume.

    bb Filaments de sulfuraire qui forment les barbes de la plume.

FIG. 6. Sulfuraire en forme de peluche.

    a Sulfuraire reposant sur un caillou arrondi (grandeur naturelle).

    b Sulfuraire reposant sur un schiste.

    e Substance gélatineuse à laquelle adhère la sulfuraire (grandeur naturelle).

Fig. 7. Sulfuraire en forme de crinière.

aa Filaments de la sulfuraire de plusieurs centimètres de longueur (grandeur naturelle).

bb Substance gélatineuse, à laquelle adhère la sulfuraire.

Fig. 8. Filaments de la sulfuraire observés au microscope (grossis trois cents fois environ).

a substance gélatineuse à laquelle ils adhèrent (grossis trois cent fois).

b Filaments formés d'un tube et de granules.

Fig. 9. Filaments de la sulfuraire (grossis six cents fois).

aaa Tube vide de globules.

bbb Portion de tube plein de globules.

ccc Globules hors du tube répandus çà et là.

Fig. 10. Filaments de sulfuraire à l'état naissant (grossis trois cents fois).

Fig. 11. La même (filaments grossis six cents fois).

a Groupe de globules dans la substance gélatineuse d'où partent les filaments bb.

Fig. 12. La même dans un âge plus avancé, (filaments grossis six cents fois).

a bb, comme dans la fig. précédente.

Fig. 13. Monas sulfuraria des eaux sulfureuses calcaires, accidentelles, très sulfureuses : Enghien, Salies (Haute-Garonne).

Fig. 14. Le même, groupé formant des plaques rouge-vineux qui colorent l'eau et les objets où il se pose.

PLANCHE B. SUBSTANCE DES SOURCES SALINES, ETC.

Fig. 13 bis. Zygnema (grandeur naturelle).

a Filaments comme soyeux de cette conferve, ayant plusieurs décimètres de long.

b Morceau de bois auquel la plante est attachée.

Fig. 14 bis. Zygnema genuflexum trouvé dans le bassin de refroidissement de l'établissement de Bellevue à Bagnères-de-Bigorre dans une eau de + 15° à + 20° cent. (grossi trois cents fois).

aa Les tubes dans leur position naturelle.

bb Les mêmes en état de conjonction.

c Point de conjonction.

dd Grains restant dans leur tube.

Fig. 14 *ter*. La même, un peu desséchée sur le porte objet.

Fig. 15. Fragilaire uniponctuée, trouvée dans les eaux d'Audinat (grossie trois cents fois).

aa Articles qui sont encore soudés.

bb Articles qui ne tiennent plus que par leurs angles.

Fig. 16. Navicule trouvée dans les eaux d'Audinat (grossie trois cents fois),

Fig. 17. Zygnema quininum trouvée dans une petite source saline d'un jardin à Loures (grossie trois cents fois).

Fig. 17 *bis*. Conferve trouvée à Loures dans une source ferrugineuse.

Fig. 17 *ter*. Zygnema trouvée dans la source ferrugineuse de Borcette.

Fig. 18. Touffes de bangia et de scytonema, avant l'aspect d'éponges fines, trouvées dans le plus grand bassin de réfrigération derrière le jardin de l'établissement de Bellevue, dans une eau à + 43° centigrades.

Fig. 19. L'oscillaire noire (grossie trois cents fois).

Fig. 19 *bis*. Oscillaria flexuosa trouvée à Borcette dans le lac ou se rend l'eau du Pochenbrunnen.

Fig. 19 *ter*. Oscillaria circumflexa trouvée dans le bassin de l'Unsprunk à Baden-Baden.

Fig. 20. Oscillaire majeure trouvée dans le petit canal de conduite des eaux dans le jardin de Bellevue, à la température de + 44° (grossie trois cents fois).

Fig. 21. Poche vide et ridée d'anabaine, trouvée dans le puits d'Audinat à la température de + 21° cent. (grandeur naturelle).

Fig. 22. Filaments de l'anabaine, vus au microscope (grossis six cents fois).

Fig. 23. Fragilaire trouvée avec l'oscillaire majeure à Bigorre.

Fig. 23 *bis*. Anabaina trouvée dans le bassin de la source des chevaux, à Ems.

aa Filet formé de grains petits et uniformes.

bb Grains existant de distance en distance, plus gros que les autres et allant en diminuant de la base au sommet.

PLANCHE C. SUBSTANCES DES EAUX SALÉES, ETC.

FIG. 24. Scytosiphon fusiforme trouvé dans le puits salé de Salies, près Saint-Martory (grandeur naturelle).

a Filaments pouvant acquérir plusieurs centimètres de longueur,

b Morceaux de bois auxquels ils adhèrent.

FIG. 25. Le même (grossi douze à dix-huit fois).

aaaa Tube laissant apercevoir une substance verte rangée par petites plaques en série linéaire.

b Morceau de bois auquel les tubes adhèrent.

cc Petites houppes filamenteuses qui ont la forme de petits grains d'avoine, et sur lesquels on remarque de petites plaques vertes, ce sont des Ecchynelles, groupées en éventail, comme leur arrangement le fait voir.

FIG. 26. Un fragment d'un tube de scytosiphon grossi trois cents fois. On y voit très bien la forme et l'arrangement des petites plaques vertes quadrilatère rangées comme en quinconces, et donnant à ce tube l'aspect d'une peau de serpent.

FIG. 27. Le même, dont la plupart des plaques vertes sont tombées et laissent voir un tube transparent sillonné de petites veines brunes qui lui donnent de la ressemblance avec un petit grillage de fil de fer ou avec une aile de demoiselle.

FIG. 28. Réunion d'Ecchynelles grossies trois cents fois, et représentées déjà à la lettre *c* de la fig. 25.

FIG. 29. Zygnema très développé trouvé dans le réservoir du bâtiment de graduation des eaux de Kreutznach (grossi deux cents fois).

a Tube.

b Cloison.

c Ecchynelles.

Fig. 30. Zygnema genuflexum trouvé dans le petit torrent salé de Rennes (grossi deux cents fois.

a Tube.

b Cloison.

c Ecchynelles.

Fig. 31. Navicula scalprum, trouvée dans la source chlorurée intermittente de Saint-Nectaire.

Fig. 32. Navicula argus, trouvée dans le perdant du Puits-Salé de Salies (Haute-Garonne).

Fig. 33. Amphiteptus faciata (grossi deux cents fois), trouvé dans le réservoir de l'eau salée de Munster à Kreutznach. Cet animalcule change de forme comme un protée : a, b, c représentant les diverses formes que j'ai pu saisir en l'observant.

PLANCHE D. — SOURCES D'AIX-LA-CHAPELLE ET DE BORCETTE.

Représentant un tableau figuratif des quelques sources de Borcette et des sources sulfureuses accidentelles d'Aix-la-Chapelle et de Borcette, offrant un groupe symétrique, mais en sens inverse pour la sulfuration, des groupes des eaux naturelles des Pyrénées.

PLANCHE E. — PLAN D'UN JARDIN ANGLAIS POUR LUCHON.

Représentant un jardin anglais dans la plaine de Luchon, avec une esquisse de l'établissement thermal, dont les pavillons seraient placés en face des groupes du bosquet des bains et du pré Ferras, ayant les piscines entre les deux pavillons et une rangée de baignoires le long de la montagne, renfermant en tout cent quarante baignoires ; les unes dans des cabinets et des galeries à air concentré, les autres dans des galeries et des cabinets aérés. Cet établissement n'eût pas coûté huit cent mille francs.

PLANCHES.

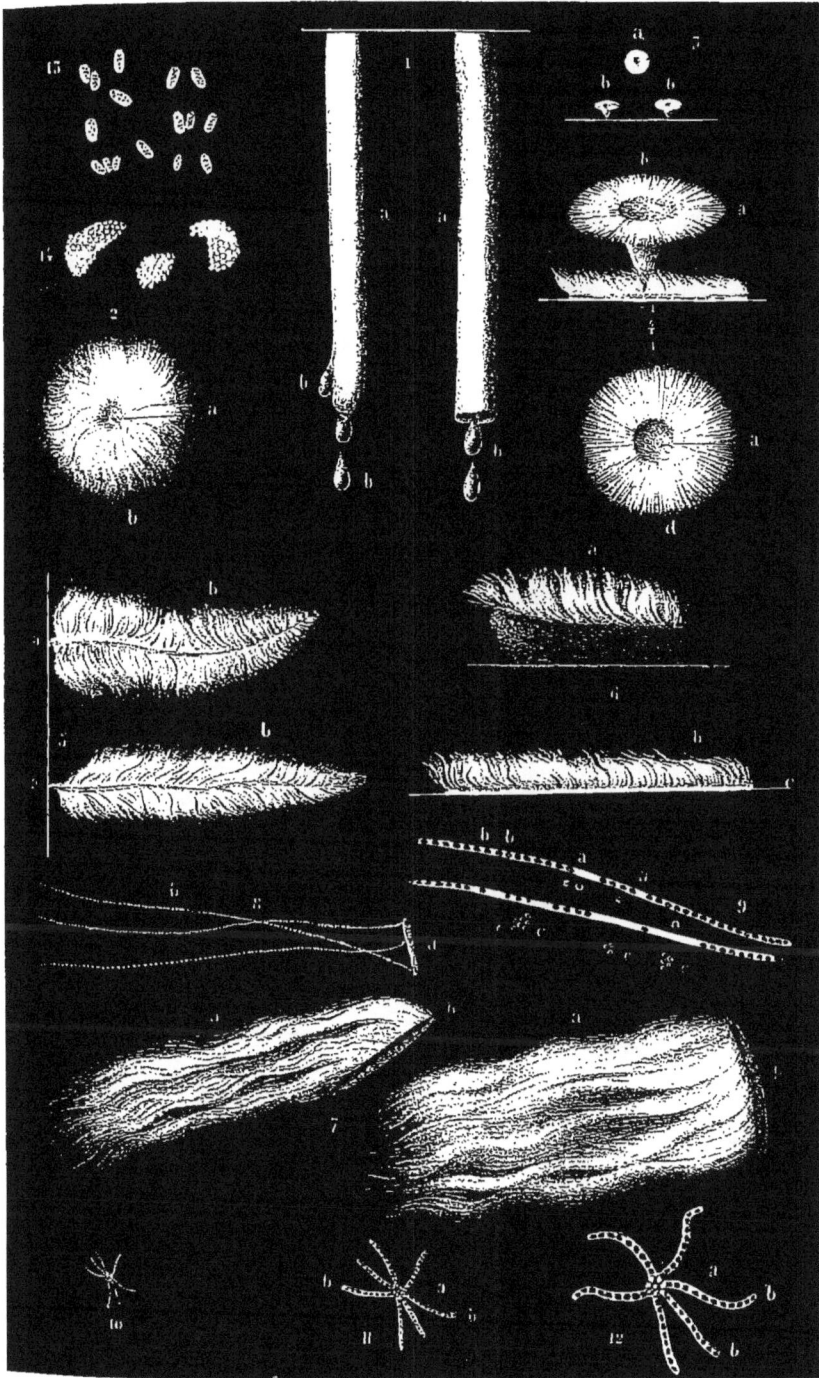

Substances des Eaux sulfureuses etc.

Humbert 1853.

Imp. Lemercier, Paris.

Substances des Eaux salines etc.

Publié par J.B Baillière Libraire à Paris.

Substances des Eaux salées etc.

TABLEAU

DES SOURCES DE BORCETTE
&
D'AIX-LA-CHAPELLE.

Sources Salines.

Sources légèrement sulfureuse en été.

Source toujours sulfureuse.

Source toujours la plus sulfureuse.

Il existe une source Ferrugineuse Crénatée.

66° Source Rochbrunn.

68° Source de l'écurieuse.

69° jamais sulfureuses — Source de l'Epée.

64° Source de la cuisine de la rose.

58° Source des Bruenes.

30° Source Rochbrunn.

Territoire de Borcette.

Territoire d'Aix-la-Chapelle.

Sources hautes moins sulfureuses.

52°50 Source de l'Empereur.

52°

45° Sources basses plus sulfureuses mais moins que le Rochenbrunnen de Borcette — Source des roses.

Il existe une Source Ferrugineuse Crénatée.

PL. D.

SUD.

Commune de S.te Mamet

Commune de Montauban.

EST.

OUEST.

Ville DE BAGNÈRES DE LUCHON.

NORD.

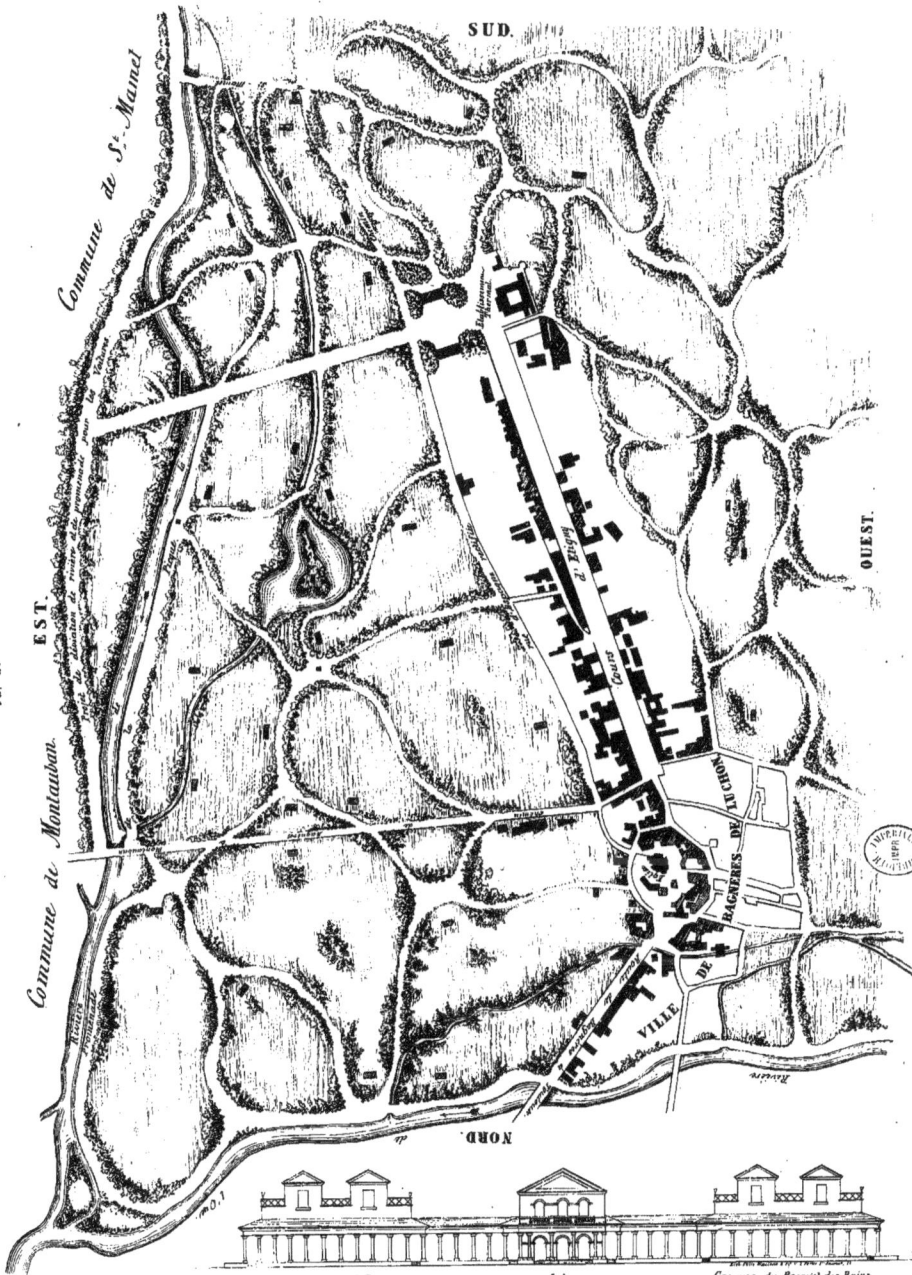

Groupes du Pré Ferras.   Salons.   Groupes du Bosquet des Bains.

www.ingramcontent.com/pod-product-compliance
Lightning Source LLC
Chambersburg PA
CBHW031359210326
41599CB00019B/2821